Low-code programming and edge computing practice in geophysics

低代码程序设计与地球物理边缘计算实践

赵明　张博　肖卓伟◎著

地震出版社

图书在版编目（CIP）数据

低代码程序设计与地球物理边缘计算实践 / 赵明，张博，肖卓伟著. --北京：地震出版社，2025. 1.
ISBN 978-7-5028-5733-2

Ⅰ. P315.63
中国国家版本馆CIP数据核字第2025J1J544号

地震版　XM5434/P（6550）

低代码程序设计与地球物理边缘计算实践

赵明　张博　肖卓伟◎著
责任编辑：范静泊
责任校对：杨润杰

出版发行：地 震 出 版 社
北京市海淀区民族大学南路 9 号　　邮编：100081
发行部：68423031　68467991　　传真：68467991
总编室：68462709　68423029
编辑四部：68467963
http://seismologicalpress.com
E-mail: zqbj68426052@163.com
经销：全国各地新华书店
印刷：河北赛文印刷有限公司

版（印）次：2025 年 1 月第一版　　2025 年 1 月第一次印刷
开本：787 × 1092　1/16
字数：659 千字
印张：25.75
书号：ISBN 978-7-5028-5733-2
定价：98.00 元

序　一

当前，科技创新一般范式重点在于运用好计算能力以及提高信息组织效率。国家超级计算成都中心作为西部第一家国家超级计算中心，以及国家超级计算互联网中的重要节点，目标是建成国家科技创新的战略平台和信息基础设施，为科技创新提供先进、多元的算力保障。

2023 年 9 月，我们与中国地震局地球物理研究所达成战略合作，开始筹建地震大模型创新应用联合实验室。同年 11 月，新一代“谛听”——大型人工智能地震训练数据集正式落户国家超级计算成都中心，开启了地震智能监测的“数据 + 算力”融合发展新模式。2024 年 1 月，双方团队联合启动“谛听”地震大模型训练工作，至今已取得阶段性成果。

四川省是全国唯一被定位为战略备份的区域，国家重要基础设施密集，成渝地区双城经济圈建设亦是日新月异，但地震灾害频发一直是高悬在经济社会高质量发展之上的达摩克里斯之剑。国家超级计算成都中心在发展方向上优先选择了地震科学这一难题作为攻坚对象。我们与中国地震局地球物理所成立联合实验室，一方面是为国家在川滇地区建立中国地震科学实验场提供技术支持，另一方面是为自主可控算力服务防震减灾战略、保障国家安全提供了用武之地。

在合作过程中，我与本书作者之一赵明博士有过多次交流，了解到发展“谛听”的初衷，深受启发并组织力量联合攻关。作为这一创造性工作的推动者和见证者，我相信最终取得的成果一定能大力推动人工智能算法在数据和算力的加持之下，在我国防震减灾领域落地生根，服务大众。

本书是地震科学领域聚焦从深度学习模型训练到边缘端侧落地应用的实践之作，是中国地震科学领域青年科学家们的集体智慧结晶，作者团队分享的低代码开发技术和人工智能模型部署应用实践经验，对有志从事防震减灾科学研究和业务应用的一线开拓者们具有重要的参考价值。

最后，衷心祝愿本书能够被更多从事专业领域人工智能研究和应用的科技人员所关注，帮助大家更加从容地面对在专业领域数字化转型过程中遇到的难题和挑战。

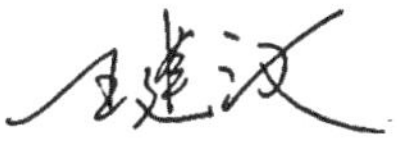
博士

国家超级计算成都中心

2024 年 6 月 6 日

序　二

本书主要作者赵明博士是国内最早将深度学习技术应用于天然地震监测领域的专家之一，近6年来一直从事地震人工智能方面的科学研究，取得了一系列创新性成果，包括率先将CNN网络应用于中国地震台网数据处理，构建了中国第一个大型人工智能地震训练数据集——“谛听”，在构建、训练和应用地震学领域的AI算法方面取得较丰富的经验。

2022年阿里云与中国地震局地球物理研究所开展战略合作，举办了第一届地震智能云服务黑客松大赛。比赛选题涉及地震专业研究、行业应用、地震知识传播与公益服务等多个领域，吸引了来自大学、研究所、地方省地震局的多家队伍参加。

这也是我们公司的一次探索，通过地震领域及跨界开发者参与，加强与社会力量合作，融合地震数据与数字化技术，促进防震减灾科技应用，科技赋能地震行业发展，共同提升地震科技发展和社会服务能力，更好地服务经济社会高质量发展。

通过阿里云的基础设施，我们相信能够更好地帮助科研成果转化。在双方合作中，中国地震局地球物理研究所依托阿里云平台，上线了多项技术成果，如赵明与肖卓伟博士联合开发的“震相关联定位”、地球物理研究所数据中心团队基于阿里通义千问基础大模型开发的“地震科普大模型”等，在本书中均有相关章节详细介绍。

另外，在本书中介绍的基于微服务API的软件开发模式、业务流程开发及边缘端部署、边云一体化、容器、DevOps等方面的技术，图文并茂，包含大量应用案例和代码，可操作性强，不但可以帮助读者快速掌握开源时代的多种生态领域工具，而且可以迅速移植应用于科研和业务人员的日常工作场景，实现科技赋能。

最后，衷心祝愿本书能尽早面世，书中内容能为更多的地球物理科技工作者提供直接的、有益的帮助。

魏文麟

阿里云数字政府首席架构师

2024年6月8日

序 三

近年来，华为技术有限公司与中国地震局的合作不断深化，尤其是与中国地震局地球物理研究所签署了战略合作协议，标志着双方在科技创新和应用上的紧密联合。我们共同致力于地震预报大模型的研制，结合华为技术有限公司在人工智能和边缘计算方面的优势，以及中国地震局在数据和业务应用场景方面的优势，拟为地震监测和预报提供更为精确、实时的解决方案。

在双方合作中，华为技术有限公司 2012 实验室发挥了至关重要的作用。我们不仅提供了先进的技术支持，还确保了合作项目的顺利落地。特别是华为昇腾芯片在边缘计算方面展现出的强大能力和兼容性，使得利用 AI 算法进行实时地震数据处理和分析成为可能，极大地提升了地震特别是微震的监测能力。

本书作者赵明博士及专家团队近几年一直从事地震人工智能和边缘计算开发方面的工作，取得了很多创新性成果，例如发布了中国第一个大型人工智能地震训练数据集——“谛听”，开发了世界上首款地震专业数据处理边缘计算设备——“谛听”盒子，实现了主流地震检测 AI 算法的端侧部署应用及云端交互。本书不仅凝聚了他们在地震科研方面的创新性思想和成果结晶，也为人工智能在地震行业的业务化应用开辟了道路。

我们期待，在不远的未来，通过华为的技术和资源，能够更好地推动最新地震科研成果的转化和应用，加速人工智能、大数据技术在地震行业的赋能增效。

我们相信，本书的出版将为更多科技工作者和研究人员提供有益的帮助和启示。书中介绍的低代码程序设计工具、数据专家 DatistEQ、云计算、容器、DevOps、边缘计算等技术，不仅能够帮助读者快速掌握开源时代的多种生态领域工具，而且结合了他们开发边端云软件系统过程中的实践经验，这对未来国产地球物理开源软件发展有着重要的借鉴意义，必将推动地震预报和防灾减灾事业取得更大的发展。

最后，衷心祝愿本书能尽早面世！

华为技术有限公司 2012 实验室

2024 年 6 月 8 日

前　言

数字化与智能化的浪潮，犹如历史长河中的必然潮涌，不仅重塑了行业的边界，更为传统产业的转型升级插上了翅膀。它们深度融合，催生出“数据业务化”与“业务数据化”的双轮驱动模式，这一模式不仅大幅削减了企业的运营成本，更是一股强大的内驱力，推动企业核心竞争力的飞跃，标定了现代企业发展的新航道。传统企业在智能化探索的征途中，常常采取一种应急式的策略——组建临时项目组，寄望于短期内实现智能化水平的突飞猛进。这种现象背后，隐藏着对即时效益的过分追求和对未来布局的相对忽视，以及在人才建设上的短视，忽视了长远的技术框架构建。特别是对于技术人员年龄瓶颈的顾虑，使得自主培养软件研发力量在成本效益分析上不划算，进而导致众多企业智能化建设路径的单一化——依赖外部购买而非自主研发，核心技术的缺失，恰是症结所在。这也就解释了许多企业多年“智能化”努力后依然是“只见树木，不见森林”的尴尬状况。

在这样的背景下，低代码开发平台应运而生，通过简化编程流程、提供可视化工具，使得非专业开发人员也能够快速构建应用系统。这种模式不仅加快了应用开发和部署的速度，还降低了开发成本，使得企业能够更快地响应市场变化和业务需求，从而加速企业的数字化转型。

随着物联网设备和传感器的普及，数据量激增，传统的中心云计算模式难以满足实时性、低延迟和数据隐私的需求。而边缘计算通过将计算能力下沉到网络边缘，使得数据可以在接近数据源的地方进行处理，从而减少了延迟、降低了带宽使用，增强了数据的隐私保护。

低代码开发和边缘计算在现代技术环境下都是为了应对快速变化的市场需求、提高开发和响应效率而生的，低代码平台降低了开发门槛，加速了软件应用的创新与迭代，而边缘计算则通过分布式计算架构，满足了高效、低延迟的数据处理需求，两者共同推动了数字化转型的发展。

本书是我们团队紧紧围绕低代码开发和边缘计算这两大理念，在地震这一垂直行业领域深耕多年的成果结晶。在地震领域，同样存在丰富的低代码开发和边缘计算应用场景，例如 DatistEQ，最早就是为地震会商这一业务需求所开发设计的低代码工具，经过多年发展，其功能越来越强大，几乎涵盖了地震行业大数据处理的各个方面，最新的 Lite 版本还实现了与边缘计算设备“谛听”盒子的完美结合。而针对指数级增长的地震监测预警台网和大数据以及由此带来的数据处理分析方面的挑战，我们更前瞻性地提出了地震行业首个结合了边缘计算、云计算、人工智能等前沿技术的地震大数据人工智能处理解决方案——“谛听”边—端—云一体化人工智能系统。此外，“谛听”盒子还内置了基于地震科普大模型 QuakeGPT 的地震科普数字人——“小 Q”，在科普知识、震例分析、资料查询等方面，“小 Q”展现出了相较于主流通用大模型更加精准和专业的能力。在“谛听”盒子中还植入基于人工智能的光流分析模型，实现了对视频流的分析和振动提取。测试结果显示，基于地震时视频信号提取的地震烈度信息可以在 3 分钟内完成，并将其发送到云端。该技术大大拓宽了灾情感知的渠道，可为地震后应急救援提供关键信息。

为什么写本书

本书写作的主要目的，是为“谛听”盒子的业务化应用编写的一本培训教材，特别是作为应急管理部防灾科技学院在 2024 年 9 月即将开设的研究生课程——《地震 AI 大模型研制与边缘端推理应用》的教材。考虑到学员和用户不一定有很强的技术背景，更多的是从业务角度去掌握一些必备而又易于上手的技能，低代码程序设计理念很好地契合了这一需求，降低了开发门槛。同时，围绕我们为地震行业精心打造的“谛听”盒子这一多功能边缘计算设备以及涵盖了地震行业多个应用场景的软硬件一体化解决方案，使得用户动动鼠标或者仅仅编写简单的脚本或命令就可以轻松应对各种海量数据处理和分析的挑战。

本书有哪些内容

本书分上、下两篇，上篇包括第 1 章至第 11 章，主要讲述了地震数据专家软件 DatistEQ 的各项功能以及这些功能与地震业务流程的结合、边缘端部署；下篇包括第 12 章至第 22 章，主要介绍了针对地震领域的各种行业需求，包括并不限于地震人工智能数据处理、重磁数据处理、科普数字人、视频震动人工智能分析、GMT 科学制图、烈度和强震动分析、DevOps 开发等，围绕“谛听”盒子这样一款地震领域首个边缘计算设备进行的相关软硬件开发及最终面向用户的解决方案分别介绍。其中第 1 章至第 6 章内容由姚卫华编写，第 7 章至第 10 章内容由孙少波编写，第 11 章内容由辽宁省地震局杨士超编写，第 12 章内容由辽宁省地震局张博编写；第 13 章至第 14 章内容由中国地震局地球物理研究所李永波编写，第 15 章内容由赵明编写，第 16 章内容由安徽省地震局汪小厉协助中国科学院地质地球物理研究所肖卓伟共同编写；第 17 章内容由韩钟锐编写，第 18 章内容由防灾科技学院袁静编写；第 19 章内容由吴德孟编写，第 20 章内容由江苏省地震局于悦颖编写；第 21 章内容由内蒙古地震局王磊编写；第 22 章内容由韩建成编写。

致谢

本书付梓出版之际，还要特别感谢为本书编写无私奉献的同事、同行们，他们是：中国地震局地球物理研究所卢红艳高工、博士生韩钟锐，正是他们的精心校对和修改，提高了书稿的质量；同时感谢防灾科技学院袁静老师团队及广大师生们、辽宁省地震局沈阳中心站的工作人员们对“谛听”系列工作的大力支持。

在本书的编写过程中，除了三名主要作者，还有多名作者对最终成稿做出了重要贡献，他们依次为：李永波、贾晓东、姚卫华、孙少波、杨士超、袁静、于悦颖、王磊、吴德孟、汪小厉、韩建成、韩钟锐。在此对他们表示感谢。

最后感谢科技部重点研发项目《船载 - 潜载海洋地球物理和物理海洋数据处理开源软件研发》（2022YFC2808301）子课题 1——“开源软件总体架构设计与集成”、国家自然科学基金《基于人工智能和物理机制建模的数值地震预测理论与方法研究》（U2239205）、中国地震局地球物理研究所基本科研业务面上项目（DQJB24B18）对本书研发内容的资助。

赵明

2024 年 7 月于北京

目 录

上篇

地震数据专家及『谛听』盒子边缘端部署

在数字化浪潮的推动下，地震科学研究正经历着一场前所未有的变革，中国地震局地球物理研究所小 G 团队不断探索如何利用先进的技术工具，致力于开发一套集数据处理、分析、可视化于一体的综合性低代码平台——DatistEQ，这一平台不仅融合了最新的技术成果，更承载着开放共享的科研精神，为广大科研人员提供一个强大且易于上手的工具。

DatistEQ 平台的诞生，是小 G 团队对地震科学领域多年深耕的结晶。它不仅包含了丰富的数据处理和分析工具，还集成了多种可视化手段，使得复杂的地震数据直观易懂。更重要的是，DatistEQ 平台坚持开源，鼓励科研人员共同参与，共同推动地震科学研究的进步。

在本篇中，详细介绍 DatistEQ 平台的最新核心功能、技术特点以及在边缘硬件设备上的部署与应用，希望能够帮助更多的科研人员掌握这一强大的工具，共同开启地震科学研究的新篇章。

第 1 章　初识地震数据专家

1.1　数智新质生产力

软件研发，本质上是一种创新驱动的活动，其成果以逻辑严密的产品形式呈现，而这一切的基石，归根结底是人才。尤其在传统企业的业务智能化转型中，迫切需要一批既深谙业务精髓，能够敏锐捕捉业务痛点，又能灵活驾驭信息技术的跨界复合型人才。遗憾的是，学科间的鸿沟阻碍了这样一支高效团队的迅速成型，成为智能化进程中的一大绊脚石。如何帮助传统企业突破人才和技术的双重瓶颈，激发内在创新潜能，正是本书探求的深层意义所在。

互联网的浪潮汹涌澎湃，大数据、3D 打印、O2O 等概念轮番登场，每一种都预示着商业模式的深刻变革。而当互联网迈入移动时代时，场景成为了新的竞技场。罗伯特・斯考伯的洞见掷地有声：移动互联网时代，争夺的不再是流量和入口，而是如何精准匹配用户在各种场景下的需求。场景时代，服务将更加个性化、智能化，随时间与空间的变迁而灵活适应，与用户的每一次互动，都是对服务精度的进一步校准，最终实现对个体需求的深度理解和即时响应。

回望地震科学研究的前行轨迹，高志亮院士提出的“场景式地质研究”理念，为数字地震的发展勾勒出清晰的脉络，他强调了复原古地震场景对于地震地质研究的至关重要性。这一视角启发了我们对地震事业信息化建设的深度思考，其中映射出的不仅是地震行业的独特需求，更是众多国有企业和事业单位在信息化转型过程中面临的挑战与困境。

在“场景时代”的宏大背景下，每个人都将拥有一个贴心的数字化助手，它不仅无所不在，更懂得因时制宜、因人而异，提供最贴心的服务。这一转变，意味着服务的个性化与智能化将达到前所未有的高度，其受益面将涵盖每个人，而非少数群体。在万物互联、智能无界的未来，掌握场景就是掌握了通往未来的金钥匙，谁能在万千场景中精准定位，谁就能把握住时代的脉搏，赢得未来。

1.2　企业级科学研究平台构建

在二十届三中全会的《中共中央关于进一步全面深化改革、推进中国式现代化的决定》中提出了一个新的名词——数智技术（原提法为：支持企业用数智技术、绿色技术改造提升传统产业）。数智技术是数字化和智能化的有机融合，是在数字化基础上融合应用机器学习、人工智能等智能技术，可以理解为“数字化 + 智能化”。数智化是新型工业化的鲜明特征，是形成新质生产力的重要途径。通过“人工智能 + 工业制造”“人工智能 + 生成设计”等推进“智能工厂”“未来工厂”“灯塔工厂”建设，推动实现制造业数智化。它是制造业转型升级的重要方向。

“数字化转型智能化发展”这一趋势不仅是科技进步的必然，更是企业寻求竞争优势、降本增效的必经之路。通过融合新兴技术与传统业务，企业不仅能够重塑运营模式，还能在激烈的市场竞争中稳固并提升其核心竞争力，成为现代化企业不可或缺的发展战略。

1.2.1　企业智能化的困境

在探索企业智能化的旅程中，尽管存在一些挑战和初始阶段的困难，但我们同样发现了众多积极的解决方案和发展机遇。企业内部的数字化建设虽然起步不易，资金与人才的短缺构成了一定的障碍，但这也激发了内部团队的创新精神和适应能力，帮助他们在挑战中寻求突破之道。

这“一小群人”——数字化团队，尽管规模不大，资源有限，但扮演的角色远远超越了一个简单的中间人。他们是连接业务和技术的重要桥梁，更是推动企业智能化道路上的先驱者和创新者。在对接客户需求与软件功能设计的过程中，他们不断深化对业务的理解，敏锐地把握市场动态，为企业的数字化蓝图勾勒出清晰的方向。他们的汇报与培训工作，实际上是在塑造企业内部的数字文化，增强所有员工的数字化意识和技能，为公司的未来发展奠定了坚实的基础。

确实，他们目前在代码研发方面的能力还有待提高，但这并不是不可逾越的障碍。团队成员正通过不断学习最新的低代码、无代码平台工具（如 DatistEQ）来逐步填补这一空白。这些工具降低了编程的门槛，让没有专业背景的成员也能参与到应用开发中，实现了从需求分析到功能实现的闭环，显著增强了团队的整体实力。

此外，企业也逐渐意识到自主技术能力的重要性，开始从依赖外部采购转变为内部构建。一些企业已经开始投资于内部研发团队的建设，通过与高等院校的合作、在线教育平台的培训等方式，逐步建立起自己的技术核心。同时，企业也更加重视与外部技术服务商建立长期的战略合作伙伴关系，共同进行技术研发。这样既能保证技术的先进性，又能确保对自身需求有深入理解和快速响应。

在此背景下，企业智能化的推进不再是一味追求单个技术的应用，而是着眼于整个生态系统的综合布局。企业开始重视顶层规划，从战略层面规划数字化转型的道路，确保技术投入与企业的长期目标相一致。高层管理者也逐渐意识到，数字化转型是一项长期的任务，需要耐心和持续的投资。他们正在调整管理理念，注重长远规划和持续优化，以实现企业智能化的可持续发展。

虽然企业智能化的道路充满挑战，但通过战略调整、技术创新和人才培养，传统企业完全有能力克服眼前的困境，逐步构建起强大的数字化竞争能力，实现从“缺乏人力财力”到“智慧人力资本”的华丽转变。

1.2.2　企业数智化的基本构成

在探索企业数字化与智能化的广阔领域时，其核心架构可精炼概括为 A、B、C、D、E

五大支柱，它们分别是：算法（Algorithm）、业务（Business）、算力（Computing Power）、数据（Data）与呈现（Exhibition）。这一框架不仅是科学研究领域的智慧结晶，也是驱动传统企业转型升级的关键引擎。

算法（A），作为解决复杂问题的灵魂，其价值在于实用性和针对性，而非单纯追求最新潮流。对传统企业而言，理想的算法应是量体裁衣，精准适配业务场景，有效破解现实难题，实现效率与效果的双赢。这意味着，算法的选择与优化应始终围绕“是否能切实解决问题”这一核心原则展开。

业务（B），深植于企业运营的方方面面，它不仅要求深入理解业务流程，更要具备全局视野，从用户需求的细微之处出发，全面审视并精准定位业务痛点。通过细致入微的业务洞察，设计出既能满足当前需求又能预见未来趋势的解决方案，从而推动业务模式的革新与升级。

算力（C），作为数字化的基础设施，是所有技术创新与应用落地的基石。它不仅关乎硬件设备的性能与配置，更需要管理层深刻理解其在生命周期管理上的局限性，即硬件的更新换代速度往往快于预期。因此，构建灵活高效、易于扩展的计算环境，成为企业智能化进程中不可或缺的一环。

数据（D），常被视为数字化转型中的“隐形金矿”，其采集、处理与分析虽繁琐且常被低估，却是解锁商业智能与创新潜能的关键。面对数据工作的艰巨性，企业应当积极引入自动化与智能化技术，减轻人工负担，同时提升数据治理与应用能力，确保数据的价值得到充分挖掘和利用。

呈现（E），是成果的最终展现形式，也是最容易引起误解的环节。外行人可能只看到光鲜的表面，而忽视了背后的技术难度与创新努力。因此，构建直观易懂、体验卓越的用户界面，不仅是技术实力的体现，也是拉近技术与用户距离的重要桥梁。

尽管当前公有云计算资源的丰富性及租赁模式的便捷性已为众多中小企业所接受，但在确保企业信息安全与自主可控的前提下，“A、B、C、D、E”各要素的自主构建对于许多企业来说仍然是一项必要且具有挑战性的任务，从国家政策引导到集团战略规划，都在积极探索如何通过资源共享、专业化分工等机制，优化资源配置，避免重复建设，推动形成协同高效的数字化生态体系。这不仅是对资源的合理调配，更是对创新潜力的深度激活，旨在促进企业乃至整个行业的高质量发展。

1.2.3 企业数智化的两个阶段

在企业数字化、智能化的征途中，解决业务需求问题的过程本质上是对信息化技术的深度应用，这不仅是工程技术的实践，更是知识转化与效率提升的艺术。它涉及将专家的宝贵经验和行业洞见通过数字化手段加以提炼、标准化，并最终融入软件系统中，从而达到加速决策过程、优化工作效率的目的。简而言之，这是借助技术的力量，让计算机执行原本需要人工操作的任务，实现工作的自动化与智慧化升级。

软件研发的这一进程，可细分为两个紧密相连且逐步提升的阶段——自动化与智能化。

自动化阶段，是数字化转型的初步实践，聚焦于那些业务需求明确、操作流程标准化的场景。在此阶段，软件开发的核心在于精准映射现实中的业务流程，将之转化为自动化的工作流程。这意味着，当业务规则清晰、执行步骤固定时，开发团队能够高效地将这些知识固化为代码，实现业务活动的自动化处理。这一过程，相当于为日常操作安装上了“自动驾驶”，确保了任务执行的一致性和高效率。

智能化阶段，则是对自动化的一次飞跃，它面对的是更为复杂多变的业务环境。在此情况下，需求模糊、流程灵活，要求软件系统具备学习、适应乃至预测的能力。对研发团队而言，这无疑是一片充满挑战的未知“水域”，需要不断地迭代、优化算法模型，以适应业务需求的动态变化。智能化的目标，是让计算机不仅能够执行指令，更能通过分析数据、理解情境，辅助甚至替代人类作出决策，达到业务处理的智能化升级。

值得注意的是，自动化与智能化并非泾渭分明，二者往往是相互渗透、逐步过渡的。在实际操作中，企业应当警惕盲目追求“快速解决方案”的陷阱，尤其是在依赖外部采购的情况下，更须审慎评估，以免陷入技术选型不当、投资回报率低的困境。正确之道是，先彻底理解并明确业务需求，梳理清晰的流程框架，而后根据实际情况，分阶段、有针对性地推进自动化及智能化改造，确保每一步投入都能精准赋能业务，实现技术与业务的深度融合，从而在数字化转型的道路上稳步前行。

1.2.4 企业数智化的自主研发

在企业迈向数字化与智能化的征途中，培育内在的“自我造血”能力，远不止于应对短期资源约束的权宜之计，而是构筑可持续竞争优势的核心战略。诚然，在传统观念中，编程、维护等技术领域被视为高度专业化的领地，需要大量投资与长时间人才培养。然而，这一观念正被新时代的创新者逐步打破。

企业内部对技术充满热情的“程序爱好者”正以实际行动展现出数字化转型的另一种可能。他们利用业余时间，在完成本职工作的基础上积极探索如何通过简单的自动化工具——比如 Excel 的宏功能，来优化流程、提升效率。这种自下而上的创新尝试，虽受限于传统工具的功能边界，却点燃了企业内部技术创新的火种，预示着全员参与创新时代的到来。

“地震数据专家”简称为 DatistEQ，它的愿景是彻底颠覆传统编程的高门槛，通过低代码乃至零代码平台，让业务成为创新的主战场。这一平台不仅仅是技术工具的革新，更是企业文化和战略思维的转型。它使业务人员能够直接参与到解决方案的创造中，不仅缩短了需求响应周期，更大幅降低了知识转化为应用的成本，从而为企业数字化进程注入了前所未有的活力与效率。

随着 DatistEQ 桌面版在地震行业内的广泛应用与影响力的积累，它与《地震大数据科学与技术实践》出版物相互促进，让我们见证了用户群体的稳步扩张与行业应用的深化。DatistEQ 云平台采用的 DAG 技术有效促进了复杂逻辑的可视化构建与管理，为企业知识资产的沉淀与复用开辟了新径。

面向未来，DatistEQ 的使命在于持续推动企业数智化转型的深化与拓宽，它不仅仅局限于单点效率的提升，而是构建一个知识共享、协作创新的智慧生态体系。在这个体系中，技术不再是少数人的专属，而是成为全体员工共同的语言与工具，促使企业从被动适应市场变化转变为引领行业创新的先锋。通过这样的方式，企业不仅能够灵活应对瞬息万变的市场环境，更能在长期发展中不断巩固和扩大其核心竞争力，实现从内而外的数智化蜕变。

1.2.5 企业级知识共享

在推动企业全面发展、深化人才战略及促进企业创新的愿景下，DatistEQ 云平台作为企业级知识共享的创新解决方案，其重要性愈发凸显。这一平台不仅承载着企业数智化转型的关键使命，更是在人才建设与地震行业技术跃升的道路上扮演着举足轻重的角色。

DatistEQ 云平台，依托先进的高并发运行框架，为企业的数字化进程注入了前所未有的动力。它巧妙地运用 RESTful 网络数据传输标准，使得在 DatistEQ 系统中设计的低代码流程能够便捷地迁移到云端，实现业务流程的快速部署与知识的即时共享。这一机制极大地促进了企业内部的信息流通与知识协同，使得宝贵的专业知识得以固化、传承与优化，为企业的智能化发展铺设了坚实的数字基石。

从人才建设的角度看，DatistEQ 云平台的技术框架设计充分考虑了人才成长与团队协作的需要。其可扩展式运行框架，不仅支持快速的服务定义与发布，还通过插件式服务扩展，鼓励创新思维与个性化定制，为技术人员提供了广阔的发挥空间，有助于培养跨界复合型人才，打破传统技术壁垒，激励人才在实战中不断成长。

DatistEQ 还采用了高并发逆向代理技术，通过智能负载均衡与精细权限管理，不仅确保了服务的稳定与高效，也为团队协作提供了灵活的机制。这一设计如同一位精明的项目经理，高效调度团队资源，确保每个任务都能准确无误地完成，这既增强了团队的执行力，又提升了整体的工作效率。

在流程共享机制上，DatistEQ 云平台通过灵活的权限设置，兼顾了私密性与开放性，既保护了核心知识资产，又促进了知识的有序流动与共享，为不同层级和部门间的知识交流架设了桥梁。数据文件的支持及标准 API 服务的提供，更是为跨系统协作与知识的无缝集成提供了技术保障，使得企业能够在一个统一的标准下，高效整合资源，加速创新步伐。

DatistEQ 云平台不仅是一个技术解决方案，更是一种企业转型的思维革命，它打破了传统业务与技术之间的隔阂，鼓励业务人员投身于企业的数字化建设，实现自力更生与自主研发，从根本上改变企业建设的传统模式。在这一过程中，企业不仅能有效降低成本、提升效率，更重要的是通过持续的知识共享与人才培育，构建了一个富有活力的创新生态系统，为企业铺展了一条通往智能化未来的光明大道。

1.3 走进地震大数据科学研究场景时代

在我国的地震行业中，地震会商是最重要的工作内容之一，为政府及民众提供科学的地震预报意见。地震会商作为一项深度挖掘地震大数据变异的专业活动，其进程既遵循既定的业务规程，亦频繁根据现实状况灵活调整策略，反映出地震孕育、爆发及长期演变趋势的高复杂度。小 G 在投身地震会商实践后深刻体会到，尽管核心在于分析监测数据，但在正式会商筹备阶段，他发现自己陷入了单调重复的劳动中：穿梭于不同的软件操作界面，包括登录数据库提取数据、执行数据处理脚本或软件、逐一绘制图表，直至将之嵌入演示文稿。其间伴随着不断的密码输入、参数配置、图形制作、报告整合、尺寸调整以及数据汇总成表等一系列手动环节，宛如置身于传统手工作坊。这种近乎机械化的工作流程促使小 G 深入反思：构建高效地震会商体系的基础软件平台应具备哪些特质？历经数月的深思熟虑与实地调研，一款 DatistEQ 的软件映入了他的眼帘，它似乎正为解答这一疑问而来。

小 G 的探索不仅聚焦于解决个人工作效率的瓶颈，更触及了整个地震会商体系现代化升级的关键点。地震会商作为地震预报的中枢，其效率与精确度直接关系到防灾减灾工作的成效。面对海量且复杂的地震数据，传统的手工处理方式显然已难以满足快速响应与精准分析的需求。小 G 的困扰，实则是行业共同面临的挑战——如何在确保科学严谨性的前提下，实现数据处理的自动化、智能化处理，从而解放地震科学家的创造力，让他们能够集中精力于更高层次的地震机理研究与趋势判断。

DatistEQ 这款软件设计初衷就是为了解决地震行业内的痛点，它集成了数据自动化采集、智能预处理、多维度分析以及可视化报告生成功能于一身，旨在构建一个一体化的地震数据分析平台。这样的平台有望显著简化从前繁复的手动步骤，如自动连接数据库并实时同步数据、应用先进的算法对数据进行深度挖掘、一键生成各类专业图表并直接嵌入汇报材料中，甚至能够基于历史数据和最新观测数据，辅助生成初步的震情趋势分析报告，大大缩短从数据到决策的时间差。

此外，DatistEQ 还支持定制化模块和插件拓展，允许用户根据特定的地震研究需求调整分析模型，或与其他地震监测系统无缝对接，形成更加完善的地震监测预警生态系统。这不仅能够提升地震会商的效率与准确性，还能促进跨部门、跨地区的数据共享与协同作业，为构建更加智慧、高效的地震预警网络奠定坚实的基础。

小 G 的发现，不仅仅是找到了一个工具，更是为地震行业技术革新与效能提升打开了一扇窗户，它预示着未来地震科学研究与管理将迈向更加集成化、智能化的新时代。随着类似 DatistEQ 这类先进软件平台的广泛应用，地震会商将不再受限于繁琐的手工操作，转而成为一门更加注重科学洞察与策略制定的会商，更好地服务于社会公众的安全与福祉。

1.4　DatistEQ 技术特征

在数字地震领域，数据是构建精准模型与高效应用的命脉，其核心价值在于能复原并解析复杂的地震形成机制。节点式数据整合应用平台正是大数据时代下，专为应对这一挑战而生的技术利器。它通过智能适应各类场景需求，以可视化节点为媒介，将数据的获取、组织、整合、提纯，直至最终的可视化表达为流程化，有效破解了从数据到应用的转化难题，为数字地震应用环境的构建铺设了坚实的桥梁。

（1）异构数据整合：跨越数据障碍的桥梁。

面对企业信息化进程中积累的海量异构数据，源于不同业务系统和技术路线的多样性，成为决策效率提升的一大拦路虎。这些数据散落于从简单文件数据库到复杂网络数据库的各个角落，形成了一座座信息孤岛。异构数据整合在此背景下显得尤为重要，它不仅涉及数据存储系统和应用平台的差异，还涵盖了数据结构、模式以及逻辑的多重不一致性。DatistEQ 平台通过多源异构数据的无缝接入技术，支持近百种数据格式和结构的高效整合，有效打通了数据孤岛，为决策提供了快速、准确的数据支持。

（2）小工具整合：释放科学研究生产力的加速器。

在科学研究生产流程中，从数据收集到最终实施的每一个环节，都需要精细化管理和优化，尤其在数据整理阶段。据统计，数据整理消耗科学研究人员的时间和精力高达 60%，这凸显了传统处理方式的低效。企业内部开发的一系列小工具，针对数据整理、格式转换及可视化等繁琐任务进行了自动化处理，利用 Excel、Word 的 VBA 二次开发，大幅减轻了科学研究人员的负担，虽然每项工具可能使用频率不高，但显著提升了整个科学研究生产流程的效率。

（3）数据处理过程可视化：透视科学探索的窗口。

数据处理过程的可视化，不仅让数据分析结果变得直观易懂，更深层的价值在于它揭示了科学研究逻辑的内在流程。通过节点式图解，科学研究与技术团队可以跨越知识领域界限，协同创新，确保业务逻辑与数据处理的深度融合。这一变化不仅促进了知识的传承和方法的持续优化，还避免了因人才变动导致的知识断层，为数据密集型研究提供了可持续发展的路径。

（4）企业级数据整合应用：重塑业务流程的基石。

在地震研究业务场景下，平台通过提供快速接入模块和多样化数据操作工具，支持从钻井到测井等多数据库的集成，以及丰富多样的数据可视化选项，实现了数据处理的高度灵活性和效率。集成的专业软件无缝对接，以及数据推送的多样化模式，有效地解决了数据格式不一、软件间交互难题，确保了数据的顺畅流通与共享，极大地提升了地震研究的综合效能。

DatistEQ 系统以其独特的零代码设计理念，引领了一场地震软件开发模式的革命。用户无需编程知识，仅需通过直观的拖拽操作，即可实现复杂的数据整合与应用构建。这种前所未有的简易性和灵活性，不仅降低了技术门槛，更激发了企业内部的创新潜力，使得非计算机背景的业务人员也能成为数字化转型的推动者。对于管理者来说，这意味着能够充分调动企业内部资源，以极低的成本投入实现业绩的显著增长，开创了一个多方共赢的数字化未来。

1.5 DatistEQ 应用场景

在地震专业领域，大数据平台的应用需求日益凸显，特别是随着 DatistEQ 这一智能解决方案的上线运行，其在智能运维、数据治理以及数据感知等方面的出色表现，正深刻推动着整个行业的智能化跃进，为地震科学探索和资源管理带来了前所未有的支撑。

（1）智能运维：重塑运维效率，迈向主动管理。

历经十多年的数字化平台建设，面对每日高达 300 万条的日志记录、3000 多项后台服务、超过 120 台应用服务器和 5000 张数据表的庞大规模，运维团队面临数据链路复杂、功能模块繁多、性能监测难度大的严峻挑战。DatistEQ 平台在此背景下应运而生，它为运维人员量身定制了一套全方位的监控与预警系统，涵盖机房环境、服务器、数据链路、系统运行及用户体验五大核心领域。该系统不仅实现了对潜在安全风险的实时分级告警与处理，还通过精细化监控确保服务器稳定运行，优化数据链路，提升系统响应速度，并借助用户行为分析促进交互体验的不断优化。它能从庞大的数据海洋中精准识别异常，将运维从被动应对转变为前瞻性的主动治理，极大地释放了团队的创新与管理潜能。

（2）数据治理：深化数据价值，构建高效数据生态。

面对长期以来数据治理的复杂性，如数据库分散、跨部门协作困难、人才流动性大等问题，DatistEQ 引入了“采、存、管、看、找、用、智”的全周期治理策略。首先，通过可视化 DAG 流程，简化数据质量检验流程，有效提升坐标数据等关键信息的精确度。其次，它促进企业数据架构的重构，通过优化数据组织结构，减少数据采集与应用之间的耦合，提升数据使用的灵活性与效率。最后，地震数据专家促进了权威数据资源的标准化发布，为不同业务系统提供统一、可靠的数据接口，为数据的高效利用奠定了坚实基础。DatistEQ 不仅减轻了数据工程师的负担，还能促使他们专注于更高层次的数据战略规划，共同塑造一个高效、稳健的企业数据应用环境。

（3）数据感知：助力决策智能化，优化科学研究生产流程。

在数据洪流中，DatistEQ 为科学研究人员提供了一双洞察细微的“眼睛”，通过集成企业微信、邮件及信息平台，DatistEQ 灵活运用定时任务、流程追踪和用户触发等方式，实时推送任务进度和异常状态报告，如样品分析进度、地震活动趋势分析等，有效缩短信息传递链条，提升决策效率。同时，利用先进的数据分析方法，对生产异常进行预警，确保及时发现并应对潜在问题，为科学研究保驾护航。

企业数字化与智能化转型是一个持续演进的过程，需要不懈的努力与投入。DatistEQ 技术体系不仅为这一进程注入了活力，更通过赋能一线员工，打破了传统壁垒，鼓励全员参与到数字化建设中来。它不仅提供了强大的工具支持，更为员工提供了自我创新的舞台，加速岗位的数字化与智能化进程，为构建企业自主研发能力及培养未来智能化发展所需的人才梯队奠定了基石。在 DatistEQ 的推动下，企业必将向着更加自主、更加智能的未来发展。

第 2 章　DatistEQ 之空间分析工具

在地震科学研究与灾害应对策略高端论坛中，空间插值、剖面计算工具以及空间聚集分析技术，作为三项核心的地理信息系统应用，发挥着无可比拟的作用，它们不仅深化了对地震现象的理解，还拓宽了灾害评估与防治的策略视野，展现出广阔的应用前景与深远的社会价值。

本章将深入探讨地理信息系统技术如何在地震科学领域产生深远的影响，并展望它们在未来灾害管理中的潜在作用。我们将详细介绍，空间插值技术是如何帮助我们科学分析区域地震活动；剖面计算工具又是如何为我们提供地质断层的精细分析；密度聚集分析技术是如何帮助我们了解地震活动的模式和趋势。通过这些技术创新的应用，我们将更好地理解地震发生的机制，以便为制定有效的防灾减灾措施提供科学依据。

2.1　空间插值技术

空间插值技术，作为连接离散地震观测数据与连续地理空间的桥梁，能够根据已知地震强度或震源深度等点数据，推算出整个研究区域的地震分布特征。这一技术对于构建高分辨率地震危险性空间分布图、揭示地震活动规律至关重要。它还能为地震会商提供直观的空间分析依据，使决策者能够基于精细的地理信息做出更为科学合理的判断。

空间插值技术在功能上实现了两大重要突破，显著提升了用户体验和数据处理的智能化程度。

①智能化的网格布局定制。引入了智能化的网格布局定制功能，用户可以根据实际需求灵活设置水平方向的网格数量，系统则会自动匹配计算出最优的垂直网格布局，以便确保数据展示的均衡性和视觉协调性。这项智能化调整功能极大地提高了数据可视化效果的适应性和美观度。

②插值算法的精细调控。在插值算法的精细调控方面取得了显著进展，通过对反距离权重插值算法的指数因子进行微调，以及优化克里金方法中的关键参数，如 Nugget 效应和作用范围，用户就能够更精准地控制数据插值过程，从而提升分析结果的准确性和可靠性。这种参数细化不仅满足了专业用户对数据精确度的高要求，也为复杂模型的构建和解析提供了更强大的工具支持。

在数据处理流程上，网络化节点发挥着至关重要的作用，它高效地将复杂的矢量数据转换为易于处理和展示的栅格数据格式，这些处理后的数据通过与地理图节点的无缝对接，就被生动直观地呈现在用户面前。无论是地质结构分析、气象模式研究还是城市规划布局，都能以更加清晰明了的可视化形式展现出来，为决策支持和科学研究提供了可视化依据。

在地理空间分析和数据可视化领域，各种插值方法和图表类型扮演着至关重要的角色，它们帮助研究人员和分析师从离散数据点中推断出连续表面，进而揭示空间分布模式、趋势和关联性。下面是对上述提到的各种插值模型和图表类型的详尽解释。

2.1.1　IDW（反距离权重插值）模型

IDW 2 次方。这是一种常见的反距离权重插值方法，其中每个点的权重与其距离的平方成反比。这意味着距离目标点越近的数据点对插值结果的贡献越大，随着距离的增加，权重下降的速度相比线性关系更快。它适合于局部影响显著的插值需求，如图 2-1 所示。

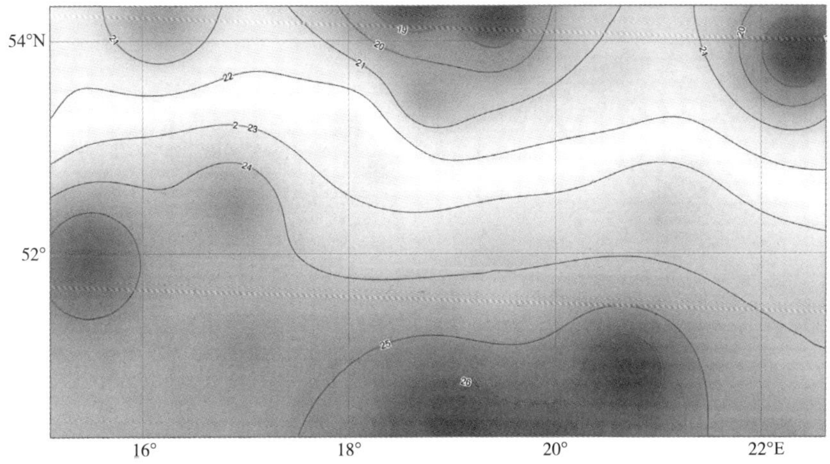

图 2-1　IDW 2 次方示意图

IDW 3 次方。相较于 2 次方，这里的权重与距离的 3 次方成反比，该方法进一步加快了远处点影响力的衰减速度。它适用于需要更强局部控制和迅速衰减场景的插值，如图 2-2 所示。

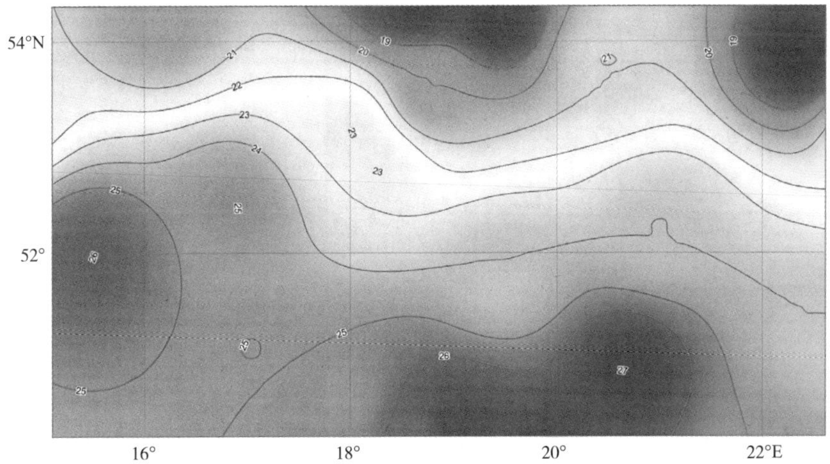

图 2-2　IDW 3 次方示意图

2.1.2 克里金插值模型

克里金插值是一种统计方法，基于变差函数或协方差函数来估计未知点的值，因为数据点之间具有空间相关性。

克里金 - 幂模型。利用幂函数来描述距离与权重之间的关系，适合于空间结构较为复杂的数据场，如图 2-3 所示。

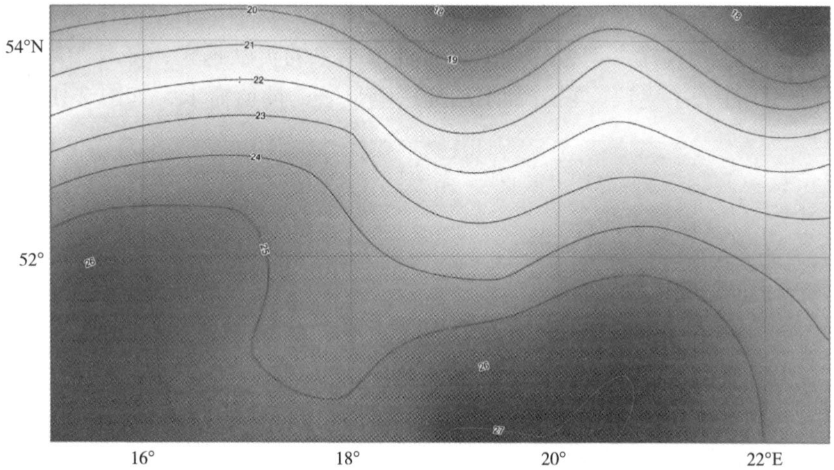

图 2-3 克里金 - 幂模型示意图

克里金 - 指数模型。权重随距离以指数形式减少，适用于数据点间相关性随距离迅速减弱的情形，如图 2-4 所示。

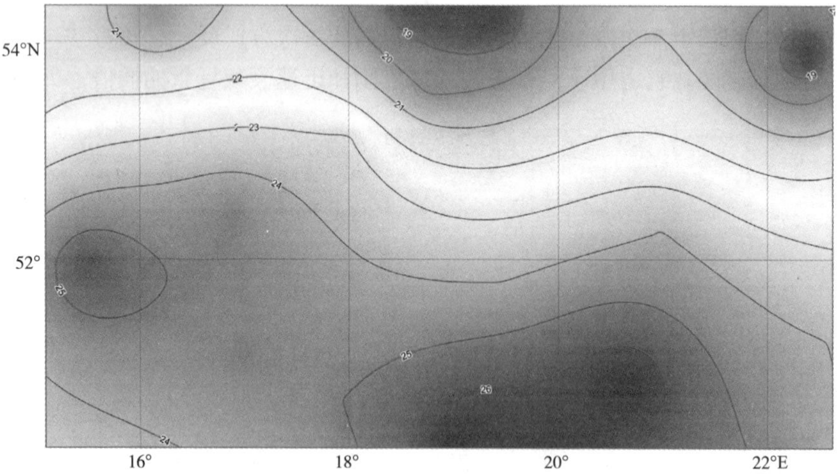

图 2-4 克里金 - 指数模型示意图

克里金 - 高斯模型。权重衰减遵循高斯分布，即距离增加时权重缓慢减少，适用于数据具有较强空间连续性的场景，如图 2-5 所示。

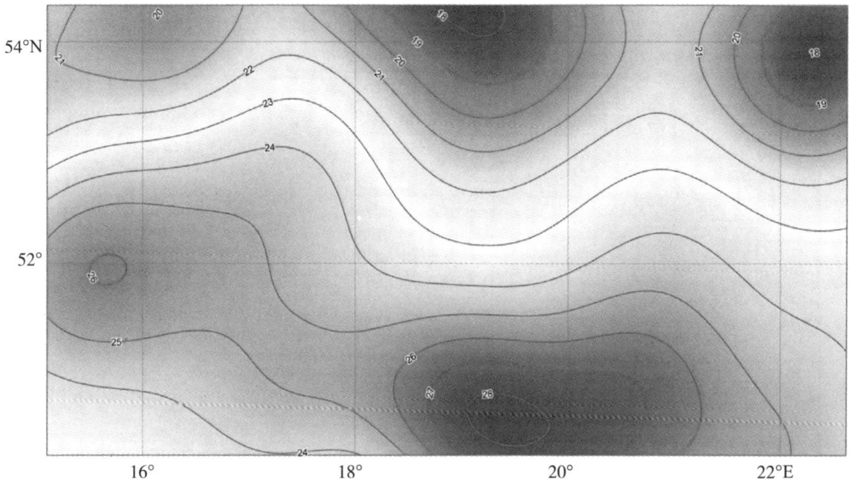

图 2-5　克里金 - 高斯模型示意图

克里金 - 球模型。在近距离内权重迅速下降，达到一定距离后权重保持恒定，适用于局部变异性强而远距离关系稳定的场合，如图 2-6 所示。

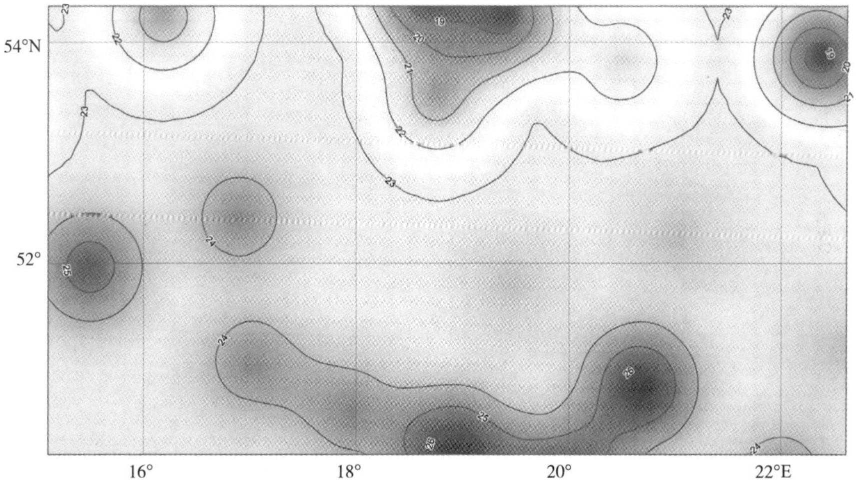

图 2-6　克里金 - 球模型示意图

克里金 - 圆模型。在特定距离范围内权重随距离增加而减小，超过该范围后权重保持不变的模型，适用于局部变异性较强而远距离关系稳定的场合，如图 2-7 所示。

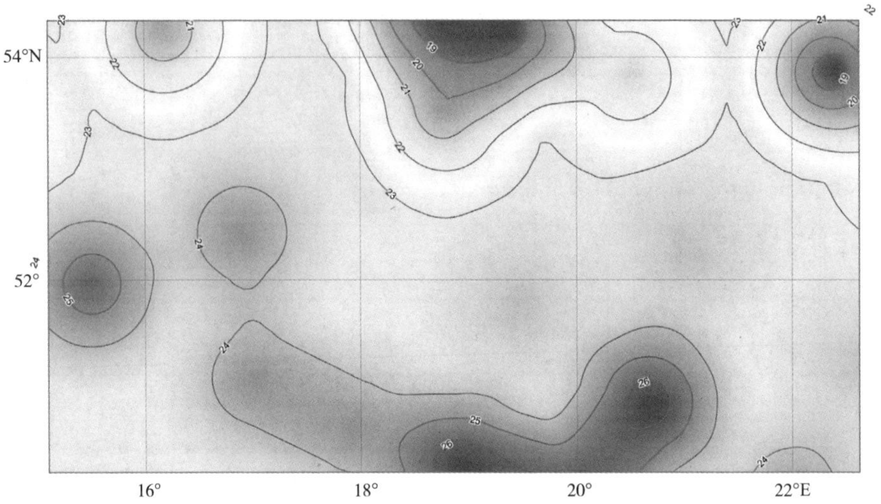

图 2-7 克里金 - 圆模型示意图

克里金 - 线性模型。权重与距离呈线性关系减少，适合于简单、均匀的空间分布数据场，如图 2-8 所示。

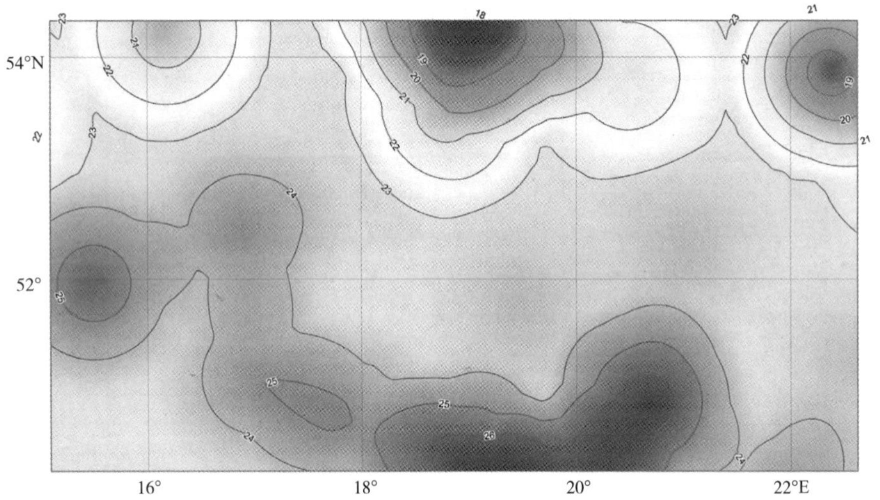

图 2-8 克里金 - 线性模型示意图

克里金插值的所有模型都通过考虑数据点间空间相关性，提供了对空间数据更为精确的预测，但选择哪种模型需基于数据的具体特性和分析目的决定。

2.1.3 样条插值

样条插值通过定义一系列平滑的曲线或曲面来拟合数据点。平滑因子控制曲线的光滑程度，值越小，如取 0.01，如图 2-9 所示，插值曲线越贴近原始数据点，可能呈现更多细节但不够平滑；值越大，如取 0.1，如图 2-10 所示，曲线更加平滑，但可能丢失部分局部特征。选择合适的平滑因子对于平衡细节保留与整体趋势展现至关重要。

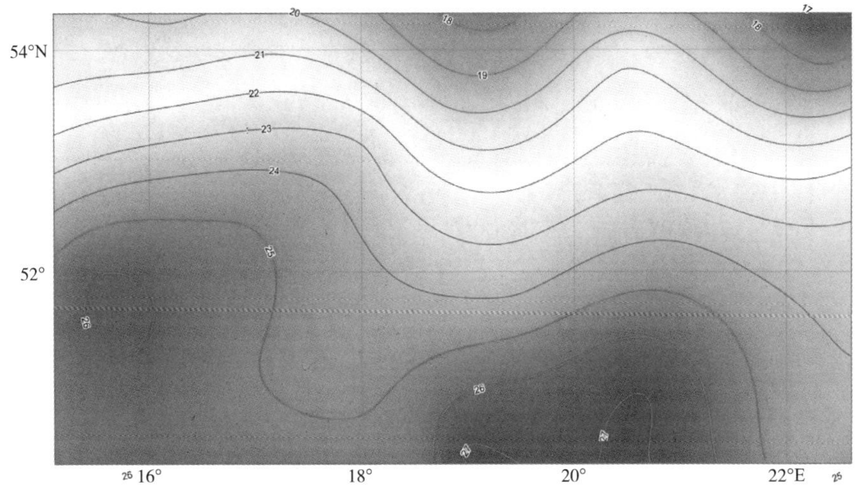

图 2-9　样条平滑因子 0.01 示意图

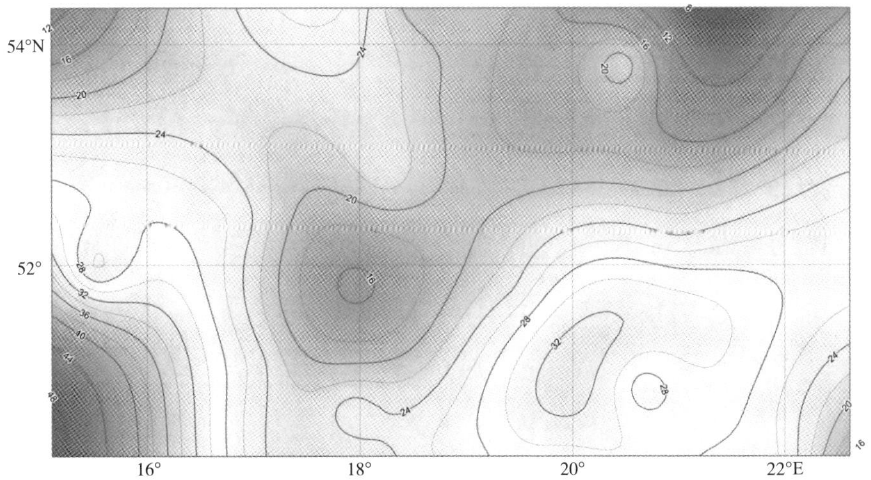

图 2-10　样条平滑因子 0.1 示意图

2.1.4　图表类型

通过颜色的深浅来表示数据的密度或强度，常用于展示二维空间中数据的分布情况，如人口密度、气温分布等，色彩斑斓的热力图能直观反映数据的集中区域和稀疏区域，如图 2-11 所示。

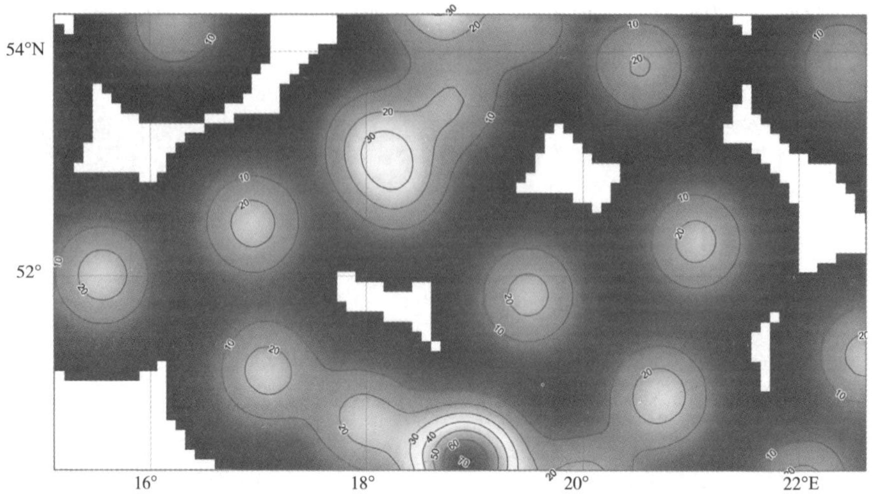

图 2-11　热力图示意图

密度图与热力图相似，但更侧重于展示数据点的分布密度而非绝对值，通过颜色或透明度来反映数据点的聚集程度，常用于观察数据点的集群模式，如动物迁徙路径、交通事故频发地带等，如图 2-12 所示。

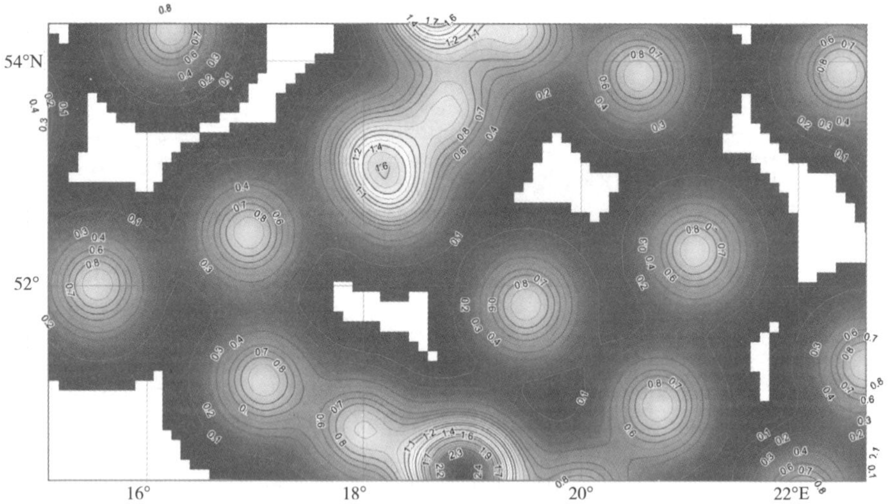

图 2-12　密度图示意图

这些插值方法和图表类型的选择与应用，都是根据数据的特性、分析目标以及所期望的可视化效果来决定的，它们共同构成了地理空间数据分析中不可或缺的工具箱。

2.2　剖面计算工具

剖面计算工具，专注于分析地震活动的垂直分布特征，通过对地震数据进行横截面切割与三维建模，清晰地展示地震断层的结构、深度变化以及地震能量的传播路径。这一精细化分析手段，为地震机理探讨、地震灾害隐患评估提供了宝贵的细节信息，加深了我们对地震物理过程的理解。

我们利用先进的缓冲区分析技术，精心设计了一种创新的地理空间探索方案，即在地理图面上精准绘制并深入剖析一条精细化的探查路径。此方案不仅能够细腻地描绘出路径周边的数据分布格局，还能通过高度可视化的手段，揭示数据在空间上的微妙变化和潜在联系。

在这一过程中，首先依托强大的 GIS 工具，精确定义探查路线，随后围绕该路径构建缓冲区，以此为框架捕捉并分析紧邻路线的各项关键数据指标。这样的策略允许我们全方位考察路线周边环境的细微特征，比如在分析自然资源分布、人口密度变化以及城市扩张趋势等方面，都能为我们提供丰富且深入的洞察。

数据分析成果以交互式散点图的形式呈现，巧妙结合了科学性与直观性。在散点图中，横坐标利用了探查路径上各选定点至起点沿路径的投影距离，以地理度数作为量度单位，精确映射各选定点位的相对位置；纵坐标则赋予了用户高度灵活性，可以根据研究需求自由指定任意数值型变量，如海拔高度、污染指数，或是经济指标，均可在二维平面上直观展现数据的动态分布与变化趋势。

值得一提的是，本工具凭借其独特的交互功能，极大地提升了用户体验与分析效率。用户能够亲自参与到数据的探索中，通过鼠标拖拽、缩放等操作，动态调整视图，聚焦感兴趣的局部区域，快速识别数据中的异常值或趋势偏离，等等。这为深入解析地理现象背后的因果关系提供了强有力的支撑，以图 2-13 为例来展示。

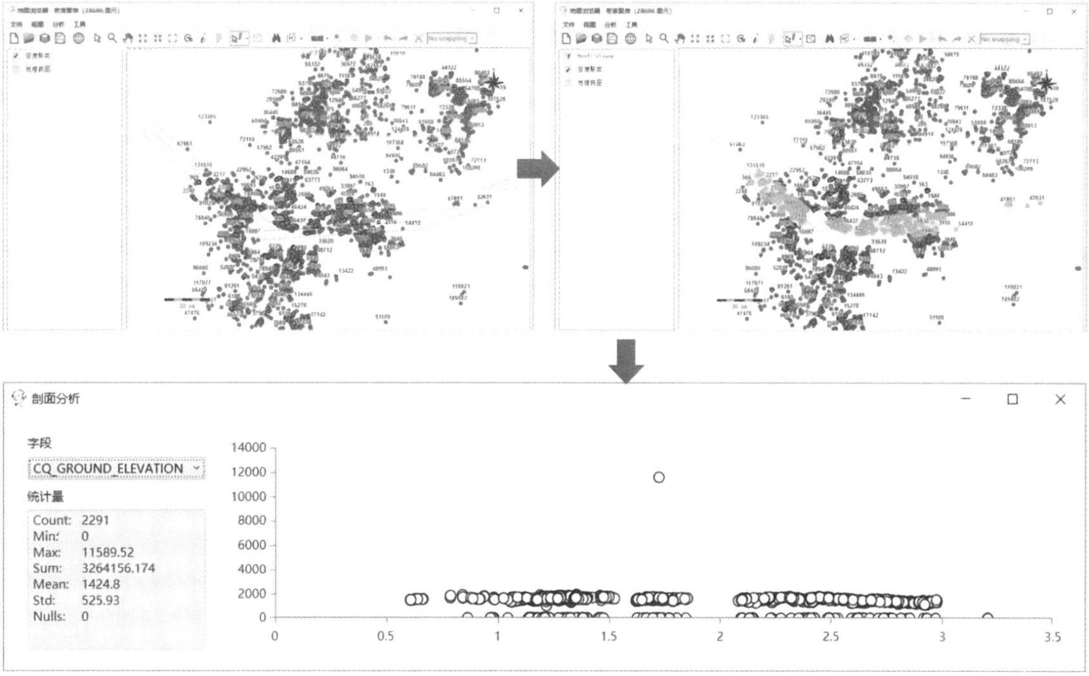

图 2-13 剖面分析工具示意图

2.3 密度聚类分析技术

密度聚类分析技术，聚焦于识别地震事件在地理空间上的非随机分布模式，通过统计分析方法找出地震频发的热点区域。这一技术对于评估地震灾害风险等级、优化资源配置、制定疏散计划具有重要的指导意义。在地震会商中，密度聚类分析技术的结果可以直观地展示地震活动的空间集中趋势，引导决策者关注高风险区域，采取先期干预措施，以减轻可能的灾害影响。

在进行地理空间数据分析时，对点数据实施空间聚类分析是一种至关重要的方法，旨在根据其地理位置将散落的点图元有效地组织成若干有意义的群组。如图 2-14 所示是密度聚类分析的变化过程，这一过程不仅仅涉及简单的分类，更是深入探索数据中的空间模式和结构，以揭示可能存在的聚集现象。具体而言，它通过采用一种先进的算法，依据用户预设的一个精确距离阈值来执行精细化的分组操作。在这个过程中，确保每个聚类内的点图元之间的地理间距不超过所设定的距离门槛，这样就保证了组内成员间的紧密关联与相似性，也暗示着这些点可能共享某些共同的特征或受到相同地理因素的影响。相反，不同聚类间的任意两点的距离则会被严格控制，确保超过这个指定的阈值，就被明确区分为不同的空间群体，避免了类别间的混淆与重叠。

密度聚类分析技术不仅极大地增强了我们对复杂地理分布模式的理解，也能为后续的空间统计分析、模式识别以及决策支持提供了坚实的基础。通过这种方式，研究人员能够更加直观地识别出热点区域、孤立点或是特定的地理分布趋势，进而深入探究背后潜在的驱动因素，在城市规划、资源分配、环境研究等多个领域也可采用该技术为其提供科学依据和策略指导。

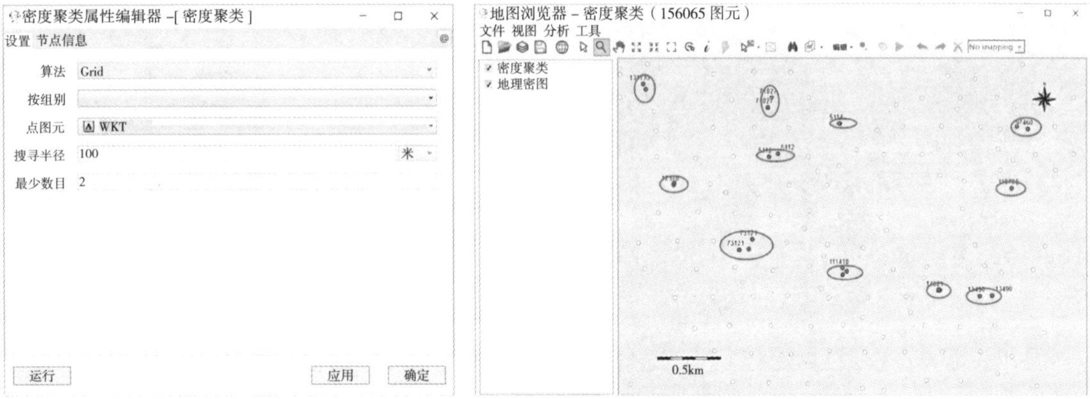

图 2-14 密度聚类分析示意图

第 3 章 DatistEQ 之数据治理工具

在过往的数据浏览器应用中，数据钻取功能是 DatistEQ 中最基础且不可或缺的工具，但由于其操作复杂，常被戏称为“鸡肋”。尽管它潜力巨大，但并未充分发挥作用来满足用户对深入数据探索和交互式体验的需求。

为此，我们精心设计了一系列创新且实用的功能模块，旨在构建一个全方位、高效能的数据探索平台。新推出的本地文件查看功能，让用户能够无缝接入本机数据资源，无需网络传输即可快速浏览。目录查看功能进一步优化了文件组织结构的可视化，使得数据管理更加直观便捷。数据流查看功能让用户可以实时追踪数据流动过程，清晰地理解数据处理逻辑。

针对文本密集型工作，我们特别开发了字符相似度比较工具以及大字符串浏览功能，显著提高了文本分析的效率和精确度。此外，用户还可以直接从浏览界面选择数据并创建表格节点，大大简化了数据分析前的准备工作。我们还加入了空间信息处理能力，让用户能够直接查看数据对应的空间位置以及高清影像。这为地理信息系统（GIS）分析提供了强有力的支持。

与此同时，集成的网页浏览与 HTML 解析功能让网络数据的抓取与解析变得简单快捷，让市场调研和信息搜集都更加得心应手。

通过上述多样且强大的功能集合，我们不仅极大地丰富了数据浏览器的应用场景，更将其从一个边缘化的辅助工具转变成了一个强大的数据探索与分析中心，保证了每一位用户都能在流畅、高效的体验中发掘数据的价值。

3.1 数据导航

在地震科学研究和紧张的应急响应实践中，高效、直观的地震数据交互与数据导航系统扮演着至关重要的角色，尤其在地震会商这一关键环节中，其意义深远，应用前景广阔。

地震会商是综合分析地震活动趋势，评估地震风险的重要会议，依赖于精确、高时效的数据支撑。地震数据交互系统的引入，极大地提升了信息交流的效率与质量。它不仅允许即时访问全球地震监测网络的最新数据，还支持多维度数据的动态可视化，如地震波形、震源参数、地质构造图等，使复杂的地震信息一目了然。这种交互式的体验，有助于专家们快速捕捉关键数据变化，促进深入讨论与知识碰撞，快捷地为科学判断地震形势提供依据。

数据导航功能，则是确保会商过程高效有序进行的另一关键技术。它通过智能化的索引与筛选机制，快速定位到关注区域的地震数据，无论是历史地震事件回顾，还是当前地震序列的追踪，都能在短时间内完成。此外，数据导航还支持跨数据源的关联查询，比如将地震数据与地质、气象、社会经济数据相结合，为综合评估地震影响及制定应对措施提供更全面的材料。

随着人工智能、大数据技术的不断成熟，地震数据交互与数据导航系统将更加智能化、个性化。例如，通过机器学习算法预测地震趋势，结合增强现实技术直观展示地震影响范围，以及利用云计算能力实现大规模数据的秒级处理与分析，这些都将极大地提升地震会商的科学性与决策效率。技术的深度融合，不仅能够促进地震科学研究的深入，还将为地震预警、灾害防范和应急响应提供更为精准、高效的解决方案，在守护人民生命财产安全方面，展现出了地震数据科技在新时代的巨大潜力与责任担当。

在数据导航与操作体验的重大革新中，我们精心设计了一系列创新特性，旨在全方位提升用户的使用效率与便捷性，重新定义数据探索与管理的新境界。

增强的文件交互体验：在数据文件导航方面，用户界面优化使操作更为直观。无论是直接点击文件名右键菜单来查看文件内容或浏览所在目录，还是在目录项上点击右键以快速打开对应文件夹，都显著提升了文件管理的效率。

二进制数据访问便捷化：对于数据库中存储的二进制大对象（BLOB），新增的支持查看数据功能，让用户无需离开当前界面即可预览这类特殊格式的数据，增强了数据处理的灵活性。

网页数据集成导航：集成的网页数据导航功能是一大亮点，不仅允许用户通过单击识别的网址直接在内置浏览器中浏览页面内容，还引入了网页内容解析器。这一高级工具通过可视化路径选择，简化了网页结构数据抓取过程，加速了从网页到结构化数据的转化，非常适合数据挖掘与分析任务，操作界面如图 3-1 所示。

流程优化与功能整合：系统底层的重构促使数据浏览器功能大幅扩展，特别是“创建表格数据”功能的加入，允许用户直接从选中的多单元格数据快速生成数据源，简化了数据准备流程，提升了从数据发现到数据分析的连贯性和效率，操作界面如图 3-2 所示。

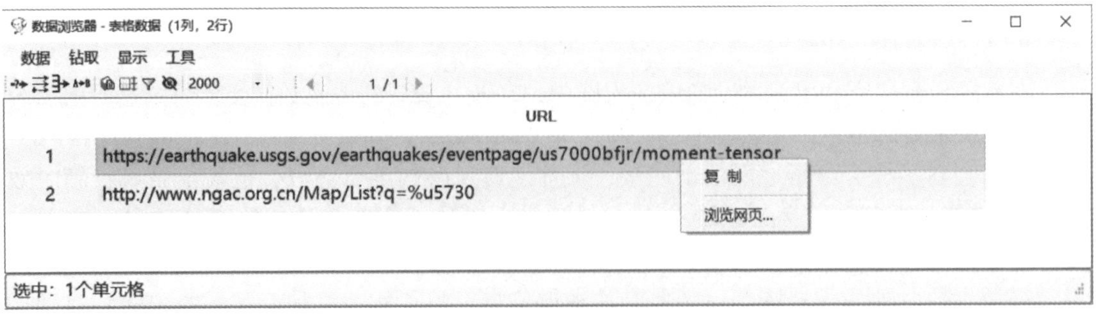

图 3-1　浏览网页示意图

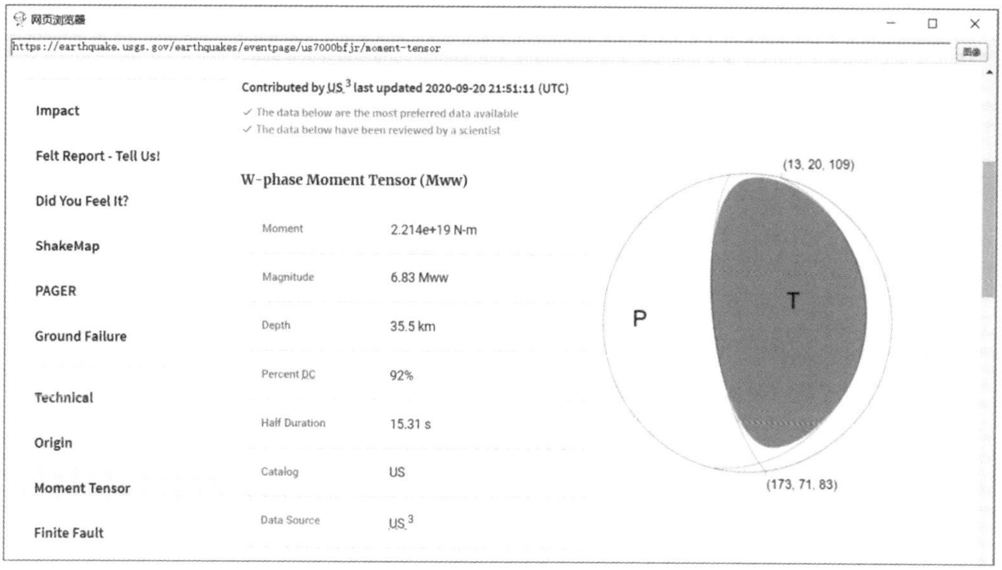

图 3–2　网页浏览器示意图

整体而言，这些改进共同构建了一个更加集中、简洁与实用的数据操作环境，使得用户能够更加高效地进行数据导航、处理和分析。

3.2　字符串相似度

在地震科学研究与灾害管理的复杂生态系统中，精确计算两个字符串的相似度不仅是技术挑战，也是推进智能数据分组与高效分类的基石，尤其是在地震数据治理与分析这一专业领域，其应用潜力被赋予了前所未有的重要性与迫切性。

地震数据因其独特性与复杂性，往往涉及大量传感器记录、地质报告、灾情描述等多维度信息，通过采用先进的字符串相似度计算方法，我们可以有效地识别并整合来自不同源头的相似地震事件报告，减少信息冗余，提升数据的一致性和可用性。这一过程对于建立准确的地震数据库至关重要，它直接关系到地震活动的监测精度、地震预警系统的响应速度，以及后续研究分析的深度与广度。

在地震数据分类方面，字符串相似度计算技术同样发挥着不可或缺的作用，它能够帮助科学研究人员和灾害管理人员从海量的地震数据中快速识别出具有相似特征的事件记录，如震级相近、发生地点相邻或地质构造类似的地震，从而实现数据的智能化分群。这不仅加速了地震类型识别、震源机制研究等科学探索，也为地震灾害的风险评估、应急响应规划提供了坚实的数据支持。

智能分组与分类技术在地震数据治理领域的深入应用，促进了跨学科合作与信息共享平台的发展。例如，通过自动归集相似的地质调查报告，地理学家和地震学家能更容易地协作，共同研究地震活动与地质构造之间的复杂联系。在紧急救援场景下，快速准确地分组相关灾情信息，能够为救援队伍提供即时的情报支持，指导资源的有效分配，最大限度地减少地震带来的损失。

计算字符串相似度技术在地震数据治理与分类领域的巧妙应用，不仅强化了数据处理的智能化水平，也为地震科学研究、灾害预防与应对策略的制定开辟了新的视角与途径，展现了巨大的应用价值与广阔的发展前景，如图 3-3 所示。

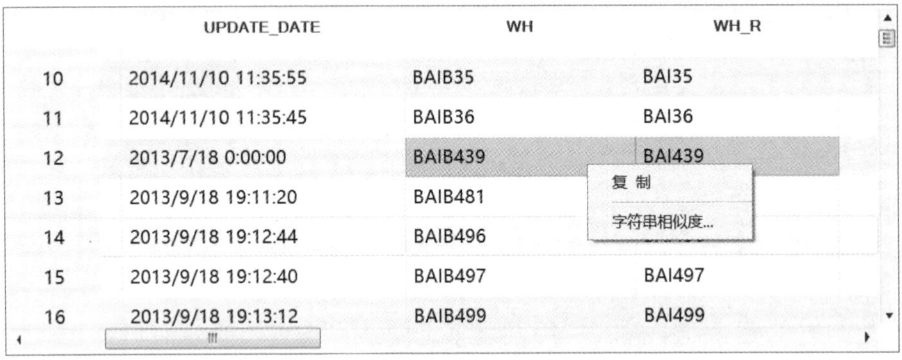

图 3-3　字符串相似度计算示意图

选中两个单元格，即可开启字符相似度测试工具，它支持莱文斯距离、最长公共字串、最长公共子序列、汉明距离、杰卡德距离、Jaro Distance 等系列字符串相似度计算算法，如图 3-4 所示。

图 3-4　相似度计算示意图

（1）莱文斯距离（Levenshtein Distance）。

莱文斯距离，也称为编辑距离，是一种衡量两个字符串之间差异的度量方式，它定义为通过插入、删除、替换操作将一个字符串变为另一个字符串所需的最少单字符编辑次数。例如，将“cat”变为“hat”需要一次替换操作，因此它们的莱文斯距离是 1。莱文斯距离常用于拼写检查、字符串相似度比较等领域。

（2）最长公共字串（Longest Common Substring, LCS）。

最长公共字串是指两个或多个字符串中共有的最长连续子序列。比如，“ABABC”和“BABCA”的最长公共字串是“BABC”。LCS 常用于文本比对、数据去重和生物信息学中的序列比对。

（3）最长公共子序列（Longest Common Subsequence, LCS）。

与最长公共字串不同，最长公共子序列不强调连续性，而是寻找两个序列中相同的最长子序列，允许子序列中的字符在原序列中不连续出现。例如，“AGGTAB”和“GXTXAYB”的 LCS 是“GTAB”。LCS 在版本控制、DNA 序列比对等方面有广泛应用。

（4）汉明距离（Hamming Distance）。

汉明距离用于比较两个等长字符串在位级别上的差异，即两个字符串对应位置上不同字符的个数，它主要应用于比较二进制代码，但在任何固定长度的字符串比较中都适用。例如，“1011101”与“1001001”的汉明距离为 2。

（5）杰卡德距离（Jaccard Distance）。

杰卡德距离是衡量两个集合差异性的指标，它是 1 减去杰卡德相似系数。杰卡德相似系数定义为两个集合交集的大小除以并集的大小。因此，杰卡德距离表示两个集合不共享元素的比例，值越小表示集合越相似。在文本处理、推荐系统中，通过将文档或项看作特征集合来应用这一度量。

（6）Jaro Distance。

Jaro Distance 是一种衡量字符串相似度的算法，特别适用于处理拼写错误或简短文本的比较。它基于字符匹配和字符偏移量来计算相似度分数，字符的前后顺序也在计算之列。Jaro Distance 值范围在 0 到 1 之间，值越接近 1 表示字符串越相似，在地址匹配、名字识别等应用场景中非常有效。其改进版 Jaro-Winkler Distance 进一步考虑了字符串开头部分的匹配情况，提高了特定情况下的匹配精度。

3.3　坐标嗅探器

在地震会商这一至关重要的决策场景中，坐标嗅探器的融入开创性地推进了地震数据空间分析的边界，不仅加深了对其空间分布特性的直观洞察，还显著增强了分析的科学严谨性与决策的精确度，展现了其在实践应用中的巨大潜力。

作为“在地图上查看”功能的进化版，坐标嗅探器不仅加速了单个坐标点的地理映射过程，直观呈现其实际位置，还解决了多组坐标数据处理的难题，通过智能化自动识别与转换不同坐标体系（包括经纬度、公里网坐标及各种度带坐标），确保所有坐标数据无偏差地在地图上精准投影，极大地便利了多源坐标数据一致性检验的高效执行，如图 3-5 所示。

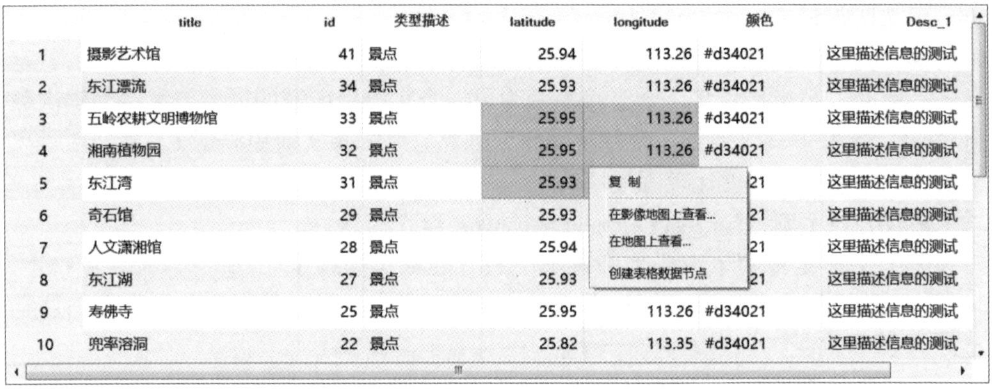

	title	id	类型描述	latitude	longitude	颜色	Desc_1
1	摄影艺术馆	41	景点	25.94	113.26	#d34021	这里描述信息的测试
2	东江漂流	34	景点	25.93	113.26	#d34021	这里描述信息的测试
3	五岭农耕文明博物馆	33	景点	25.95	113.26	#d34021	这里描述信息的测试
4	湘南植物园	32	景点	25.95	113.26	#d34021	这里描述信息的测试
5	东江湾	31	景点	25.93		21	这里描述信息的测试
6	奇石馆	29	景点	25.93		21	这里描述信息的测试
7	人文潇湘馆	28	景点	25.94		21	这里描述信息的测试
8	东江湖	27	景点	25.93		21	这里描述信息的测试
9	寿佛寺	25	景点	25.95	113.26	#d34021	这里描述信息的测试
10	兜率溶洞	22	景点	25.82	113.35	#d34021	这里描述信息的测试

图 3-5　经纬度坐标示意图

结合影像浏览器与地图浏览器的进阶技术支持，坐标嗅探器在特定坐标系统，如西安 80 坐标系统下，高效地实施投影变换，清晰地展现大地坐标数据的地理布局，为深入理解地震活跃区的地质结构、预测地震趋势及评估潜在风险提供了直观的视觉辅助，强化了地理空间信息在会商中的作用，如图 3-6 所示。

此外，坐标嗅探器对系统内部图元数据的快速浏览支持，拓宽了会商的信息覆盖范围，用户可通过图元的右键菜单轻松掌握每个图元的确切地理位置。这对于明确地震影响区域、优化监测站点布局等具有重要意义，为灾害响应的策略规划与资源配置提供了扎实的信息支撑。

集成的坐标转换功能，赋予用户在不同坐标表示法（经纬度、三度带、六度带等）间灵活切换的能力，满足多样化分析需求，提升了数据的互操作性和实用性，进一步促进了信息的共享与协同分析。

而距离计算功能作为又一亮点，简化了两点坐标或点与图元间距离的测量过程，对评估地震破坏区域范围、理解震中距离效应等关键分析极为关键，为会商期间的风险量化及应急策略的精准制定贡献了不可或缺的数据支持。

坐标嗅探器凭借其在地震会商中的高效空间定位、自动化坐标处理、图元信息快速检视、多格式坐标转换灵活性，以及精确实用的距离计算能力，极大地提升了地震数据的深度解析与空间利用效率，为地震研究的深入与灾害应对策略的制定铺设了坚实的路径，其应用价值与未来发展前景不可小觑。

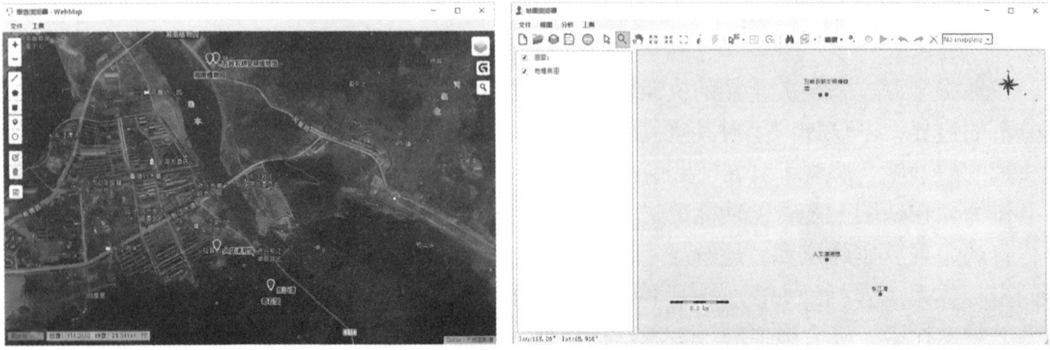

图 3-6　影像浏览器与地图浏览器示意图

3.4 散点图矩阵

在地震会商中，集成快速绘制散点图矩阵的功能是对数据分析能力的一次重大飞跃，它为科学研究人员和决策者提供了一种强有力的视觉工具，用以快速地揭示地震数据各变量间错综复杂的相关性格局。这项技术不仅极大地加速了对地震活动多重因素间内在联系的洞察过程，而且还开拓了在地震科学研究及灾害管理策略规划中应用统计图形学的新途径。

通过交互式地展示每个变量对之间的散点图，使用户能够直观地识别出变量间的正相关、负相关或是缺乏明显关联的模式，这对于理解地震活动的多元驱动因素——如地壳应力变化、断层活动特性、地质结构特征及其与地震强度、频度的潜在联系——至关重要，它如同一个高精度的“数据透镜”，帮助分析人员在繁杂的数据迷雾中迅速地捕捉到有意义的关联线索，为地震预测模型的构建与验证提供了宝贵的可视化依据。

散点图矩阵的动态性和即时反馈特性，在紧急会商场景下尤为宝贵。面对地震预警或灾后快速评估的需求，决策者可以立即通过调整参数、筛选数据子集来探索不同假设情景下的数据关联性，从而依据实证分析快速制定或调整应对措施，提升应急响应的时效性和针对性，如图 3-7 所示。

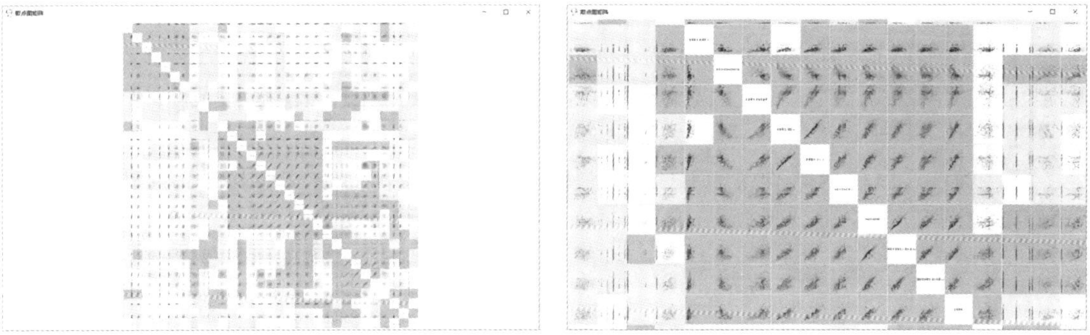

图 3-7 散点图矩阵示意图

3.5 层级数据可视化

在数据管理与分析的广阔领域中，层级数据模型占据着举足轻重的地位，其核心在于描述两个记录间简洁而直观的一对多或一对一关系，恰如自然界和社会组织中的诸多现象，如行政管理体系的层层分级、图书分类的逐级细分、家族血缘的代际传承等。这种模型以一种自然直观的方式映射现实世界中的层次结构，其中数据库的某一条记录作为根基，无任何上级节点，即根节点，其余记录则各自归属唯一的上级，形成了一个有序的层级体系。

传统的关系型数据库在处理层次数据时，为了追求存储效率，通常采取一种简化的表示方法，即通过记录的唯一标识符（节点编号）与父记录的标识符（父节点编号）来表达上下级关系，辅以节点的具体信息。然而，这种抽象的二维存储格式，尽管在空间占用上有所优化，但却在一定程度上增加了用户理解数据关联性的难度，限制了用户直接从数据表中发掘深层次信息与潜在模式的能力。

DatistEQ 在此背景下脱颖而出，致力于打破传统数据展现的局限性，通过集成强大的层级数据分析工具与可视化模块，为用户解锁层次数据的深层价值。DatistEQ 不仅能够高效地抽取并整理层次数据中的关键信息，更能将其以丰富多彩的可视化形式生动展现，如树状图直观展示层次结构，矩形图清晰对比不同分支的数据规模，旭日图优雅呈现数据的层级分布等。这一创新设计极大地提升了数据的可读性与可探索性，让用户能够在交互式的分析环境中，直观感受数据间的关联与趋势，轻松驾驭复杂的数据结构，快速洞察层次数据背后的隐含故事。

当我们将这一技术应用于地震行业时，其优势与潜力尤为显著。在地震科学研究中，从地质构造层次划分到地震波传播路径分析，无不蕴含着丰富的层次关系。DatistEQ 的层级数据处理能力，可以帮助地震学家直观地展现地震带的结构层次、分析地震活动的时空分布规律，甚至在辅助地震预警系统构建中，通过高效的数据可视化，实现对地震活动趋势的快速判断与响应。

3.5.1 层级分析节点

在深入探讨数据的奥秘与价值时，层级分析节点扮演着至关重要的角色，成为连接复杂数据结构与深入洞察之间的重要桥梁。这一机制不仅从多层次数据中抽丝剥茧，提取出每一个节点的路径轨迹、所属层级以及是否为末梢节点等关键属性，而且还为后续的数据分析与应用打下了坚实的基础。通过这些详尽的描述信息，层级分析节点能够与多种分析工具和技术无缝对接，共同构建出一个强大的数据分析生态系统。

具体而言，层级分析节点首先对层次数据进行深入剖析，揭示数据间的上下级关系和结构层次，这就好比绘制一张详尽的“数据家族树”，每个节点的路径信息如同树干上的枝丫标记，清晰地指示了数据在层级结构中的位置与路径，使得追踪和理解数据的来源及演变过程变得简单直观。而识别叶节点与非叶节点的特性，则可以帮助分析师快速区分终端信息与中间汇聚点，这对把握数据流动的方向与终点至关重要，如图 3-8 所示。

	名称	一级	序号	父节点	PathName	PathPid	NodeLevel	IsLeaf
1	第1章 绪论	1	1		第1章 绪论	1	1	False
2	1.1 什么是数据挖掘		1.1	1	第1章 绪论 \1.1 什么是数据挖掘	1\1.1	2	True
3	1.2 数据挖掘要解决的问题		1.2	1	第1章 绪论 \1.2 数据挖掘要解决的问题	1\1.2	2	True
4	1.3 数据挖掘的起源		1.3	1	第1章 绪论 \1.3 数据挖掘的起源	1\1.3	2	True
5	1.4 数据挖掘任务		1.4	1	第1章 绪论 \1.4 数据挖掘任务	1\1.4	2	True
6	1.5 本书的内容与组织		1.5	1	第1章 绪论 \1.5 本书的内容与组织	1\1.5	2	True
7	第2章 数据	2	2		第2章 数据	2	1	False
8	2.1 数据类型		2.1	2	第2章 数据 \2.1 数据类型	2\2.1	2	False
9	2.1.1 属性与度量		2.1.1	2.1	第2章 数据 \2.1 数据类型 \2.1.1 属性与度量	2\2.1\2.1.1	3	True
10	2.1.2 数据集的类型		2.1.2	2.1	第2章 数据 \2.1 数据类型 \2.1.2 数据集的类型	2\2.1\2.1.2	3	True
11	2.2 数据质量		2.2	2	第2章 数据 \2.2 数据质量	2\2.2	2	False
12	2.2.1 测量和数据收集问题		2.2.1	2.2	第2章 数据 \2.2 数据质量 \2.2.1 测量和数据收集问题	2\2.2\2.2.1	3	True
13	2.2.2 关于应用的问题		2.2.2	2.2	第2章 数据 \2.2 数据质量 \2.2.2 关于应用的问题	2\2.2\2.2.2	3	True
14	2.3 数据预处理		2.3	2	第2章 数据 \2.3 数据预处理	2\2.3	2	False
15	2.3.1 聚集		2.3.1	2.3	第2章 数据 \2.3 数据预处理 \2.3.1 聚集	2\2.3\2.3.1	3	True

图 3-8 层级分析节点示意图

在这一分析基础上，企业或研究团队能够更加灵活地运用其他分析节点，如聚类分析、关联规则挖掘、路径分析等，对层次数据进行深度挖掘。

3.5.2　树形图

在 DatistEQ 的可视化工具箱中，树状图作为一种直观且富有表现力的数据展示方式，扮演着极其关键的角色，尤其在处理和展示地震科学研究与会商领域中的层级数据时，其价值更为显著。树状图，或称为树枝状图，是一种以树形结构展现数据之间层次关系的图形方法，通过父节点与子节点的逻辑关联，清晰地映射出数据的嵌套与分支特性。

DatistEQ 提供的树状图类型多样，适应不同场景和用户需求，主要包括横向树状图、纵向树状图和径向树状图，如图 3-9 所示。

横向树状图：在这种布局中，树的根节点位于右侧，子节点依次向左扩展，形成从右至左的展开结构。对于地震科学研究数据而言，横向树状图非常适合展示地震活动随时间的演化，或者地震预警系统的层次结构，从中心监测站到各个分支站点的分布情况一目了然。

纵向树状图：与横向布局相反，纵向树状图将根节点置于顶部，子节点向下延伸。在地震地质构造分析中，这种布局有利于展示地壳深部到地表的层次结构，比如不同深度的地层结构、断层分布等，使研究人员能够直观地追踪地质特征随深度的变化。

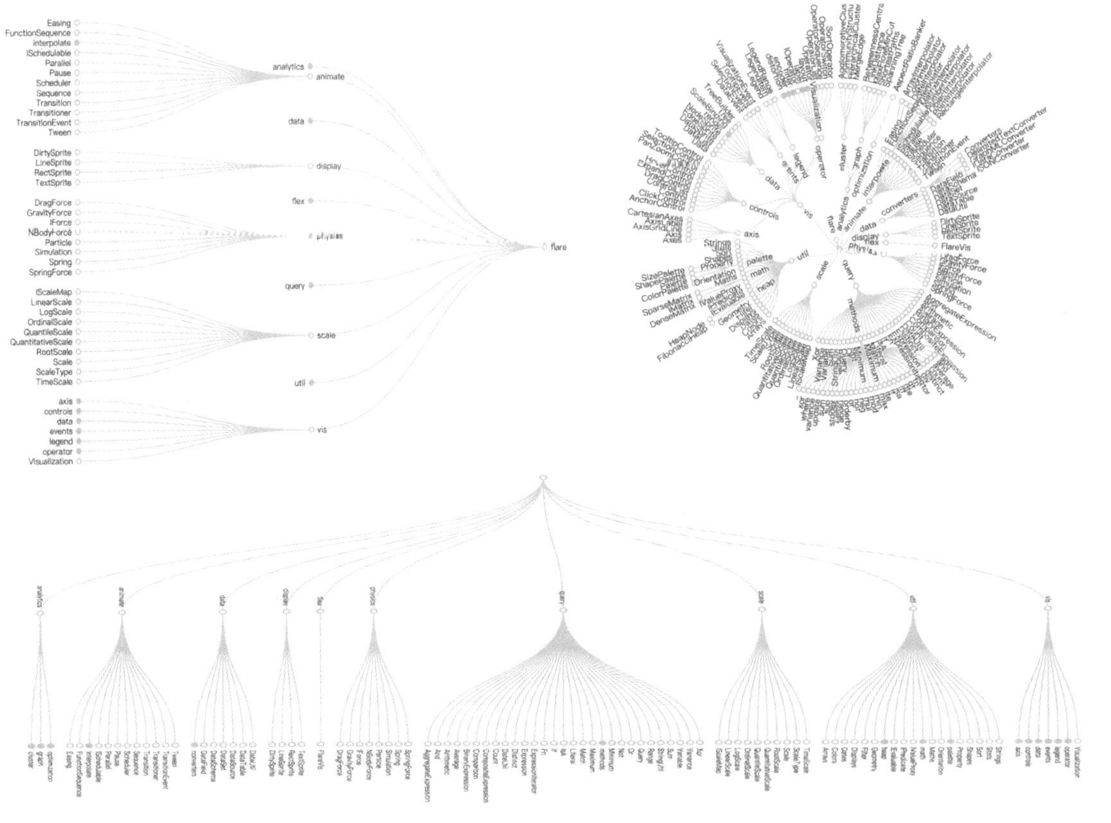

图 3-9　三种树状图示意图

径向树状图：这是一种围绕中心点辐射展开的树形结构，所有节点从中心向外呈环状排列，每个层级形成一个圆环。在地震数据的可视化中，径向树状图特别适用于展示地震波传播路径的研究，中心点可以代表震源，每个环层代表地震波传播到不同距离时的影响区域，清晰展现了地震能量释放的空间扩散过程。

这些多样化的树状图不仅美化了数据展示，更重要的是它们极大地增强了数据的可读性和理解深度，使得科学研究人员和会商决策者能够快速地捕捉到地震相关数据的核心信息，促进更高效、更精准的科学研究分析与决策制定。DatistEQ 通过这些灵活的可视化工具，有力支持了地震科学研究的深度探索与灾害应对策略的优化。它们是推动地震学领域进步的一项重要技术支撑。

3.5.3 矩形树图与旭日图

矩形树图作为数据可视化领域的一种创新形式，与传统的树状图相比，它不仅保留了展现层次结构的能力，还额外引入了节点权重的概念，使得数据的表达更加丰富和立体。在 DatistEQ 中，矩形树图通过将每个节点表示为大小不一的矩形块（图 3-10），直观展示了每个层次结构中各组成部分的相对重要性或数量比例。这种图形化表达方式特别适合于展示地震科学研究和地震会商领域中那些包含量化数据的层次结构信息，比如不同地区地震发生频率的比较、地震烈度分布或是地震灾害造成的经济损失等。

在矩形树图中，根节点位于顶部或左侧，其子节点按照权重大小分配空间，权重较大的节点所对应的矩形面积较大，反之则小。这样的设计使得用户一眼就能看出哪些因素占据了主导地位，哪些较为次要，从而快速抓住数据的重点和趋势。

旭日图可以说是矩形树图的一种美学与功能并重的变体，它将矩形树图以圆形布局重新组织，形成了一个从中心向外辐射的太阳光芒状结构（图 3-10）。每个层次的节点沿圆周分布，同一层级的节点通过颜色编码或渐变来区分，不仅美观，而且还能清晰展示层级之间的比例关系。在地震数据展示中，旭日图特别适合用来表现地震活动随时间的变化趋势，或不同地震类型在总地震活动中的占比，其视觉效果独特，能有效吸引观众的注意力，促进信息的有效传达。

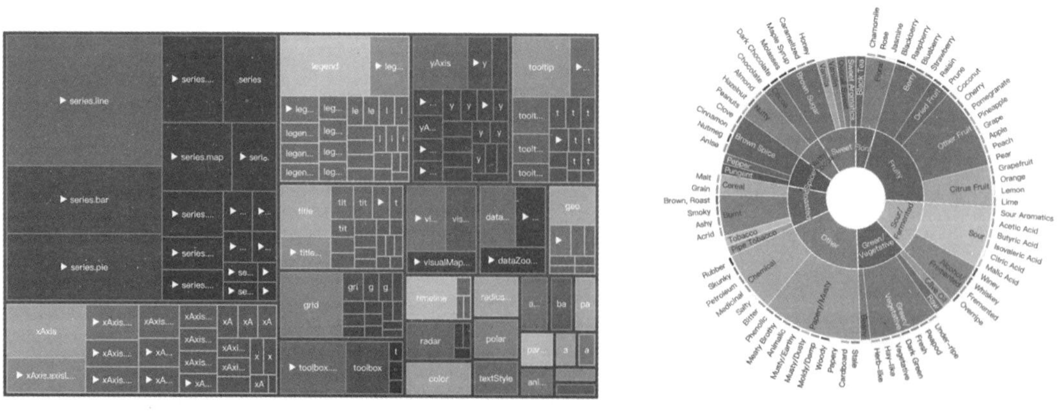

图 3-10 矩形树图与旭日图示意图

矩形树图与旭日图在 DatistEQ 中的应用，为地震科学研究与会商提供了更精细化和可视化的方法，帮助研究人员和决策者在复杂的地震数据中发现模式、比较差异、理解层次关系，并据此做出更加精准的分析和判断。通过这些高级的可视化工具，DatistEQ 进一步推动了地震数据的深入探索与应用，提升了科学研究与决策的效率与质量。

3.6　动图生成器

在地震会商中，不同深度下纵波特性的变化对深入剖析地壳内部动力机制及地震预测具有不可估量的意义。DatistEQ 平台以其先进的数据处理能力和可视化能力，成为强大的辅助工具，促进了这一研究方向的发展。

DatistEQ 平台内置的数据解析节点，展现了其在处理复杂文档结构方面的强大优势，能够高效地整合来自多个来源的纵波数据至统一表格中，为后续分析奠定了坚实基础。此功能极大地简化了数据预处理流程，使得科学研究人员能迅速聚焦于地震学领域的研究。

数据的网格化节点采用了反距离权重、克里金插值、规则样条等多样化的差值技术，不仅优化了数据连续性，而且还助力科学研究团队快速生成高精度的平面分布图，直观地展示不同深度下纵波的分布规律与变化趋势。ForEach 节点则通过自动化批量制图流程，一次性输出多维度视角的图像，极大地提升了工作效率与研究的全面性，如图 3-11 所示。

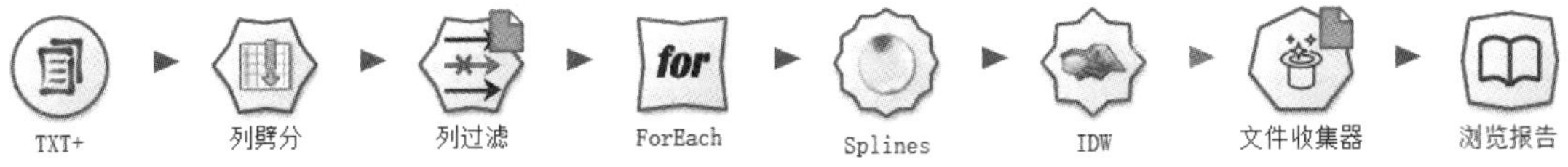

图 3-11　数据流程示意图

着眼于动态分析与比对研究的前沿需求，DatistEQ 定制开发的动态演化图与图像列表两大创新模块，更是将地震数据的时空分析推向新的高度。动态演化图（图 3-12）模块依托先进的图像播放技术以及连续的时间序列和深度剖面数据流，不仅实现了动态播放功能，还能提供播放速度调节、逐帧查看、图像平移与缩放等一系列精细操控选项，使得科学研究人员能够深入探索、解析地震活动在不同时空尺度上的细微演变。

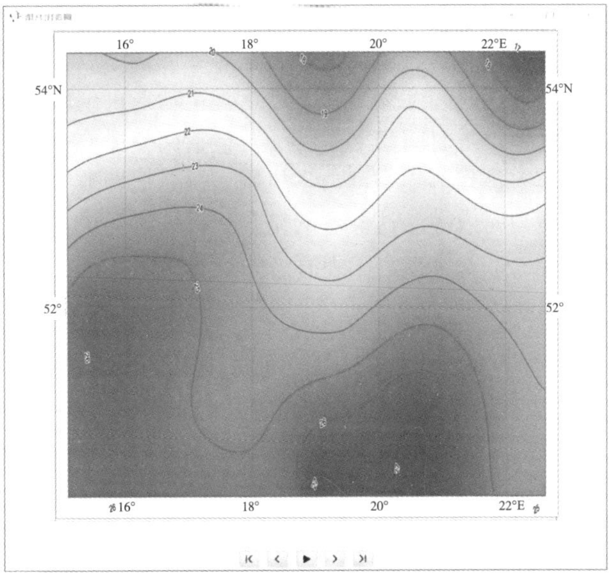

图 3-12　动态演化图示意图

图像列表浏览器（图 3-13）作为又一利器，不仅汇总了关键图像形成直观的对比资源库，便于专家们迅速识别图像间的细微差异，并由此揭示地震活动模式的异同，为地震会商提供了直观且高效的决策支持工具。这些技术创新不仅增强了对地震数据的洞察力，也为未来的地震预测研究开辟了崭新的应用前景，推动地震科学研究向更为精准、高效的方向迈进。

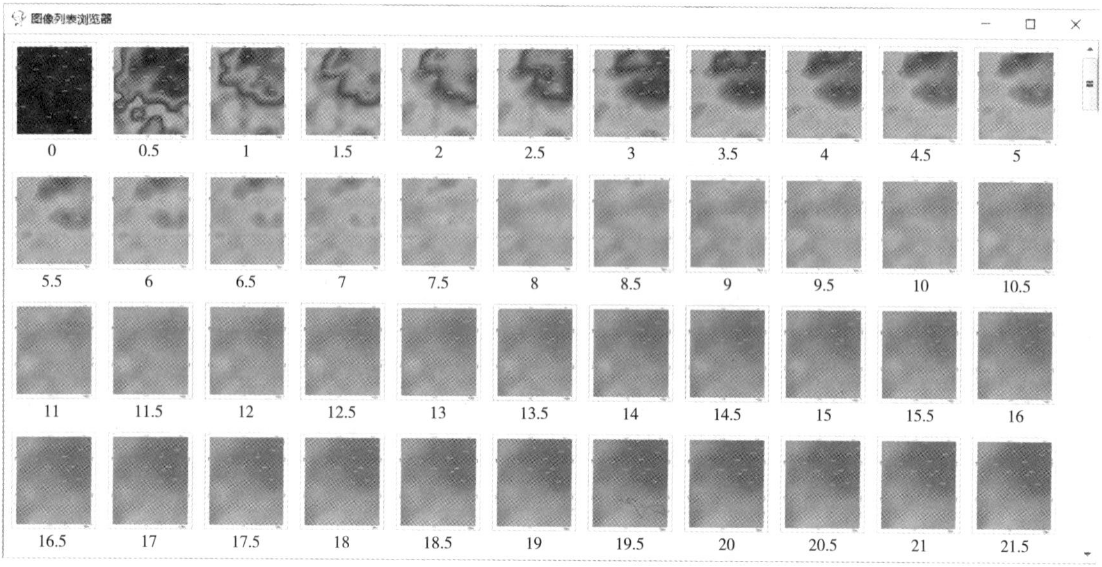

图 3-13　图像列表浏览器示意图

图像列表浏览器与动态演化图在地震灾害研究中扮演了核心角色，它们共同为地震学家和应急管理人员提供了一套强大的可视化分析工具。图像列表浏览器通过汇总与并列展示多个时间点或深度层面的地震数据图像，使得专家们能够迅速进行对比分析，识别出地震活动的模式变化和潜在风险区域，这对于评估地震影响范围和制定疏散计划至关重要。而动态演化图则通过时间序列的动态展示，生动地再现地震波传播、地面位移等过程，允许用户交互式探索地震随时间演变的特征，包括调整播放速度、细致观察每一帧变化，能有效地辅助科学研究人员理解地震动力学机制，及时把握地震活动趋势，从而提升地震预警和灾后响应的精确度与时效性。这两者的结合，极大增强了对地震灾害的综合研判能力，为减轻灾害损失和保障公共安全提供了强有力的技术支撑。

第 4 章　DatistEQ 新增函数使用

在地震科学研究与防震减灾工作领域中，字符整饬、批量转换、时间定格和串流解析，共同组成了信息处理的精锐利器。它们确保数据标准的一致性，实现了跨界交流无障碍，深化了我们对地震规律的认知。字符整饬让多样数据面貌焕然一新，批量转换以智慧之手规整巨量资讯，时间定格精确无误，从繁复数据中抽丝剥茧、提炼要旨。这些技术为地震记载与预警预测研究提供了坚实的基石。

面对地震研究与灾难管理的复杂挑战，以及海量数据的积累，更新与精进这些核心工具愈发紧要。优化不仅能提升数据处理的速度与精度，增强兼容互通，而且能促进全球协作与知识共享的实现。简化编码结构，减轻重复劳动，使科学研究人员得以全心投入核心课题，同时也为技术创新与算法升级留足空间。因此，持续革新这些基础功能，既是顺应现代地震科学研究需求的大势所趋，也是提高社会抵御地震破坏的能力、保障民众安全福祉的根本之道。

4.1　字符格式化函数

F 函数作为一种高级字符串格式化工具，在地震科学研究中充当了数据表达与分析的加速器，显著增强了数据的清晰度、可读性和定制化能力。它不仅通过灵活的格式设置优化了大量地震数据的呈现，提升了研究报告及可视化成果的专业性与吸引力，而且还通过加速数据整理过程，使研究人员能集中精力于核心的分析与理论探索，进而加速科学研究的进程。此外，F 函数通过促进数据表达的标准化，加强了跨学科合作与信息共享的效率，为深化地震活动规律研究、提升数据分析的准确度与深度提供了有力支持，成为地震科学研究中不可或缺的工具。

F 函数设计初衷在于优化传统的 format ( ) =》format 方法，解决在字符串赋值中因多个变量拼接导致的代码冗长及可读性下降问题。通过创新性地采用花括号 {} 封装变量或直接嵌入表达式，如 F(“{id}”) 简单明了地引用变量，甚至支持复杂逻辑表达式 F(“{ 表达式 }”)，极大地简化了代码结构，提高了编程效率与代码维护性。这一改进不仅缩短了编写时间，还使得代码逻辑更为直观易懂，成为提升开发效率和代码质量的有效工具。

F 函数使用格式为：

```
1.F('{表达式1:格式参数1} {表达式2:格式参数2}')
2.#
```

```
3.例如：
4.F('包子{5+5:N2}元{3}个')
5.结果为：包子10.00元3个
```

4.1.1 标准数字格式字符串

标准数字格式字符串用于格式化通用数值类型。标准数字格式字符串采用 Axx 的形式，其中：

A 是称为“格式说明符”的单个字母字符。任何包含一个以上字母字符（包括空白）的数字格式字符串都被解释为自定义数字格式字符串。

xx 是称为“精度说明符”的可选整数。精度说明符的范围从 0 到 99，并且影响结果中的位数。请注意，精度说明符控制数字的字符串表示形式中的数字个数，它不舍入该数字，若要执行舍入运算，请使用 Ceil、Floor 或 Round 方法。

当精度说明符控制结果字符串中的小数位数时，结果字符串会反映一个数字，该数字四舍五入到最接近无限精确结果的可表示结果。

下面介绍标准数字格式说明符并显示每个格式说明符产生的示例输出。

1.“C”或“c”，格式化货币

货币类型跟系统的环境有关，中文系统默认格式化“人民币”，英文系统格式化“美元”。默认格式化小数点后面保留两位小数，如果需要保留一位或者更多，可以指定位数。

类型支持：所有数值类型。

精度说明符：十进制小数位数。

```
例：
1.F('{123.456:C}') 结果为：¥123.46（截取会自动四舍五入）
2.F('{-123.456:C3}') 结果为：¥-123.456
```

2.“D”或“d”，格式化十进制的数字

格式化成固定的位数，位数不能少于未格式化前，只支持整型。

类型支持：仅限整型类型。

精度说明符：数字位数下限。

```
例：
1.F('{1234:D}') 结果为：1234
2.F('{-1234:D6}') 结果为：-001234
```

3.“E”或“e”，指数（科学型），输出指数表示法

类型支持：所有数值类型。

精度说明符：十进制小数位数。

```
例：
1.F('{1052.0329112756:E}') 结果为：1.052033E+003
2.F('{1052.0329112756:e}') 结果为：1.052033e+003
3.F('{1052.0329112756:E2}') 结果为：1.05E+003
4.F('{1052.0329112756:e2}') 结果为：1.05e+003
```

4. "F" 或 "f"，小数位，输出整数和十进制小数

类型支持：所有数值类型。

精度说明符：十进制小数位数。

```
例：
1.F('{1234.567:F}') 结果为：1234.57
2.F('{1234:F1}’ ) 结果为：1234.0
3.F('{-1234.56:F4}') 结果为：-1234.5600
```

5. "N" 或 "n"，数字

用分号隔开的数字，并指定小数点后的位数。

类型支持：所有数值类型。

精度说明符：所需的小数位数。

```
例：
1.F('{1234.567:N}') 结果为：1,234.57(默认为小数点后面两位)
2.F('{1234:N1}') 结果为：1,234.0
3.F('{-1234.2458:N3}') 结果为：-1,234.246(自动四舍五入)
```

6. "P" 或 "p"，格式化百分比

结果：数字乘以 100 并以百分比符号显示。

类型支持：所有数值类型。

精度说明符：所需的小数位数。

```
例：
1.F('{1:P}') 结果为：100.00%（默认保留百分的两位小数）
2.F('{-0.39678:P1}') 结果为：-39.7%（自动四舍五入）
```

7. "X" 或 "x"，转换为十六进制字符串

类型支持：仅限整型类型。

精度说明符：结果字符串中的位数。

```
例：
1.F('{255:X}') 结果为：FF
2.F('{-1:x}') 结果为：ffffffffffffffff
3.F('{255:x4}') 结果为：00ff
4.F('{-1:X4}') 结果为：FFFFFFFFFFFFFFFF
```

8. 零占位符和数字占位符

零占位符和数字占位符比较难理解，多测试一下实际的应用就可以明白了。

• 零占位符：如果格式化的值在格式字符串中出现“0”的位置有一个数字，则此数字被复制到结果字符串中。小数点前最左边的“0”的位置和小数点后最右边的“0”的位置确定总在结果字符串中出现的数字范围。“00”说明符使得值被舍入到小数点前最近的数字，其中零位总被舍去。

• 数字占位符：如果格式化的值在格式字符串中出现“#”的位置有一个数字，则此数字被复制到结果字符串中。否则，结果字符串中的此位置不存储任何值。

```
例：
1.F('{12394.039:0000.00}') 结果为：12394.04
2.F('{194.039:0000.00}') 结果为：0194.04（补齐不够的零）
3.F('{194.039:0.00000}') 结果为：194.03900（补齐不够的零）
4.F('{12394.039:####.##}') 结果为：12394.04（自动四舍五入）
5.F('{194.039:####.#}') 结果为：194（剔除末尾的零字符）
```

4.1.2　标准日期和时间格式字符串

在地震科学研究领域，标准日期和时间格式字符串扮演着至关重要的角色，它不仅是数据精确记录与分析的基石，也是促进国际合作、提升研究效率与紧急响应速度的关键。通过采用统一的格式，如“yyyy-MM-dd HH:mm:ss”，科学研究人员能够跨越地域限制，实现数据的无缝共享与比较，这对于重建地震序列、分析地震活动模式以及进行高精度的时间相关性研究至关重要。精确到毫秒级的时间记录，使得地震事件的即时识别、地震波传播分析及震源机制研究更加准确。它加速了地震预警系统的响应速度，能够有效减轻灾害影响。此外，标准化的时间格式还便于历史数据的对比分析，揭示地震活动的长期趋势和周期性特征，同时也提升了传播效果，增强公众对地震科学研究的理解与支持。因此，标准日期和时间格式字符串是地震科学研究中不可或缺的语言，它支撑着从基础数据处理到高级模型构建、风险评估及社会沟通的每一个环节。

```
例:
1.F('{now():d}') 结果为:2020/7/20(月份位置不是07)
2.F('{now():D}') 结果为:2020年7月20日
3.F('{now():f}') 结果为:2020年7月20日 11:01
4.F('{now():F}') 结果为:2020年7月20日 11:01:10
5.F('{now():g}') 结果为:2020/7/20 11:01
6.F('{now():G}') 结果为:2020/7/20 11:02:18
7.F('{now():m}') 结果为:7月20日
8.F('{now():t}') 结果为:11:03
9.F('{now():T}') 结果为:11:03:39
```

表 4–1　自定义日期和时间格式字符串

“d” 一个月中的某一天（1 到 31）	2009–06–01T13:45:30 –> 1 2009–06–15T13:45:30 –> 15
“dd” 一个月中的某一天（01 到 31）	2009–06–01T13:45:30 –> 01 2009–06–15T13:45:30 –> 15
“ddd” 一周中某天的缩写名称	2009–06–15T13:45:30 –> 周一
“dddd” 一周中某天的完整名称	2009–06–15T13:45:30 –> 星期一
“f” 日期和时间值的十分之几秒	2009–06–15T13:45:30.6170000 –> 6 2009–06–15T13:45:30.05 –> 0
“ff” 日期和时间值的百分之几秒	2009–06–15T13:45:30.6170000 –> 61 2009–06–15T13:45:30.0050000 –> 00
“fff” 日期和时间值的千分之几秒	6/15/2009 13:45:30.617 –> 617 6/15/2009 13:45:30.0005 –> 000
“ffff” 日期和时间值的万分之几秒	2009–06–15T13:45:30.6175000 –> 6175 2009–06–15T13:45:30.0000500 –> 0000
“fffff” 日期和时间值的十万分之几秒	2009–06–15T13:45:30.6175400 –> 61754 6/15/2009 13:45:30.000005 –> 00000
“ffffff” 日期和时间值的百万分之几秒	2009–06–15T13:45:30.6175420 –> 617542 2009–06–15T13:45:30.0000005 –> 000000
“fffffff” 日期和时间值的千万分之几秒	2009–06–15T13:45:30.6175425 –> 6175425 2009–06–15T13:45:30.0001150 –> 0001150
“F” 如果非零，则为日期和时间值的十分之几秒	2009–06–15T13:45:30.6170000 –> 6 2009–06–15T13:45:30.0500000 –>（无输出）
“FF” 如果非零，则为日期和时间值的百分之几秒	2009–06–15T13:45:30.6170000 –> 61 2009–06–15T13:45:30.0050000 –>（无输出）

续表

“FFF” 如果非零，则为日期和时间值的千分之几秒	2009-06-15T13:45:30.6170000 -> 617 2009-06-15T13:45:30.0005000 ->（无输出）
“FFFF” 如果非零，则为日期和时间值的万分之几秒	2009-06-15T13:45:30.5275000 -> 5275 2009-06-15T13:45:30.0000500 ->（无输出）
“FFFFF” 如果非零，则为日期和时间值的十万分之几秒	2009-06-15T13:45:30.6175400 -> 61754 2009-06-15T13:45:30.0000050 ->（无输出）
“FFFFFF” 如果非零，则为日期和时间值的百万分之几秒	2009-06-15T13:45:30.6175420 -> 617542 2009-06-15T13:45:30.0000005 ->（无输出）
“FFFFFFF” 如果非零，则为日期和时间值的千万分之几秒	2009-06-15T13:45:30.6175425 -> 6175425 2009-06-15T13:45:30.0001150 -> 000115
“g”、“gg” 时期或纪元	2009-06-15T13:45:30.6170000 -> A.D.
“h” 采用 12 小时制的小时（从 1 到 12）	2009-06-15T01:45:30 -> 1 2009-06-15T13:45:30 -> 1
“hh” 采用 12 小时制的小时（从 01 到 12）	2009-06-15T01:45:30 -> 01 2009-06-15T13:45:30 -> 01
“H” 采用 24 小时制的小时（从 0 到 23）	2009-06-15T01:45:30 -> 1 2009-06-15T13:45:30 -> 13
“HH” 采用 24 小时制的小时（从 00 到 23）	2009-06-15T01:45:30 -> 01 2009-06-15T13:45:30 -> 13
“m” 分钟（0 到 59）	2009-06-15T01:09:30 -> 9 2009-06-15T13:29:30 -> 29
“mm” 分钟（00 到 59）	2009-06-15T01:09:30 -> 09 2009-06-15T01:45:30 -> 45
“M” 月份（1 到 12）	2009-06-15T13:45:30 -> 6
“MM” 月份（1 到 12）	2009-06-15T13:45:30 -> 06
“MMM” 月份的缩写名称	2009-06-15T13:45:30 -> Jun (en-US) 2009-06-15T13:45:30 -> juin (fr-FR) 2009-06-15T13:45:30 -> Jun (zu-ZA)
“MMMM” 月份的完整名称	2009-06-15T13:45:30 -> June (en-US) 2009-06-15T13:45:30 -> juni (da-DK) 2009-06-15T13:45:30 -> uJuni (zu-ZA)
“s” 秒（0 到 59）	2009-06-15T13:45:09 -> 9
“ss” 秒（00 到 59）	2009-06-15T13:45:09 -> 09
“tt” AM/PM 指示符	2009-06-15T13:45:30 -> 下午

续表

“y” 年份（0 到 99）	0001-01-01T00:00:00 -> 1 0900-01-01T00:00:00 -> 0 1900-01-01T00:00:00 -> 0 2009-06-15T13:45:30 -> 9 2019-06-15T13:45:30 -> 19
“yy” 年份（00 到 99）	0001-01-01T00:00:00 -> 01 0900-01-01T00:00:00 -> 00 1900-01-01T00:00:00 -> 00 2019-06-15T13:45:30 -> 19
“yyy” 年份（最少三位数字）	0001-01-01T00:00:00 -> 001 0900-01-01T00:00:00 -> 900 1900-01-01T00:00:00 -> 1900 2009-06-15T13:45:30 -> 2009
“yyyy” 由四位数字表示的年份	0001-01-01T00:00:00 -> 0001 0900-01-01T00:00:00 -> 0900 1900-01-01T00:00:00 -> 1900 2009-06-15T13:45:30 -> 2009
“yyyyy” 由五位数字表示的年份	0001-01-01T00:00:00 -> 00001 2009-06-15T13:45:30 -> 02009
“z” 相对于 UTC 的小时偏移量，无前导零	2009-06-15T13:45:30-07:00 -> -7
“zz” 相对于 UTC 的小时偏移量，带有表示一位数值的前导零	2009-06-15T13:45:30-07:00 -> -07
“zzz” 相对于 UTC 的小时和分钟偏移量	2009-06-15T13:45:30-07:00 -> -07:00

例：
F('{todatetime("2009-06-15T13:45:30.6175420"):yyyy-MM-dd HH:mm:ss}') 结果为：2009-06-15 13:45:30

4.2　分组替换函数

在地震科学研究领域，正则表达式（Regular Expressions）作为强大而灵活的文本处理工具，具有不可忽视的重要意义。地震数据通常包含海量的文本日志、传感器数据、地震目录信息等，这些数据往往格式多样、杂乱无章。正则表达式凭借其模式匹配的能力，成为清洗、解析、提取这些数据中关键信息的得力助手。

数据清洗与标准化：地震数据记录中可能混杂着噪声、不一致的格式或错误编码。正则表达式如通过“ReplaceReg”函数，能够高效地识别并替换不符合规范的文本模式，如去除多余的空格、统一地震时间记录的格式、修正传感器读数中的异常字符，确保数据的一致性和准确性。

信息提取与分析：地震记录中包含丰富的信息，如地震发生时间、地点、震级等。正则表达式能够通过复杂的模式匹配，从原始文本中精确提取这些关键数据。例如，使用正则表达式匹配地震报告中的经纬度信息，自动提取并转化为地理坐标，为后续的空间分析与可视化奠定基础。

自动化处理与脚本编写：在地震科学研究中，经常需要编写脚本来自动化处理大量数据。正则表达式结合如“Match”“IsMatch”“MatchGroup”等函数，可以构建强大的数据处理流程，自动识别并分类地震事件，或者根据特定模式筛选出感兴趣的地震数据子集，极大地提高了数据处理的效率和自动化水平。

质量控制与验证：通过编写正则表达式规则，研究人员可以快速检查数据集中是否存在格式错误或异常值，如不合法的日期时间格式、超出正常范围的震级记录等，这有助于早期发现并纠正数据质量问题，保证研究成果的可靠性和准确性。

模式识别与趋势分析：在分析地震活动规律或探索地震序列特征时，正则表达式可以辅助识别特定模式，如地震活动的周期性特征、特定地区的地震活动频次等，这为地震预测模型的建立提供有力的支持。

1. 函数说明

```
1.ReplaceReg(String,RegexString,RepString)
2.函数说明：根据正则表达式，替换指定的匹配内容
3.正则表达式中 () 是代表分组
4.例如：(\d{1})(\d{1}) 整个表达式是第一组，第一个括号是第二组，第二个括号是第三组。提取方式跟数组一样
5.ReplaceReg 中通过 $0、$1、$2……等代表分组，所以上面 $2 代表第三组
```

2. 修改书写格式

```
1.表达式：
2.ReplaceReg('13772252427','([0-9]{3})([0-9]{4})([0-9]{4})','$1-$2-$3' )
3.ReplaceReg('13772252427','(\d{3})(\d{4})(\d{4})','$1-$2-$3')
4.输出：137-7225-2427
5.表达式：ReplaceReg('于1970-2-1出生','(\d{4})-(\d{1,})-(\d{1,})','$1年$2月$3日')
6.输出：于1970年2月1日出生
7.表达式：ReplaceReg("Hello 'welcome' to 'china'", "'(.+?)'", "[$1]")
8.输出：Hello [welcome] to [china]
```

3. 调整文字顺序

```
1.表达式：ReplaceReg('02/25/1988','([0-9]{2})/([0-9]{2})/([0-9]{4})','$3-$1-$2' )
2.输出：1988-02-25
3.表达式：ReplaceReg('于 1970-2-1 出生.1980-7-5 上小学','(\d{4})-(\d{1,})-(\d{1,})','$1 年 $2 月' )
4.输出：于 1970 年 2 月出生,1980 年 7 月上小学
```

4. 文本加密处理

```
1.表达式：ReplaceReg('李幸 13772252427','([0-9]{3})([0-9]{4})([0-9]{4})','$1****$3')
2.输出：李幸 137****2427
3.表达式：ReplaceReg('123456789@qq.com','(.+?)@', '*****@')
4.输出：*****@qq.com
5.表达式：ReplaceReg('你 aaa 好 aa 哈哈 a','a+'.'A' )
6.输出：你 A 好 A 哈哈 A
```

4.3 DateTime2 与 DaleTime3 函数

在一次专业培训讨论中，两大核心议题引发了参与者们的关注：一是关于“AddDays”等函数被重新分类标记为“内部使用”，这引发了一场分类合理性的讨论，让人不禁思考是否此类别划分存在误解；二是面对已有的“CreateDateTime”函数，引入“DateTime2”与“DateTime3”函数的必要性。在日期处理的世界里，面对琳琅满目、总数达 122 个的日期函数，学习者往往感到既兴奋又挑战重重，毕竟这涵盖了从年、月、日至时、分、秒的全方位操作，每个细微之处都有专属的函数如“Year ()”、“Month ()”等来精心设计、精确提取时间信息，尽管这些函数逻辑相近，但各自服务于提取时间的不同维度，因此数量众多。

为了解决使用上的复杂度，系统与创新性地推出了“DateTime2”、“DateTime3”及“DateDiff”三个函数，旨在以更加简洁、高效的方式处理日期推算与格式展示问题。同时，这也是为什么原有一大批共 89 个日期函数被策略性地归为“内部使用”，这意味着它们虽然仍在系统中，但是推荐用户转向采用新函数，以简化日常开发流程、提升代码的可读性和维护性。这一系列举措，不仅反映了对用户友好性的追求，也标志着向更高效、更现代化的日期处理机制迈进。

1. DateTime2 函数

函数格式：DateTime2(datetime, modifier, modifier, …) 返回值类型：日期型

参数个数：不少于 1 个

函数说明：推算日期。在一个日期的基础上，通过计算生成一个新的日期。即：返回值 = datetime + modifier + modifier + …

参数说明：

```
1.对输入时间 datetime 按 modifier 调整后输出日期字符串 'yyyy-MM-dd HH:mm:ss.fff'
2.其中 datetime 是必须的,modifier 为可选项
3.datetime 的支持格式字符串
4.yyyy-MM-dd
5.yyyy-MM-dd HH:mm
6.yyyy-MM-dd HH:mm:ss
7.yyyy-MM-dd HH:mm:ss.fff
8.yyyy-MM-ddTHH:mm   其中 T 是日期和时间分割符
9.yyyy-MM-ddTHH:mm:ss
10.yyyy-MM-ddTHH:mm:ss.fff
11.HH:mm
12.HH:mm:ss
13.HH:mm:ss.fff
14.now
15.修正参数 modifier 可有可无,如果有多个修正参数,按从左到右原则依次修正,而且后修正参数是基于前修正参数据结果的再次修正。支持修正字符串有两类
16.加减时间类,格式:±N m,其中 m 可为:年,y,月,m,天,d,时,h,分,mi,秒,s,毫秒,ms
17.取特定时间类,支持:年初,年末,季初,季末,月初,月末,Nth 周,周一,周二,周三,周四,周五,周六,周日
18.其中 Nth 周,表示当年的第 N 周的周一
```

示例：

```
1) 日期推算
1.Datetime2('now') 输出:2020-10-26 13:49:07.495
2.Datetime2('now','5 天 ') 输出:2020-10-31 13:49:07.495
3.Datetime2('now','+6 天 ') 输出:2020-11-01 13:49:07.495
4.Datetime2('now','-6 天 ') 输出:2020-10-20 13:49:07.495
5.Datetime2('2020-10-26','-6d') 输出:2020-10-20 00:00:00.000
6.Datetime2('2020-10-26','-6 月 ') 输出:2020-04-26 00:00:00.000
7.#
```

2) 特定的日期

1. Datetime2('2020-10-26','年初') 输出: 2020-01-01 00:00:00.000

2. Datetime2('2020-10-26','年末') 输出: 2020-12-31 00:00:00.000

3. Datetime2('2020-10-26','季初') 输出: 2020-10-01 00:00:00.000

4. Datetime2('2020-10-26','季末') 输出: 2020-12-31 00:00:00.000

5. Datetime2('2020-10-26','月初') 输出: 2020-10-01 00:00:00.000

6. Datetime2('2020-10-26','月末') 输出: 2020-10-31 00:00:00.000

7. Datetime2('2020-10-26','周五') 输出: 2020-10-30 00:00:00.000

8. Datetime2('2020-10-26','25 周') 输出: 2020-06-15 00:00:00.000 (2020 第 25 周的周一)

3) 多个算子: Datetime2('2020-10-26','+7 天','周五') 输出: 2020-11-06 00:00: 00.000

2. DateTime3 函数

函数格式：DateTime3（format, datetime, modifier, modifier, …）返回值类型：字符型

参数个数：不少于 2 个

函数说明：推算日期并以特定的格式输出。在一个日期的基础上，通过计算，生成一个新的日期，并以 format 格式输出。DateTime3 是在 DateTime2 的基础上，进行格式化输出。即：返回值 = format（ datetime + modifier + modifier + …）

参数说明：

1. 对输入时间 datetime，按 modifier 调整后，以 format 的格式输出，功能与 DateTime2 函数相近

2. 其中 format 和 datetime 是必须的，modifier 为可选项

3. 参数 datetime, modifier 格式，参见 DateTime2 函数

4. format 定义输出日期的格式。下面列出了可被合并以构造自定义模式的模式，这些模式是区分大小写的

5. gg 时期或纪元。如果要设置格式的日期不具有关联的时期或纪元字符串，则忽略该模式

6. y 不包含纪元的年份。如果不包含纪元的年份小于 10，则显示不具有前导零的年份

7. yy 不包含纪元的年份。如果不包含纪元的年份小于 10，则显示具有前导零的年份

8. yyyy 包括纪元的四位数的年份

9. M 月份数字。一位数的月份没有前导零

10. MM 月份数字。一位数的月份有一个前导零

11. MMM 月份的缩写名称，如：1 月、2 月、3 月、4 月、5 月、6 月、7 月、8 月、9 月、10 月、11 月、12 月

12. MMMM 月份的完整名称，如：一月、二月、三月、四月、五月、六月、七月、八

```
月、九月、十月、十一月、十二月
    13.d 月中的某一天。一位数的日期没有前导零
    14.dd 月中的某一天。一位数的日期有一个前导零
    15.ddd 周中某天的缩写名称，如：周日、周一、周二、周三、周四、周五、周六
    16.dddd 周中某天的完整名称，如：星期日、星期一、星期二、星期三、星期四、星
期五、星期六
    17.h12 小时制的小时。一位数的小时数没有前导零
    18.hh12 小时制的小时。一位数的小时数有前导零
    19.H24 小时制的小时。一位数的小时数没有前导零
    20.HH24 小时制的小时。一位数的小时数有前导零
    21.m 分钟数字。一位数的分钟数没有前导零
    22.mm 分钟数字。一位数的分钟数有前导零
    23.s 秒数字。一位数的秒数没有前导零
    24.ss 秒数字。一位数的秒数有前导零
    25.f 毫秒数字
    26.j 一年中的第几天，01-366
    27.J 儒略日数
    28.w 星期数，0-6,0 是星期天
    29.W 一年中的第几周，00-53
```

示例：

```
    1.Datetime3('y','2020-10-26') 输出：2020
    2.Datetime3('yy','2019-10-26') 输出：19
    3.Datetime3('M','2009-9-6') 输出：9
    4.Datetime3('MM','2009-9-6') 输出：09
    5.Datetime3('MMM','2009-9-6') 输出：9 月
    6.Datetime3('MMMM','2009-9-6')  输出：九月
    7.#
    8.组合应用
    9.Datetime3('yyMMdd','2009-9-6') 输出：090906
    10.Datetime3('yy 年 MM 月 dd 日 ','2009-9-6') 输出：09 年 09 月 06 日
    11.Datetime3('yyyy 年 MM 月 dd 日  dddd›,'2009-9-6') 输出：2009 年 09 月
06 日  星期日
    12.Datetime3(' 第 W 周 ','2009-9-6') 输出：第 36 周
    13.Datetime3(' 第 W 周 ','2009-9-6','+7d’ 输出：第 37 周
```

3. DateDiff 函数

函数格式：DateDiff (interval, startDatetime, endDatetime)

返回值类型：数值型

参数个数：3 个

函数说明：求两个时间的间隔

参数说明：

```
1.求两个指定日期间的时间间隔数目
2.其中时间 startDatetime.endDatetime 格式，参见 DateTime2 函数
3.必选参数 interval 为字符串表达式，设定时间差的时间的间隔
4.参数的设定值为：年，y,季，q,月，m,周，w,天，d,时，h,分，mi,秒，s,毫秒，ms
```

示例：

```
1.DateDiff('天','2017-10-10','2018-11-30') 输出：416
2.DateDiff('d','2017-10-10','2018-11-30') 输出：416
3.DateDiff('周','2017-10-10','2018-11-30') 输出：59.42857 14285714
```

4. 不建议使用，而隐藏的日期型函数列表（89 个）

```
1.Year() 取当前系统的年
2.Month() 取当前月
3.Day() 取当前日
4.Hour() 取当前时
5.Minute() 取当前分
6.Second() 取当前秒
7.Millisecond() 取当前毫秒
8.AddDays(Datetime,Real) 将指定的天数加到 Datetime 上，Integer 参数可以是负数也可以是正数
9.AddHours(Datetime,Real) 将指定的小时数加到 Datetime 上，Integer 参数可以是负数也可以是正数
10.AddMilliseconds(Datetime,Real) 将指定的毫秒数加到 Datetime 上，Real 参数可以是负数也可以是正数
11.AddMinutes(Datetime,Real) 将指定的分钟数加到 Datetime 上，Integer 参数可以是负数也可以是正数
12.AddMonths(Datetime,Integer) 将指定的月份数加到 Datetime 上，Integer 参数可以是负数也可以是正数
```

13. AddSeconds(Datetime, Real) 将指定的秒数加到 Datetime 上，Real 参数可以是负数也可以是正数

14. AddYears(Datetime, Integer) 将指定的年份数加到 Datetime 上，Integer 参数可以是负数也可以是正数

15. DatetimeDifference(BaseDateTime, Datetime) 返回 Datetime 到 BaseDateTime 的时间间隔

16. Day(Datetime) 返回 Datetime 的天数部分。返回结果为 1 到 31 之间的整数

17. DayOfMonth(Datetime) 获取日期为该月中的第几天

18. DayOfWeek(Datetime) 表示的日期是星期几，返回结果为 0 到 6 之间的整数

19. DayOfWeek-cn(Datetime) 表示的日期是星期几，返回结果为：星期日，星期一，星期二，星期三，星期四，星期五，星期六

20.DayOfWeek-en(Datetime) 表示的日期是星期几，返回结果为：Sunday, Monday, Tuesday, Wednesday, Thursday, Friday, Saturday

21. DayOfWeek-en-short(Datetime) 表示的日期是星期几，返回结果为：Sun, Mon, Tue, Wed, Thu, Fri, Sat

22. DayOfYear(Datetime) 获取指定日期是该年中的第几天

23. DaysDifference(BaseDateTime, Datetime) 以小数的形式返回从日期 BaseDateTime 到日期 Datetime 的天数。如果 Datetime 在 BaseDateTime 之前，则该函数返回负值

24. FirstDayOfMonth(Datetime) 获取指定日期所在月份第一天

25. LastDayOfMonth(Datetime) 获取指定日期所在月份最后一天

26. FirstDayOfPreviousMonth(Datetime) 获取指定日期的上个月第一天

27. LastDayOfPrdviousMonth(Datetime) 获取指定日期的上个月的最后一天

28. FirstDayOfNextMonth(Datetime) 获取指定日期的下个月第一天

29. LastDayOfNextMonth(Datetime) 获取指定日期的下个月的最后一天

30. FirstDayOfQuarter(Datetime) 获取指定日期所在季度份第一天

31. LastDayOfQuarter(Datetime) 获取指定日期所在季度份最后一天

32. FirstDayOfPreviousQuarter(Datetime) 获取指定日期的上一季度第一天

33. LastDayOfPrdviousQuarter(Datetime) 获取指定日期的上一季度的最后一天

34. FirstDayOfNextQuarter(Datetime) 获取指定日期的下一季度第一天

35. LastDayOfNextQuarter(Datetime) 获取指定日期的下一季度的最后一天

36. FirstDayOfYear(Datetime) 获取指定日期所在年份第一天

37. LastDayOfYear(Datetime) 获取指定日期所在年份最后一天

38. FirstDayOfPreviousYear(Datetime) 获取指定日期的上一年第一天

39. LastDayOfPrdviousYear(Datetime) 获取指定日期的上一年的最后一天

40. FirstDayOfNextYear(Datetime) 获取指定日期的下一年第一天

41. LastDayOfNextYear(Datetime) 获取指定日期的下一年的最后一天

42. Format-DateTime(DateTime, DateTimeFormat) 将日期与时间转化为指定格式的文本，DateTimeFormat 为日期格式：(年-月-日 时：分：秒.毫秒) yyyy-MM-dd HH:mm:ss(HH 为 24 小时制，hh 为 12 小时制)

43. Format-TimeSpan(TimeSpan, TimeSpanFormat) 将时间间隔转化为指定格式的文本，TimeSpanFormat 为格式：dd\ 天 hh\ 时 mm\ 分 ss\ 秒，注意反斜杠

44. Format-TimeSpan(TimeSpan) 将时间间隔转化为指定格式的文本

45. Hour(Datetime) 返回 Datetime 的小时部分。返回结果为 0 至 23 之间的整数

46. HoursDifference(BasedDatetime, Datetime) 以小数的形式返回从日期 BasedDatetime 到日期 Datetime 的小时数。如果 Datetime 在 BasedDatetime 之前，则该函数返回负值

47. Milliseconds(Datetime) 返回 Datetime 的毫秒钟部分。返回结果为 0 到 999 之间的整数

48. MillisecondsDifference(BaseDatetime, Datetime) 以小数的形式返回从日期 BaseDatetime 到日期 Datetime 的毫秒数。如果 Datetime 在 BaseDatetime 之前，则该函数返回负值

49. Minute(Datetime) 返回 Datetime 的分钟部分。返回结果为 0 到 59 之间的整数

50. MinutesDifference(BaseDatetime, Datetime) 以小数的形式返回从日期 BaseDatetime 到日期 Datetime 的分钟数。如果 Datetime 在 BaseDatetime 之前，则该函数返回负值

51. MondayOfWeek(DateTime) 计算指定日期本周的星期一对应的日期。国际标准 ISO 8601 将星期一定为一星期的第一天

52. TuesdayOfWeek(DateTime) 计算指定日期本周的星期二对应的日期。国际标准 ISO 8601 将星期一定为一星期的第一天

53. WednesdayOfWeek(DateTime) 计算指定日期本周的星期三对应的日期。国际标准 ISO 8601 将星期一定为一星期的第一天

54. ThursdayOfWeek(DateTime) 计算指定日期本周的星期四对应的日期。国际标准 ISO 8601 将星期一定为一星期的第一天

55. FridayOfWeek(DateTime) 计算指定日期本周的星期五对应的日期。国际标准 ISO 8601 将星期一定为一星期的第一天

56. SaturdayOfWeek(DateTime) 计算指定日期本周的星期六对应的日期。国际标准 ISO 8601 将星期一定为一星期的第一天

57. SundayOfWeek(DateTime) 计算指定日期本周的星期日对应的日期。国际标准 ISO 8601 将星期一定为一星期的第一天

58. MondayOfPreviousWeek(DateTime) 计算指定日期上周的星期一对应的日

期。国际标准 ISO 8601 将星期一定为一星期的第一天

59. TuesdayOfPreviousWeek(DateTime) 计算指定日期上周的星期二对应的日期。国际标准 ISO 8601 将星期一定为一星期的第一天

60. WednesdayOfPreviousWeek(DateTime) 计算指定日期上周的星期三对应的日期。国际标准 ISO 8601 将星期一定为一星期的第一天

61. ThursdayOfPreviousWeek(DateTime) 计算指定日期上周的星期四对应的日期。国际标准 ISO 8601 将星期一定为一星期的第一天

62. FridayOfPreviousWeek(DateTime) 计算指定日期上周的星期五对应的日期。国际标准 ISO 8601 将星期一定为一星期的第一天

63. SaturdayOfPreviousWeek(DateTime) 计算指定日期上周的星期六对应的日期。国际标准 ISO 8601 将星期一定为一星期的第一天

64. SundayOfPreviousWeek(DateTime) 计算指定日期上周的星期日对应的日期。国际标准 ISO 8601 将星期一定为一星期的第一天

65. MondayOfNextWeek(DateTime) 计算指定日期下周的星期一对应的日期。国际标准 ISO 8601 将星期一定为一星期的第一天

66. TuesdayOfNextWeek(DateTime) 计算指定日期下周的星期二对应的日期。国际标准 ISO 8601 将星期一定为一星期的第一天

67. WednesdayOfNextWeek(DateTime) 计算指定日期下周的星期三对应的日期。国际标准 ISO 8601 将星期一定为一星期的第一天

68. ThursdayOfNextWeek(DateTime) 计算指定日期下周的星期四对应的日期。国际标准 ISO 8601 将星期一定为一星期的第一天

69. FridayOfNextWeek(DateTime) 计算指定日期下周的星期五对应的日期。国际标准 ISO 8601 将星期一定为一星期的第一天

70. SaturdayOfNextWeek(DateTime) 计算指定日期下周的星期六对应的日期。国际标准 ISO 8601 将星期一定为一星期的第一天

71. SundayOfNextWeek(DateTime) 计算指定日期下周的星期日对应的日期。国际标准 ISO 8601 将星期一定为一星期的第一天

72. Month(Datetime) 返回 Datetime 的月份部分。返回结果为 1 到 12 之间的整数

73. MonthsDifference(BaseDatetime, Datetime) 以小数的形式返回从 BaseDatetime 到 Datetime 月数。这是基于每月 30.0 天的近似数字。如果 Datetime 在 BaseDatetime 之前，则该函数返回负值

74. Month-cn(Datetime) 返回 Datetime 的月份部分。返回结果为：一月、二月、三月、四月、五月、六月、七月、八月、九月、十月、十一月、十二月

75. Month-en(Datetime) 返回 Datetime 的月份部分。返回结果为：January, February, March, April, May, June, July, August, September, October, November, December

76. Month-en-short(Datetime) 返回 Datetime 的月份部分。返回结果为：Jan,

Feb, Mar, Apr, May, Jun, Jul, Aug, Sep, Oct, Nov, Dec

77. Second(Datetime) 返回 Datetime 的秒钟部分。返回结果为 0 到 59 之间的整数

78. SecondsDifference(BaseDatetime, Datetime) 以小数的形式返回从日期 BaseDatetime 到日期 Datetime 的秒数。如果 Datetime 在 BaseDatetime 之前，则该函数返回负值

79. TimeHoursDifference(BaseTime, Time) 以整数的形式返回从日期 BaseTime 到日期 Time 的小时数。如果 Time 在 BaseTime 之前，则该函数返回负值

80. TimeMillisecondsDifference(BaseTime, Time) 以整数的形式返回从日期 BaseTime 到日期 Time 的毫秒数。如果 Time 在 BaseTime 之前，则该函数返回负值

81. TimeMinutesDifference(BaseTime, Time) 以整数的形式返回从日期 BaseTime 到日期 Time 的分钟数。如果 Time 在 BaseTime 之前，则该函数返回负值

82. TimeSecondsDifference(BaseTime, Time) 以整数的形式返回从日期 BaseTime 到日期 Time 的秒数。如果 Time 在 BaseTime 之前，则该函数返回负值

83. TimeSpan2HM(TimeSpan) 将时间间隔转换为总小时数：分钟，如 25:50 表示 25 小时 50 分钟

84. toShortDate(DateTime) 将日期时间（可为字符串格式）转化为短日期格式，支持常见的日期格式，如 2005-11-5 13:47:04，输出 2005-11-5

85. toShortTime(DateTime) 将日期时间（可为字符串格式）转化为短时间格式，支持常见的日期格式，如 2005-11-5 13:47:04，输出 13:47:04

86. WeekNoOfYear(Datetime) 获取指定日期所在星期是该年中的第几星期

87. WeeksDifference(BaseDatetime, Datetime) 以小数的形式返回从日期 BaseDatetime 至日期 Datetime 的周数，这基于每周 7.0 天。如果 Datetime 在 BaseDatetime 之前，则该函数返回负值

88. Year(Datetime) 返回 Datetime 的年份部分，返回结果为整数，如 2002

89. YearsDifference(BasedDatetime, Datetime) 以小数的形式返回从日期 BasedDatetime 至日期 Datetime 的年数，这是基于每年 365.0 天的近似数字。如果 Datetime 在 BasedDatetime 之前，则该函数返回负值

4.4　几个函数的技巧

1. DateBetween 函数

“DateBetween” 函数作为日期时间处理工具中的一个重要成员，其设计宗旨在提供一种更为直观和高效的日期判断方式。相较于传统上需要结合使用 “DateBefore” 和 “DateAfter” 两个函数来确认一个特定时刻是否落在某一时间区间内，“DateBetween” 函数则通过单一的调用即可实现相同目的，显著提升了代码的可读性和逻辑清晰度。

具体而言，使用“DateBetween”函数时，用户只需指定待判断的时刻以及所需检查的时间段起始和结束点，函数即可准确判断该时刻是否位于这个指定的区间内部。这种方式不仅简化了代码结构，减少了潜在的逻辑错误，还使得维护者和其他阅读代码的人对时间判断逻辑更加一目了然。

例如，如果要判断今天是否在一个会议预定的开始和结束时间之间，以往可能需要先用“DateAfter”检查是否在结束时间之后，再用“DateBefore”确认是否在开始时间之前，而现在只需一行使用“DateBetween”的代码就能清晰表达这一逻辑，极大地提高了开发效率和代码质量。因此，“DateBetween”函数是提升日期时间处理逻辑简洁性和效率的理想选择。

```
例:
1.优化前:DateBefore(RiQi,$_endtime_)and DateAfter(RiQi,AddDays
($_endtime_ , -7 ))
2.优化后:DateBetween(RiQi,DateTime2($_endtime_ ,'-7天'),$_
endtime_)
```

2. HasSubStringsOR 函数

“HasSubStringsOR”函数作为“HasSubString”函数的升级版本，显著优化了在处理字符串匹配逻辑时的便捷性和效率。传统上，当需要检查一个目标字符串是否包含多个子串中的任意一个时，开发者不得不为每个子串单独调用“HasSubString”函数，这不仅导致代码冗余，还可能伴随大量的函数名称重复，降低了代码的可读性和维护性。“HasSubStringsOR”的引入，革命性地解决了这一问题。它允许用户一次性输入一个子串集合，函数随后会检查目标字符串是否至少包含这些子串中的任意一个。这种设计极大地简化了逻辑表达，减少了代码量，提高了编程效率。通过参数列表或集合的形式传递多个子串，使得代码更为紧凑，逻辑更加集中，同时也易于理解和维护。

```
例:
1.优化前:HasSubString(DiMing,'北京')OR HasSubString(DiMing,'天
津')OR HasSubString(DiMing,'上海')OR HasSubString (DiMing,'香港')
2.优化后:HasSubStringsOR(DiMing,'北京','天津','上海','香港')
```

DatistEQ 作为一套功能强大的数据分析平台，其内置的 745 个函数为地震研究工作构建了坚实的分析基础。这些丰富的函数集合覆盖了从基础的数据处理、统计分析到高级的模型构建与预测，为研究人员提供了强大的工具箱，使他们在处理海量地震数据、挖掘地震活动规律、提升预测准确性等方面游刃有余。灵活运用这些函数，研究者能够更深入地探索地震科学的未知领域，加速研究成果的产出与应用，从而在地震预测、灾害评估及风险管控上发挥重要作用。

随着技术的不断进步，DatistEQ 系统正处在持续的升级迭代中。我们致力于推出更多简便、高效的新型函数，特别是云函数的引入，不仅拓宽了 DatistEQ 的使用边界，使其能够在

云端实现大规模数据的即时处理与分析，还极大地增强了平台的计算能力和扩展性。云环境的弹性资源分配，使得科学研究项目能够迅速响应数据量的增长，处理更复杂、更庞大的计算任务，同时降低硬件投入成本，提升科学研究团队的协作效率。

DatistEQ 及其不断壮大的函数库，特别是云技术的融入，正以前所未有的方式赋能地震科学研究。它简化了数据处理流程，提高了分析效率，为研究人员提供了更广阔的创新空间，助力地震科学研究迈向更深入、更智能的未来。

第 5 章 整合“ggplot2”绘图能力

DatistEQ 设计时深刻理解用户对数据分析的需求，预装 R 语言环境，确保用户即刻使用，无需额外配置即可开始数据探索。对于追求最新版本或有特殊需求的用户，建议访问官方 R 语言项目网站 cran.r-project.org，获取最新环境。DatistEQ-2021-Q1 版优化兼容性，支持 R 4.X 系列版本，极大提升了用户选择自由度。然而，R 4.0.4 版本处理中文字符能力有限，提示我们选择版本时需谨慎。为此，DatistEQ 提供便捷系统设置，用户可按需切换 R 环境版本（图 5-1），无论追求前沿还是偏好稳定，皆能找到适宜配置，确保数据分析流畅进行。

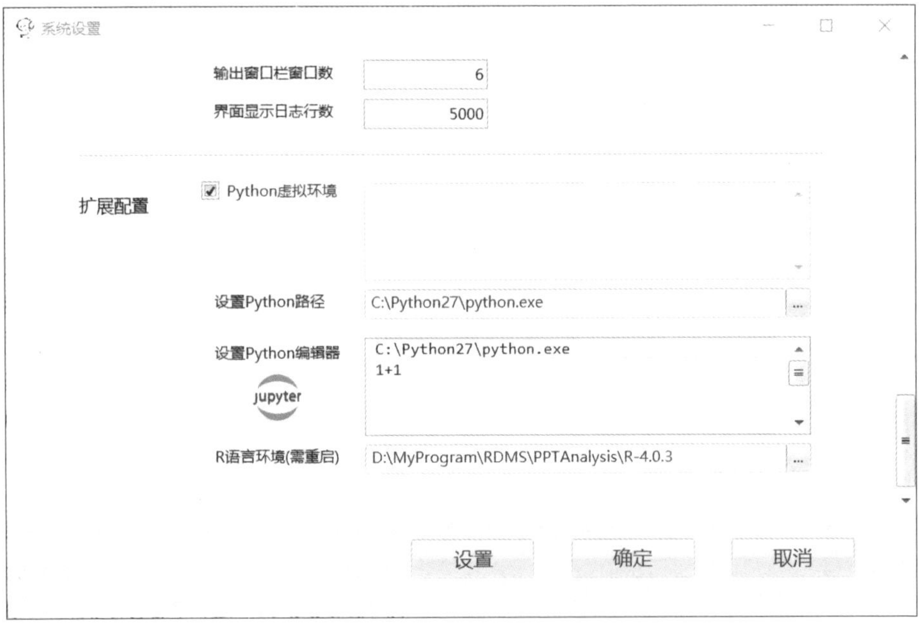

图 5-1 设置 R 环境的路径示意图

5.1 工作原理

DatistEQ 与 R 环境之间的工作原理，是建立在一种高效且直接的内存级数据交换机制上的协同运作。具体而言，当用户在 DatistEQ 平台中数据集需要进行高级统计分析或复杂算法处理时，DatistEQ 能够无缝地将这些数据直接推送至集成的 R 语言环境中，这一过程避开了硬盘读写操作，极大地提升了数据传输速度与系统响应效率。

在 R 环境中，无论是执行标准的统计测试、复杂的机器学习、模型构建，还是前沿的数据挖掘任务，所有的计算与处理均在内存中高效进行。这得益于 R 语言强大的数据分析与图形处理能力，数据能够被迅速转化为有价值的分析结果与可视化的结果。

处理完毕后，R 环境中的计算结果同样通过内存直接传递回 DatistEQ 平台，无需额外的导出与导入步骤，这不仅减少了数据传输的延迟，还保证了数据的完整性和安全性。用户可以在 DatistEQ 的界面中即时查看、分析这些结果，或进一步进行数据可视化、报告生成等后续操作，实现从数据处理到结果呈现的无缝衔接，如图 5-2 所示。

DatistEQ 与 R 环境之间内存级的数据交换机制，为用户提供了流畅、高效的数据分析体验，确保了复杂数据处理任务的快速完成，同时也降低了技术门槛，使得即便是非编程背景的用户也能轻松利用 R 语言的强大功能，促进了数据分析的普及与应用深度。

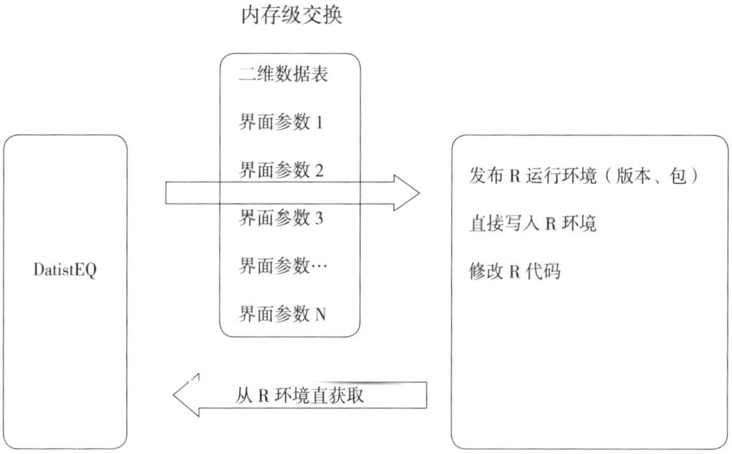

图 5-2　DatistEQ 与 R 环境

在 DatistEQ 中，融合 R 语言是通过 EDA、test 等节点实现，流程如图 5-3 所示。

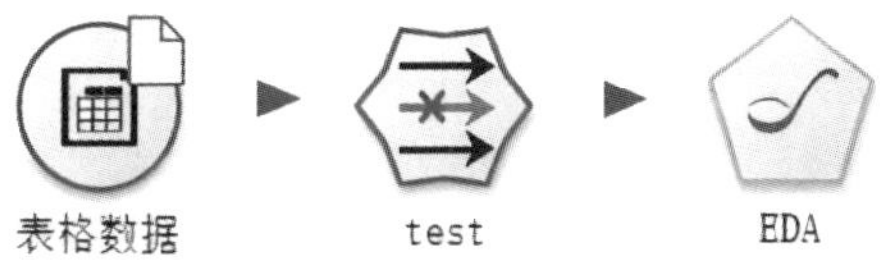

图 5-3　融合 R 语言的流程示意图

EDA 节点中的代码：

```
if (!require("ggplot2")) install.packages("ggplot2")
library(ggplot2)
p <- ggplot(inputtable, aes(weight, mpg))+geom_point()
ggsave(gettempfile(), width=15, height=10, dpi=300, units="cm")
```

第一行，安装组件包，意为 R 环境不存在“ggplot2”组件包，将会从网络上下载一个组件包。

下载过程中，弹出的窗口让选服务器，选中 China 的服务器站点。

如果本地环境中相应的安装包存在，此行可以不要。

第二行，引用组件包。

第三行，调用“ggplot”绘图。

第四行，保存图像以便于 DatistEQ 能够获取图像。

其中，“inputtable”为前节点推入的数据框的名称；“gettempfile ( )”为临时文件路径，以便于 DatistEQ 获得返回结果。

除“inputtable”、“gettempfile ( )”之外，DatistEQ 中还包含几个特定的函数：

header1 (' 文本 ')，一级标题；

header2 (' 文本 ')，二级标题；

header3 (' 文本 ')，三级标题；

boldtext (' 文本 ')，加粗文本；

output (' 文本 ')，输出文本。

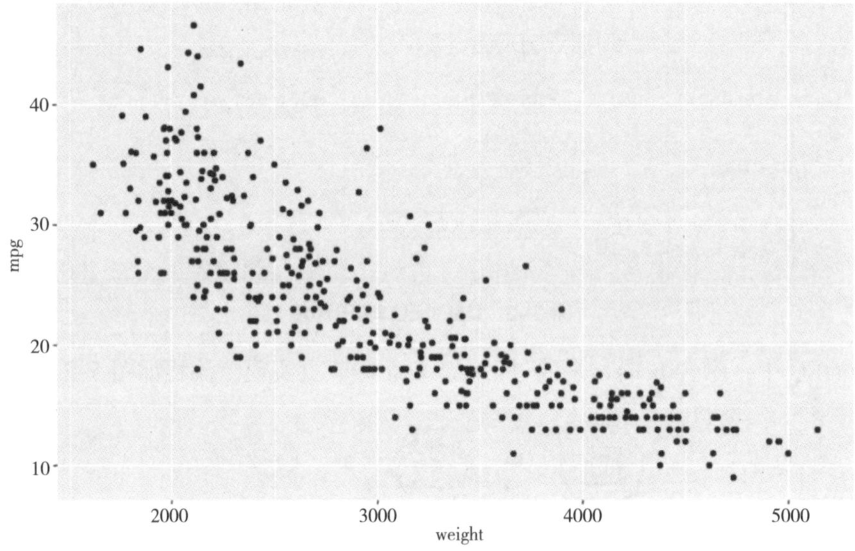

图 5–4 输出结果

R 语言，作为一款开源的统计计算与图形展示软件环境，其独特魅力在于其高度的灵活性与强大的数据分析能力。它不仅提供了丰富的数据类型与统计函数库，还具备高度自定义的绘图功能，成为地震数据处理与分析的首选工具。R 语言的生态系统支持各种地震数据的导入、清洗、分析及可视化，从地震序列分析到风险评估模型的构建，其模块化的函数库使得研究人员能够快速响应地震研究中的复杂需求，提高了地震科学研究的深度与广度。

在 R 语言的可视化工具中，“ggplot2”的出现标志着地震科学研究数据展示的一次革命。它突破了传统图形设计的局限，采用图形语法理论，使得研究人员能够以数据为中心而非图形元素来进行思维和表达。“ggplot2”通过简洁而富有逻辑的代码，实现数据与视觉元素的高效映射，如将地震数据中的特定变量映射为颜色或形状，从而揭示出地震活动的内在规律。其图层叠加设计，灵活的统计变换集成，以及自动化处理细节的能力，不仅简化了复杂图表的创建流程，也使得数据的故事讲述更为生动有力。

5.2 “ggplot2”可视化基础

在地震科学研究的现代分析框架中，“ggplot2”作为 R 语言中的一款旗舰级数据可视化包扮演着至关重要的角色。“ggplot2”不仅是一种绘图工具，它更是一种设计理念的体现，它强调通过图形语法来构建和理解数据。以下是基于“ggplot2”进行地震数据可视化的基本概念与实践指导，主要针对 DatistEQ 的用户，旨在帮助研究人员和灾害管理人员更好地利用此工具。

“ggplot2”的核心是图形语法（Grammar of Graphics），这一理论由 Leland Wilkinson 提出，旨在将复杂的图形分解为相互独立、可组合的组件，如数据、几何对象、美学映射、比例尺、坐标系和统计变换，通过这些基本组件的灵活组合，研究人员能够以数据驱动的方式高效表达地震活动的各种模式和特征。

数据在“ggplot2”中，是一切可视化成果的起始。数据是构建任何可视化产出的核心，通常以数据框的形式提供。数据框中的每一行代表一个观察值，每一列代表一个变量。在“ggplot()”函数中，通过“data = your_data_frame”指定数据源，其中，“your_data_frame”是你准备分析的数据框。数据的选择和预处理对于数据可视化至关重要。

几何对象是数据在图上的具体表现形式，它决定了数据如何被映射为可见的图形元素。“ggplot2”提供了多种几何对象，如“geom_point()”（散点图）、“geom_line()”（折线图）、“geom_histogram()”（直方图）和“geom_bar()”（条形图）等，每种几何对象都有其特定的用途，用户可以根据数据的特性和分析目的选择合适的几何对象。例如，研究地震活动的频率随时间变化时，可能会使用“geom_line()”来绘制时间序列图。

美学映射指的是数据变量如何映射到图形的视觉属性，如位置（x, y）、颜色、形状、大小等，在“aes()”函数中定义，如“aes(*x*=variable_x, *y*=variable_y, color=variable_color)”，这里“variable_x”、“variable_y”和“variable_color”分别代表数据框中的变量名，通过它们将数据的属性映射到图形的相应美学特征上。美学映射是“ggplot2”图形语法的核心，它让数据驱动图形的每一个方面。

比例尺控制着美学属性的范围和表现形式，它确保数据能够正确、清晰地在视觉上呈现。例如，“scale_color_continuous()”可以用来控制颜色渐变的范围，“scale_x_log10()”可以将 x 轴的刻度设置为对数尺度，以更好地展示宽范围的数据。比例尺的调整对于增强图表的可读性和解释性非常重要。

坐标系定义了数据如何在二维平面上布局。“ggplot2”默认使用笛卡尔坐标系，但也可以通过“coord_cartesian()”、“coord_polar()”等函数来改变坐标系的类型。例如，在分析圆形数据分布时极坐标系可能更加合适。改变坐标系可以提供不同的数据视角，有助于揭示数据的不同特征。

统计变换指的是在绘制图形之前对数据进行的数学运算或统计分析，这些变换可以是简单的汇总统计（如平均值、中位数），也可以是复杂的模型拟合（如线性回归、密度估计）。在“ggplot2”中，它们通常通过“stat_”函数实现，如“stat_summary()”用于数据汇总，“stat_smooth()”用于添加平滑曲线。统计变换能够帮助揭示数据中的模式和趋势，增强图形的解释力。

5.3 “ggplot2”单变量绘图

在地震科学研究领域，数据可视化是理解地震活动特征、评估灾害风险、预测地震趋势不可或缺的一部分。“ggplot2”凭借其强大的灵活性和表达力，在地震数据的单变量分析中展现出了独特的优势。下面我们将上述图形方法应用于地震科学研究的具体场景中。

1. 面积图（geom_area()）

在分析地震活动随时间变化时，面积图可用于展示特定时间段内地震频次或能量释放的累计变化。例如，通过绘制地震活动的能量释放随时间的面积图，研究人员可以直观地看出地震活动的活跃期与平静期，以及能量释放的长期趋势。

```
1. header1(" 面积图 ")
2. a <- ggplot(wdata, aes(x=weight))
3. a+geom_area(aes(y=..density..), stat="bin")
4. ggsave(gettempfile(), width=15, height=10, dpi=300, units="cm")
```

2. 密度图（geom_density()）

在地震震级分布的研究中，密度图可以帮助识别震级的集中区间，以及是否存在双峰或多峰分布，这可能是地震活动机制或断层性质的反映。通过颜色区分不同地震类型或地区，可以进一步探究地震活动的地域性差异。

```
1. header1(" 密度图 ")
2. a <- ggplot(wdata, aes(x=weight))+geom_density()
3. ggsave(gettempfile(), width=15, height=10, dpi=300, units="cm")
```

3. 点图（geom_dotplot()）

点图可以用来展示特定地震事件（如大于 6.0 级的大地震）在时间序列上的分布，点的密集程度直观地反映出地震活动的频密时段，对于理解地震活动周期性具有重要意义。

```
1. header1(" 点图 ")
2. a <- ggplot(wdata, aes(x=weight))
3. a+geom_dotplot()
4. ggsave(gettempfile(), width=15, height=10, dpi=300, units="cm")
```

4. 频率多边图（geom_freqpoly()）

在分析地震发生频率与震级的关系时，频率多边图能够清晰地展示不同震级区间地震发生的次数，这有助于识别地震频度的分布特征，为地震危险性评估提供数据支持。

```
1.header1("频率多边图")
2.a <- ggplot(wdata,aes(x=weight))
3.a+geom_freqpoly()
4.ggsave(gettempfile(),width=15,height=10,dpi=300,units="cm")
```

5. 直方图（geom_histogram()）

直方图在分析地震数据时，常用于揭示地震震级的分布情况，通过调整分组宽度，可以细致考察不同震级段的地震活动强度，对预测未来地震的可能性分布具有指示作用。

```
1.header1("直方图")
2.a <- ggplot(wdata,aes(x=weight))
3.a+geom_histogram(aes(color=sex),fill="white",position=
"dodge")+theme_classic()
4.ggsave(gettempfile(),width=15,height=10,dpi=300,units="cm")
```

6. 经验累积密度图（stat_ecdf()）

经验累积分布函数图在评估地震阈值、确定异常值时非常有用。通过经验积累密度图，研究人员可以确定特定震级水平下的累积概率，为地震预警系统设定的阈值提供科学依据。

```
1.header1("经验累积密度图")
2.a <- ggplot(wdata,aes(x=weight))
3.a+stat_ecdf()
4.ggsave(gettempfile(),width=15,height=10,dpi=300,units="cm")
```

7.QQ 图（stat_qq()）

在研究地震震级数据是否符合特定理论分布（如 Gumbel 分布或 Weibull 分布）时，QQ 图是一个重要的诊断工具。通过比较观测数据与理论分布的分位数，可以评估数据的符合程度，这对于验证地震模型的适用性至关重要。

```
1.header1("QQ图")
2.ggplot(data=mtcars,aes(sample=mpg))+stat_qq()
3.ggsave(gettempfile(),width=15,height=10,dpi=300,units="cm")
```

8. 条形图（geom_bar()）

在分析地震类型（如浅源地震、中源地震、深源地震）的分布或是不同地震带的地震活动频率时，条形图是直观展示各类别数量差异的有效工具。通过条形图，研究人员可以迅速地识别出地震活动的主要类型或活跃区域，为地震防治策略的制定提供信息。

```
1. header1(" 条形图 ")
2. data(mpg)
3. b <- ggplot(mpg, aes(x=fl))
4. b+geom_bar()
5. ggsave(gettempfile(),width=15,height=10,dpi=300,units="cm")
```

“ggplot2”的单变量绘图功能在地震科学研究中扮演着重要角色，它不仅能够帮助研究人员直观理解地震数据的分布特征，还能在地震活动模式识别、风险评估、预测模型构建等方面提供有力支持，它是地震数据可视化不可或缺的工具。

5.4 “ggplot2”两个变量绘图

在地震科学研究领域，利用“ggplot2”库的多样几何对象功能，研究人员能够对地震数据进行深度可视化分析，它涵盖连续及离散变量处理、二维分布探索、模型预测性能评估、地理统计分析及误差表达等多个层面，通过诸如“geom_point”、“geom_smooth”、“geom_quantile”和“geom_map”等工具，能为研究者揭示出地震活动的空间分布特征、时间趋势、类型差异及与地理环境的关联，同时也能评估出预测模型的准确性和不确定性。这些图形不仅能呈现地震密集区的细微结构、区分地震类型的震级特征，还能通过地图叠加分析出地震与地质构造的关系，为地震预测、风险评估及地质灾害管理提供强有力的支持。

1. *x*，*y* 皆连续

在地震科学研究中，“ggplot2”可用于分析地震活动的时空分布特性。

geom_point()：通过散点图展示地震发生的地理位置（*x* 坐标为经度，*y* 坐标为纬度），颜色或大小可以编码地震的震级或深度，帮助识别地震活动的热点区域。

```
1. header1("x,y 皆连续 ")
2. b <- ggplot(data=mtcars, aes(x=wt, y=mpg))
3. b+geom_point()
4. ggsave(gettempfile(),width=15,height=10,dpi=300,units="cm")
```

geom_smooth()：应用平滑线来探索地震强度与时间的关系，如平滑时间序列上的地震能量释放趋势线，可以揭示地震活动的周期性变化。

```
1. header2(" 平滑线 ")
```

```
2. b <- ggplot(data=mtcars, aes(x=wt, y=mpg))
3. b+geom_smooth()
4. ggsave(gettempfile(), width=15, height=10, dpi=300, units="cm")
```

geom_quantile()：分析地震数据的分位数线可以了解不同震级范围内的地震频次分布，有助于风险评估。

```
1. header2(" 分位线 ")
2. if (!require("quantreg")) install.packages("quantreg")
3. ggplot(data=mpg, aes(cty, hwy))+geom_point()+geom_quantile
()+theme_minimal()
4. ggsave(gettempfile(), width=15, height=10, dpi=300, units="cm")
```

geom_rug() 和 geom_jitter()：在研究地震震源机制解时，利用这些几何对象展示数据点的分布密度和避免坐标重叠，比如用在二维参数空间上展示地震应力降解的方向。

```
1. header2(" 边际地毯线 ")
2. ggplot(data=faithful, aes(x=eruptions, y=waiting))+geom_
point()+geom_rug()
3. ggsave(gettempfile(), width=15, height=10, dpi=300, units="cm")
4. header2(" 避免重叠 ")
5. p <- ggplot(data=mpg, aes(displ, hwy))+geom_point()
6. p+geom_jitter(width=0.5, height=0.5)
7. ggsave(gettempfile(), width=15, height=10, dpi=300, units="cm")
```

geom_text()：在特定地震事件上标注其详细信息，如地震名称、日期和震级，增加图表的可解读性。

```
1. header2(" 文本注释 ")
2. b <- ggplot(data=mtcars, aes(x=wt, y=mpg))
3. b+geom_text(aes(label=rownames(mtcars)))
4. ggsave(gettempfile(), width=15, height=10, dpi=300, units="cm")
```

2. 连续二元分布

geom_bin2d()：利用二维封箱热图展示地震发生频率与地理坐标的关系，通过颜色深浅反映地震活动的密集区域。

```
1. header1(" 二维封箱热图 ")
```

```
2. c <- ggplot(data=diamonds, aes(carat, price))
3. c+geom_bin2d()
4. ggsave(gettempfile(), width=15, height=10, dpi=300, units="cm")
```

geom_hex()：六边形封箱图在处理大量地震数据时更为高效。它能减少边缘效应更清晰地展现地震活动的空间格局。

```
1. header1("六边形封箱图")
2. if (!require(“hexbin”)) install.packages("hexbin")
3. library(hexbin)
4. c+geom_hex()
5. ggsave(gettempfile(), width=15, height=10, dpi=300, units="cm")
```

geom_density_2d()：通过等高线图描绘地震震级与深度的二维密度分布，帮助研究人员理解地震活动的三维结构特征。

```
1. header1("二维等高线密度图")
2. sp <- ggplot(faithful, aes(x=eruptions, y=waiting))
3. sp+geom_point() + geom_density_2d()
4. ggsave(gettempfile(), width=15, height=10, dpi=300, units="cm")
```

3. 连续函数

geom_area()：面积图可以展示地震预测研究的准确率随时间的变化，帮助研究人员评估预测模型的性能。

```
1. header1("面积图")
2. d <- ggplot(data=economics, aes(x=date, y=unemploy))
3. d+geom_area()
4. ggsave(gettempfile(), width=15, height=10, dpi=300, units="cm")
```

geom_line()：折线图可以追踪地震活动的长期趋势，如地震活动水平随年份的波动。

```
1. header1("线图")
2. d <- ggplot(data=economics, aes(x=date, y=unemploy))
3. d+geom_line()
4. ggsave(gettempfile(),width=15,height=10,dpi=300,units= "cm")
```

geom_step()：在展示地震预测响应时间序列时，阶梯图能够清晰地标记出每次预警的启动和结束时间点。

```
header1(" 阶梯图 ")
set.seed(1111)
ss <- economics[sample(1:nrow(economics),20),]
ggplot(ss,aes(x=date,y=unemploy))+geom_step()
ggsave(gettempfile(),width=15,height=10,dpi=300,units="cm")
```

4. *x* 离散，*y* 连续

geom_boxplot() 和 geom_violin()：可以用来分析不同地质构造条件下地震震级的分布差异，揭示构造类型对地震活动的影响。

```
header1(" 箱线图 ")
e <- ggplot(data=ToothGrowth,aes(x=dose,y=len))
e+geom_boxplot()
ggsave(gettempfile(),width=15,height=10,dpi=300,units="cm")
header1(" 小提琴图 ")
e <- ggplot(data=ToothGrowth,aes(x=dose,y=len))
e+geom_violin(trim=FALSE)
ggsave(gettempfile(),width=15,height=10,dpi=300,units="cm")
```

geom_dotplot() 和 geom_jitter()：使用点图来展示数据分布，避免分类数据重叠。如探究地震与其他自然现象（如月相、季节）的关联性。

```
header1(" 点图 ")
e+geom_boxplot(aes(fill=dose))
e+geom_dotplot(binaxis="y",stackdir="center")
ggsave(gettempfile(),width=15,height=10,dpi=300,units="cm")
header1(" 带状图 ")
e+geom_boxplot(aes(fill=dose))
e + geom_jitter(position=position_jitter(0.2))
ggsave(gettempfile(),width=15,height=10,dpi=300,units="cm")
```

geom_line() 和 geom_bar()：在研究地震发生次数与月份或某一天中的时间的关系时，条形图可以展示各时间段的地震频次，折线图则可以揭示季节性的变化趋势。

```
header1(" 线图 ")
ggplot(df,aes(x=dose,y=len,group=supp)) +
```

```
geom_line(aes(linetype=supp))+geom_point()
ggsave(gettempfile(),width=15,height=10,dpi=300,units="cm")
header1("条形图")
f <- ggplot(df,aes(x=dose,y=len))
f + geom_bar(stat="identity")
ggsave(gettempfile(),width=15,height=10,dpi=300,units="cm")
```

5. x，y 皆离散

geom_count()：在研究地震类型（如浅源地震、深源地震）与地理位置的关联时，它可以用来直接计数每个类型在不同区域的地震次数。

```
header1("地震次数")
d <- ggplot(diamonds,aes(x=cut,y=clarity))
d + geom_count(aes(size=after_stat(prop)))
d + geom_count(aes(size=after_stat(prop),group=1)) +
scale_size_area(max_size=10)
ggsave(gettempfile(),width=15,height=10,dpi=300,units="cm")
```

geom_tile()：可以用于展示地震活动在地理网格上的分布密度，颜色深浅代表不同网格内的地震频次，这样有助于识别活跃的地震带。

```
header1("分布密度")
ggplot(df,aes(x,y))+geom_tile(aes(fill=z),colour="grey50")
ggsave(gettempfile(),width=15,height=10,dpi=300,units="cm")
```

6. 绘制误差图

geom_crossbar(), geom_errorbar(), geom_pointrange()：在评估地震预测模型时，通过误差图展示预测值与实际震级之间的偏差，帮助研究人员优化模型参数。

```
header1("十字误差棒")
f <- ggplot(df2,aes(x=dose,y=len,ymin=len-sd,ymax=len+sd))
f+geom_crossbar()
ggsave(gettempfile(),width=15,height=10,dpi=300,units="cm")
#
header1("误差棒")
f <- ggplot(df2,aes(x=dose,y=len,ymin=len-sd,ymax=len+sd))
f+geom_errorbar(aes(color=dose),width=0.2)
ggsave(gettempfile(),width=15,height=10,dpi=300,units="cm")
```

```
#
header1("水平误差棒")
f <- ggplot(df2, aes(x=dose, y=len, ymin=len-sd, ymax=len+sd))
f+geom_pointrange()
ggsave(gettempfile(),width=15,height=10,dpi=300,units="cm")
```

7. 地图绘制

geom_map()：绘制地震分布图，结合地理信息系统数据，并叠加地形信息，如海拔高度，探究地形地貌对地震活动的影响。通过映射不同地震属性到地图上，为研究人员提供直观的地理视角分析。

```
header1("地图绘制")
map_data <- map_data("state")
ggplot(crimes,aes(map_id=state))+
  geom_map(aes(fill=Murder),map=map_data)+
  expand_limits(x=map_data$long,y=map_data$lat)
ggsave(gettempfile(),width=15,height=10,dpi=300,units="cm")
```

DatistEQ 平台通过与 R 语言高级功能的深度融合，在地震会商与灾害救援领域的应用潜力实现了全面升级，体现在六个方面：一是利用 R 语言的实时数据处理能力及“ggplot2”绘图包，实现地震数据的快速处理和可视化，为地震会商或地震数据的进一步分析处理提供了依据；二是精细化风险评估与模拟，借助 R 的统计建模和机器学习库，如“caret”“randomForest”，进行多因素考量下的风险评估与情景模拟；三是实现了动态资源调度，利用空间分析与优化算法如“igraph”“optimx”，根据高时效性的数据分析和处理结果，生成出科学的救援策略，高效调度救援资源；四是打造公众参与平台，结合“Shiny”及社交媒体分析工具促进信息共享，增强透明度与协同效率；五是推动教育普及，利用“learnr”开发教育模块，提升公众灾害意识与应对技能；六是促进国际合作与数据共享，利用 R 的数据接口处理能力，如“httr”“jsonlite”，加强跨国数据交流与合作机制。这一深度融合不仅极大地增强了科学研究与应急响应的技术实力，而且在信息流通、资源整合、公众教育、国际合作等方面展现出巨大的价值，为构建更安全、更智慧的灾害管理体系提供强大支撑。

第 6 章 整合 GMT 绘图能力

GMT 为通用绘图工具的简称，1988 年诞生于哥伦比亚大学，由 Wessel 与 Smith 两位学者创制，此后便成为地理学界的绘图圣手。它不仅能绘制海岸线、国界与河流的基础地图，而且在地震学领域大放异彩。借助 GMT 地震研究人员得以绘制地震分布图、断层线与地壳形变图，构建起地震活动模式的直观图景。随着算法的演进与功能的拓展，GMT 正逐步融入先进的数据可视化平台。

“L For DatistEQ”在 GMT+ 节点中引入了一种革新设计理念，即在传统代码执行流程之前增设了一个重要环节——代码预处理阶段，这一阶段旨在优化编程逻辑，简化数据处理步骤，从而加快数据流转与存储速度，巧妙配置 DatistEQ 环境变量，为后续开发打下坚实的基础。

“L For DatistEQ”的实践不仅是技术上的突破，更是用户体验的革命。通过灵活的接口技术将 SQL 查询、GMT 绘图、ECharts 可视化、Python 与 R 语言编程及 Office 套件等多种工具和技术融合为一体，这样的集成不仅实现了数据与资源的有效对接，而且还为 DatistEQ 平台上的每种工具提供了强大的数据支持、丰富的资源库访问权限、扩展的计算能力和便捷的用户界面。

6.1 “GMT for DatistEQ”指令集

（1）中文环境设置：此功能意味着系统内置了一键式的配置工具，专门用于自动配置 GMT 的中文环境，用户只需点击一个按钮或执行一个命令，系统就会自动完成所有必要的设置，使得界面、消息提示以及文档等均以中文显示，极大地提升了中文用户操作的便捷性。

（2）设置运行路径：这项操作是指通过特定指令，用户可以自定义指定 GMT 在运行过程中生成的临时文件存放的位置，这样不仅便于管理这些临时文件，还能优化系统的存储资源使用，确保系统的高效运行，同时也为调试和问题追踪提供了便利。

代码示例：

```
# 设置运行目录
set workpath=D:\temp
```

（3）条件编译：介绍了一种高级功能，即系统或软件提供预定义的条件编译指令，允许开发者基于不同的运行环境（如操作系统类型、硬件配置等）选择性地编译代码中的某些部分。这样做可以确保 DatistEQ 的代码能够在多种环境下稳定运行，增强了软件的可移植性和适应性。

代码示例：

```
#if windows
    这段代码，仅在 Windows 环境下运行
#else
    这段代码，在非 Windows 环境下运行
#endif
```

（4）文件转存：在“GMT For DatistEQ”这一上下文中，文件转存指令是一种自动化流程，它通过创建批处理命令来实现数据的流动处理和最终绘图结果的收集。具体来说，该指令会自动将前一个处理步骤输出的文件保存到当前的工作目录下，以便 GMT 程序能够直接访问和进一步处理这些文件，简化了用户在数据处理和绘图流程中的操作。

格式：

save {point|line|raw} -N{ 前节点名称 } -C{ 输出字段名称 } -F{ 输出文件 }

raw：指定列输出

point：支持 x，y 坐标，及 wkt

line：支持 wkt 数据（DatistEQ 内置格式）

代码示例：

```
输出前节点内容，用于绘点
  save point -Nepicenter -Clng,lat -Ftemp2.dat
输出前节点内容，用于绘制文字
  save point -Ntext -Clng,lat,"MR",name -Ftemp4.dat
```

（5）系统变量：利用 ${ } 表达式，用户可以在配置文件或脚本中引用各种预设的值，包括但不限于内置函数的返回值、流程中的动态变量、系统定义的路径以及前一个处理节点生成的数据值。这种方式极大地增强了配置的灵活性和动态性，使得脚本和系统设置更加智能。

表达式替换规则及优先顺序：

①前节点数据值：

标识：节点名称 . 字段名；第一个节点简化为字段名。

②系统路径：

$examples$，表示示例流程路径；

$stream$，表示当前 DMS 流程路径；

$system$，表示 DatistEQ 系统路径；

$temp$，表示操作系统临时文件夹。

③流程变量：$ParaName、ParaName。

④所有内置函数，支持系统中 700 多个函数。

⑤支持统计函数，以 @ 开始，以相应的前节点为基础进行汇总，如 ${@gmtRange()}。

（6）内置资源扩展：系统或软件集成了一个资源扩展库，其中包含了常用的数据文件模板和符号集合。这样设计的目的是减少用户从头开始配置的时间和复杂度，让研究人员可以直接调用这些预设资源进行工作。

（7）代码生成器：提供了辅助代码编辑的功能，比如语法高亮显示、特殊符号提示等，这些特性有助于提升代码编写时的可读性和准确性。对于研究人员而言，这样的工具能够减轻编码负担，加速开发进程，同时减少因语法错误导致的问题，如图 6-1 所示。

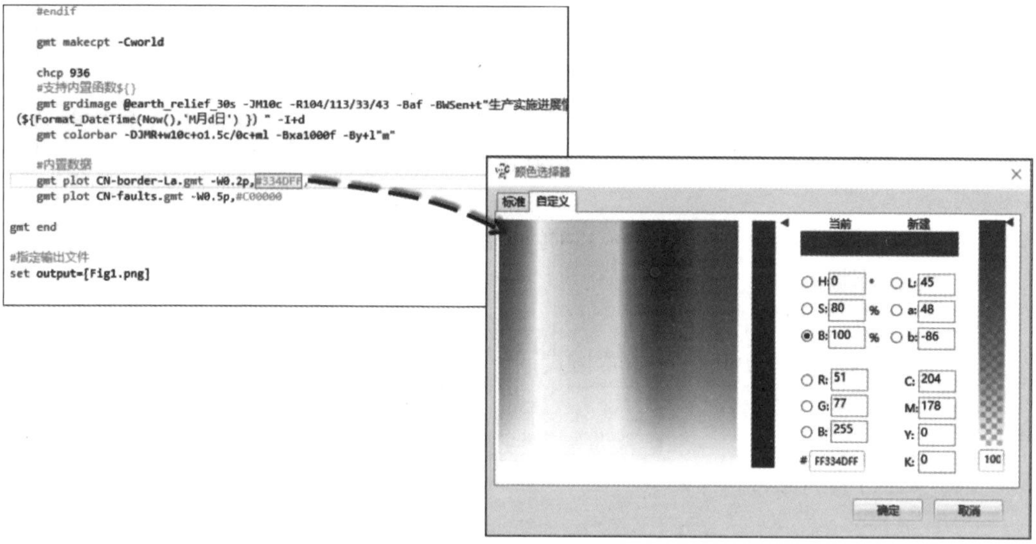

图 6-1　颜色设置示意图

（8）文件回收：描述了系统实施的一种自动化管理机制，即自动收集由程序生成的所有输出文件。此机制减少了人工介入的需要，确保输出文件的有序管理。此外，还支持研究人员自定义文件收集的方式，进一步提升了系统的灵活性，满足不同场景下的各种需求。

示例：

```
1. 自动收集模式
2. # 自动收集图片 figure2 png
3. gmt begin figure2 png
4. 指定方式模式
5. # 指定输出文件，多个文件之间以分号间隔
6. # 以 [] 表示，在节点运行之前不删除指定的文件
7. set output=[Fig1.png]
```

6.2　应用案例

示例一：概况，如图 6-2 所示。

```
#设置运行目录
set workpath=D:\temp
@echo off
REM Date:     2022/7/17 12:23
REM User:     Datist
REM Purpose: Purpose of this script
REM Set a unique session name:
set GMT_SESSION_NAME=2812
REM gmt clear all
#自动收集图片
gmt begin figure2 png
    gmt set PS_CHAR_ENCODING Standard+
    gmt set FONT_TITLE 20p,39,black
    gmt set FONT_LABEL 15p,39,black
    #条件编译
    #if windows
    echo windos os
    #else
    echo unix os
    #endif

    gmt makecpt -Cworld

    chcp 936
    #支持内置函数${}
    gmt grdimage @earth_relief_30s -JM10c -R104/113/33/43 -Baf -BWSen+t"生产实施进展情况 (${Format_DateTime(Now(),'M月d日') }) " -I+d
    gmt colorbar -DJMR+w10c+o1.5c/0c+ml -Bxa1000f -By+l"m"

    #内置数据
    gmt plot CN-border-La.gmt -W0.5p,#404040,-.
    gmt plot CN-faults.gmt -W0.5p,#C00000

gmt end
#指定输出文件
set output=[Fig1.png]
```

图 6–2　GMT FOR DatistEQ 示意图

（1）set workpath 命令，设置中间数据存储路径。

（2）get begin 设置自动收集图片的文件名称。

（3）#if 指定运行环境。

（4）$Format_DateTime 使用 DatistEQ 函数，格式日期。

（5）gmt plot 绘制图件。

（6）set output，指定回收图片列表。

示例二：空间数据扭转，如图 6–3 所示。在本案例中，采用 Save Line、Save Point 指令指向前节点，空间数据保存到临时文件中，再使用 GMT 命令绘图。

Save Line 指令主要用于保存前一处理步骤中产生的线要素（例如，地理轨迹、边界线等）到一个临时文件中，线要素通常包含一系列按顺序连接的坐标点，用来表示地图上的线条特征。

Save Point 指令则用于保存点要素，这些点可能代表地理位置标记、观测站点或其他散点数据，每个点由其唯一的坐标位置定义。

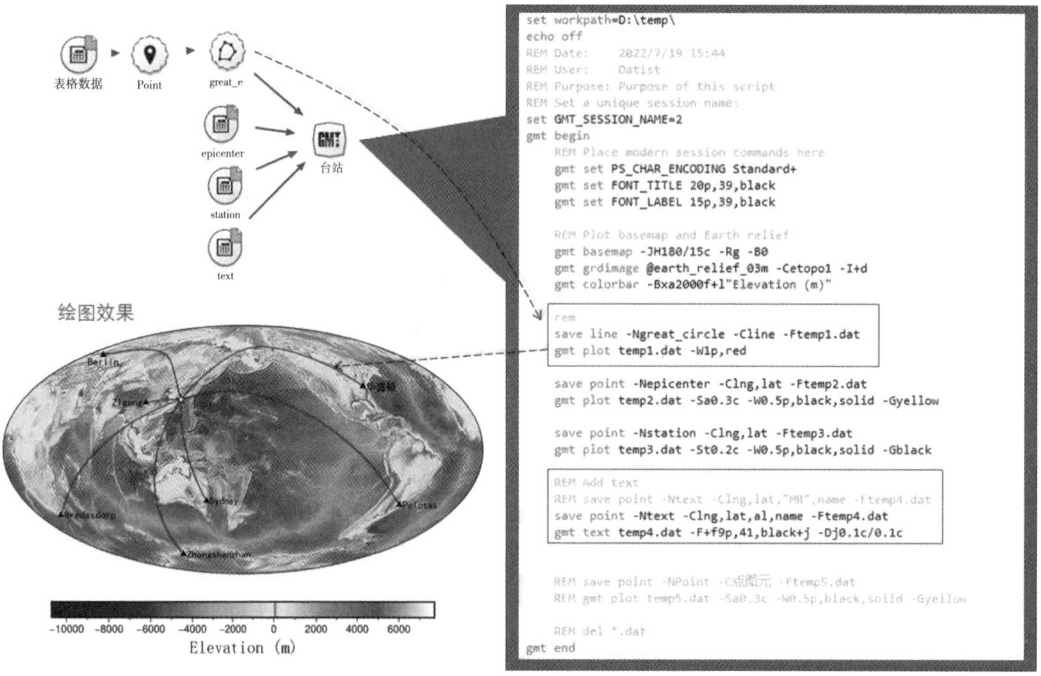

图 6-3　数据保存示意图

示例三：Datist 表达式，如图 6-4 所示。

使用 @GmtRange(Field1 , Field2) 函数获取字段数据范围，以便 GMT 设置绘图范围。

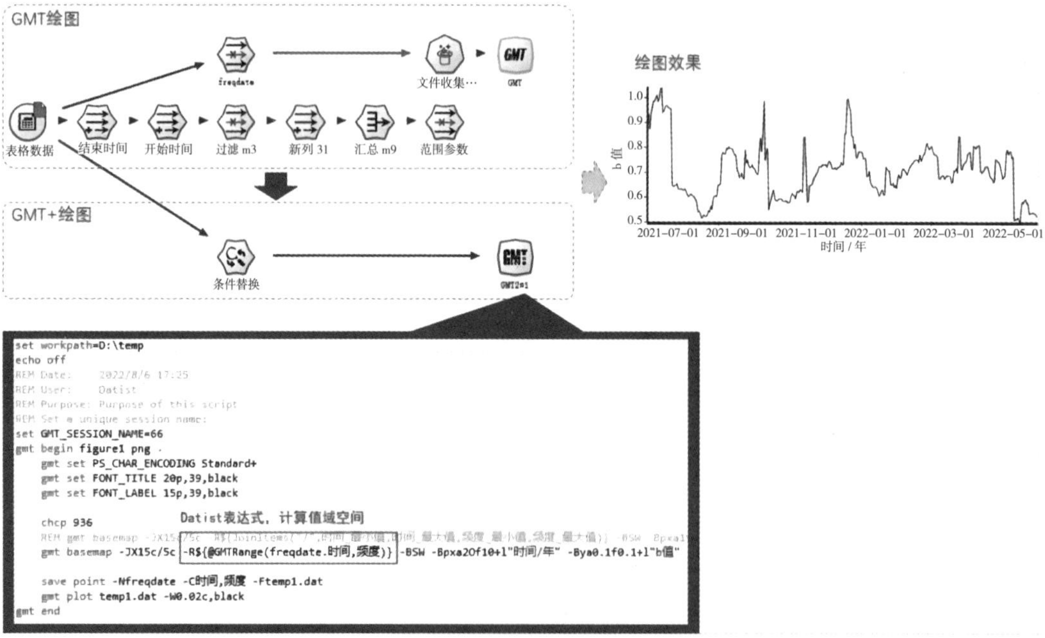

图 6-4　表达式示意图

本章系统阐述了 GMT 与 DatistEQ 数据分析平台的深度整合技术框架及其在地学可视化中的创新应用。通过构建标准化指令集（含中文环境配置、路径管理、条件编译、文件转存等八大核心指令），实现了地震数据预处理与 GMT 可视化的无缝衔接。技术创新点包括：在代码执行流程中引入预处理阶段优化数据流转效率；通过特定表达式构建动态变量引用机制，支持前节点数据、系统路径及内置函数的智能调用；开发多格式文件转存协议，实现空间数据与 GMT 绘图引擎的高效交互。整合后的平台支持跨工具链协同，通过条件编译技术保障多操作系统兼容性，借助文件回收机制实现输出资源的自动化管理。典型应用案例验证了该框架在地震空间数据可视化中的实用性，通过特定函数动态计算数据值域实现绘图参数自适应配置，显著提升了复杂地学场景下的可视化效率。整合方案不仅强化了 DatistEQ 在地球科学领域的专业分析能力，更通过标准化指令集与自动化流程，为地震监测、灾害评估等研究提供了高效可视化解决方案，推动了地学数据处理向智能化、工程化方向发展。

第 7 章 DatistEQ 之功能扩展

DatistEQ 集成了 R、Python、Java 等多种强大编程语言的扩展能力，这一举措不仅极大地丰富了软件的功能矩阵，而且随着技术迭代与用户群体的深度探索，这些扩展功能的应用领域和实现方式正经历着一场革命性的飞跃。DatistEQ 致力于服务那些位于技术巅峰的研究人员——大约行业占比不足 1% 的算法工程师及各领域的领军人物。他们的智慧结晶，通过 DatistEQ 平台的桥梁作用，得以惠及更广泛的用户群体，实现知识与技术的无界传递，有效地推动整个行业的进步与发展。

面对挑战，DatistEQ 积极探索解决方案，力图打破环境的束缚，主要体现在以下三个方面：

（1）环境限制的跨越。DatistEQ 深刻理解开发者在配置本地环境时可能遭遇的困扰，以及用户在初次接触复杂环境设置时的迷茫。因此，它正不断地优化其云端集成开发环境（IDE），提供一键部署的解决方案，旨在消除环境配置的痛点，使开发者能够轻松启动，用户也能无缝体验高级功能，无需再为繁琐的环境搭建而苦恼。

（2）加速功能迭代的创新策略。为了保持软件的活力与竞争力，DatistEQ 推行敏捷开发模式，通过模块化设计促进“节点即插即用”“代码智能提示与诊断”“功能热更新机制”及“模块一键发布”等功能的实现，这不仅大幅缩短了从开发到上线的周期，也保证了功能迭代的高效与精准，让创新成果能够迅速地触达终端用户。

（3）强化协作与共享的生态系统建设。DatistEQ 深谙促进技术社群协作的重要性，致力于构建一个既尊重原创贡献者权益，又拥抱开放精神的平台。通过建立一套完善的知识产权保护机制与激励政策，鼓励高端用户分享其宝贵经验和技术成果。同时，DatistEQ 积极探索多语言环境下的无缝对接技术，如 C#、GMT、Python、Java 等，通过标准化接口和中间件，促进跨语言项目的有机融合，为多元化团队协作提供坚实的技术支撑。这样就维护了创新生态的活力，也为全球开发者打开了合作的新篇章，共同推动技术边界向未知领域延伸。

7.1 DatistEQ 之 WebAPI 云服务协作

WebAPI 作为当代技术栈中连接多样化客户端（涵盖浏览器、移动应用及其他智能设备）的核心组件，在构建高性能 HTTP 服务方面发挥着举足轻重的作用。它的无状态特性，相比传统 Web Service 更为轻盈的设计，使之成为现代微服务架构和云原生应用的首选技术。在这样的技术趋势下，DatistEQ 内置的“微服务”节点，为用户无缝对接 WebAPI 提供了高效便捷的途径。用户仅需提供目标 WebAPI 的服务地址，DatistEQ 便能自动接手后续的复杂交互流程，确保数据流通与服务调用的流畅进行，极大地简化了从前端到后端的集成难题，让技术对接不再成为创新的阻碍。

在云服务接入方面，DatistEQ 同样展现了其灵活性与易用性。它精心设计的“Get 服务”与“Post 服务”节点，为云端资源的访问与协作提供了直观的操作界面。用户仅需进行简单的配置步骤，即可轻松打通与云服务之间的桥梁，无论是获取云端数据、触发远程功能还是实现数据同步，都能在短时间内完成设置，为加速项目开发的进程提供支持。这样的设计不仅降低了技术门槛，使得非专业开发者也能快速上手，还促进了云端资源的高效利用。

7.1.1　节点的两种形态

在 DatistEQ 的微服务节点设计中，巧妙地融合了两种互补的形态（图 7–1），旨在满足不同场景下的数据处理与分析需求，充分体现了其灵活性与实用性。

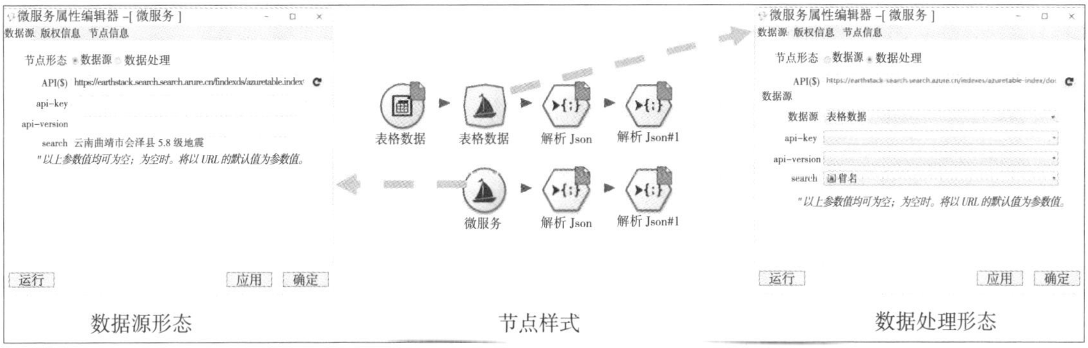

图 7–1　微服务节点的两种形态示意图

第一种形态：数据源节点。它是微服务节点的基础形态，扮演着数据入口的角色。它采用固定参数配置的方式，允许用户在界面直观地设定所需参数，确保在运行时能够精准地从指定的 WebAPI 中提取数据。这种“即设即取”的模式，意味着它仅执行一次数据获取操作，随后便将完整的数据集一次性提供给后续流程使用。这一设计简化了数据获取的流程，尤其适合于那些需要定期更新或一次性加载大量数据的场景，如获取实时天气信息、市场行情数据等，为后续的数据分析奠定了坚实的基础。

第二种形态：数据处理节点。它展现了微服务节点的高级应用能力。与数据源节点不同，数据处理节点依赖于前序节点的输出，即需要一个上游节点提供数据流作为输入。在运行过程中，它会逐行读取这些数据，并将每一行数据作为参数，动态地调用 WebAPI 服务，逐一收集处理后的结果。这种按需调用、逐行处理的机制，提高了数据处理的灵活性，增强了对复杂数据交互场景的支持。例如，在个性化推荐系统中，每个用户的数据都需要独立调用 API 进行个性化处理，这种设计就能完美胜任，使得数据处理过程更加精细，针对不同数据能够执行差异化操作，满足多样化、定制化的数据处理需求。

在 DatistEQ 的节点编辑器界面中，精心设计的“形态栏”为用户提供了直观便捷的选项，以便用户精准设定微服务节点。这一设计充分考虑了用户体验与功能实用性，让复杂的技术配置变得简单易行。

当选中“数据源”选项时，系统明确指定了该微服务节点将作为数据的直接入口，扮演起数据源头的重要角色。这一形态下，节点专注于从外部 WebAPI 获取数据，无需依赖任何上游节点的输入。为了确保数据流向的清晰与逻辑的准确性，DatistEQ 的智能系统会在用户保存参数设置的那一刻，自动移除并清理任何已存在的前节点关联，从而避免了不必要的数据冲突与逻辑混乱，保证了数据流程的纯净与高效。

而当用户切换至“数据处理”形态时，微服务节点则转换为数据处理的高效工具，此时它要求至少有一个前驱节点为其提供数据流。这种形态下，节点能够对上游节点传来的数据进行逐行处理，每条数据都将作为参数调用 WebAPI 进行个性化服务调用或运算。这种设计灵活性极大，能适应复杂多变的数据加工需求。进一步彰显了 DatistEQ 在支持多样化数据分析任务方面的强大。

7.1.2 节点编辑器

在 DatistEQ 的地震数据专家工具中，节点编辑器扮演着至关重要的角色，它将复杂的技术细节封装于直观易用的界面之下，极大地简化了数据处理与服务集成的过程。当用户获取到一个服务地址（URL）后，例如获取地震推荐报告的高级服务——https://earthstack-search.search.azure.cn/indexes/azuretable-index/docs?api-key=&api-version=2020-06-30&search= 云南，如图 7-2 所示。

原始界面　　自动创建参数之后的界面

图 7-2　参数自动解析示意图

通过简单地将上述 URL 粘贴至 DatistEQ 提供的 API 文本框内，系统即刻启动其智能解析引擎，对 URL 进行深度解构。这一精妙设计的背后，是系统对技术细节的精准把控与用户友好性的深刻理解。在解析过程中，系统不仅识别了 URL 的基本结构，还敏锐地捕捉到了诸如 api-key、api-version 和 search 等关键参数，这三大参数分别对应着服务的访问密钥、使用的 API 版本以及查询关键词，它们是连接用户需求与服务响应的核心桥梁。

紧接着 DatistEQ 以其自动化与智能化的特性，立即将解析出的参数转化为直观的界面元素——三个定制化的参数文本框，整齐排列于用户面前。这意味着用户无需手动配置或理解复杂的参数命名规则，即可轻松修改这些参数值，比如变更查询地域为“四川”或更新 API 版本以适应服务的最新特性。这样的设计，极大地降低了技术门槛，使得无论是数据分析师还是业务人员，都能轻松驾驭复杂的 API 调用，加速了从数据请求到分析洞察的全过程，如图 7–3 至图 7–5 所示。

图 7–3　参数说明示意图

图 7–4　数据源形态示意图

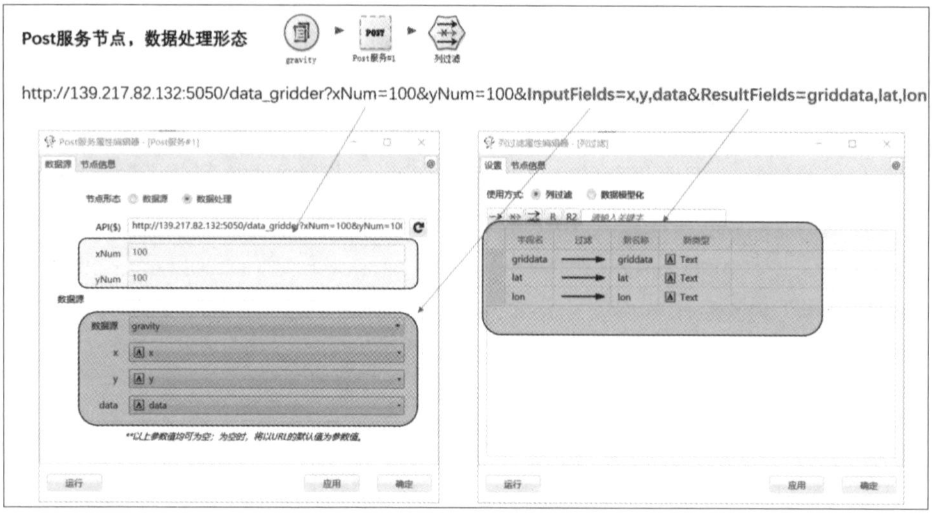

图 7–5　数据处理形态示意图

7.1.3　节点运行

在完成上面的步骤后进入节点运行阶段，用户只需对精心配置的参数进行微调并启动运行按钮，系统便如同纽带般迅速地链接至 WebAPI 的服务器端。此过程不仅是信息的传递，更是智慧与资源的高效对接。以地震推荐报告的生成为例，如图 7–6 所示，这项服务不仅象征着科技进步在自然灾害预防领域的应用，也体现了大数据分析在提升公共安全意识方面的作用。

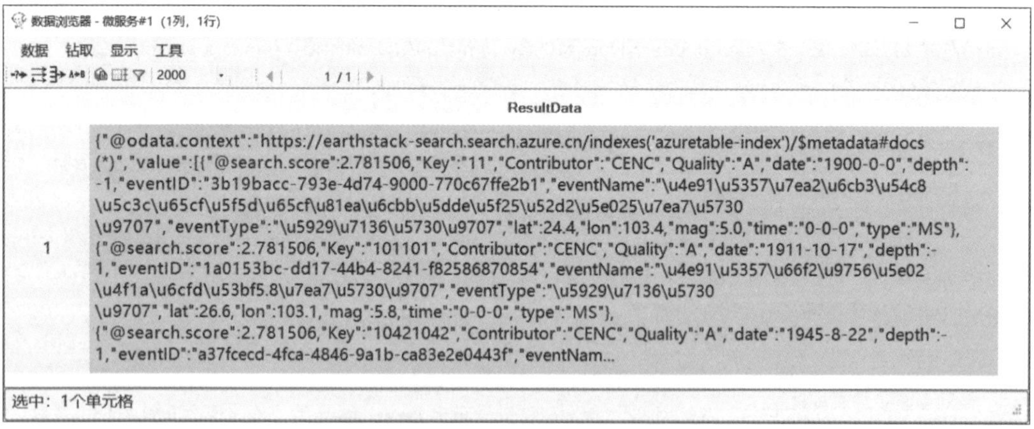

图 7–6　生成地震推荐报告示意图

运行指令一经发出，宛如魔术师手中的魔杖，服务端即时响应，反馈回来的是一串富含价值的 JSON 文本。这不仅仅是冰冷的数据集合，而是蕴含着地震预测分析、风险评估等一系列关键信息的宝贵资源。接下来借助强大的 JSON 解析节点功能，把这些原始信息详细解读。系统如同一位严谨的学者，细致地从 JSON 结构中抽丝剥茧，将纷繁复杂的属性内容逐一提炼，巧妙地转换为一目了然的二维表格形式。这一转换，不仅极大地增强了数据的可读性和可操作性，也为后续的深入分析与决策支持奠定了基础，如图 7–7 所示。

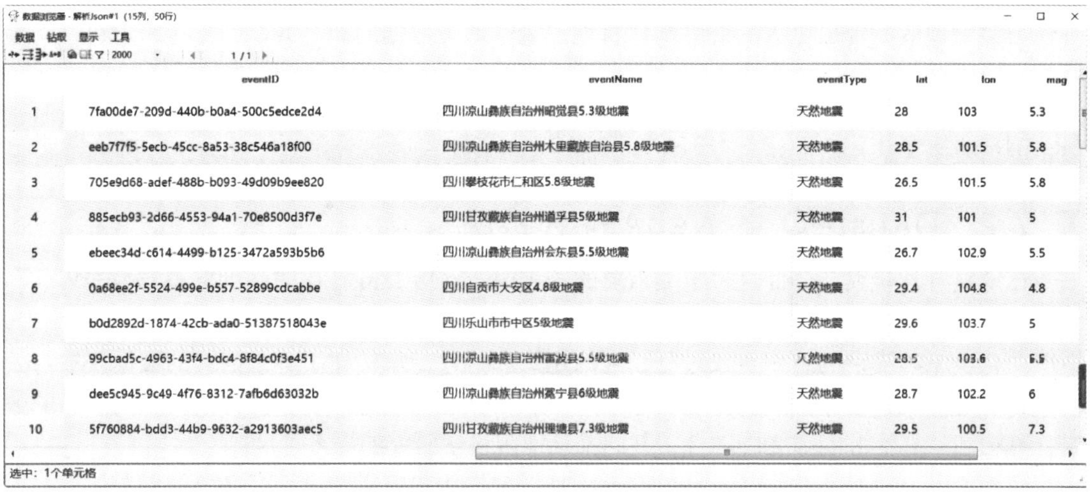

	eventID	eventName	eventType	lat	lon	mag
1	7fa00de7-209d-440b-b0a4-500c5edce2d4	四川凉山彝族自治州昭觉县5.3级地震	天然地震	28	103	5.3
2	eeb7f7f5-5ecb-45cc-8a53-38c546a18f00	四川凉山彝族自治州木里藏族自治县5.8级地震	天然地震	28.5	101.5	5.8
3	705e9d68-adef-488b-b093-49d09b9ee820	四川攀枝花市仁和区5.8级地震	天然地震	26.5	101.5	5.8
4	885ecb93-2d66-4553-94a1-70e8500d3f7e	四川甘孜藏族自治州道孚县5级地震	天然地震	31	101	5
5	ebeec34d-c614-4499-b125-3472a593b5b6	四川凉山彝族自治州会东县5.5级地震	天然地震	26.7	102.9	5.5
6	0a68ee2f-5524-499e-b557-52899cdcabbe	四川自贡市大安区4.8级地震	天然地震	29.4	104.8	4.8
7	b0d2892d-1874-42cb-ada0-51387518043e	四川乐山市市中区5级地震	天然地震	29.6	103.7	5
8	99cbad5c-4963-43f4-bdc4-8f84c0f3e451	四川凉山彝族自治州雷波县5.5级地震	天然地震	28.5	103.6	5.5
9	dee5c945-9c49-4f76-8312-7afb6d63032b	四川凉山彝族自治州冕宁县6级地震	天然地震	28.7	102.2	6
10	5f760884-bdd3-44b9-9632-a2913603aec5	四川甘孜藏族自治州理塘县7.3级地震	天然地震	29.5	100.5	7.3

图 7–7 推荐解析结果示意图

值得一提的是，不论是原始数据的处理形态，还是经过解析后结构化数据的呈现，DatistEQ 均采用了高度一致且灵活的操作逻辑。这意味着，一旦掌握了其中一种数据处理方法，其余各类数据的处理也将变得轻车熟路，大大节省了学习成本，提高了工作效率。

7.1.4 节点优势总结

（1）在 DatistEQ 的精密工具箱内，微服务节点以其独特的双面性脱颖而出，展现了技术灵活性的魅力。这不仅仅是一个简单的节点，而是通过巧妙的配置切换，自如地在两种截然不同的形态间游走，每种形态在数据处理的舞台上扮演着独到的角色。在直观的流程编辑界面中，它们不仅外观样式各异，而且在前置条件的处理、与其他节点的交互行为上，也展现出了各自的独门绝技。这样的设计无疑拓宽了数据处理策略的广度与深度。

（2）聚焦于数据交互的广阔天地。WebAPI 作为信息桥梁，承载着多样化的通信方式，诸如 GET、POST、PUT 等，而微服务节点则专注于便捷的 GET 请求方式，这一选择使其能够无缝融入那些经由浏览器地址栏即可触发的服务场景中，简化了数据获取的路径，提升了效率与易用性。

（3）安全与权限。在 WebAPI 的世界里占据核心位置的就是安全与权限，为了构建坚不可摧的数据防线，认证机制不可或缺。微服务节点在与 WebAPI 对接时，巧妙地将认证密钥（api-key）融入访问 URL，如同一把专属钥匙，确保每一次数据交流的安全性与私密性。当然，这要求用户持有正确的密钥，它是开启数据宝藏的必备条件。

（4）数据格式可按需定制，满足不同场景下的数据需求。面对琳琅满目的数据，DatistEQ 提供了针对性的解决方案——一系列功能强大的节点，专门用于将这些返回结果巧妙地结构化处理。无论是 JSON 的层次分明，还是 XML 的标签逻辑，都能用 DatistEQ 转化为清晰、易于操作的表格或对象。这样的灵活性与适应性，正是现代数据处理领域所追求的高效与精准。

展望未来，随着云计算、人工智能与物联网技术的深度融合，微服务节点将在地震科学研究与会商领域展现出更大的潜力。它将促进全球地震数据的即时共享，支持跨学科、跨地域的协同研究，使科学研究团队能够以前所未有的速度与精度分析地震数据，探索地震预测的新算法与模型。同时，这一技术进步将强化应急响应体系，确保在地震发生前能及时预警，灾后快速评估与精准施救，为构建更加安全、韧性的社会提供坚实的技术支撑。

7.2 DatistEQ 之 WebAPI 云扩展

在地震科学研究与会商这一至关重要的领域中，新版 DatistEQ 的问世标志着数据集成与应用开发迈入了一个崭新的纪元。其创新的 WebAPI 扩展方式，通过简洁高效的配置流程，不仅简化了原本复杂的技术对接过程，还为用户和行业专家构建了一个强大的数据获取与处理平台。这一设计思路，实质上是打造了一个互联互通的生态环境，使得来自不同源头的数据、算法和计算资源能够无缝融合，共同推动地震科学研究的深入开展。

新版 DatistEQ 特别强调了灵活性与易用性，允许用户仅需通过填写必要的配置信息，即可快速创建功能丰富的微服务节点，从而接入各类 WebAPI 服务。这一过程不仅极大地缩短了从数据获取到应用构建的周期，还极大地降低了技术门槛，使得更多非专业开发者也能轻松参与到地震数据的分析与应用中来，促进了知识的共享与创新。

更为重要的是，新版 DatistEQ 在设计上充分考虑了开发者权益的保护，通过解耦各个开发模块，确保了每个开发者或团队的创新成果能够在这一平台上得到尊重和保护。这种机制激励了更多的开发者贡献自己的智慧，促进技术生态的繁荣，为地震科学研究与会商行业带来源源不断的创新动力。

7.2.1 DatistEQ 云扩展功能架构

DatistEQ 云扩展的核心架构精心设计，由三大基石模块构成：中台描述、函数扩展描述以及节点扩展描述，每一部分都是为了实现更高效、更灵活的云端服务管理和应用拓展。

中台描述：云端服务的智慧枢纽。中台描述作为整个云扩展框架的心脏，扮演着协调与管理的关键角色。它不仅自动化地实现了模块的注册与管理，确保新服务能够迅速且有序地集成到系统中，而且还维护着详尽的中台元数据，为开发者提供了丰富的信息资源。集成的 DatistEQ 扩展包如同一个工具箱，内含多种高效工具与服务组件，助力开发者快速构建和部署定制化的云端服务，能显著提升开发效率与服务质量。

函数扩展描述：技术力量的灵活展现。函数扩展描述是 DatistEQ 云扩展的精髓所在，它详细定义了扩展功能的逻辑与能力，使开发者能够针对特定业务需求，设计并实现高度定制化的函数服务。这一环节不仅要求对业务逻辑有深入的理解，而且还需要具备创新的技术来实现，确保每一个函数扩展都能精准地解决实际问题，提升服务的响应速度与处理能力，为用户带来更强大的功能体验。

节点扩展描述：构建服务网络的精准链接。节点扩展描述是连接服务与数据流动的桥梁，通过精确的节点描述、清晰的函数角色分配以及高效的路由配置，构建了一个错落有致、逻辑严密的服务网络。每个节点都被精心设计，确保数据能够准确地在系统中流转，从数据获取、处理到输出，每一个步骤都经过优化，提升了整体系统的可靠性和效率。这种精细化管理不仅简化了复杂系统的运维难度，而且还为系统的可扩展性与灵活性打下了坚实的基础。

DatistEQ 通过集成标准化的 WebAPI 接口，为用户开创了无限可能的数据源拓展、数据处理优化以及高级功能定制。这种设计不仅秉承了开放性与兼容性的核心理念，还极大地促进了技术与应用的深度融合，为跨领域的创新合作架起了坚实的桥梁。

通过标准 WebAPI 的应用，DatistEQ 使得数据源的选择不再受限，无论是云端数据库、第三方服务，还是自建数据仓库，用户都能够轻松接入。这一灵活性显著拓宽了数据获取的渠道，为科学研究、商业分析乃至日常决策提供更加丰富的信息基础。

在数据处理方面，WebAPI 的集成进一步解锁了高效能的数据处理能力，用户可以即时调用各类先进的算法和模型，无论是数据清洗、统计分析，还是复杂的机器学习任务，都能在 DatistEQ 上流畅运行，极大地提升了数据处理的效率与智能化水平。

DatistEQ 云扩展功能作为一项前沿技术解决方案，极大地推动了云端应用的灵活性与扩展性，其精心设计的功能模块为开发者提供了无缝衔接的创新平台。下面是对其主要组成部分的深入阐述，旨在强调其高效、友好且高度可定制的特性，如图 7-8 所示。

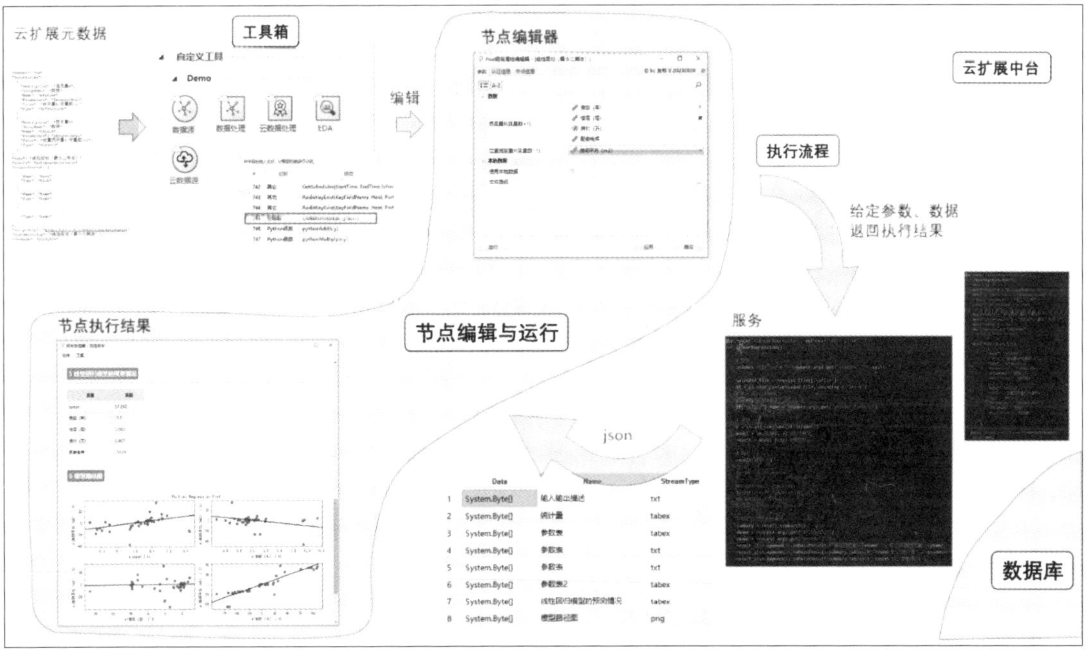

图 7-8　DatistEQ 云扩展功能架构示意图

（1）DatistEQ 云扩展集成：开启云端服务创新的金钥匙。

① DatistEQ 注册云扩展：个性化服务的起跑线。

注册过程不仅涉及为用户的云扩展赋予一个鲜明的名称与辨识度高的图标，还要求精确配置 API 地址，明确所需的数据输入与预期的输出格式。这一细致入微的设置流程，确保了每个扩展都能精准对接，为用户提供定制化的数据处理体验。

② DatistEQ 云扩展运行：流畅数据流转的引擎。

在运行阶段，DatistEQ 专注于实现数据的无缝获取、高效执行任务及安全的数据回收，这一连贯的操作链路，保证了数据处理的时效性，优化了资源利用，使得云服务运行畅通。

③ DatistEQ 云扩展编辑：持续优化的催化剂。

为了适应不断变化的业务需求，DatistEQ 允许用户轻松进行 API 更新，这不仅促进了技术的迭代升级，而且还确保了扩展功能的持久生命力，让服务总能保持最佳状态。

（2）DatistEQ 云扩展中台：构建云端生态的智慧中枢。

① DatistEQ 云扩展中台框架体系：灵活与稳定的基石。

DatistEQ 云扩展中台框架体系以其模块自动注册机制、详实的中台元数据管理及全面的 DatistEQ 扩展包支持著称，共同构建了一个既灵活又稳定的开发环境。这一框架简化了开发者的操作流程，促进了服务的快速部署与规模化扩展。

② DatistEQ 云扩展中台节点服务构成：精准服务的微观世界。

深入到 DatistEQ 云扩展中台的微观层面，每一个节点服务都承载着清晰的节点描述、精确的函数定义及高效的路由配置，共同编织了一张精细的服务网络。这样的设计确保了每个服务环节都能够准确地执行其预定功能，同时也为复杂业务逻辑的高效运行提供了坚实的后盾。

7.2.2 云扩展服务端开发

在云扩展服务端的开发过程中，我们致力于构建一个高度模块化与标准化的框架，以确保服务的灵活性、可维护性和高效性。这一综合性的开发工作涵盖了三个核心组件：云扩展元数据、云函数元数据与云节点元数据，它们共同构成了云服务端的强大基石。

（1）云扩展元数据。

云扩展元数据是整个服务体系的神经中枢，负责定义和描述扩展的基本属性和配置信息，为开发者提供了一个清晰的指导蓝图。它确保了服务的注册、发现与管理过程的自动化与一致性，提升了服务的可发现性和兼容性，为构建复杂的应用生态打下了坚实的基础。

元数据：

```
{
  "Name":"MiddlePlatformName"
  "Description":"描述信息"
  "Functions":[]
  "Nodes":[]
}
```

说明：

Name，英文字母，必需，用于辨识不同的算法中台服务（全球唯一）。

Description，可选，算法中台的描述信息，版权、版本、用途等。

Functions，可选，云扩展函数的定义。

Nodes，可选，云扩展节点的定义。

（2）云函数元数据。

云函数元数据则深入到服务的执行层面，详细规定了每一个云函数的逻辑、输入输出参数以及执行环境等关键信息。这一层次的设计强调了功能的独立性与复用性，使得开发者能够快速构建、测试并部署功能模块，加速了服务功能的迭代与优化，同时也便于实现服务的动态扩展与负载均衡。

在 DatistEQ 的创新架构中，云函数采纳了简洁高效的 GET 模式，以此调用 WebAPI，实现功能的无缝扩展与集成。这一设计简化了与外部服务的交互流程，显著增强了系统的灵活性与可扩展性。元数据在此过程中扮演着核心角色，它精心编纂了扩展函数的详细说明，包括但不限于函数的唯一标识名称、具体功能描述以及至关重要的 API 访问地址，确保了每一项扩展服务都能被准确识别、高效调用，并且易于管理和维护。

通过这种方式，云函数的元数据成为连接技术与业务需求的桥梁，它清晰地定义了服务的边界与能力，促进跨团队、跨平台之间的高效协作。开发者可以基于这些元数据快速理解并应用云函数，无需深入探究底层细节，极大地提升了开发效率和项目的迭代速度。同时，这种高度结构化的信息组织方式，为自动化工具和未来服务的智能化管理提供了坚实的基础。

元数据：

```
{
  "Name":"CloudSum",    # 必需，函数名称（英文）
  "Description":"云函数测试",    # 可选，函数功能描述
  "Url":"http://127.0.0.1:8080/CloudSum?xNum=100&yNum=100"
        # 必需， API 执行地址，包括参数及默认值
  "Author":"bc",    # 可选，开发者信息
  "Version":"20210427"    # 可选，函数版本
}
```

DatistEQ 通过采用 GET 模式的云函数调用与详尽的元数据定义，构建了一个既强大又易于操作的扩展体系，不仅优化了数据处理流程，而且还为用户解锁了更多潜在的业务应用场景，展现了技术与业务融合的无限可能。

（3）云节点元数据。

云节点元数据则是服务架构中的连接纽带，精确描述了每个处理节点的角色、职责、依赖关系及数据流向，确保了数据在系统中的高效传输与处理。通过精细的节点配置，我们能够实现数据处理流程的灵活编排，适应多样化的业务需求，同时保证了系统的稳定性和可伸缩性。

在构建高效、可扩展的云服务架构中，明确地定义云节点是至关重要的一步。这涉及到详细规划每个节点的身份标识、功能描述、所属分类以及其数据交互的具体需求，从而确保整个系统运作的协同与高效。具体而言，为云节点赋以独特的 ID，如同给予每个参与者一

张专属名片，确保在复杂网络中的唯一性和可追踪性。名称的设定，则需简洁明了，既要反映其核心功能，又要便于团队成员之间的快速识别与沟通。

分组策略的制定，旨在实现云节点的有序管理与逻辑归类，它有助于大型项目中模块化设计的实施，便于团队根据不同业务需求或技术领域进行高效协作。而详尽的数据需求定义，是确保云节点能够准确无误地与其上下游节点进行数据交换的关键，这包括了数据格式、传输协议、安全要求等，每一项细节的明确，都是为了促进数据流的畅通无阻和处理过程的精准高效。

至于输出数据的规范，更是直接影响到下游服务或应用的处理逻辑，明确输出格式与内容，可以减少数据处理的歧义，提升整体系统的响应速度和数据处理的准确性。这一系列元数据的精心规划与定义，提升了云服务的可维护性和扩展性，为后续的自动化部署、监控及故障排查提供坚实的基础。

元数据：

```
{
    "NodeId":"PythonNodeDemo",    #必需，节点唯一标识（全球唯一）
    "ScriptFile": "http://127.0.0.1:8080/NodeDemo",    #必需，API
执行地址
    "Name":"Python 处理",     #必需，节点名称，用于显示
    "SystemToolTip":"数据处理测试 Python 节点",    #可选，节点提示信息
    "Author":"bc",     可选，开发者信息
    "Version":"20210427",     #可选，函数版本
    "GroupName":"自定义工具",    #可选，节点工具箱中的组名
    "SubGroupName":"Demo",     #可选，子级组名
    "Series":"",    #可选，同名节点的系列名
    "AllInputFields":true,     #可选，是否使用所有前节点的数据
    "InputFields":[],    #可选，指定前节点的数据需求结构（见后续
①InputFields 组）
    "OutputFields":[]    #必需，指定节点的输出数据结构（见后续
②OutputFields 组）
}
```

① InputFields 组。

在构建云服务架构时，云节点数据需求元数据扮演着举足轻重的角色，它是确保数据交互精准无误与高效运行的核心要素。通过对参数类型的精细定义，云节点能够明确指示出所需数据的具体形态，无论是字符串、数字还是复杂的数据结构，皆能做到准确的匹配与处理。此外，对必须参数的明确指定，强化了数据需求的严谨性，确保了服务功能的完整性和数据处理流程的连续性，避免了因数据缺失导致的潜在错误。

在这一框架下，每个参数都被赋予了清晰而富有意义的名称，不仅提高了代码的可读

性，而且也使得团队成员之间的沟通更为流畅，降低了协作中的误解与混淆。数据校验规则的设立，则是数据质量控制的坚实防线，通过事先设定的格式、范围或逻辑规则，系统能够自动地检验数据的有效性与合规性，过滤掉不符合要求的数据，保证后续处理的准确性和系统的稳定性。

参数分组信息的规划，则进一步优化了数据组织结构，使得相关联的参数能够被逻辑性地归类，便于管理和维护。这不仅提升了代码的模块化程度，而且还促进了服务的可扩展性与可重用性，为后续的功能迭代与系统优化预留了充足的空间。

元数据：

```
    {
      "Name":"y"
      "Title":"纬度(度)",   #指定参数的显示的名称
      "Type":"dbfield",   #定义参数的类型，支持 int, real, bool, text,
datetime, color, flags, enum, dbfield, file
      "Parameters":"Real",   #指定类型必须的参数
      "GroupName":"数据",   #指定参数分组信息
      "Description":"经纬度数据"   #指定参数的描述信息
    }
    {
      "Type":"text"
      "Name":"title",   #定义参数的名称
      "DefaultValue":"Contour",   #指定参数的默认值
      "Parameters":null
      "Rule":null,   #指定数据校验规则。如 val >10 && val <100?'':'
数值必须界于 10~100 之间'
      "Title":"标题",   #指定参数的显示名称
      "Description":"标题项"
      "GroupName":"坐标轴"
    }
```

特殊输入参数类型说明：

datetime，对应于日期选择框。

color，对应于颜色选择选择框，颜色值为以十六进制字符表示，#FFFFFFFF。

flags，对应于多选框，需要在 Parameters 中指定枚举参数，如 a，b，c。

enum，对应于下拉框，需要在 Parameters 中指定枚举参数，如 a，b，c。

dbfield，对应于前节点的字段，Parameters 参数可以用于限定数据类型。

file，对应于文件选择对话框。

WebAPI 节点，支持输入数据项的校验功能。用户仅需在 Rule 项中配置校验表达式即可。

Series：指定可选参数列表，如 [x, lon]，如图 7-9 所示。

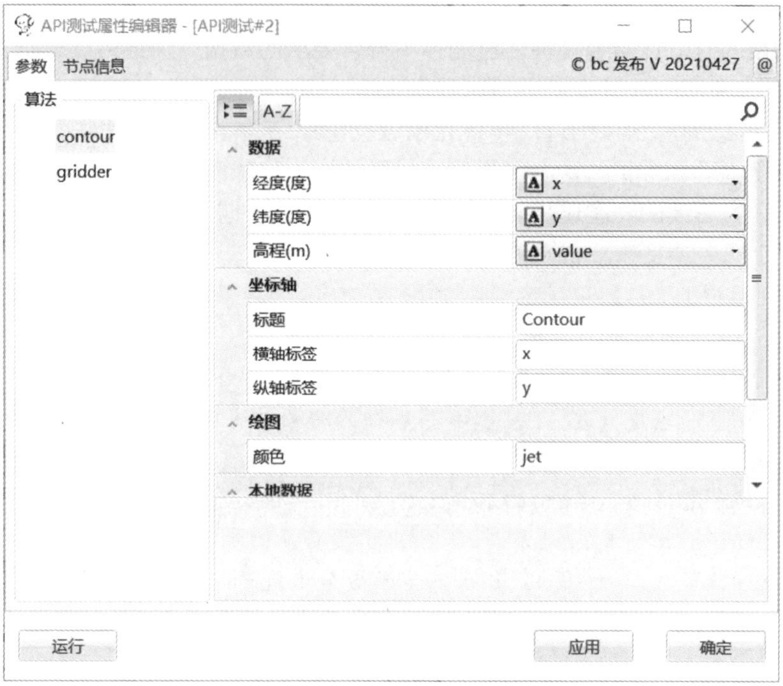

图 7-9　多个 API 组示意图

Rule：指定数据校验规则。如 val >10 && val <100?'':' 数值必须界于 10~100 之间 '，如图 7-10 所示。

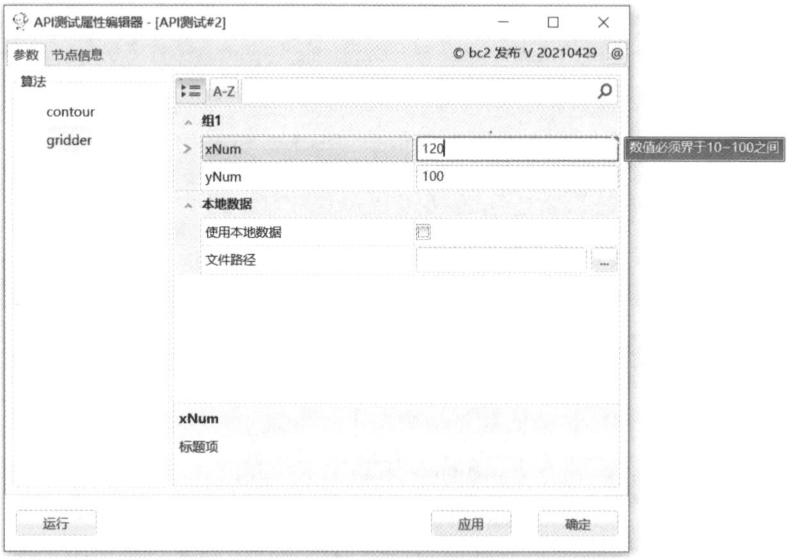

图 7-10　Rule 示意图

表达式必须返回一个字符串：为空时，生成验证通过；不为空时，验证失败，在界面显示该字符串。

校验规则格式，一般为：条件 ?'':' 不合法说明 '

例如：

10 < val && val <100?'':' 数值必须界于 10~100 之间 '

条件为:10 < val && val <100，意为输出数值界于 10~100 之间。其中 val 代表输入的数据。

条件为真时，验证成功，返回空。

条件为假时，验证失败，返回字符串“数值必须界于 10~100 之间”。

也可简化为：

条件

例如：

10 < val && val <100

条件为：10 < val && val <100，意为输出数值界于 10~100 之间。其中 val 代表输入的数据。

条件为真时，验证成功，返回空。

条件为假时，验证失败，返回字符串“输入字符串不合规”。

例如：

验证以逗号间隔的 4 个数字。

```
1."DefaultValue": "-200,200,-200,200"
2."Rule": "IsMatch(val,'^-?[1-9]\\d*,-?[1-9]\\d*,-?[1-9]\\d*,-
?[1-9]\\d*$')"
```

可用函数：

```
1.Boolean fileExists(String)
2.Boolean IsMatch(string input,string pattern)    # 正则表达式
3.String ToString()
4.Int32 GetHashCode()
5.String urlEncode(String,Boolean)
6.String urlEncode(String)
7.String urlDecode(String)
8.String htmlEncode(String)
9.String htmlDecode(String)
10.Boolean ContainsXss(String)
11.String appSetting(String)
12.String indent()
```

```
13. String indents(Int32)
14. String space()
15. String spaces(Int32)
16. String newLine()
17. String newLines(Int32)
18. String newLine(String)
19. String append(String, String)
20. String appendLine(String)
21. String dateFormat(DateTime)
22. String dateFormat(DateTime, String)
23. String dateTimeFormat(DateTime)
24. String splitCase(String)
25. String humanize(String)
26. String titleCase(String)
27. String pascalCase(String)
28. String camelCase(String)
29. String snakeCase(String)
30. String kebabCase(String)
31. String textStyle(String, String)
32. String lower(String)
33. String upper(String)
34. String substring(String, Int32)
35. String substring(String, Int32, Int32)
36. String substringWithElipsis(String, Int32)
37. String substringWithElipsis(String, Int32,Int32)
38. String substringWithEllipsis(String, Int32)
39. String substringWithEllipsis(String, Int32, Int32)
40. String leftPart(String, String)
41. String rightPart(String, String)
42. String lastLeftPart(String, String)
43. String lastRightPart(String, String)
44. Int32 compareTo(String, String)
45. Boolean startsWith(String, String)
46. Boolean endsWith(String, String)
47. String replace(String, String, String)
48. String trimStart(String)
49. String trimEnd(String)
50. String trim(String)
```

```
51.String padLeft(String,Int32)
52.String padRight(String,Int32)
53.String addPath(String,String)
54.String repeating(Int32,String)
55.String repeat(String,Int32)
56.String escapeSingleQuotes(String)
57.String escapeDoubleQuotes(String)
58.String escapeBackticks(String)
59.String escapePrimeQuotes(String)
60.String escapeNewLines(String)
61.String generateSlug(String)
62.Boolean isBinary(String)
63.String contentType(String)
64.Double div(Double,Double)
65.Double divide(Double,Double)
66.Double pi()
67.Double e()
68.Double floor(Double)
69.Double ceiling(Double)
70.Double abs(Double)
71.Double acos(Double)
72.Double atan(Double)
73.Double atan2(Double,Double)
74.Double cos(Double)
75.Double exp(Double)
76.Double log(Double)
77.Double log(Double,Double)
78.Double log2(Double)
79.Double log10(Double)
80.Double pow(Double,Double)
81.Double round(Double)
82.Double round(Double,Int32)
83.Int32 sign(Double)
84.Double sin(Double)
85.Double sinh(Double)
86.Double sqrt(Double)
87.Double tan(Double)
88.Double tanh(Double)
```

```
89. Double truncate(Double)
90. Int32 intAdd(Int32, Int32)
91. Int32 intSub(Int32, Int32)
92. Int32 intMul(Int32, Int32)
93. Int32 intDiv(Int32, Int32)
94. Double doubleAdd(Double, Double)
95. Double doubleSub(Double, Double)
96. Double doubleMul(Double, Double)
97. Double doubleDiv(Double, Double)
98. DateTime date(Int32, Int32, Int32)
99. DateTime date(Int32, Int32, Int32, Int32, Int32, Int32)
100. Int32 AssertWithinMaxQuota(Int32)
101. String dirPath(String)
102. Boolean not(Boolean)
103. DateTime now()
104. DateTime utcNow()
105. DateTime addTicks(DateTime, Int32)
106. DateTime addMilliseconds(DateTime, Int32)
107. DateTime addSeconds(DateTime, Int32)
108. DateTime addMinutes(DateTime, Int32)
109. DateTime addHours(DateTime, Int32)
110. DateTime addDays(DateTime, Int32)
111. DateTime addMonths(DateTime, Int32)
112. DateTime addYears(DateTime, Int32)
113. Boolean isEven(Int32)
114. Boolean isOdd(Int32)
115. Boolean isZero(Double)
116. Boolean isPositive(Double)
117. Boolean isNegative(Double)
118. Boolean isNaN(Double)
119. Boolean isInfinity(Double)
120. String ToString()
121. Int32 GetHashCode()
122. String ToString()
123. Int32 GetHashCode()
```

② OutputFields 组。

在现代数据处理与交换的复杂环境中，输出数据结构时元数据扮演着核心角色，它通过规定每个输出字段的名称与数据类型，构建了数据的标准化表达框架。这一过程提升了数据的自我解释性，使得信息交流更为精准高效，还确保了数据在不同系统间流转时的无缝对接与正确处理，避免了类型不匹配的错误。定义清晰的字段名称直接关联到数据的业务含义，增强了数据的可读性和实用性，而精确的数据类型设定，则为自动化处理和分析工具提供了必要的格式指导，促使算法与系统能够准确地执行运算与逻辑判断，大幅提升整体数据处理的自动化水平与响应速度。

元数据：

```
1.{
2.  "Name":"user_id",    #定义输出字段的名称
3.  "Type":"Integer"    #定义输出字段的类型，支持 int,real,text,
bool,datetime 和 blob
4.}
5.{
6.  "Name":"start_time"
7.  "Type":"Text"
8.}
9.{
10.  "Name":"end_time"
11.  "Type":"Text"
12.}
```

云扩展服务端的开发工作通过深入整合云扩展元数据、云函数元数据和云节点元数据，构建了一个高度灵活、可扩展的服务架构，不仅提升了服务的开发效率与部署速度，也为用户提供了更加丰富、定制化的云服务体验，有力推动了云计算技术在各行业应用中的深度发展与创新。

7.2.3　云扩展注册及应用

DatistEQ 引领技术创新，精心打造的云扩展管理器成为连接数据科学与业务应用的桥梁（图 7-11），高效对接服务器（算法中台），深度解析并整合云扩展元数据。这一智能化平台极大地简化了云节点与云函数的注册流程，促进了资源的优化配置与高效利用，为用户提供了无缝衔接的扩展服务体验。

（1）云扩展元数据 API。

云扩展元数据 API 作为数据交互的神经中枢，通过标准化接口设计，实现了元数据的快速读取与解析。这一机制确保了信息的准确无误，为后续的注册过程奠定了坚实基础，同时也保证了云服务的灵活性与可扩展性，使得系统能够随时适应新兴技术和业务需求的变化。

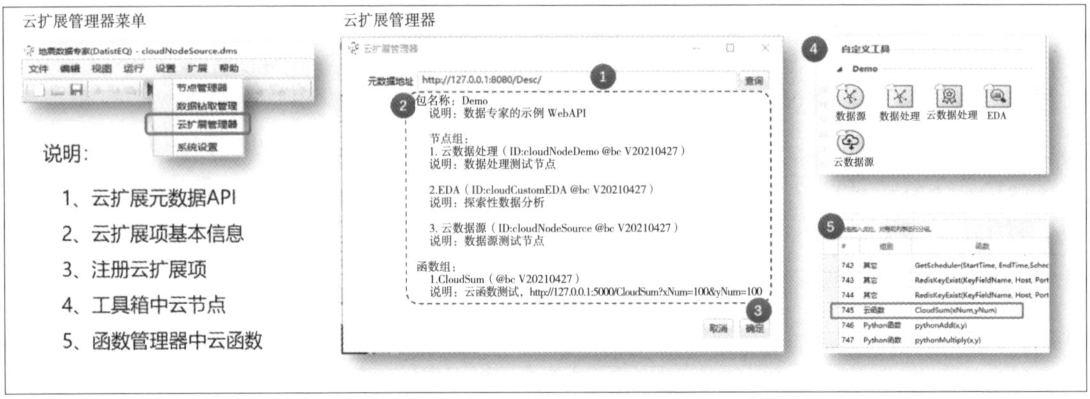

图 7-11　云扩展管理器示意图

（2）云扩展项基本信息。

每一项云扩展都配备了详尽的基本信息，包括但不限于功能描述、版本号、依赖关系等，这些信息的透明化提升了管理效率，使得用户在选择与应用扩展时能够做到心中有数，确保所选服务与项目需求高度契合。

（3）注册云扩展项。

注册云扩展项的过程被设计得极其简便，用户只需通过管理器界面按照引导步骤操作，即可快速将云节点与云函数注册至系统中。这一过程自动化程度高，减少了人工干预，降低了错误率，能够确保新扩展即刻应用，加速了业务功能的部署与迭代。

（4）工具箱中云节点。

在 DatistEQ 的工具箱中，注册后的云节点以直观易用的界面形式呈现，用户可以根据业务需求，直接拖拽使用这些预置的节点，进行数据处理流程的构建。这一设计极大地提升了开发效率，即使是非技术背景的用户也能轻松上手，享受数据处理流程编排带来的乐趣。

（5）函数管理器中云函数。

函数管理器则为云函数的集成与管理提供了一个集中化平台，用户可以在这里浏览、搜索、配置各类云函数，实现数据处理逻辑的快速构建与优化。这一模块化设计简化了复杂逻辑的实现，促进了代码的重用性，使得开发者能够更加专注于业务逻辑的创新与优化，加速实现从数据到价值的转化过程。

DatistEQ 的云扩展注册及应用机制，通过智能化的管理工具与高度优化的流程设计，极大地提升了数据处理的灵活性与效率，为用户构建了一个功能强大、易于操作的云端服务环境，为用户的团队数字化转型与业务创新注入了强大的动能。

7.3　DatistEQ 之自定义节点

本节致力于详尽阐述 DatistEQ 中原生节点及其编辑器的构建与定义过程，旨在为开发者提供一套清晰、高效的指导方案，助力开发者创造出功能丰富、界面友好的数据处理模块。通过以下几方面的深入探讨，我们将共同揭开 DatistEQ 高效节点开发的神秘面纱。

7.3.1　自定义节点：架构功能之基石

自定义节点是 DatistEQ 中构建数据处理流程的基石，它不仅是代码逻辑的封装，更是实现数据转换与分析功能的核心单元。开发者需明确节点的功能定位，定义输入、输出接口，设定参数配置选项，确保每个节点既独立又协同工作，形成强大的数据处理链路。

```
using System
using System.ComponentModel
using System.ComponentModel.DataAnnotations
using System.Text.RegularExpressions
using BcDataMining.Node.Define
using BcDataMining.Node.PluginNode

namespace BcDataMining.Node
{

    //自定义分组栏中的位置
    [NodeGroup("时间序列","GEOIST")]
    public class NodeGeoTest:NodeBase
    {
        public NodeGeoTest()
        {
            Name = "NodeGeoTest"
            Nodetype = NodeType.OptField

            SystemToolTip = "测试"

            //云节点标记
            IsCloud = true
        }

        public Employee Emp {get; set;} = new Employee()
    }

    public enum Gender
    {
        [Display(Name = "男")]
```

```
            Man
            [Display(Name = "女")]
            Woman
        }
#
#
        /// <summary>
        /// Serializable特性,用于Clone
        /// </summary>
        [Serializable]
        public class Employee:IDataErrorInfo
        {
            /// <summary>
            /// 特性Display需要引用System.ComponentModel.DataAnnotations
            /// </summary>
            [Display(Name = "姓名",GroupName = "个人信息")]
            public string Name{get; set;}
#
            [Display(Name = "性别",GroupName = "个人信息")]
            public Gender Gender{get;set;}
#
#
            [Display(Name = "工资",GroupName = "工作信息")]
            public int Salary{get; set;}
#
            [Display(Name = "电话",GroupName = "工作信息",Description = "以P字母结尾")]
            public string PhoneNum{get;set;}
#
#
            [Display(Name = "时间",GroupName = "工作信息")]
            public DateTime StartingDate{get;set;}
#
            [ReadOnly(true)]
            [Display(Name = "创建日志", GroupName = "日志")]
            public DateTime CreateTime{get;set;} = DateTime.Now
#
```

```
        #region 用于验证 IDataErrorInfo
#
        public string this[string columnName]
        {
            get
            {
                if (columnName == nameof(Salary))
                {
                    return this.Salary < 100 && this.Salary > 0 ? string.Empty:"Value should be in the range of (0,100)"
                }
                if (columnName == nameof(PhoneNum))
                {
                    return this.PhoneNum != null && Regex.IsMatch(this.PhoneNum,@"^[0-9]+[\p{L}]") ? string.Empty:@"Value should math the regex:^[0-9]+[\p{L}]"
                }
                if (columnName == nameof(StartingDate))
                {
                    return this.StartingDate.Year > 1900 ? string.Empty:"Date should be after 1/1/1900"
                }
                return string.Empty
            }
        }
#
        [Browsable(false)]
        public string Error{get;}
        #endregion
#
    }
}
```

本段 C# 代码片段展示了一个精心设计的自定义节点类 NodeGeoTest，及其相关的辅助类 Employee，在 BcDataMining.Node 命名的空间下。这段代码不仅体现了面向对象编程的精髓，还融入了数据注解、序列化以及接口实现等高级特性，旨在创建一个既灵活又健壮的数据处理模块，它特别适用于时间序列分析领域，并与“GEOIST”这一特定分类相绑定，丰富了平台的自定义节点库。

NodeGeoTest 类继承于 NodeBase，通过属性和构造函数的初始化，明确了节点的名称、类型以及工具提示信息，同时标记为云节点（IsCloud = true），暗示其可能支持远程执行或分布式计算，增强了节点部署的灵活性和扩展性。

核心亮点之一是内部包含的 Employee 类，它不仅利用 .NET 的数据注解（System.ComponentModel.DataAnnotations）来增强模型的描述性和验证规则，如字段分组、显示名称、只读状态等，还实现了 IDataErrorInfo 接口，自定义了数据验证逻辑。这确保了“员工”实体的数据完整性，比如限制工资范围、验证电话号码格式、遵循特定正则表达式，以及检查入职日期是否合理。此类设计对于保证数据处理流程中的数据质量至关重要。它体现了良好的编程实践和对业务规则的深入理解。

此外，Employee 类通过 [Serializable] 特性标记，意味着它可以被序列化和克隆，这对于节点在复杂系统中的状态保存、传输和复用是极其有用的，尤其是在分布式计算或故障恢复场景下。

总之，这段代码通过创建一个结构化且高度自定义的节点类以及关联的业务实体类，展示了如何在 C# 中构建复杂且功能丰富的数据处理模块。它不仅强化了代码的可读性和维护性，而且还通过严谨的数据验证提升了系统的健壮性，为基于 BcDataMining 平台的开发工作树立了高质量的标准。

7.3.2 自定义节点编辑器：定制化交互体验

自定义节点编辑器的设计，则是提升用户体验的关键环节，它允许用户直观地配置节点参数，预览处理效果，从而确保数据流程设计的精准。开发者需精心规划编辑器界面布局，利用动态表单、可视化控件等元素，使得复杂的配置过程直观易懂。编辑器的灵活性与易用性，直接关乎最终用户的工作效率与满意度。

```
using System.Collections.Generic
using System.ComponentModel
using System.Windows.Data
using BcDataMining.DataExtension
using BcDataMining.EditorEx
using BcDataMining.Node
using BcDataMining.Node.Define
using Telerik.Windows.Controls.Data.PropertyGrid
using TelerikHelper
#
namespace BcDataMining.NodeEditor
{
    /// <summary>
    /// 命名规则为：节点名+Editor，需遵循 INodeEditor 接口
    /// </summary>
```

```
    public partial class NodeGeoTestEditor:INodeEditor, INotifyPropertyChanged
        INodeEditorDefaultSize// 接口 INodeEditorDefaultSize,用于设置节点编辑器的初始尺寸
    {
        public NodeGeoTestEditor()
        {
            InitializeComponent()
        }
        private NodeGeoTest _eNode

        public NodeGeoTest ENode
        {
            get {return _eNode; }
            set
            {
                _eNode = value
                PropertyChanged.Raise(() => ENode)
            }
        }
#
        public string Title {get; set; }
        public bool LoadParameters(INode aNode)
        {
            if (!(aNode is NodeGeoTest)) return false
            ENode = aNode as NodeGeoTest
#
            PropertyGrid1.Item = ENode.Emp.Clone(); // 克隆一个值，而不是在原来值上修改
            return true
        }
#
        public bool SaveParameters()
        {
            ENode.Emp = PropertyGrid1.Item as Employee
            return true
        }
#
```

```
        public void AppendEditor(List<INodeEditor> nodeEditors)
        {
            tabControl1.AppendEditors(nodeEditors)
        }
#
        public event PropertyChangedEventHandler PropertyChanged
#
#
        /// <summary>
        /// 添加验证事件
        /// </summary>
        /// <param name = "sender"> </param>
        /// <param name = "e"> </param>
        private void PropertyGrid1_OnAutoGeneratingPropertyDefinition(object sender, AutoGeneratingPropertyDefinitionEventArgs e)
        {
            (e.PropertyDefinition.Binding as Binding).ValidatesOnDataErrors = true
            (e.PropertyDefinition.Binding as Binding).NotifyOnValidationError = true
        }
    }
}
```

本段 C# 代码片段展示了一个高度定制化的节点编辑器类 NodeGeoTestEditor，它专为 BcDataMining 平台设计，充分体现了 C# 面向对象编程的灵活性和强大的能力。它不仅遵循了 INodeEditor 接口，而且还实现了 INotifyPropertyChanged 和 INodeEditorDefaultSize 接口，这表明它支持属性变更通知，并能自定义编辑器的默认尺寸，旨在为用户提供直观、交互式的界面来配置和管理名为 NodeGeoTest 的节点参数。

代码首先通过构造函数初始化组件，定义了私有变量 _eNode，以及对应的属性访问器 ENode，后者通过调用 PropertyChanged.Raise 方法确保了 MVVM 模式下的数据双向绑定，提高了 UI 响应速度和用户体验。这体现了对现代 UI 设计模式的深入应用。

LoadParameters 和 SaveParameters 分别负责加载和保存节点参数，实现了编辑器与节点数据的同步。特别是通过克隆（Clone）操作来分离编辑副本与原始数据，避免了不必要的数据篡改风险。

此外，AppendEditor 允许将其他编辑器组件加入当前编辑环境，增强了编辑器的扩展性和复用性。通过这种方式，开发者可以轻松地构建复杂多变的节点配置界面，满足不同场景下的需求。

代码中通过 PropertyGrid1_OnAutoGeneratingPropertyDefinition 事件处理方法，自动为 PropertyGrid 中的每一项属性添加数据验证逻辑，确保编辑时数据的准确性和合规性，进一步提升了用户输入的可靠性。

NodeGeoTestEditor 类的实现，不仅展示了如何在 BcDataMining 框架内构建高度交互、数据驱动的节点编辑界面，而且还体现了对代码可维护性、扩展性和用户体验的深刻理解。通过优雅地结合界面设计、数据绑定、事件处理和验证逻辑，该编辑器成为提高数据处理流程配置效率与精确度的有力工具。

7.3.3 对应的 XAML 文件：塑造视觉语言

每一流程节点及其编辑器的外观与交互逻辑，通常是通过 XAML 文件来定义。XAML 作为一种声明式 UI 标记语言以其清晰的语法和强大的可扩展性，让开发者能够高效地设计出既美观又功能丰富的用户界面。通过对 XAML 文件的精细调整，不仅可以定义控件布局、样式，而且还能嵌入动画效果，从而打造出既专业又富有吸引力的节点编辑环境。

```
<UserControl x:Class="BcDataMining.NodeEditor.NodeGeoTestEditor"
             xmlns="http://schemas.microsoft.com/winfx/2006/xaml/presentation"
             xmlns:x="http://schemas.microsoft.com/winfx/2006/xaml"
             xmlns:mc="http://schemas.openxmlformats.org/markup-compatibility/2006"
             xmlns:d="http://schemas.microsoft.com/expression/blend/2008"
             xmlns:local="clr-namespace:BcDataMining.NodeEditor"
             xmlns:telerik="http://schemas.telerik.com/2008/xaml/presentation"
             mc:Ignorable="d"
             d:DesignHeight="450" d:DesignWidth="800"
             Width="810" Height="570"><!--Width,Height,用于设置节点编辑器的初始尺寸,类需遵循 INodeEditorDefaultSize-->
    <Grid>
        <telerik:RadTabControl HorizontalAlignment="Stretch" x:Name="tabControl1" Margin="0" TabStripPlacement="Top"
                               VerticalAlignment="Stretch" Grid.RowSpan
```

```
= "3">
#
            <telerik:RadTabItem Header = " 设置 " IsSelected = "True">
    <Grid Margin = "0">
                <telerik:RadPropertyGrid Grid.Row = "0" x:Name = "PropertyGrid1" IsGrouped="True"
AutoGeneratingPropertyDefinition = "PropertyGrid1_OnAutoGeneratingPropertyDefinition" />
    </Grid>
            </telerik:RadTabItem>
#
            </telerik:RadTabControl>
    </Grid>
</UserControl>
```

这段 C# XAML 代码定义了一个用户控件，旨在为 BcDataMining 平台中的 NodeGeoTest 节点提供一个高度自定义且功能丰富的编辑界面，该界面基于 WPF 技术构建，利用了 Telerik UI 控件套件来增强用户体验和视觉效果。

代码通过一系列命名空间导入，引入了 WPF、Telerik 以及项目自定义命名空间的元素，为控件的定义和功能扩展打下了基础。其中，特别使用了 Telerik 的 RadTabControl 和 RadPropertyGrid，这两个组件极大地提升了用户界面的交互性和数据展示的灵活性，使得编辑节点属性变得更加直观和高效。

在设计上，整个编辑器界面以一个网格为容器，主体部分是一个顶部标签页式的 RadTabControl，默认展示的“设置”页面内嵌入了 RadPropertyGrid，RadPropertyGrid 负责动态展示和编辑节点的相关属性，通过属性分组（IsGrouped= “True”）和自动生成功能，实现了对 NodeGeoTest 节点参数的详细配置。代码中还绑定了 AutoGeneratingPropertyDefinition 事件处理器，这表明开发者已考虑了属性生成时的自定义逻辑，可用于属性验证、格式化等高级定制需求。

此外，通过直接在 UserControl 标签中设置 Width 和 Height 属性，配合 INodeEditor DefaultSize 接口（虽然在代码中未直接展现，但从注释中可推断），开发者显式指定了编辑器的初始尺寸，确保良好的默认布局，方便用户在打开编辑器时即拥有舒适的视图体验。

这段代码不仅展示了如何在 WPF 框架下结合 Telerik UI 库高效地创建复杂界面，而且通过细致的布局和事件处理设计，体现了对用户体验的高度重视，以及对节点编辑功能的深入考量。这为数据挖掘应用的定制化需求提供了一个优雅且功能强大的解决方案。

7.3.4　节点图标定义：视觉引导的艺术

图标作为用户交互的第一视觉元素，其设计的重要性不言而喻。在 DatistEQ 中建议节点图标的尺寸不超过 100×100 像素，以确保在不同的显示环境下都能保持清晰与一致的视觉效果。精心设计的图标应直观地反映节点的功能，应与整体 UI 的风格和谐统一，并能为用户提供直观的操作引导，提升工作流的可读性与操作效率。

```
<ResourceDictionary xmlns="http://schemas.microsoft.com/winfx/2006/xaml/presentation"
                    xmlns:x="http://schemas.microsoft.com/winfx/2006/xaml"
                    xmlns:sys="clr-namespace:System;assembly=mscorlib">
#
    <!-- 命名规则,Stl+ 节点名称。图片的生成操作需指定为 Resource-->
    <ImageBrush x:Key="StlNodeGeoTest" ImageSource="/ExGeoistEditor;component/Images/NodeGeoTest.png"
                Stretch="Fill" TileMode="None"
                Viewport="10,10,30,30" ViewportUnits="Absolute" />
#
</ResourceDictionary>
```

这段 C# XAML 代码片段定义了一个 ResourceDictionary，它在 WPF 应用中扮演着至关重要的角色，主要用于集中存储和管理应用程序的共享样式、模板、画刷以及其他可重用资源。这个特定的 ResourceDictionary 通过引入标准的 XAML 命名空间以及系统命名空间，建立了一套统一且易于维护的资源管理系统。

核心亮点在于它定义了一个名为“StlNodeGeoTest”的 ImageBrush 资源，此资源代表了一种图像填充方式，用于在 UI 元素上展示背景图像或图标，其设计遵循了一种明确的命名约定——“Stl+”后接节点名称，这样的命名规则有利于开发者快速识别和引用与特定节点相关的资源，增强了代码的可读性和维护性。

该 ImageBrush 被配置为填充一个位于“/ExGeoistEditor;component/Images/NodeGeoTest.png”路径下的图像文件，采用“Fill”拉伸模式确保图像完美地适应目标区域，无变形地覆盖其背景，而“TileMode”设为“None”则指明图像不进行平铺，仅显示一次。此外，通过设定“Viewport”及其单位为“Absolute”，精确地控制了显示图像的可视区域，这在需要对图像进行精细裁剪或显示特定部分时尤为有用。

这段代码通过精心组织的 ResourceDictionary 结构和细致的 ImageBrush 配置，不仅展示了如何高效地集成并复用 UI 资源，还体现了对 UI 设计细节的关注，如图像的适配性与显示效果的优化。这些都是提升应用程序用户体验的关键因素，该段代码为开发人员提供了一个清晰、模块化的资源管理范例，依此有利于保持项目代码的整洁和高效，同时促进了 UI 设计的一致性和专业度。

7.3.5 自定义节点效果：功能与美学的统一

自定义节点的综合效果是评判其成功与否的关键。一个优秀的自定义节点应当在功能实现、性能优化、用户交互三方面达到完美平衡。它要能够高效、准确地完成数据处理任务，还应提供流畅的用户操作体验，以及赏心悦目的视觉呈现，从而在复杂的流程设计中脱颖而出，成为提升工作效率的得力助手，如图 7-12 所示。

图 7-12　自定义节点效果示意图

7.4 DatistEQ 之自定义函数

DatistEQ 自定义函数是构建在 SQLiteFunction 基础之上的一个精妙扩展，它巧妙地继承了 SQLiteFunction 类型的强大功能与灵活性。这一设计思路深化了数据库操作的定制能力，极大地丰富了开发者在处理数据时的策略选项。

在实现这一高级功能时，关键在于精心地规划两个核心特性——FunctionDescription 与 SQLiteFunction，这两个特性携手合作，能确保自定义函数的高效集成与清晰表达，提升代码的可读性和可维护性。

FunctionDescription 特性扮演着至关重要的角色，它如同一位细致的档案管理员，负责在函数的浩瀚宇宙中精心分类与标注。此特性详尽记录了函数的分组信息、核心逻辑体、预期的返回类型以及不可或缺的函数使用说明与作者署名。这样的设计方便了团队成员之间的协作与知识传递，让未来可能参与到项目中的每一个开发者都能迅速地理解函数的设计意图与应用场景。

SQLiteFunction 特性则是函数身份的直接代言，它在 SQL 表达式的舞台上为函数正名，明确地指出了函数的名称、参与运算的参数数量以及函数执行的核心类别。这一特性犹如桥梁，无缝衔接了函数定义与实际查询的执行，确保数据库引擎能够准确地识别并执行这些自定义操作，进而实现数据处理逻辑的高效定制与灵活调用。

下面看一段实例。

```
[FunctionDescription(" 其它 ","GParse (String)","GUID"
      Description = " 将文本转换为 GUID 值。"
      Author = "bc")]
[SQLiteFunction(Name = "GParse ",Arguments = 1,FuncType - FunctionType.Scalar)]
public class GParse:SQLiteFunction
{
     public override object Invoke(object[] args)
     {
         try
         {
             Guid gid
             if (Guid.TryParse(args[0].ToString(),out gid))
                 return gid.ToString()
         }
         catch (Exception)
         {
         }
         return null
     }
 }
```

上述代码片段展示了一个名为 GParse 的自定义 SQLite 函数类，该函数旨在将文本数据转换为全局唯一标识符 GUID 值。这充分体现了开发者对数据处理需求的深刻理解。

通过 FunctionDescription 属性，代码以一种结构化且文档化的方式详细地描述了 GParse 函数的分类、签名、返回类型、功能说明及作者信息，这一属性提升了代码的可读性和后期维护性，还便于其他开发人员迅速理解函数用途。例如，函数被归类于“其他”类别下，明确表示其特殊用途；同时清晰地指出了函数接受一个字符串参数，并将其转换为 GUID 类型，简洁明了地表达了函数的核心功能。

SQLiteFunction 属性规定了函数的元数据，包括函数名称、参数数量以及函数类型。在这里 GParse 被定义为接受单一参数的标量函数，意味着它将对传入的单个值进行处理并返回单一结果。它是处理简单数据转换的理想选择。

在 GParse 类的实现中，Invoke 方法承载了函数的核心逻辑。此方法优雅地运用了 try-catch 结构来确保在转换过程中遇到任何异常时，函数能够稳定地返回而不至于中断整个数据库操作流程。通过 Guid.TryParse 方法，代码实现了对输入文本到 GUID 值的安全转换。仅当转换成功时才返回转换后的 GUID 字符串，否则返回 null。这种做法既保证了数据的准确性，又体现了对错误处理的周全考虑。

这段 C# 代码通过自定义函数 GParse，展示了如何有效地在 SQLite 数据库中扩展数据处理能力，这样的自定义函数能够解决特定的业务需求，还能提升整个应用程序的性能与稳定性。在数据库应用开发中自定义函数是一种极具价值的技术手段。

DatistEQ 凭借其 WebAPI 云服务协作、WebAPI 节点扩展、自定义节点和自定义函数四大核心特性，为地震会商和地震科学研究带来了革新性的技术进步和应用前景。通过云服务协作，DatistEQ 实现了全球范围内的数据即时共享与远程会商能力，增强了地震应急响应的时效性和决策效率。WebAPI 节点扩展功能，能够轻松对接各类第三方资源与算法，促进技术与数据处理流程的深度融合与创新。自定义节点设计，让使用者能根据地震科学研究的特定需求，定制化数据处理流程，提升震情会商分析的针对性和效率。自定义函数的引入，使得复杂的地震模型和算法的实现成为可能，加速了科学研究成果向实际应用的转化。

DatistEQ 以其高度灵活性、协同作业能力和强大的数据处理实力，正引领着地震科学研究向更加高效、精准和智能化的方向发展。

第 8 章　DatistEQ 之 Windows 标准 API

DatistEQ 巧妙地集成了标准 Windows API，这一设计不仅巩固了其作为高效的地震数据分析平台地位，而且通过调用 Windows API 实现了自动化节点创建与任务执行的无缝流程，显著提升了用户的工作效率与体验。这一技术策略充分利用了 Windows 平台的底层能力，为用户提供了一个强大且流畅的操作环境。

通过调用 Windows API，DatistEQ 能够自动完成一系列复杂操作，比如根据预设规则即时创建数据处理节点、自动调度计算资源执行任务等，这一系列自动化流程的实现，大幅减少了手动干预的需求，让用户能够将更多精力集中于地震数据分析的核心研究上。此外，这种自动化不限于简单的任务执行，还涵盖了错误处理与资源优化，确保整个分析流程的高效运行。

这一创新性应用不仅展示了 DatistEQ 在技术实现上的前瞻性和高效性，而且还体现了对用户需求的深刻理解。自动化功能的加入，意味着即使是非开放背景的地震研究人员也能轻松驾驭复杂的地震数据处理流程，降低了技术门槛，拓宽了地震科学研究的参与度与普及面。

8.1　标准 Windows API

在 2021 年第一季度发布的 DatistEQ 版本中，引入了标准 Windows API 接口，这一创新极大地拓展了 DatistEQ 功能的灵活性与可接入性。通过标准 Windows API 的精准控制，用户及第三方应用程序能够高效地与 DatistEQ 互动，实现了节点创建与任务执行的自动化，标志着地震数据处理进入了智能化操作的时代。

此版本的 DatistEQ 不仅响应迅速，而且功能强大，能够接收并处理来自外部应用程序传递的一系列文件路径信息（图 8-1）。令人印象深刻的是，它支持广泛的数据文件格式，包括但不限于 .db, .db3, .sqlite 等数据库文件，.csv，.txt，.json 等文本与数据交换格式，以及 .xlsx，.pdf，.docx 等办公文档，还有 .eqt，.grd，.dxf 等专业地震与地理信息文件，甚至涵盖了常见的图像格式文件如 .png，.jpg。这样的广泛兼容性，确保了 DatistEQ 能够成为多源数据整合与分析的中枢，满足了地震科学研究多样化的数据处理需求。

一旦接收到文件路径，DatistEQ 即刻自动创建相应的数据源节点，这一过程无需人工干预。每个节点都经过优化设计，确保数据的高效加载与初步处理，为后续的分析与研究奠定了坚实基础。这种自动化流程简化了操作步骤，提高了数据处理的准确性和一致性，为地震数据的深度挖掘与模式识别提供了强有力的支撑。

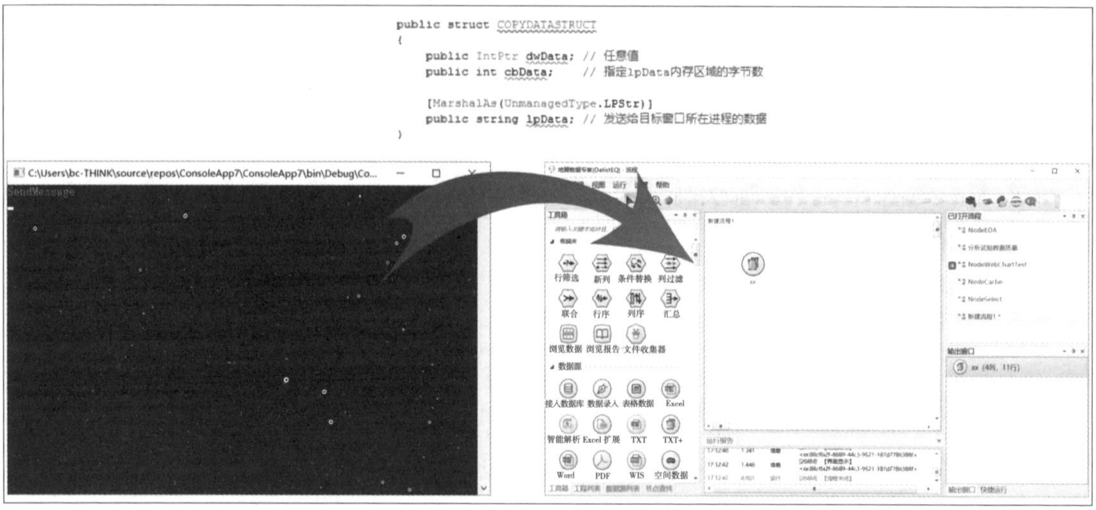

图 8-1　发送消息（示意图）

8.1.1　C# 调用 Windows API

在现代软件开发领域，利用 C# 语言调用 Windows API 是一种强大而灵活的手段，它极大地拓宽了开发者在 Windows 操作系统平台上实现高级功能和系统集成的能力。C#，作为 .NET 框架的核心语言，以其面向对象、类型安全和托管代码的特性而广受好评，而 Windows API 则为开发者提供了直接与操作系统交互的底层接口，涵盖了从文件操作、窗口管理到系统服务、硬件访问等广泛的功能集。

通过 C# 调用 Windows API，开发者能够突破 .NET 框架的限制，实现对系统底层功能的精准控制。这一过程要求开发者具备扎实的 C# 语言基础，还需要对 Windows 操作系统的工作原理及 API 调用机制有深入的理解。借助 P/Invoke 技术，C# 代码可以无缝桥接托管代码与非托管的原生 API，确保高效、安全地调用底层函数。

此外，随着 .NET Core（现更名为 .NET 5 及后续版本）的发展，跨平台能力的增强使得 C# 调用 API 的实践不仅仅局限于 Windows 环境，也为 Linux 和 macOS 等操作系统上的应用开发带来了相似的灵活性，展现了 C# 语言及其生态系统日益增长的通用性和强大生命力。

C# 示例代码如下

```
using System
using System.Collections.Generic
using System.Diagnostics
using System.Runtime.InteropServices
using System.Text
#

namespace ConsoleApp7
{
```

```

    public struct COPYDATASTRUCT
    {
        public IntPtr dwData;// 任意值
        public int cbData;    // 指定 lpData 内存区域的字节数

        [MarshalAs(UnmanagedType.LPStr)]
        //[MarshalAs(UnmanagedType.ByValTStr, SizeConst = 100)]
        public string lpData; // 发送给目标窗口文件名称
    }
    public delegate bool Win32Callback(IntPtr hwnd, IntPtr lParam)

    class Program
    {

        const int WM_COPYDATA = 0x004A; // 固定数值，不可更改
        const int WM_USER = 0x0400; // 0x00C2

        // 导出 SendMessage 函数
        [DllImport("User32.dll", EntryPoint = "SendMessage")]
        private static extern int SendMessage(IntPtr hWnd, int Msg, IntPtr wParam, ref COPYDATASTRUCT lParam)

        [DllImport("user32.dll")]
        public static extern uint GetWindowThreadProcessId(IntPtr hWnd, out uint lpdwProcessId)

        [DllImport("user32.Dll")]
        [return:MarshalAs(UnmanagedType.Bool)]
        public static extern bool EnumChildWindows(IntPtr parentHandle, Win32Callback callback, IntPtr lParam)

        [DllImport("user32.dll", SetLastError = true, CharSet = CharSet.Auto)]
        static extern int GetWindowTextLength(IntPtr hWnd)

```

```
        [DllImport("user32.dll", CharSet = CharSet.Auto, SetLastError = true)]
        static extern int GetWindowText(IntPtr hWnd, StringBuilder lpString, int nMaxCount)
        static void Main(string[] args)
        {
#
            //待发送文件路径，多个文件以"|"间隔
            //支持的文件类型有.db,.db3,.sqlite,.csv,.txt,.json,.htm,.html,.xml,.eqt,.xls,.xlsx
            //.pdf,.path,.doc,.docx,.e2d,.grd,.dxf,.kml,.shp,.png,.jpg,.wis
            string s = @"C:\Users\Yao\Desktop\DSendmessage\xxx.txt"
#
            // 枚举进程
            var procs = Process.GetProcesses()
            foreach (Process p in procs)
            {
                //Datist为DatistEQ的进程名称
                if (!p.ProcessName.Equals("Datist")) continue; //Datist WpfApp3
#
                // 获取目标进程句柄
                var lst = GetRootWindowsOfProcess(p.Id)
                //IntPtr hWnd = p.MainWindowHandle
#
                foreach (var hWnd in lst)
                {
                    Console.WriteLine($"{p.Id}:{hWnd}")
                    // 封装消息
                    byte[] sarr = Encoding.Default.GetBytes(s)
#
                    COPYDATASTRUCT cds2
                    cds2.dwData = (IntPtr)0
                    cds2.cbData = sarr.Length + 1
                    cds2.lpData = s
```

```
                    // 发送消息
                    SendMessage(hWnd, WM_COPYDATA, IntPtr.Zero,ref cds2)
                    Console.WriteLine("SendMessage")
                }
            }
            Console.ReadKey()
        }
        static List<IntPtr> GetRootWindowsOfProcess(int pid)
        {
            List<IntPtr> rootWindows = GetChildWindows(IntPtr.Zero)
            List<IntPtr> dsProcRootWindows = new List<IntPtr>()
            foreach (IntPtr hWnd in rootWindows)
            {
                GetWindowThreadProcessId(hWnd, out var lpdwProcessId)
                if (lpdwProcessId! = pid) continue
                var title = GetText(hWnd)
                if (title.StartsWith("地震数据专家"))
                {
                    dsProcRootWindows.Add(hWnd)
                }
            }
            return dsProcRootWindows
        }
        public static string GetText(IntPtr hWnd)
        {
            //Allocate correct string length first
            int length = GetWindowTextLength(hWnd)
```

```
            StringBuilder sb = new StringBuilder(length + 1)
            GetWindowText(hWnd, sb, sb.Capacity)
            return sb.ToString()
        }
        public static List<IntPtr> GetChildWindows(IntPtr parent)
        {
            List<IntPtr> result = new List<IntPtr>()
            GCHandle listHandle = GCHandle.Alloc(result)
            try
            {
                var childProc = new Win32Callback(EnumWindow)
                EnumChildWindows(parent, childProc, GCHandle.ToIntPtr(listHandle))
            }
            finally
            {
                if (listHandle.IsAllocated)
                    listHandle.Free()
            }
            return result
        }
#
        private static bool EnumWindow(IntPtr handle, IntPtr pointer)
        {
            GCHandle gch = GCHandle.FromIntPtr(pointer)
            List<IntPtr> list = gch.Target as List<IntPtr>
            if (list == null)
            {
                throw new InvalidCastException("GCHandle Target could not be cast as List<IntPtr>")
            }
            list.Add(handle)
            // You can modify this to check to see if you want to cancel the operation, then return a null here
```

```
            return true
        }
    }
}
```

这段 C# 代码展示了一项创新技术的应用，旨在通过 Windows API 的高级集成，实现与特定目标应用程序（在此案例中是名为“Datist”的地震数据分析软件 DatistEQ）的数据交互。该程序巧妙地运用了底层系统调用，展现了开发者对 Windows API 深入理解和熟练运用，并为地震科学研究的自动化数据处理提供了一个成功范例。

这段 C# 代码的核心在于利用 SendMessage 函数，通过 WM_COPYDATA 消息机制，向 DatistEQ 发送文件路径信息，进而自动触发数据源节点的创建。这不仅需要精确识别目标进程，而且还需要遍历其所有窗口以定位正确的接收端口。为此，代码中精心设计了如 GetRootWindowsOfProcess 和辅助方法，用于精确筛选和识别目标窗口。

通过精心构造的 COPYDATASTRUCT 结构体，程序能够安全有效地封装并传递字符串数据，并支持多样化的文件类型，如数据库文件、文本文件、图像文件等，这极大地增强了数据处理的灵活性与兼容性。同时，在这段 C# 代码中对 GCHandle 的使用展示了对内存管理的严谨，确保了跨线程数据访问的安全与高效。

此外，这段 C# 代码还展示了对进程管理、窗口枚举与文本获取等 Windows API 的综合应用，这些技术细节的叠加，体现了编程的细腻与周到，为实现自动化工作流程、提升地震数据处理的效率与精确性提供了强大的技术支撑。

这段 C# 代码是一次技术上的实践，更是地震科学研究自动化领域的一次创新探索，它通过 Windows API 的强大功能，构建了一条从简单命令行到复杂地震数据分析软件的直通桥梁，正面推动了地震科学研究工作的现代化进程，提高了数据处理的自动化水平和研究人员的工作效率。

8.1.2　Delphi 调用 Windows API

在当今的软件开发领域，运用 Delphi 这一高效而成熟的编程语言调用 Windows API，为开发者搭建了一座连接高级应用逻辑与底层系统功能的桥梁，极大地丰富了应用程序的可能性与效能。Delphi，以其直观的可视化设计界面、强大的 Object Pascal 语言以及对 Windows 平台的深度优化而著称，为开发者提供了一个快速开发、高性能应用的环境。而 Windows API，则是通向操作系统核心功能的门户，覆盖从基本的用户界面操作到复杂的系统服务和硬件交互的广阔范围。

通过 Delphi 调用 Windows API，开发者能够突破标准库的局限，实现对操作系统底层资源的直接操控。Delphi 的编译器和运行时环境无缝支持原生代码的调用，使得开发者能以最少的性能开销，高效、安全地与 Windows API 互动，这在追求高性能和高度定制化功能的应用开发中尤为重要。

值得一提的是，随着 Delphi 持续的版本更新，如引入对跨平台开发的支持，这一传统上与 Windows 紧密相连的开发工具也在不断地进化，为开发者在非 Windows 平台上调用类似系统 API 提供了可能性，展现出 Delphi 语言和工具链不断向前发展的良好趋势。

Delphi 示例代码如下：

```
unit Unit1
#
interface
#
uses
  Windows,Messages,SysUtils,Variants,Classes,Graphics,Controls,Forms,StrUtils
  Dialogs,StdCtrls,Tlhelp32
#
type
  TForm1 = class(TForm)
    Button3:TButton
    Edit1:TEdit
    Button4:TButton
    procedure Button3Click(Sender:TObject)
    procedure FindProcess()
    procedure Button4Click(Sender:TObject)
    function GetHWndByPID(const hPID:THandle):THandle
  private
    {Private declarations}
  public
    {Public declarations}
  end
#
var
  Form1:TForm1
#
implementation
#
{$R *.dfm}
#
procedure TForm1.Button3Click(Sender:TObject)
```

```
var
  h:HWND
  x:TStringList
  copydata:TCopyDataStruct
  ms:TMemoryStream
  lvStream:TMemoryStream
begin
  h:= FindWindow(nil,PChar('地震数据专家 (DatistEQ) - 新建流程1xxxxxx.DMS'));  //MainWindow
  x:= TStringList.Create
  x.add(Edit1.Text)
#
  ms:= TMemoryStream.Create
  x.SaveToStream(ms)
#
  lvStream:= TMemoryStream.Create
  lvStream.Write(Edit1.Text[1],Length(Edit1.Text))
  lvStream.Position:= 0
#
  copyData.dwData:= 1
  CopyData.lpData:= ms.Memory
  CopyData.cbData:= ms.Size
  SendMessage(h,WM_CopyData,0,integer(@CopyData))
  x.free
  ms.free
end
#
procedure TForm1.FindProcess()
var
  hSnapshot:THandle;// 用于获得进程列表
  lppe:TProcessEntry32;// 用于查找进程
  Found:Boolean;// 用于判断进程遍历是否完成
  AFileName:string
  h:HWND
  x:TStringList
  copydata:TCopyDataStruct
  ms:TMemoryStream
begin
```

```
AFileName:='Datist.exe'
#
hSnapshot:=CreateToolhelp32Snapshot(TH32CS_SNAPPROCESS,0);//获得系统进程列表
lppe.dwSize:=SizeOf(TProcessEntry32);//在调用Process32First API之前,需要初始化lppe记录的大小
Found:=Process32First(hSnapshot,lppe);//将进程列表的第一个进程信息读入ppe记录中
while Found do
begin
  if ((UpperCase(ExtractFileName(lppe.szExeFile))=UpperCase(AFileName)) or (UpperCase(lppe.szExeFile )=UpperCase(AFileName))) then
  begin
    h:=GetHWndByPID(lppe.th32ProcessID)
#
    x:=TStringList.Create
    //x.add(Edit1.Text)
    //注意字符串的长度,Delphi向C#发信息时,长度为奇数时会引起异常
    if Length(Edit1.Text) mod 2=0 then  x.add(Edit1.Text+' ') else  x.add(Edit1.Text)
    ms:=TMemoryStream.Create
    x.SaveToStream(ms)
#
    copyData.dwData:=1
    CopyData.lpData:=ms.Memory
    CopyData.cbData:=ms.Size
    SendMessage(h,WM_CopyData,0,integer(@CopyData));//最好用PostMessage
    x.free
    ms.free
  end
  Found:=Process32Next(hSnapshot,lppe);//将进程列表的下一个进程信息读入lppe记录中
end
end
#
```

```
// 跟据 ProcessId 获取进程的窗口句柄
function TForm1.GetHWndByPID(const hPID:THandle):THandle
type
    PEnumInfo = ^TEnumInfo
    TEnumInfo = record
        ProcessID:DWORD
        HWND:THandle
    end
#
    function IsMainWindow(AHandle:THandle):Boolean
    var
        ATitle:string
        ALen:Integer
    begin
        Result:= (GetWindow(AHandle,GW_OWNER) = 0) and (IsWindowVisible(AHandle))
        if Result then begin
           ALen:= GetWindowTextLength(AHandle) + 1
           SetLength(ATitle, ALen)
           GetWindowText(AHandle,PChar(ATitle),ALen)
           Result:= AnsiStartsStr('地震数据专家',ATitle); //获取主窗体
        end
    end;{IsMainWindow}
#
    function EnumWindowsProc(Wnd:DWORD; var EI:TEnumInfo): Bool; stdcall
    var
        PID:DWORD
    begin
        GetWindowThreadProcessID(Wnd,@PID)
        Result:= (PID <> EI.ProcessID) or (not IsMainWindow(WND))
        if not Result then EI.HWND:= WND
    end; {EnumWindowsProc}
#
    function FindMainWindow(PID:DWORD):DWORD
    var
```

```
         EI:TEnumInfo
     begin
         EI.ProcessID:= PID
         EI.HWND:= 0
         EnumWindows(@EnumWindowsProc,Integer(@EI))
         Result:= EI.HWND
     end;{FindMainWindow}
begin
     if hPID<>0 then
         Result:= FindMainWindow(hPID)
     else
         Result:= 0
end;{GetHWndByPID}
#
procedure TForm1.Button4Click(Sender:TObject)
begin
   FindProcess()
end
#
end
```

本段 Delphi 代码展示了一个精心设计的应用程序模块，该模块充分利用 Windows API 的强大功能，实现了与操作系统底层的交互，特别是在进程管理和窗口消息传递方面。这段 Delphi 代码通过几个关键步骤，演示了如何在 Delphi 环境中高效地发现并操作指定的外部进程，以及如何向这些进程发送自定义数据，这体现了 Delphi 语言在系统级编程和进程间通信方面的灵活性和强大能力。

第一步，代码通过 FindWindow API 函数定位一个具有特定标题的窗口，这是进行进程间通信的基础。

第二步，利用 TMemoryStream 和 TStringList 等类，将编辑框中的文本数据序列化，通过 WM_CopyData 消息发送给目标窗口。此过程展示了 Delphi 在处理内存流和字符串操作上的便利性。

第三步，代码定义了 FindProcess 过程，利用 CreateToolhelp32Snapshot、Process32 First、Process32Next 等一系列 Windows API，遍历系统中的所有进程，寻找名为“Datist.exe”的特定进程。这一高级功能的实现，不仅展示了如何在 Delphi 中进行进程枚举，而且还体现了对系统资源的细致管理，包括对进程快照句柄的创建与释放，以及对进程信息结构体的正确初始化和更新。

尤为值得注意的是，代码中自定义的 GetHWndByPID 函数，通过巧妙地结合 EnumWindows Proc 回调函数和 EnumWindows API，实现了根据进程 ID 精准获取其主窗口句柄的功能，并且加入了逻辑判断来确保找到的窗口符合预期的“地震数据专家”主界面。

第四步，通过按钮点击事件 Button3Click 和 Button4Click 触发上述功能，使得用户界面与后台逻辑紧密结合，实现了从用户输入到系统级操作的无缝衔接。

8.2 SeisGuard 融合实例

SeisGuard，是一款地球物理场数据分析软件系统，它在台站信息管理、数据精细化处理、时序与空间分析等领域表现卓越，成为地震科学研究不可或缺的辅助工具。其出色的时序数据分析能力和精准的空间可视化效果，特别是在复杂数据管理与高精度专业绘图方面的杰出表现，给地球物理数据使用者带来了良好的体验。

DatistEQ 与 SeisGuard 实现了两大平台的无缝对接，用户可以直接通过 DatistEQ 平台启动 SeisGuard 系统。

启动 SeisGuard，即刻解锁一系列强大且直观的功能模块（图 8–2）：

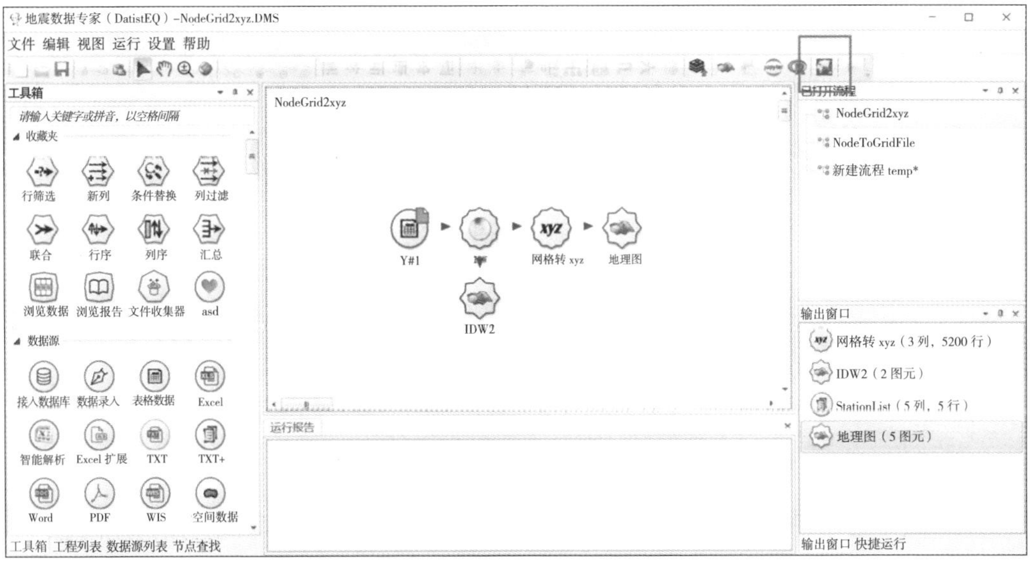

图 8–2 开启 SeisGuard 系统示意图

数据库管理：简化了与数据库交互的复杂度，用户能轻松选择服务器、建立连接、断开连接及编辑数据库配置，确保数据交流的顺畅无阻。

台站管理：提供智能化的台站信息维护界面，支持列表的快速编辑、分类与检索，以及与数据库的实时同步，大幅提升了台站信息管理的效率与准确性。

地震目录管理：内置高级筛选与编辑工具，使地震事件的整理、分析变得直观高效，同时支持 M–T 图的即时绘制，直观展示地震活动的时间序列特征。

GIS 地图集成：集合了丰富的地理信息资源，覆盖行政、交通、水文、地质结构等多维度数据，辅以 GIS 基础功能，为地震活动的空间分布分析奠定了坚实的基础。

数据预处理功能规划：即将推出的升级包括数据质量控制工具，如突变点剔除、台阶效应校正及错误数据修复，以确保分析基础的纯净与可靠性。

通用数据处理工具：提供一站式数据操作解决方案，涵盖数据下载、导出、格式转换，以及频谱分析（FFT 与 DTFT）、数据转换与统计计算，为用户带来无缝的数据处理体验。

跨学科数据处理模块（规划中）：SeisGuard 升级版将深度涉足地电阻率、电磁场、重力、地倾斜等多个地球物理分支，提供专业化的数据处理方案，进一步推动地震科学研究的多学科交叉与融合。

在 SeisGuard 内，用户能够体验到数据管理、分析及可视化的全流程。SeisGuard 不仅是一个工具，也是一个集成了地球物理数据分析与用户友好界面的数据指挥中心，它专门设计用来简化地球物理观测数据的繁复管理流程，同时深度挖掘数据背后的科学价值，如图 8-3 所示。

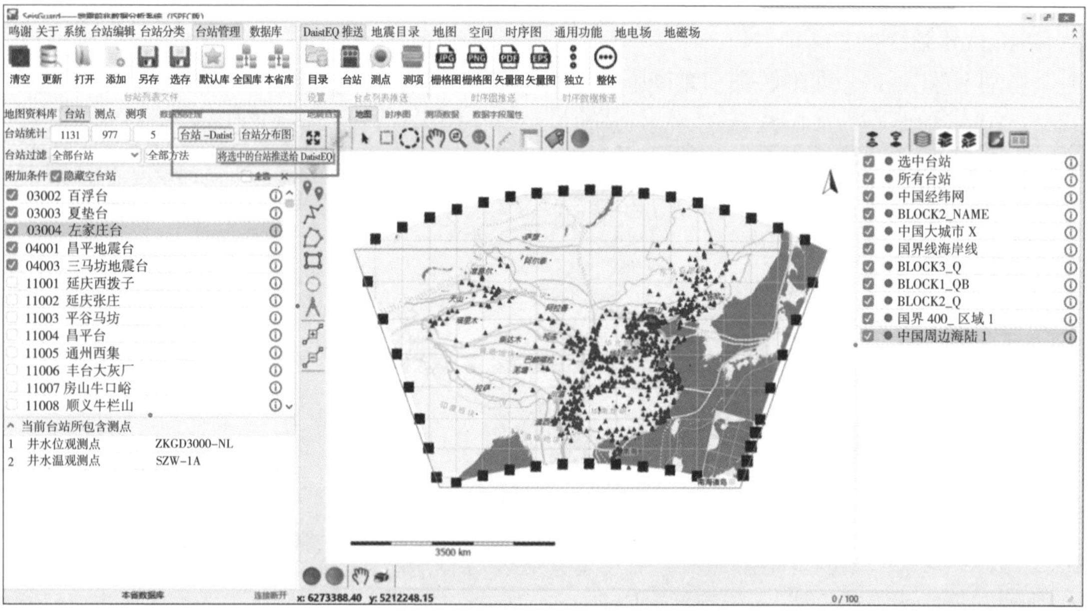

图 8-3 SeisGuard 数据分析示意图

在 SeisGuard 中，创建数据源节点是一项关键而细致的操作，它构成了数据集成与分析流程的坚实基石（图 8-4）。这一过程不仅仅是简单地接入数据，而是通过智能化的设计与高度可定制的选项，确保每一个数据源节点都是一个高度优化、可靠的信息入口，为后续的深度分析铺设了畅通的道路。

SeisGuard 允许用户灵活地定义数据源，无论是来自全球地震监测网络的实时流数据，还是存储在本地或云端的大量历史档案。SeisGuard 内置了多种数据接口协议，确保了与不同来源、格式数据的无缝对接，这一特性极大地拓展了数据采集的广度与深度。

在创建过程中，SeisGuard 还融入了数据质量控制机制，对新接入的数据进行初步的校验与清洗，剔除异常值，修正错误，从而保证数据的准确性和一致性。此外，用户还可以根据具体研究需求，对数据源节点进行详细的配置与标注，实现数据的个性化管理，为后续的高效分析与深度挖掘奠定基础。

图 8-4　创建数据源节点示意图

第 9 章 DatistEQ 之流程优化

历经十多年的迭代与优化，DatistEQ 已成长为一座数据量破数十亿的庞大数据宝库，拥有超过三千项特色功能，日活跃用户稳定保持在数千人之众，成为行业内不可或缺的研究利器。DatistEQ 的发展历程见证了技术与合作的双重力量，尤其是在其成长的黄金时期，通过高效利用外包资源，集结了数百名技术精英参与构建与代码开发，虽然后期团队规模有所调整，但仍有一支精干的数十人团队坚守岗位，不断引入新鲜血液，持续推动技术创新与传承。

伴随着平台的快速扩张，不可避免地遇到了一系列挑战，包括人才流动。每一次人员更迭，新老交替，都会留下了不少待解之题。面对这些“坑”，开发团队没有退缩，而是以积极的姿态，即便在资源有限的情况下，依然坚持探索与维护，展现出了难能可贵的责任心与韧性。

幸运的是，DatistEQ 的架构师团队凭借深厚的技术底蕴与敏锐的问题感知力，能够迅速定位潜在的风险区域，这样的专业判断力，虽给人以紧迫感，实则是解决问题的第一步，是迈向更加稳固系统的必经之路。

9.1 DatistEQ 监测方案

面对庞大复杂的 DatistEQ 系统——拥有高达 2000 万行代码的“智慧迷宫”，传统的人工猜测无疑是一项艰巨且低效的任务。这一现状的形成，实质上是过往“侧重业务快速拓展而轻视技术积累，追求即刻成效却牺牲长远发展的策略”所导致的。DatistEQ 系统运维领域对于高效诊断工具的需求愈发迫切，而每日生成的约 20 万条日志不仅是性能瓶颈的指示灯，更是指引我们填补历史遗留问题、持续优化的重要线索。

在此背景下，我们精心设计并实施了超过 10 份详尽的日报表体系，每日自动汇总前一日的 DatistEQ 系统运行全貌，为 DatistEQ 系统的运维管理者提供了一把精准的“手术刀”。这一转变深刻体现了“领导力驱动创新”的理念，即当管理层密切关注并督导时，技术开发团队的积极性与效率会显著提升，会克服普遍存在的不愿涉足前任代码的难题，从而形成积极向上的工作氛围。

这些报表内容丰富，涵盖了从日活跃用户统计、每位用户日志产出量、高峰期并发处理能力、用户下载活动概况，到 API 接口的访问频次、响应时间等关键性能指标，全方位、多维度地揭示了系统的运行状态。整个数据处理与分发流程依托于 120 多个计算节点的协同作业，最终以直观易读的 Excel 格式直接推送到运维人员的移动设备上，实现了信息的即时触达与决策的快速响应。

这些报表构成了 DatistEQ 监测方案，它不仅有效地解决了系统运维中的“黑盒”问题，而且还通过智能化的数据分析与高效的报告机制极大地提升了平台管理的透明度与响应速度，为实现从被动救火到主动优化的运维模式转变奠定了基础，充分展示了技术赋能管理、驱动平台可持续发展的潜力。

9.2　DatistEQ 流程优化

流程优化项目的启动与实施，在过去半年中犹如一场深度体检，为我们的 DatistEQ 系统排查出了一系列潜藏的问题。从频繁的 I/O 操作导致的下载效率低下，到图元误选触发的无用查询，乃至因硬件故障——一个看似不起眼的键盘损坏引发的异常请求，每一项发现都是对 DatistEQ 系统健壮性的考验。得益于精细化的故障定位机制，运维团队得以精准地锁定问题，如同装备了“精确制导系统”，行动更为高效、目标更为明确。这些正是运维工作的核心价值所在——精准施策，高效运维。

然而，在任何进步的道路上都不乏挑战。虽然日报表生成流程通过 120 个节点的协同作业成功汇聚为一册信息丰富的 Excel 报告，但美学与实用性的平衡成为新的议题。报表版面的杂乱无章、视觉层次的模糊不清，逐渐让运维团队在日常工作中感到力不从心，滋生了“欲变而难为”的心理障碍，这无疑是流程优化前的一道坎，如图 9–1 所示。

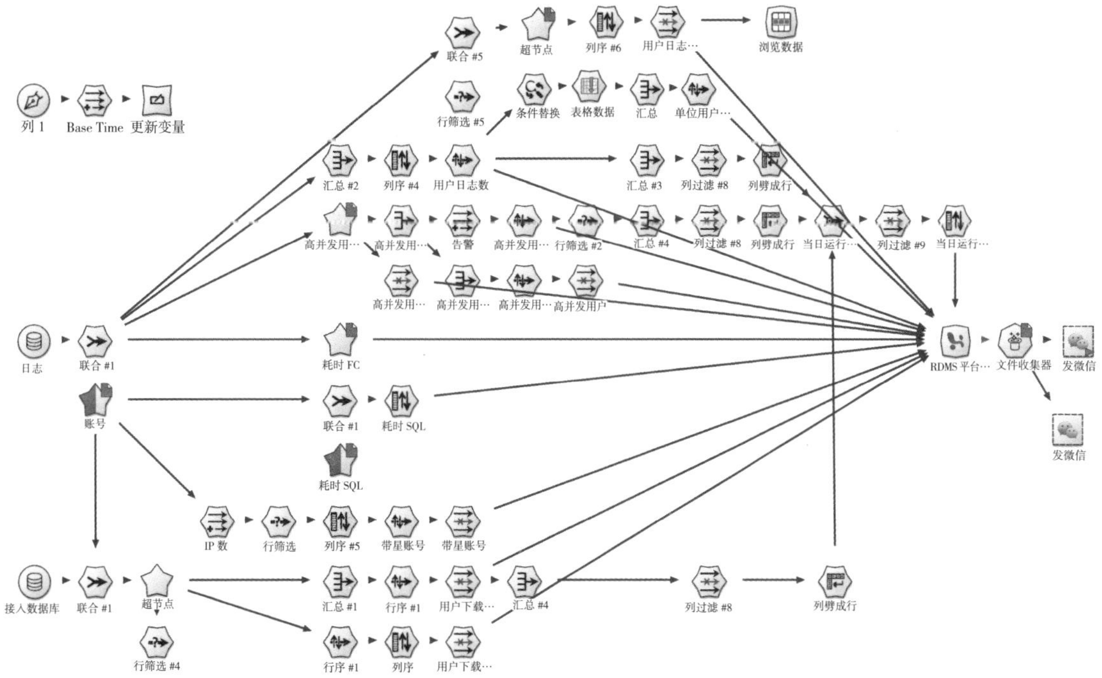

图 9–1　日报表优化前示意图

优化的核心理念在于巧妙运用超节点这一设计利器，实现流程结构的革新与升级。通过将繁复的流程体系巧妙分组，我们构建出一系列紧密相连而又相对独立的子流程模块。这种策略不仅极大地增强了流程的逻辑条理性，而且还使得每一个环节的职责更为明确，便于理解和管理。尽管节点数量从原来的 120 多个增加至 130 多个，但换来的却是日报表结构的显著优化和阅读体验的大幅提升。新增的逻辑分支与优化后的数据呈现方式，增强了报告的可读性和逻辑性，让运维人员在查阅与分析时更加得心应手，如图 9-2 所示。

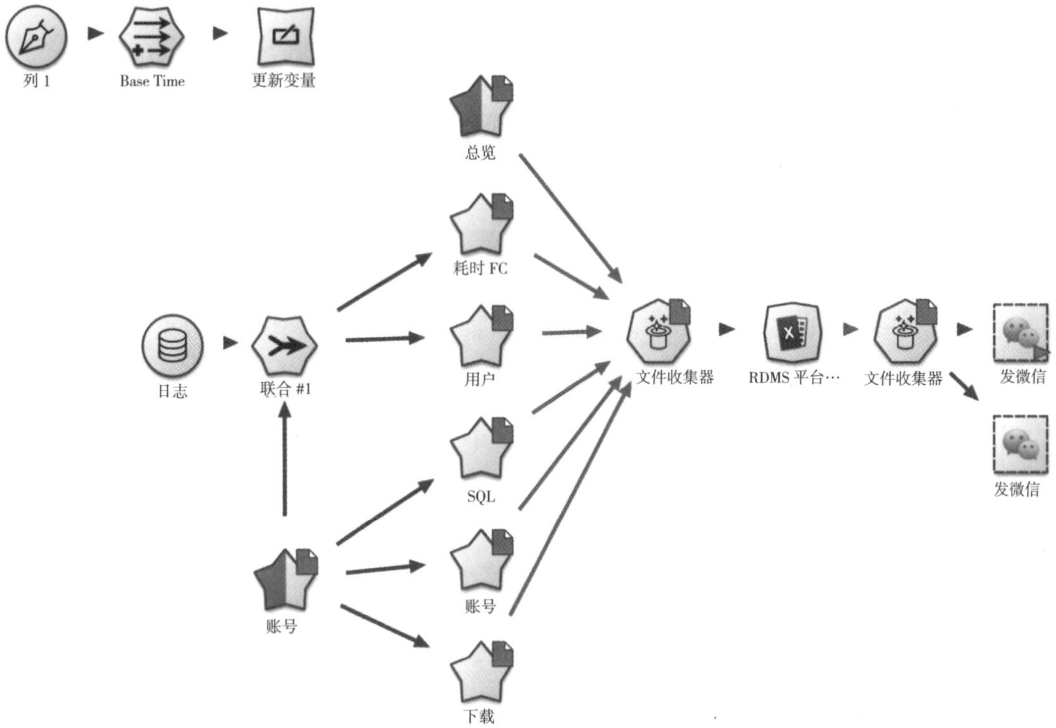

图 9-2　日报表优化后示意图

9.2.1　多个入口问题

面对多入口数据集成的挑战，特别是在用户信息处理这一关键环节，我们遇到了一个典型场景：用户信息分支节点需从前置节点多次导入数据，而该前置节点同时还肩负着为其他分支提供数据的重任（图 9-3）。在此情形下，直接创建超节点似乎与“单一入口”原则相悖，但这并不意味着我们束手无策。

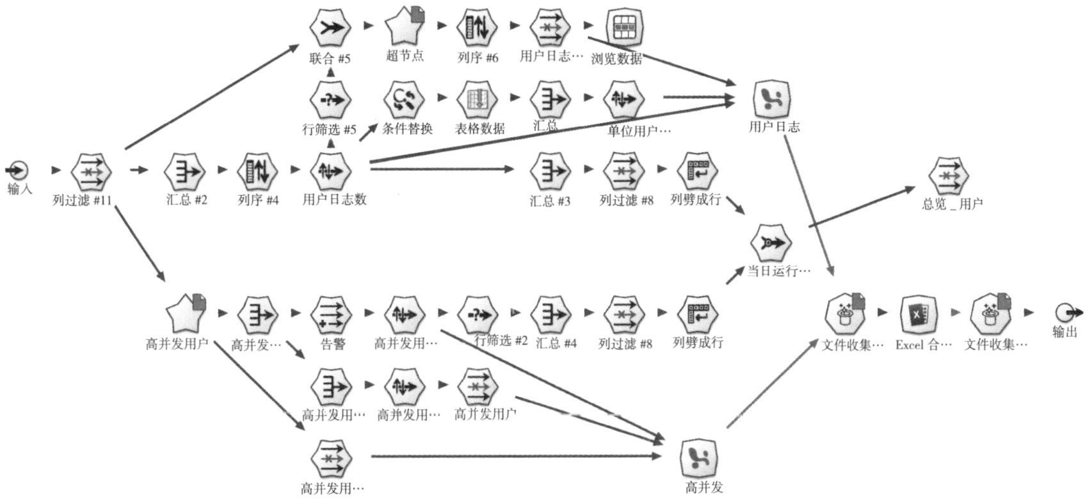

图 9–3　用户信息分支节点示意图

为巧妙解决这一难题，我们引入了一个创新策略：利用一个中介节点作为数据流的桥梁，这个中介节点虽然自身不直接产生业务价值，但在数据传输与整合过程中却扮演着至关重要的角色。在众多选择中，我们倾向于采用列过滤节点作为首选方案，它不仅能有效地衔接前后节点，而且还能在必要时进行数据筛选与优化，确保数据流向的准确（图 9–4）。当然，根据具体需求，我们仍保留了采用其他类型节点作为桥接的灵活性，力求在保持数据完整性的前提下，最大化利用现有资源。

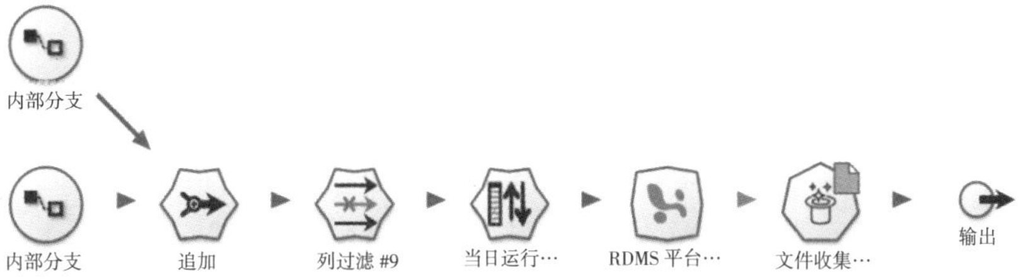

图 9–4　中介节点的桥梁作用示意图

这一策略的成功实施，规避了违反超节点设计原则的风险，还进一步彰显了我们对复杂系统架构深入理解与灵活应对的能力。通过精心设计的数据流转机制，我们维持了流程的清晰与高效，还为系统增加了额外的灵活性与可扩展性，为未来可能遇到的更多数据集成挑战打下了坚实的基础。

9.2.2　多个出口问题

在面对多出口问题时，我们采取了一种策略性的解决方案，旨在平衡流程的清晰度与灵活性。首先，我们甄选其中一个出口作为主出口，确立为各分支流程的统一终点，这样就简化了流程的宏观视图，也确保了数据输出的一致性和可控性（图 9–5）。至于其余的出口，则通过内部构建的分支节点实现数据的无缝流转与再分配。这种机制巧妙地在流程内部完成了数据流向的多样化需求，维持了整体的连贯性。

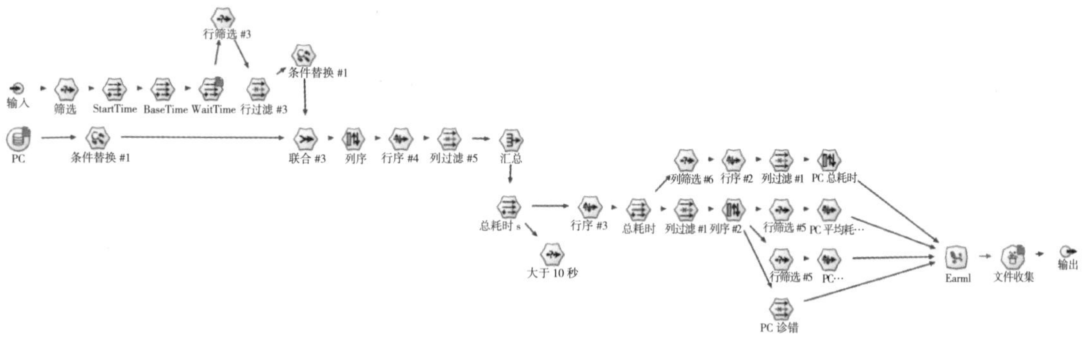

图 9-5　多出口流程调用示意图

针对内部分支节点的运用，尽管其灵活性允许指向任何单一节点，但这也潜在地带来了运维层面的挑战。在日后的维护与升级过程中，若未能充分关注这些隐形的节点连接，可能会不经意间破坏原有的数据通路，从而影响到整个流程的正常运作，这是一个不容忽视的风险点。

为了有效管控这一风险，我们提倡并实行一套综合管理策略：①建立详尽的内部分支节点文档记录，明确每个节点的功能、输入输出关系及依赖性，确保信息的透明与可追溯；②实施定期的流程审查与测试，特别是针对这些内部流转节点，通过自动化测试工具和人工复审相结合的方式，及时发现并修正潜在的断点或配置错误；③强化团队培训与沟通，提升每一位运维人员对内部分支节点重要性的认识，鼓励主动监控与维护，形成良好的运维习惯。

9.2.3　多个源头生成 Excel 文档的问题

在处理多元数据源整合的尾声阶段，我们遇到了一个挑战性的任务：如何高效地将来自超过十个不同表单的数据汇总至单一的 Excel 文档中，同时优化操作界面，使之更为简洁直观。这一过程的复杂性源自于多源头信息的汇集，每一表格都承载着独特而重要的数据集，要求我们在保证数据完整性的前提下，实现无缝融合。

为应对这一挑战，我们创新性地重构了处理流程，利用“文件收集器”这一技术组件轻松解决。该组件如同一座桥梁，将各个源头的 Excel 片段转化为灵活的流数据形式。这一转换极大地减轻了系统的负担，还为后续步骤铺设了流畅的通道。流数据的采用，使得信息处理更为敏捷，便于按需调度与整合，为数据的流动增添了前所未有的灵活性。

紧接着，我们引入了“Excel 合并节点”这一核心功能模块，它扮演着数据集成大师的角色，能够将前期收集的流数据精准地汇编成为一个统一、完整的 Excel 文档（图 9-6）。

图 9-6　Excel 合并节点示例示意图

通过这一系列优化与创新举措，我们不仅提升了数据处理的效率与质量，而且还通过文件下载节点改善了用户的操作体验（图 9-7）。原先复杂繁琐的界面得到了根本性简化，用户不再需要在繁复的菜单与选项中勾选，取而代之的是直观、易用的交互流程，真正做到了技术服务于人，让数据整合工作变得既高效又愉悦。

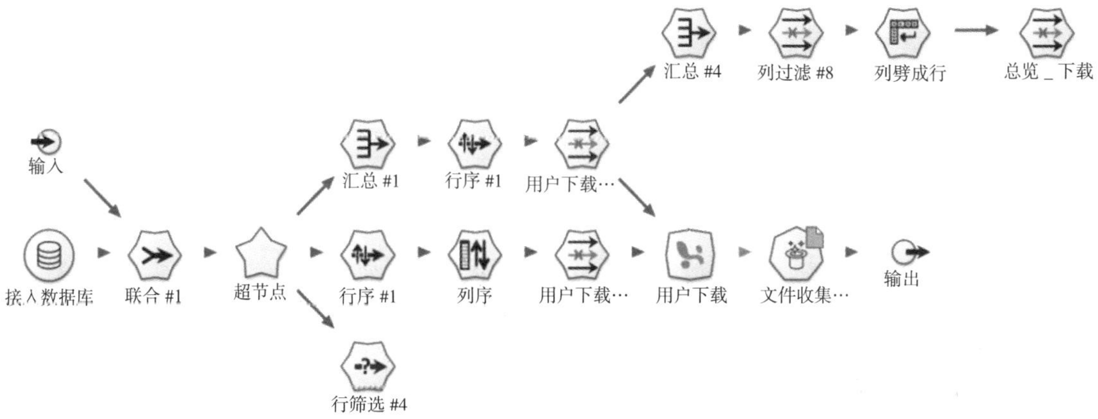

图 9-7　文件下载节点示例示意图

9.3　关键节点

在构建高效的数据处理架构时，内部的分支节点扮演着至关重要的角色，它们犹如精密导航系统，精准地指引数据流向特定的目标节点，确保数据传输的准确并与目标节点数据保持高度一致。

首先，作为整个架构的基石，数据源节点是信息流通的起点，它源源不断地供给原始数据，为后续处理步骤奠定基础。

其次，数据源节点的智慧之处在于其动态适应性——其输出的数据内容并非固定不变，而是智能地依据所指向的目标节点的需求来调整，实现数据定制化供应，大幅提升处理流程的针对性与效率。

在这一复杂而有序的流程体系中，节点间的链接构成了信息传递的脉络，清晰定义了数据流动的方向与逻辑，确保每一步操作都有序进行。流程设计中通过引入超节点进行分层管理，将庞大的处理流程细分为多个易于管理和维护的子流程，这一策略极大地增强了流程的可读性和可维护性，为复杂系统的高效运行提供了坚实的保障。

尽管默认情况下，链接遵循严格的层级规则，避免跨超节点连接，这在一定程度上限制了节点的直接复用，但同时也保证了流程结构的清晰和逻辑的一致性。值得强调的是，存在一类特殊节点，它们具备超越常规界限的能力，能够在不同的子流程间自由跳转。这种设计借鉴了编程语言中如 VB 的 Goto 语句理念，赋予了流程设计前的灵活性与便捷性，使得在保持流程结构清晰的同时，也能灵活应对多样化的数据处理需求，进一步提升系统的整体效能与响应速度。

在构建高效且灵活的内部分支节点指定机制方面，我们精心设计了三种策略，旨在满足不同场景下的需求，提升用户操作的便捷性和流程设计的精准度。

（1）智能文字筛选方式。

智能文字筛选方式以用户友好著称，允许用户直接在便捷的文本输入框中输入关键词，系统随即启动高效检索，快速锁定并显示相关节点选项。这一过程简化了节点指定的复杂度，还显著提升了工作效率。特别是在利用节点 ID 进行映射时，请仔细辨认同名节点，确保所选 ID 的唯一性，以避免数据流向的混淆，保障信息传递的准确性与高效性，如图 9-8 所示。

图 9-8　文字筛选方式示意图

（2）快捷映射方式。

快捷映射方式是我们尤为推荐的一种高效操作手段，用户只需简单组合使用 Ctrl 键与鼠标左键，从源节点直接拖拽至目标内部分支节点，即可实现数据流向的直观设定。此法不仅直观体现了数据流动的方向，而且还在操作过程中为用户带来直观流畅的体验。一旦映射完成，源节点上将直观地显示出链状图标，清晰标记出数据传输的轨迹，使得流程设计一目了然，如图 9-9 所示。

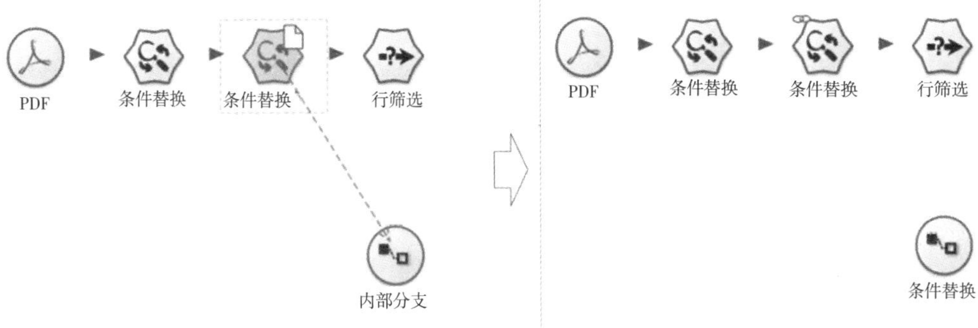

图 9-9 快速映射方式示意图

（3）跳转定位功能。

针对大数据处理流程中常见的跳转与引用定位难题，我们内置了跳转定位支持功能，这项功能如同导航系统，帮助用户在纷繁复杂的数据流中迅速定位到数据源与内部分支节点之间的关联，即使在庞大且多层次的流程图中，也能轻松实现精准定位，如图 9-10 所示。

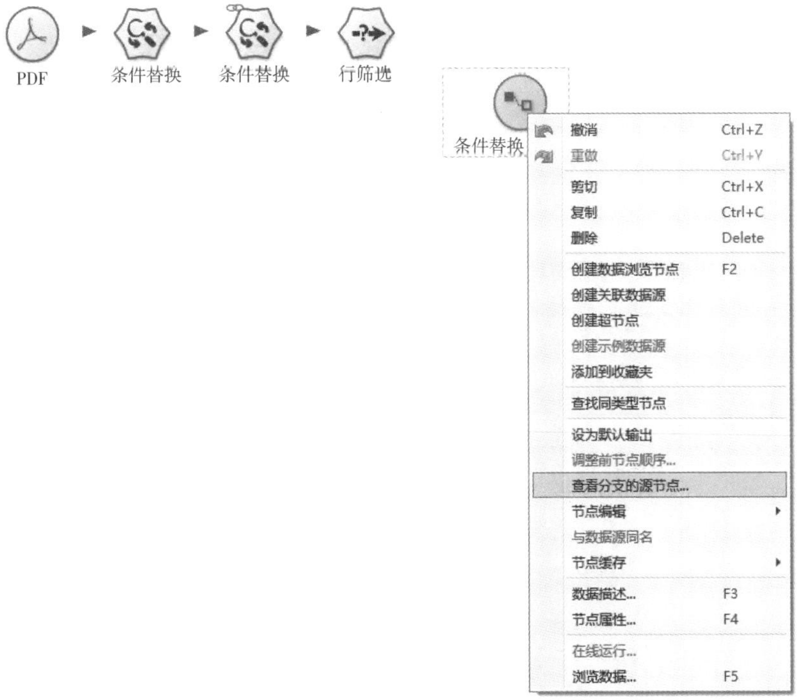

图 9-10 查看分支的源节点示意图

优化流程，意味着要勇于挑战现状，不断审视每一个环节的合理性与高效性，利用先进的技术工具和管理理念，消除冗余，简化复杂度，让每一个节点、每一个流程都发挥出最大的效能。这一过程，不仅是对流程产品自身的精雕细琢，更是对企业数字化转型与智能化升级的深度赋能，为实现流程产品的长期可持续发展铺设坚实的基石。

第 10 章 “谛听”盒子

我们首先来看两个概念：“中心化”与“去中心化”。“中心化”指的是权力、控制、决策或资源集中在一个或少数几个中心或节点的模式。在现实生活中，许多场景如金融、技术、管理等领域，权力、控制、决策和资源分配的模式都是“中心化”模式。在“中心化”的系统中，决策通常由少数人、实体或机构掌握，并在整个系统中起主导作用。这种模式广泛存在于科技、经济和社会组织的方方面面，其优点是可以带来高效、统一的决策和管理，缺点是容易导致单点故障和风险，一旦“中心化”节点出现问题，就会造成整个系统瘫痪，同时信息传导至中心端往往需要多个中间环节，因此无法做到实时响应。

与之相对地，“去中心化”是指权力、控制、决策或资源分散在多个节点或参与者之间的模式，也就是每一个节点可能都是一个中心，只不过其作用范围只限于局部。这种模式可以增加系统的弹性、抗干扰能力和创新性，但也可能导致缺乏统一决策和协调困难。最典型的“去中心化”例子恐怕就是比特币和区块链技术了，区块链技术使得用户可以在全球互联网上进行点对点交易，不需要经过任何中间金融机构，从而将权力和控制分散到网络中的多个节点，这对于现有金融体系是一种彻底的颠覆，因此从诞生便产生了巨大的争议。但无论如何，比特币所提出的“去中心化”概念及区块链技术，可以说是互联网近年来最具革命性和影响力的创新技术。

在大数据、物联网（IoT）、5G 网络等技术的迅猛发展以及广泛应用下，数据量呈指数级增长，传统的“中心化”模式在处理实时性要求高、带宽受限和数据隐私敏感的任务时，逐渐显现出瓶颈和局限性。与此同时，智能设备的普及和用户对即时响应的需求不断上升，使得将计算能力下沉至网络边缘成为必然趋势。在这种背景下，边缘计算应运而生，它能够就近处理数据，减少延迟，降低带宽成本，并能提高数据的安全性和隐私保护水平，从而为物联网、智能城市、自动驾驶等应用提供强有力的技术支撑。这一技术的兴起推动了边缘计算设备的开发和创新，成为应对新时代计算需求的重要方向。我们的“谛听”盒子正是边缘计算的产物，下面我们从硬件、技术特性、NPU 及 RKNN 推理框架的安装及使用等几个方面全方位地介绍了地震行业首款边缘计算设备——“谛听”盒子，其中 RKNN 推理框架的安装及使用是后面许多章节 AI 模型推理的基础，读者可以通过本章的例子，同时也可以通过访问 RKNN 的 github 网址（https://github.com/rockchip-linux/rknn-toolkit2）获取到更多的相关信息。

10.1 “谛听”盒子硬件、技术特性与 NPU

10.1.1 “谛听”盒子的硬件配备

“谛听”盒子基于国产 RK3568 型 CPU 核心板，兼容树莓派 CM4 核心板，对“谛听”V1.0 设备的主板和外壳进行重新优化设计，更好地满足扩展性要求。

RK3568 型 CPU 核心板采用四核 64 位工业级处理器，配备 4GB 大内存，支持 WiFi6、5G/4G 等高速无线网络通信；采用 BTB 接口，传输能力更强；具有工业级稳定性，可在 -40℃到 85℃的工作温度下长期稳定运行。它的外观如图 10-1 所示。

图 10-1 “谛听”盒子外观设计图

10.1.2 核心板技术特性

（1）RK3568 工业级处理器。

采用四核 64 位 Cortex-A55 处理器，22 纳米先进技术，主频高达 2.0GHz，为后端设备的数据处理提供高效稳定的性能；核心板提供了多种存储配置选项。

（2）4GB 大内存，支持全链路 ECC。

最高可配备 4GB 内存容量，可以达到 32Bit 位宽，主频高达 1600MHz；支持全链路 ECC，数据更安全可靠，满足大内存的产品应用场景需求。

（3）集成 GPU、VPU、NPU 协处理器。

集成了双核心架构 GPU、高性能 VPU 和高效能 NPU。GPU 支持 OpenGL ES3.2/2.0/1.1 和 Vulkan1.1；VPU 可实现 4K 60fps H.265/H.264/VP9 视频解码和 1920×1080@60fps H.265/H.264 视频编码；NPU 支持 Caffe/TensorFlow 等主流架构模型的一键切换。

（4）多显示接口。

具有 HDMI2.0 视频接口，内置 8M ISP 图像信号处理器，视频输入接口可以与外部摄像头连接，或用于扩展多个摄像头的输入能力。

（5）强大的网络通信功能。

集成了 PCIe3.0、GMAC 以太网控制器和 SDIO3.0 接口，可以扩展多路千兆以太网、WiFi 6/ 蓝牙和 5G/4G LTE，使网络通信具有更高的速率。

（6）宽温运行，稳定运行。

选择工业级的处理器和元部件不怕恶劣的工作环境，无论温度低到 -40℃还是高到 85℃，都能 7×24 小时连续稳定运行，满足工业级应用的要求。

（7）丰富的扩展接口。

拥有 PCIe3.0、SATA、MIPI CSI、MIPI DSI、eDP、I2C、GPIO、USB3.0、USB2.0、SDMMC 等扩展接口。

（8）支持 Linux 系统。

Ubuntu18.04 桌面版和服务器版，支持 RTLinux 实时内核，提供优良的实时性能和安全稳定的系统环境。

（9）其他技术参数。

具备 2 路 USB、1 路 HDMI、1 路 LAN、Wifi 接口、2 路 MiniPci-e，内置 1 路麦克风和单声道扬声器。CPU 的 AI 算力不低于 0.8t，支持 MiniPci-e 接口的计算加速模块，支持 nvme 接口的 SSD 硬盘接口，支持 tf 卡作为辅助存储。

10.1.3 NPU 的使用

NPU 是专门用于神经网络的处理单元。“谛听”盒子使用瑞芯微 RK3568 处理器，RK3568 的 NPU 模块专门用于神经网络的处理单元，加速人工智能领域的神经网络算法，最高可达 1TOPS，并且支持整数 8、整数 16 卷积运算，支持深度学习框架：TensorFlow、TF-lite、Pytorch、Caffe、ONNX 等。

瑞芯微官方提供了 RKNPU2 和 RKNN-Toolkit2 工具，SDK 为带有 RKNPU 的芯片平台提供编程接口。Rockchip NPU 平台使用 RKNN 模型，RKNN 模型可以使用 RKNN-Toolkit2 软件开发工具包转换，部署到板卡使用 RKNN-Toolkit-Lite2。

下面二节内容将简单介绍在 PC（Ubuntu 系统）上使用 RKNN-Toolkit2 进行模型转换、模型推理、性能评估等，并在板卡上使用 RKNN Toolkit Lite2 部署。

10.2 RKNN-Toolkit2

RKNN-Toolkit2 工具在 PC 平台上使用，提供 Python 接口简化模型的部署和运行，用户通过该工具可以便捷地完成以下功能：模型转换、量化功能、模型推理、性能和内存评估、量化精度分析、模型加密等功能。

RKNN-Toolkit2 目前版本适用系统是 Ubuntu18.04/Ubuntu20.04/Ubuntu22.04，更多依赖和使用信息可以参看《RKNN Toolkit2 快速上手指南》。

10.2.1 RKNN-Toolkit2 安装

环境安装（PC ubuntu20.04）：

```
# 安装 python 工具，ubuntu20.04 默认是安装了 python3.8.10
sudo apt update
```

```
    sudo apt-get install python3-dev python3-pip python3.8-venv
gcc

    # 安装相关库和软件包
    sudo apt-get install libxslt1-dev zlib1g-dev libglib2.0 libsm6 \
    libgl1-mesa-glx libprotobuf-dev gcc
```

安装 RKNN-Toolkit2：

```
    # 创建目录，由于测试使用的 ubuntu20.04 已经安装的包可能和安装运行 RKNN-
Toolkit2 所需的包版本不同，为避免其他问题，这里使用 python venv 隔离环境
    mkdir project-Toolkit2 && cd project-Toolkit2
    sudo python3 -m venv.toolkit2_env
    # 激活进入环境
    source .toolkit2_env/bin/activate

    # 拉取源码，或者复制 RKNN-Toolkit2 到该目录
    git clone https://github.com/rockchip-linux/rknn-toolkit2.git

    # 使用 pip3 安装包时可能很慢，设置下源
    pip3 config set global.index-url https://mirror.baidu.com/pypi/
simple

    # 安装依赖库，根据 rknn-toolkit2\doc\requirements_cp38-1.4.0.txt
    pip3 install numpy
    pip3 install -r doc/requirements_cp38-1.4.0.txt

    # 安装 rknn_toolkit2
    pip3 install packages/rknn_toolkit2-1.4.0_22dcfef4-cp38-cp38-
linux_x86_64.whl
```

检测是否安装成功：

```
    (.toolkit2_env) llh@-:~/project-Toolkit2$ python
    Python 3.8.10 (default,Jun 22 2022,20:18:18)
    [GCC 9.4.0] on linux
    Type "help","copyright","credits" or "license" for more
information
```

```
>>> from rknn.api import RKNN
>>>
```

10.2.2 模型转换和模型推理

在 RKNN-Toolkit2 文件中 example 目录下有各种功能的例程，进入 ../examples/onnx/yolov5 目录，该 Demo 展示了在 PC 上将 onnx 模型转换成 RKNN 模型，然后导出、推理、部署到 NPU 平台运行并取回结果。

执行命令：

```
# 切换到 examples/onnx/yolov5 目录下
cd examples/onnx/yolov5
# 模型转换和模型推理
python test.py
```

运行导出成功后会在当前目录下生成 yolov5.rknn 文件，该文件在接下来的 Toolkit Lite2 小节中将会使用到。

上面运行的 yolov5 例程同时也会进行模型推理，会在当前目录下输出结果图片（out.jpg）。

10.2.3 性能和内存评估

RKNN-Toolkit2 除了可以模拟推理测试，还可以进行简单连板调试，鲁班猫板卡 usb 接口没有 usb debug 等功能，不能直接 usb adb 调试，但可以使用网络 adb 连接进行调试。

连板调试板端需要启动 adbd 和 rknn_server 服务。PC 端的 adb server 需要连接到 adbd，这样就可以通过客户端与设备端进行沟通。rknn_server 是一个运行在板卡上的后台代理服务，用于接收 PC 通过 USB 传输过来的协议，然后执行板端 runtime 对应的接口，并返回结果给 PC 端。

```
# 复制文件到板卡（可以通过 scp sftp nfs 等方式，文件在配套例程或者看下后面的参考链接，到 RKNPU2 的 runtime\RK356X\Linux\rknn_server 目录下获取）

# 添加可执行权限
cd  ../usr/bin
chmod +x rknn_server restart_rknn.sh start_rknn.sh

# 启动 rknn_server
restart_rknn.sh
```

```
# 查看服务adbd的状态，处于active即可
sudo systemctl status adbd.service
sudo /usr/bin/adbd &
```

板子和PC连接在一个局域网下，测试使用本教程的配套程序：

```
# PC端安装adb
sudo apt install adb
# 开启adb server
adb start-server
# 连接板子，根据板子实际IP，默认5555端口
adb connect 192.168.103.115

# 查看连接的设备，确认初始化运行时的device_id
adb devices
cd examples/onnx/yolov5

# 运行程序，连板调试
python test.py
```

简单测试结果：

```
W __init__: rknn-toolkit2 version: 1.4.0-22dcfef4
--> Config model
done
--> Loading model
done
--> Building model
Analysing : 100%|████████████████████████████████████████
████████████████████| 142/142 [00:00<00:00, 2940.26it/s]
Quantizing : 100%|█████████████████████████████████████
████████████████████| 142/142 [00:00<00:00, 336.83it/s]
W build: The default input dtype of 'images' is changed from 'float32' to 'int8' in rknn model for performance
                        Please take care of this change when deploy rknn model with Runtime API
W build: The default output dtype of 'output' is changed from 'float32' to 'int8' in rknn model for performance
```

```
                    Please take care of this change when
deploy rknn model with Runtime API
   W build: The default output dtype of '327' is changed from
'float32' to 'int8' in rknn model for performance
                    Please take care of this change when
deploy rknn model with Runtime API
   W build: The default output dtype of '328' is changed from
'float32' to 'int8' in rknn model for performance
                    Please take care of this change when
deploy rknn model with Runtime API
   done
   --> Export rknn model
   done
   --> Init runtime environment
   W init_runtime: Flag perf_debug has been set,it will affect the
performance of inference
   I NPUTransfer: Starting NPU Transfer Client,Transfer version
2.1.0 (b5861e7@2020-11-23T11:50:36)
   D RKNNAPI: ==============================================
   D RKNNAPI: RKNN VERSION
   D RKNNAPI:   API: 1.4.0 (bb6dac9 build: 2022-08-29 16:17:01)(null)
   D RKNNAPI:   DRV: rknn_server: 1.3.0 (121b661 build: 2022-04-29
11:11:47)
   D RKNNAPI:   DRV: rknnrt: 1.4.0 (a10f100eb@2022-09-09T09:07:14)
   D RKNNAPI: ==============================================
   done
   =================================================================
=======================================================
                              Performance
      #### The performance result is just for debugging, ####
      #### may worse than actual performance!            ####
   =================================================================
=======================================================
   Total Weight Memory Size: 7312768
   Total Internal Memory Size: 7782400
   Predict Internal Memory RW Amount: 134547200
   Predict Weight Memory RW Amount: 7312768
   ID   OpType                DataType Target InputShape
```

```
OutputShape            DDR Cycles     NPU Cycles      Total Cycles
Time(us)         MacUsage(%)      RW(KB)           FullName
   0      InputOperator       UINT8     CPU       \
(1,3,640,640)           0               0               0
19               \             1200.00           InputOperator:images
   1      Conv               UINT8     NPU      (1,3,640,640),(32,3,6,6),(32)
(1,32,320,320)            1493409          691200           1493409
11956            9.64          4409.25           Conv:Conv_0
   2       exSwish                 INT8          NPU        (1,32,320,320
)                                   (1,32,320,320)               2167674
0                      2167674            5408                        \
6400.00          exSwish:Sigmoid_1_2swish
   3      Conv                 INT8       NPU       (1,32,320,320),(64,32,3,3
),(64)              (1,64,160,160)          1632022               921600
1632022           4153                36.99                      4818.50
Conv:Conv_3
   4       exSwish                 INT8          NPU        (1,64,160,160
)                                   (1,64,160,160)               1083837
0                      1083837            2849                        \
3200.00          exSwish:Sigmoid_4_2swish
   5      Conv                 INT8       NPU       (1,64,160,160),(32,64,1,1
),(32)              (1,32,160,160)          813640                102400
813640            1455                11.73                      2402.25
Conv:Conv_6
   6       exSwish                 INT8          NPU        (1,32,160,160
)                                    (1,32,160,160)               541919
0                      541919             1456                        \
1600.00          exSwish:Sigmoid_7_2swish
   ........(中间省略)
   142    Conv                 INT8       NPU       (1,128,80,80),(255,128,1
,1),(255)           (1,255,80,80)           824352                408000
824352            1040                65.38                      2433.88
Conv:Conv_198
   143    OutputOperator      INT8       CPU          (1,255,80,80),(1,80,80,
256)                    \                        0                     0
0                 1011               \                            3200.00
OutputOperator:output
   144    OutputOperator     INT8      CPU      (1,255,40,40),(1,40,40,256)
```

```
\                    0                  0                  0
216          \              800.00          OutputOperator:327
   145  OutputOperator   INT8     CPU    (1,255,20,20),(1,20,20,256)
\                0               0               0
178          \              220.00          OutputOperator:328
   Total Operator Elapsed Time(us): 117367

    ============================================================================
  ========================================
```

上面测试可以看到开启了量化，并调用了 eval_perf 对模型性能进行评估，获取测试模型的整体耗时及每一层的耗时。

以上就是简单的连接调试，更多 RKNN-toolkit2 的功能测试例程请参考 https://github.com/rockchip-linux/rknn-toolkit2/tree/master/examples/functions。

10.3 RKNN-Toolkit-Lite2

RKNN-Toolkit-Lite2 为 Rockchip NPU 平台提供 Python 编程接口，用于在板端部署 RKNN 模型。

10.3.1 板卡上安装 RKNN-Toolkit-Lite2

Toolkit-Lite2 目前适用于 Debian10/11（aarch64）系统，更多依赖和使用信息可以参考《RKNN-Toolkit-Lite2 用户使用指南》。

获取 RKNN Toolkit-Lite2，可以直接从官方 github 获取，或者在配套例程中将文件传输到板卡中，直接 git 到板卡也行。获取到的 RKNN-Toolkit-Lite2 目录结构如下：

```
.
├── docs
│   ├── Rockchip_User_Guide_RKNN_Toolkit_Lite2_V1.4.0_CN.pdf
│   ├── Rockchip_User_Guide_RKNN_Toolkit_Lite2_V1.4.0_EN.pdf
│   └── change_log.txt
├── examples
│   └── inference_with_lite
│       ├── resnet18_for_rk356x.rknn
│       ├── resnet18_for_rk3588.rknn
│       ├── space_shuttle_224.jpg
│       └── test.py
└── packages
    ├── rknn_toolkit_lite2-1.4.0-cp37-cp37m-linux_aarch64.whl
    ├── rknn_toolkit_lite2-1.4.0-cp39-cp39-linux_aarch64.whl
    └── rknn_toolkit_lite2_1.4.0_packages.md5sum

4 directories, 10 files
```

环境安装（以 LubanCat 2，Debian10 为例）：

```
sudo apt update

# 安装其他 python 工具
sudo apt-get install python3-dev python3-pip gcc

# 安装相关依赖和软件包
pip3 install wheel
sudo apt-get install -y python3-opencv
sudo apt-get install -y python3-numpy
sudo apt -y install python3-setuptools
```

RKNN-Toolkit-Lite2 工具安装：

```
# 进入到 rknn_toolkit_lite2/packages 目录下，选择 Debian10 ARM64 with python3.7.3 的 whl 文件安装
pip3 install rknn_toolkit_lite2-1.4.0-cp37-cp37m-linux_aarch64.whl
```

安装成功：

```
cat@lubancat:~$ pip3 list
Package                       Version
----------------------------- ---------
certifi                       2018.8.24
chardet                       3.0.4
idna                          2.6
iotop                         0.6
lightdm-gtk-greeter-settings  1.2.2
numpy                         1.16.2
onboard                       1.4.1
pip                           18.1
psutil                        5.9.4
pycairo                       1.16.2
PyGObject                     3.30.4
requests                      2.21.0
rknn-toolkit-lite2            1.4.0
ruamel.yaml                   0.17.21
ruamel.yaml.clib              0.2.7
setuptools                    40.8.0
six                           1.12.0
```

10.3.2 非 RKNN 模型

对于 Caffe、TensorFlow 等其他模型，想要在 RK3568 平台上运行，需要先进行模型转换，可以使用 RKNN-Toolkit2 工具将模型转换成 RKNN 格式。

10.4 RKNN-Toolkit2 工具

10.4.1 RKNN-Toolkit2 工具介绍

RKNN-Toolkit2 是为用户提供在 PC、Rockchip NPU 平台上进行模型转换、推理和性能评估的开发套件，用户通过该工具提供的 Python 接口可以便捷地完成各种操作。

工具的全部功能简单介绍如下：

（1）模型转换：支持 Caffe、TensorFlow、TensorFlow Lite、ONNX、DarkNet、PyTorch 等模型转为 RKNN 模型，并支持 RKNN 模型导入导出。RKNN 模型能够在 Rockchip NPU 平台上加载使用。

（2）量化功能：支持将浮点模型量化为定点模型，目前支持的量化方法为非对称量化（asymmetric_quantized-8 及 asymmetric_quantized-16），并支持混合量化功能。asymmetric_quantized-16 目前版本暂不支持。

（3）模型推理：能够在 PC 上模拟 Rockchip NPU 运行 RKNN 模型并获取推理结果，或将 RKNN 模型分发到指定的 NPU 设备上进行推理并获取推理结果。

（4）性能评估：将 RKNN 模型分发到指定 NPU 设备上运行，以评估模型在实际设备上运行时的性能。

（5）内存评估：评估模型运行时的内存的占用情况。使用该功能时，必须将 RKNN 模型分发到 NPU 设备中运行，并调用相关接口来获取内存使用信息。

（6）量化精度分析：该功能将给出模型量化前后每一层推理结果与浮点模型推理结果的余弦距离，便于分析量化误差是如何出现的，为提高量化模型的精度提供思路。

10.4.2 模型转换 Demo

在 rknn-toolkit2-1.3.0/examples 下有各种功能的 Toolkit Demo，这里我们运行一个模型转换 Demo 的例子，这个 Demo 展示了在 PC 上将 tflite 模型转换成 RKNN 模型，然后导出、推理、部署到 NPU 平台运行并取回结果。模型转换的具体实现请参考 Demo 内源代码以及本页末尾的文档。

（1）在 PC 上仿真运行。

RKNN-Toolkit2 自带了一个模拟器，直接在 PC 上运行 Demo，即是将转换后的模型部署到仿真 NPU 上运行。

```
    (venv) firefly@T-chip:~/rknn-toolkit2-1.3.0$ cd examples/tflite/
mobilenet_v1
    (venv) firefly@T-chip:~/rknn-toolkit2-1.3.0/examples/tflite/
mobilenet_v1$ ls
    dataset.txt   dog_224x224.jpg   mobilenet_v1_1.0_224.tflite
test.py
    (venv) firefly@T-chip:~/rknn-toolkit2-1.3.0/examples/tflite/
```

```
mobilenet_v1$ python3 test.py
    W __init__: rknn-toolkit2 version: 1.3.0-11912b58
    --> Config model
    W config: 'target_platform' is None, use rk3566 as default, Please
set according to the actual platform
    done
    --> Loading model
    INFO: Initialized TensorFlow Lite runtime
    done
    --> Building model
    Analysing: 100%|██████████████████████████████
███████████| 58/58 [00:00<00:00, 1869.33it/s]
    Quantizating: 100%|████████████████████████████
████████████| 58/58 [00:00<00:00, 68.07it/s]
    W build: The default input dtype of 'input' is changed from
'float32' to 'int8' in rknn model for performance
                          Please take care of this change when
deploy rknn model with Runtime API
    done
    --> Export rknn model
    done
    --> Init runtime environment
    Analysing: 100%|██████████████████████████████
███████████| 60/60 [00:00<00:00,1434.93it/s]
    Preparing: 100%|██████████████████████████████
████████████| 60/60 [00:00<00:00,373.17it/s]
    W init_runtime: target is None, use simulator
    done
    --> Running model
    mobilenet_v1
    -----TOP 5-----
    [156]: 0.9345703125
    [155]: 0.0570068359375
    [205]: 0.0042953491210937 5
    [284]: 0.003116607666015625
    [285]: 0.00017178058624267578

    done
```

（2）运行在与 PC 相连的 ROC-RK3568-PC NPU 平台上。

RKNN-Toolkit2 通过 PC 的 USB 连接到 OTG 设备 ROC-RK3568-PC。RKNN-Toolkit2 将 RKNN 模型传到 ROC-RK3568-PC 的 NPU 上运行，再从 ROC-RK3568-PC 上获取推理结果、性能信息等。

首先部署 ROC-RK3568-PC 环境：更新 librknnrt.so 及运 rknn_server Android。

```
adb root && adb remount
adb push rknpu2_1.3.0/runtime/RK356X/Android/librknn_api/arm64-v8a/librknnrt.so /vendor/lib64
adb push rknpu2_1.3.0/runtime/RK356X/Android/librknn_api/arm64-v8a/librknnrt.so /vendor/lib
adb push rknpu2_1.3.0/runtime/RK356X/Android/rknn_server/arm64-v8a/vendor/bin/rknn_server /vendor/bin
adb shell reboot

#Android 系统启动时会自动运行 rknn_server,"ps -ef|grep rknn_server" 可以查看是否运行 Linux
adb push rknpu2_1.3.0/runtime/RK356X/Linux/librknn_api/aarch64/* /usr/lib

# 系统一般自带 rknn_server,可以使用 "systemctl status rknn_server" 查看服务是否处于运行状态
# 如果不存在或不处于运行状态，则手动添加运行
adb push rknpu2_1.3.0/runtime/RK356X/Linux/rknn_server/aarch64/usr/bin/* /usr/bin/

# 可以使用 "systemctl status rknn_server" 查看 rknn_server 服务是否处于运行状态
# 若没有运行，请在板子的串口终端运行 rknn_server
chmod +x /usr/bin/rknn_server
/usr/bin/rknn_server
```

然后在 PC 上修改 rknn-toolkit2-1.3.0/examples/tflite/mobilenet_v1/test.py 文件，在其中添加目标平台。

```
diff --git a/rknn-toolkit2-1.3.0/examples/tflite/mobilenet_v1/test.py b/examples/tflite/mobilenet_v1/test.py
```

```
index 0507edb..fd2e070 100755
--- a/examples/tflite/mobilenet_v1/test.py
+++ b/examples/tflite/mobilenet_v1/test.py
@@ -24,11 +24,11 @@ def show_outputs(outputs)
 if __name__ == '__main__'

     # Create RKNN object
-    rknn = RKNN(verbose=True)
+    rknn = RKNN()

     # Pre-process config
     print('--> Config model')
-      rknn.config(mean_values = [128,128,128],std_values = [128,
128,128])
+      rknn.config(mean_values = [128,128,128],std_values = [128,
128,128],target_platform='rk3568')
     print('done')

     # Load model
@@ -62,7 +62,7 @@ if __name__ == '__main__'

     # Init runtime environment
     print('--> Init runtime environment')
-    ret = rknn.init_runtime()
+    ret = rknn.init_runtime(target='rk3568')
     if ret != 0
         print('Init runtime environment failed!')
         exit(ret)
```

PC 端运行 test.py。

```
(venv) firefly@T-chip:~/rknn-toolkit2-1.3.0/examples/tflite/
mobilenet_v1$ python3 test.py
W __init__: rknn-toolkit2 version: 1.3.0-11912b58
--> Config model
done
--> Loading model
```

```
INFO: Initialized TensorFlow Lite runtime
done
--> Building model
Analysing: 100%|████████████████████████████████████████| 58/58 [00:00<00:00,1730.77it/s]
Quantizating: 100%|████████████████████████████████████████| 58/58 [00:00<00:00,366.86it/s]
W build: The default input dtype of 'input' is changed from 'float32' to 'int8' in rknn model for performance
                    Please take care of this change when deploy rknn model with Runtime API
done
--> Export rknn model
done
--> Init runtime environment
I NPUTransfer: Starting NPU Transfer Client, Transfer version 2.1.0 (b5861e7@2020 11-23T11:50:36)
D RKNNAPI: ==============================================
D RKNNAPI: RKNN VERSION:
D RKNNAPI:   API: 1.3.0 (121b661 build: 2022-04-29 11:07:20)
D RKNNAPI:   DRV: rknn_server: 1.3.0 (121b661 build: 2022-04-29 11:11:34)
D RKNNAPI:   DRV: rknnrt: 1.3.0 (9b36d4d74@2022-05-04T20:16:47)
D RKNNAPI: ==============================================
done
--> Running model
mobilenet_v1
-----TOP 5-----
[156]: 0.93505859375
[155]: 0.057037353515625
[205]: 0.0038814544677734375
[284]: 0.003118515014648437５
[285]: 0.00017189979553222656

done
```

第11章 “谛听”盒子业务流程开发与部署

“谛听”盒子硬件设备集成后，我们在其硬件环境下部署了基于Linux系统的DatistEQ Lite——地震会商技术系统，该系统与Windows下的DatistEQ流程编写、调试和部署存在一定差异，目前正常运行的地震会商技术系统业务流程无法直接部署在“谛听”盒子中运行，需要进行移植与开发。“谛听”盒子中地震会商技术系统业务流程的移植与开发过程主要分为以下几个步骤：①本地计算机流程编制；②依赖文件上传至“谛听”盒子中；③GMT绘图的单独调试；④“谛听”盒子环境下流程的路径修改；⑤在“谛听”智慧盒子管理中心上传流程；⑥运行调试；⑦设置触发方式。下面从“谛听”盒子的地震会商技术系统业务流程的基础环境、盒子中的流程编制、流程的调试运行等方面给大家展示几套标准模板流程的使用方法。

11.1 “谛听”盒子中流程移植与开发

作为“谛听”盒子中地震会商业务流程编制的重要工具，DatistEQ Lite与Windows下的DatistEQ软件整体GUI界面基本一样，主要由菜单栏、工具栏、工具箱、流程工作区编辑区、运行日志、已打开流程、流程设置和输出窗口等组成（图11-1），但是想要将基于Windows下DatistEQ的地震会商业务流程移植到“谛听”盒子中，或者直接编制一套“谛听”盒子业务流程，首先需要了解“谛听”盒子中的DatistEQ Lite和DatistEQ有怎样的区别，在流程编制过程中有哪些不同、需要注意哪些问题？本节主要针对这些问题展开描述。

11.1.1 节点的区别

DatistEQ Lite和DatistEQ在大部分节点的使用上是一致的，但是为了满足“谛听”盒子轻量化的需求，DatistEQ Lite将部分需要外部控件的节点功能进行了删除、调整或者选用轻量化的组件进行实现。如删除了空间分析类和统计图表类节点，图元空间类的运算无法使用内部函数解决，调整了联合节点的联合方式，等等。为了方便用户了解哪些节点在“谛听”盒子DatistEQ Lite版本中无法支持，节点图标的边框为实线时表示该节点支持在“谛听”盒子中运行，节点图标的边框为虚线时表示该节点不支持在“谛听”盒子中运行，如图11-2所示。

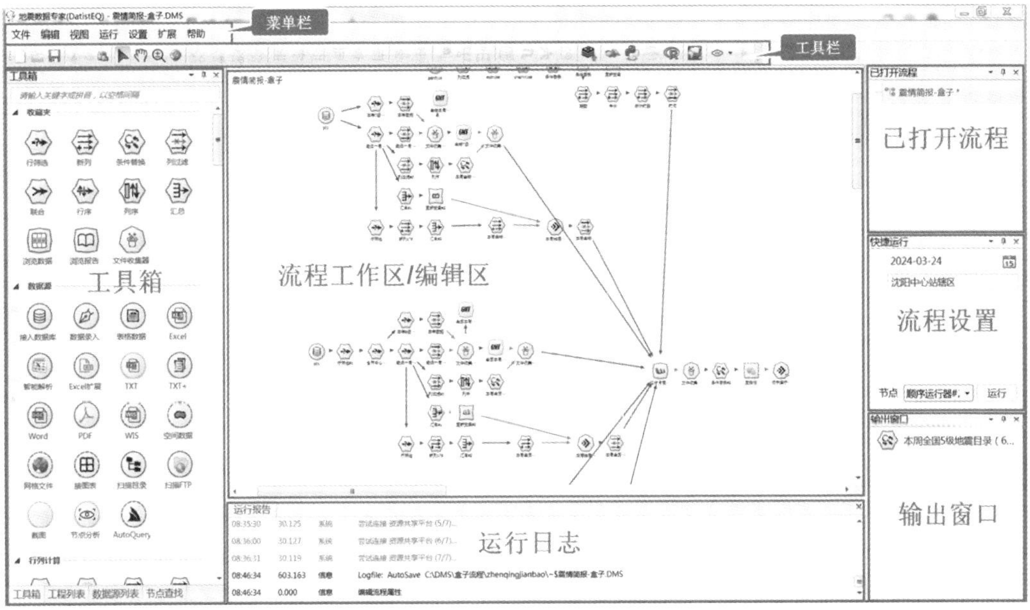

图 11-1 DatistEQ Lite 用户 GUI 界面样式示意图

图 11-2 DatistEQ Lite 版本下部分节点示例图

在“谛听”盒子中删除了一些节点，影响到用户使用空间分析、图表绘制等功能，用户通过串联或并联其他节点也无法使用，因此，用户需要通过 Python 或 GMT 节点代替空间分析、图表绘制等功能。比较典型的例子，在震后趋势会商业务流程中，就存在计算地震与断裂之间距离的业务需求，用户可以通过编写 Python 的 shapely 库包来实现。需注意的是如果使用“谛听”盒子安装的默认 Python 版本 Minicoda（Python3.9），需要在脚本开头加入引用路径“#path=/usr/bin/python3”。脚本中的输入文件“1.CSV”为 2 列数据，分别为断裂代表的线图元和地震代表的点图元，并以“line”和“point”作为首行，具体 Python 脚本如下：

```
    #path = /usr/bin/python3
    from shapely.geometry import Point,MultiPoint
    import pandas as pd
    import math
    info = pd.read_csv('1.CSV')
    fid = open('/home/DiTing/dms/zhenhouqushi/fault_linestring.
txt','wt')
    b = 11
    for i in range(len(info)):
        lines = info['line'][i]
        points = info['point'][i]
        line_coords = lines.replace('LINESTRING(','').replace(')',
'').split(',')
        point_coords = points.replace('Point(','').replace(')','').
split(' ')
        # 创建线对象和点对象
        line_points = [tuple(map(float, coords.split())) for coords
in line_coords]
        line = MultiPoint(line_points).buffer(0.01)  # 构建缓冲区来处理
线段宽度问题
        point = Point(float(point_coords[0]),float(point_coords[1]))
        distance = point.distance(line)
        distance_km = 2 * math.pi * 6371 * math.cos(math.radians(float
(point_coords[1]))) * distance / 360
        fid.write('%s\n'%str(round(distance_km, 2)))
```

在震后趋势会商业务流程中，也存在计算发生地震与历史地震之间距离的需求，为了尽量少调用外部脚本，可以直接使用地球上的大圆距离公式来计算两个经纬度点之间的距离，具体公式如图 11-3 所示。

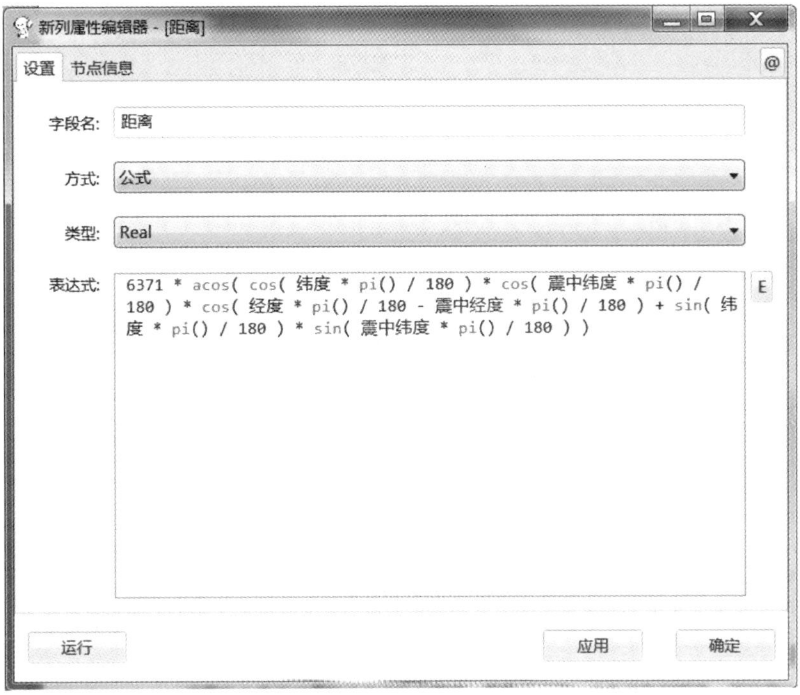

图 11-3 DatistEQ Lite 版本下部分节点示例图

在部分业务流程中，需要判断目标地震是否在关注地区内，如果不在关注地区，需要给出目标地震到关注地区的距离，即求一个点到一个多边形的距离，可以通过 Python 的 shapely 库包来实现。与计算地震与断裂之间的距离相类似，仅需将断裂构建的“MultiPoint”更改为“Polygon”就可以实现地震到关注区域之间距离的计算。脚本中的输入文件“guanzhuqu.CSV”为 2 列数据，分别为关注区域边界的经纬度点和地震代表的点图元，并以“line”和“point”作为首行，具体 Python 脚本如下：

```
#path=/usr/bin/python3
from shapely.geometry import Point,Polygon
import pandas as pd
import math
info=pd.read_csv('guanzhuqu.CSV')
fid=open('fault_linestring.txt','wt')
b=11
for i in range(len(info)):
    lines=info['line'][i]
    points=info['point'][i]
    line_coords=lines.split(',')
```

```
        point_coords = points.replace('Point(','').replace(')','').
split(' ')
        # 创建线对象和点对象
        line_points = [tuple(map(float, coords.split())) for coords
in line_coords]
        polygon = Polygon(line_points).buffer(0.01)  # 构建缓冲区来处理
线段宽度问题
        point = Point(float(point_coords[0]),float(point_coords[1]))
        distance = point.distance(polygon)
        distance_km = 2 * math.pi * 6371 * math.cos(math.radians
(float(point_coords[1]))) * distance / 360
        fid.write('%s\n'%str(round(distance_km, 2)))
```

DatistEQ Lite 对“联合”节点进行了一定的优化修改。为了强化联合过程中每一行的对应关系，避免出现因行序变化导致的联合串行问题，需要在两个联合表单中分别加入序号列，并以序号列为同名字段关键字进行左连接。

11.1.2 路径的修改

在 DatistEQ Lite 流程编写过程中，涉及到一些存储在本地的数据文件，例如历史地震目录、序列类型文件、震源机制解数据、地震地质断裂数据等，在 Python、GMT 脚本运行过程中生成一些中间文件，程序运算获得的数据，或者流程生成 PPT、Word 时所需的模板文件等，这些数据文件如果是依赖文件，需要在部署调试运行前上传至“谛听”盒子中，如果是中间文件或产出文件则无需处理，但在编写流程中这些数据文件的引用都需要注意，在流程部署调试运行前，均需要将引用路径修改为“谛听”盒子下的绝对路径，不能保持本地编辑时设置的 Windows 路径。

11.2 流程调试与部署

11.2.1 GMT 绘图本地调试

“谛听”盒子中的 GMT 绘图为 GMT6 版本，部分原有地震会商业务流程（DatistEQ Lite）的 GMT 绘图脚本为 GMT4 或者 GMT5 的版本，并且 GMT6 绘图在 Windows 下和 Linux 下部分命令有所不同。除了两个系统下 GMT 脚本的语法不同外，变量的声明方式、变量引用方式、gawk 语句的引号等不同（表 11–1），其他的脚本区别可以参考 GMT 中文手册官网上查阅（https://docs.gmt-china.org/latest/tutorial/scripting/）。此外，需要注意一些环境库包的导出、bash 路径、图片转换和字符编码的设置，“谛听”盒子出厂环境下具体设置方式如图 11–4 所示。在具体的流程调试前，应将 GMT 绘图脚本统一修改成 Linux 下 GMT6 命令，再进行下一步的调试工作。

表 11-1 GMT6 绘图在 Windows 和 Linux 下部分命令区别

操作类型	Windows	Linux
变量声明	set R=-R119/126/38/44	R=-R119/126/38/44
变量引用	%R%	$R
gawk 引号	gawk “{***}” %filename%|**	gawk ‘{***}’ $filename|**

脚本(变量格式为[$VarName$])：

```
#!/usr/bin/env bash
export GMT6HOME=/opt/GMT-6.4.0
export PATH=${GMT6HOME}/bin:$PATH
export LD_LIBRARY_PATH=${LD_LIBRARY_PATH}:${GMT6HOME}/lib64:/usr/local/lib

epcen=eqlocation.TAB
range=`gawk '{if(FNR==2) print $8}' eqlocation.TAB`
outputName=eqdistribution

gmt begin  $outputName png A
# 设置中文字体配置文件 cidfmap 的目录
    gmt set PS_CONVERT="C-I${HOME}/.gmt/"
    gmt set PS_CHAR_ENCODING Standard+
# GMT 处理中文存在一些已知BUG
# 需要设置 PS_CHAR_ENCODING 为 Standard+ 以绕过这一BUG
```

图 11-4 “谛听”盒子中 GMT6 绘图脚本示例图

与 DatistEQ Lite 软件其他内部节点不同，GMT 节点需要调用外部软件来实现，因此，GMT 节点需要单独进行调试运行，避免 bug 出现。“谛听”盒子和 DatistEQ Lite 支持 GMT 节点进行远程调试，不需要在本地计算机上部署 GMT6 和 Git 等相关环境。远程调试具体操作步骤如下（图 11-5）:

①在本地计算机环境下，GMT 节点前的前序节点运行通过；

②将 GMT 节点内脚本均设置为“谛听”盒子 Linux 环境下的绝对路径；

③通过 ftp 上传依赖文件至“谛听”盒子对应路径下；

④右键点击 GMT 节点，点击“设置远程调试环境”，在窗口内输入“谛听”盒子的 IP、用户名和密码信息；

⑤右键点击 GMT 节点，点击“远程调试”，进行运行。

运行完成后，会将 GMT 绘图结果返回到本地计算机中，并以报告的形式展示。

GMT 节点远程调试的内置过程是，在本地计算机环境下运行 GMT 之前的节点，将生成的 TAB 表和 GMT 节点绘图脚本打包上传至“谛听”盒子服务器“/home/DiTing/project/ispec/temp/ssh/admin”路径下，将 GMT 节点绘图脚本命名为“tmpcmd.sh”脚本，并在“谛听”盒子环境下运行脚本，将运行生成的 png 图片传回本地，最终以报告的形式展示。可直接通过 shell 连接“谛听”盒子，在“谛听”盒子中运行“tmpcmd.sh”脚本，查看运行日志进行调试、查错。

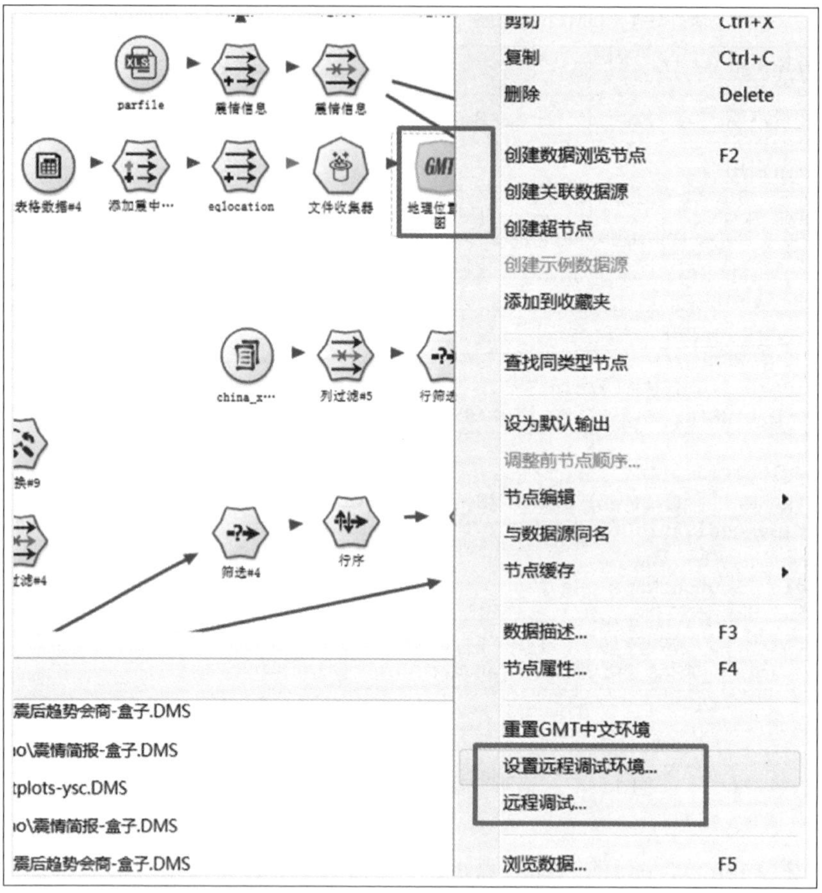

图 11-5　DatistEQ Lite 中 GMT 节点远程调试示意图

11.2.2　流程部署与调试

当整体流程编写好后，便可以通过“谛听”盒子管理中心界面进行流程的部署、调试和调用方式等设置。“谛听”盒子管理中心提供地震数据专家云流程管理系统，让用户自主上传、授权、运行调试、调度流程；提供多种流程触发方式，支持通过定时和 EQIM 自动触发流程运行。

（1）流程上传。

在计算机本地的流程需要借助“谛听”盒子管理中心进行上传部署、调试和管理。与“谛听”盒子连接同一个无线网络，在浏览器内输入“谛听”盒子 IP 地震即可登录“谛听”盒子管理中心，进行流程部署、运维的相关操作。在“流程管理”页面下，可以新增流程，完成流程的上传，如图 11-6 所示。

图 11-6 “谛听”盒子管理中心界面示意图

（2）流程管理。

上传了的流程可以在“谛听”盒子管理中心上对其进行管理，包括对缓存模式及时长，进行设置运行流程的 DatistEQ Lite 版本、执行器、是否启用等，以此来满足各种复杂业务场景的需求，如图 11-7 所示。

图 11-7 “谛听”盒子管理中心流程管理界面示意图

如果一个流程的运行成果会在短时间内被多次调用、查看，每次查看都要运行一次流程，对“谛听”盒子的负载会造成很大的压力，并且调用相同的结果还需要等待流程重复运行，浪费“谛听”盒子服务器资源。针对此种情况，“谛听”盒子管理中心提供了两种缓存模式：系统缓存和用户缓存。系统缓存能将流程运行的结果缓存在云端，在缓存有效期内，任何用户调用流程系统都会将缓存的结果发送给用户。用户缓存针对同一用户重复调用流程，在缓存有效期内，同一用户多次调用流程，系统都会将第一次调用时缓存的结果发送给该用户。

（3）流程授权。

“谛听”盒子管理中心为用户提供了流程授权的功能，可以通过选定组织架构、个人以及标签的方式给指定的群体或个人授予使用流程的权限。通过授权的方式，能将用户自己的成果分享出去，在组织或者群体间共同使用。借助于这种传播和分享的方式，只要有一个人完成了流程的编写工作，就可以将流程的使用权限授权给其他用户，其他用户也可以对该流程进行修改等操作。尤其是我们将部署好的“谛听”盒子交付给用户后，用户如果对于 DatistEQ Lite 流程具有一定的开发或者修改能力时，可以将该流程授权给用户，为用户提供个人二次开发的窗口。

（4）流程调试。

由于流程中某些节点的相对路径与绝对路径的设置，以及本地计算机与“谛听”盒子环境配置不一致等缘故，流程在本地和在“谛听”盒子的运行结果可能存在一定的差异。为了确保流程运行的正确和稳定，在正式部署前需要经过严格的调试才能投入使用。

在“谛听”盒子管理中心，流程运行页面列表中罗列出了在当前登录用户的权限下所能操作的所有流程，可以选中某一流程，点击“运行”来触发它，流程运行时产生的日志会同步显示在右侧流程日志窗口中；也可以在流程管理页面，选择要调试的流程，点击调试操作按钮，同样会跳转至流程运行页面，选择好所要调试的流程，点击“运行”即可实现调试，如图 11-8 所示。

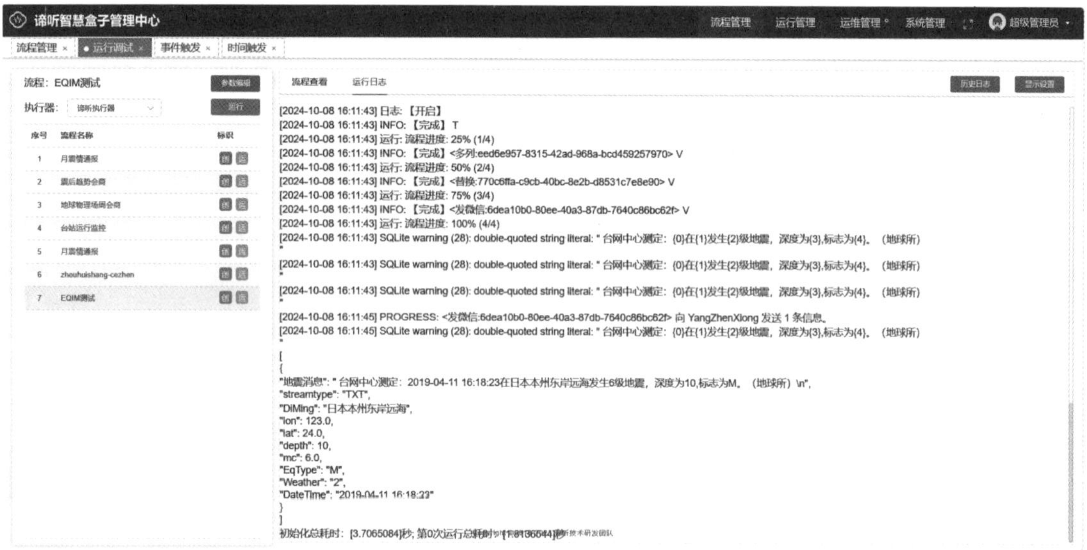

图 11-8 “谛听”盒子管理中心流程运行界面示意图

在图 11-8 中，用户能够在该页面对展示出来的流程变量进行修改。当要确认修改流程变量时，先选定运行流程的执行器然后点击“运行”，“谛听”盒子管理中心通过调用 API，将先前进行的调试设置同步至“谛听”盒子流程调度服务上，该服务接收到要触发的流程 ID 号，执行器类型参数以及流程变量将对应流程从流程仓库中取出，按照预设参数的设置，通过执行器服务指派到“谛听”盒子运行。流程在执行过程中生成的日志信息将被实时更新同步在调试页面的右侧，依据日志定位流程出错的位置，诊断流程报错的原因，实现对流程进一步的优化迭代。

（5）自动触发。

如果流程需要频繁触发，每次都要通过“谛听”盒子管理中心触发则费时费事，还需与“谛听”盒子连接在同一网络下。“谛听”盒子管理中心为用户提供了定时自动触发流程的机制，流程的自动触发将流程运行高度自动化，无须人工值守操作就能触发流程，将繁琐的任务自动化，提高了工作效率和准确性，更好地利用资源。

在“谛听”盒子管理中心的流程调度页面，通过设置定时运行任务的参数来创建定时运行流程的任务（图 11-9）。在参数的设置中需要注意的是，任务名称需与流程上传时的流程名称一致才能被调度服务器所识别。频次串参数设置的正确性是流程是否能顺利调用的关键，在下发任务前要仔细检查。通过创建针对于某一流程的定时触发任务，设置好流程运行的参数并下发任务以后，任务就被同步在了“谛听”盒子中负责流程调度的定时任务队列中。与 Windows 系统中的计划任务程序类似，“谛听”盒子在预设的参数满足条件后将触发流程，并将流程派发到执行服务中运行，实现了根据简单或复杂的定期计划运行流程的目的。

图 11-9 “谛听”盒子管理中心流程调度界面示意图

（6）EQIM 触发。

地震信息管理（简称 EQIM）系统是在地震发生时将地震短消息接入地震数据专家云流程管理平台的程序。当地震发生时，EQIM 系统会立即识别出新增的地震，同时将消息发送给“谛听”盒子，“谛听”盒子识别盒子内需要 EQIM 触发的流程，将流程 ID 传递给调度服务进行任务的处理和派发。在流程中的地震信息参数进行相应的配置（图 11-10），地震发生时 EQIM 系统接收到地震短消息的同时会触发流程，实现了地震事件触发流程的目的。

图 11-10 “谛听”盒子管理中心 EQIM 配置界面示意图

11.2.3 本地 DatistEQ Lite 远程调试

在流程编写的过程中，流程还未整体编写完成，但是想看一下阶段性编写结果，这时通过“谛听”盒子管理中心上传流程，再进行调试运行，显然太过繁琐，DatistEQ Lite 给出了一套本地计算机进行远程调试的解决方案，可以在工具栏中点击“远程调试”图标，配置“谛听”盒子服务器、运行版本和执行器等相关信息，然后点击“确定”进行远程调试，调试的日志会在本地计算机 DatistEQ Lite 运行日志窗口处显示（图 11-11）。这种远程调试与通过“谛听”盒子管理中心上传流程再进行调试运行的效果是一样的，同样是将流程上传至“谛听”盒子中运行，只是将运行日志要返回到本地。

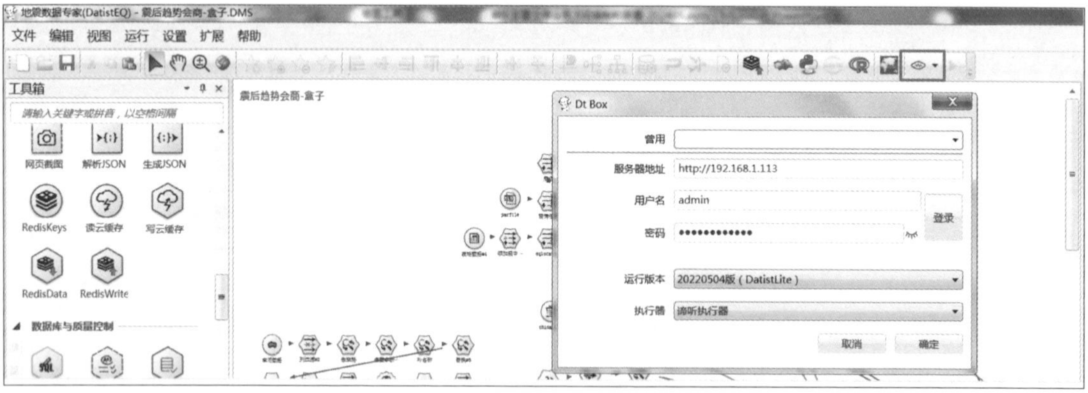

图 11-11 DatistEQ Lite 远程调试界面示意图

11.3 标准模板流程及使用

11.3.1 月震情简报

月震情简报流程整体架构可分为参数读取、更新变量、全球 7 级地震统计绘图、全国 5

级地震统计绘图、辖区地震统计绘图和生成 WORD 及推送等部分组成（图 11–12），其中最主要产出最近一个月内全球 7 级地震统计、分布图和目录，全国 5 级地震统计、分布图和目录，辖区内的地震统计、分布图和目录。以济南市及邻区为例，如图 11–13 所示。

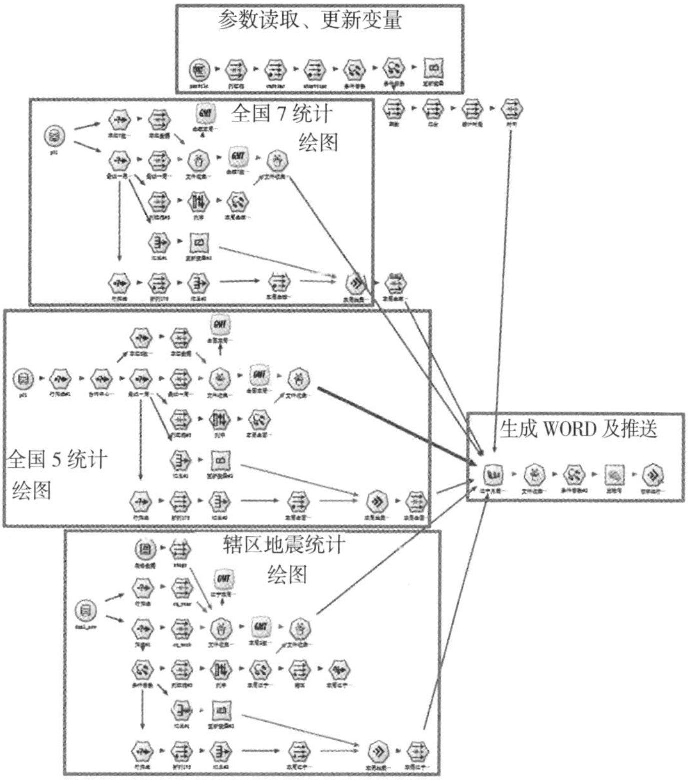

图 11–12　月震情简报流程架构示意图

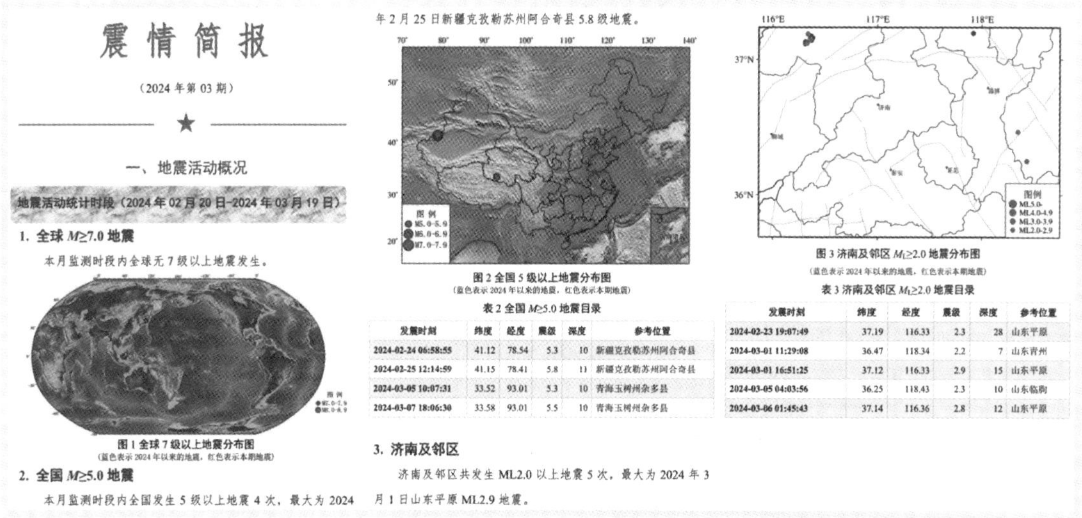

震情简报

（2024 年第 03 期）

一、地震活动概况

地震活动统计时段（2024 年 02 月 20 日–2024 年 03 月 19 日）

1. 全球 $M\geq7.0$ 地震

本月监测时段内全球无 7 级以上地震发生。

图 1 全球 7 级以上地震分布图

（蓝色表示 2024 年以来的地震，红色表示本期地震）

2. 全国 $M\geq5.0$ 地震

本月监测时段内全国发生 5 级以上地震 4 次，最大为 2024 年 2 月 25 日新疆克孜勒苏州阿合奇县 5.8 级地震。

图 2 全国 5 级以上地震分布图

（蓝色表示 2024 年以来的地震，红色表示本期地震）

表 2 全国 $M\geq5.0$ 地震目录

发震时刻	纬度	经度	震级	深度	参考位置
2024-02-24 06:58:55	41.12	78.54	5.3	10	新疆克孜勒苏州阿合奇县
2024-02-25 12:14:59	41.15	78.41	5.8	11	新疆克孜勒苏州阿合奇县
2024-03-05 10:07:31	33.52	93.01	5.3	10	青海玉树州杂多县
2024-03-07 18:06:30	33.58	93.01	5.5	10	青海玉树州杂多县

3. 济南及邻区

济南及邻区共发生 ML2.0 以上地震 5 次，最大为 2024 年 3 月 1 日山东平原 ML2.9 地震。

图 3 济南及邻区 $M_L\geq2.0$ 地震分布图

（蓝色表示 2024 年以来的地震，红色表示本期地震）

表 3 济南及邻区 $M_L\geq2.0$ 地震目录

发震时刻	纬度	经度	震级	深度	参考位置
2024-02-23 19:07:49	37.19	116.33	2.3	28	山东平原
2024-03-01 11:29:08	36.47	118.34	2.2	7	山东青州
2024-03-01 16:51:25	37.12	116.33	2.9	15	山东平原
2024-03-05 04:03:56	36.25	118.43	2.3	10	山东临朐
2024-03-06 01:45:43	37.14	116.36	2.8	12	山东平原

图 11–13　济南市及邻区月震情简报流程产出示例图

将该流程修改成适用于本地区的流程，并部署在“谛听”盒子中的步骤如下：①需要更新 parfile.xlsx 参数文件内容，监测区域经纬度范围和区域名称；②将参数文件“parfile.xlsx”，震情简报模板文件“震情简报通用模板 .doc”和“globlecs.grd”上传至“谛听”盒子“/home/DiTing/dms/zhenqingjianbao”路径下；③修改部署流程的主要信息，如流程 ID、标题、微信推送用户等。做完这三个步骤便实现了月震情简报模板流程的本地化应用。

11.3.2 测震学日常周会商

测震学日常周会商流程整体架构主要分为参数文件、地震统计、震中分布图、M–t 图、频度图、发震时间间隔图、蠕变图和 PPT 生成及推送等部分组成（图 11–14），主要产出测震学周会商报告 PPT 并以微信的形式推送给用户，涵盖了辖区内地震统计、震中分布图、M–t 图、频度图、发震时间间隔图、蠕变图等。

本地化应用步骤：①将 3 个 PPT 模板内的名称、Logo 图标等信息进行修改，新建一个空白文档 freq_time_zhou.txt，将上述文件放置在“谛听”盒子 /home/DiTing/dms/zhouhuishang 路径下；②修改流程中的参数配置节点为本辖区的范围参数和最小完整性震级；③修改部署流程的主要信息，如流程 ID、标题、微信推送用户等。以沈阳中心站为例，如图 11–15 所示。标准模板为业务流程中最基础的业务需求，其中提供的图件为测震学科最为常用的几种图件，用户也可以根据自己的需求将各个绘图模块进行拼接、组合编制更符合本地区特色的业务流程。

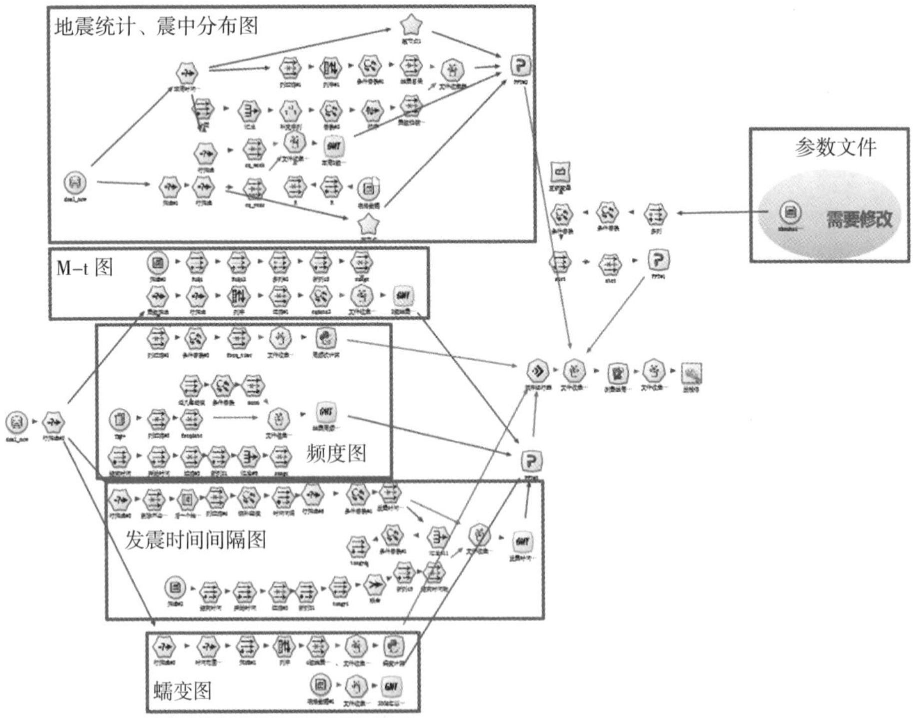

图 11–14　测震学日常周会商流程架构示意图

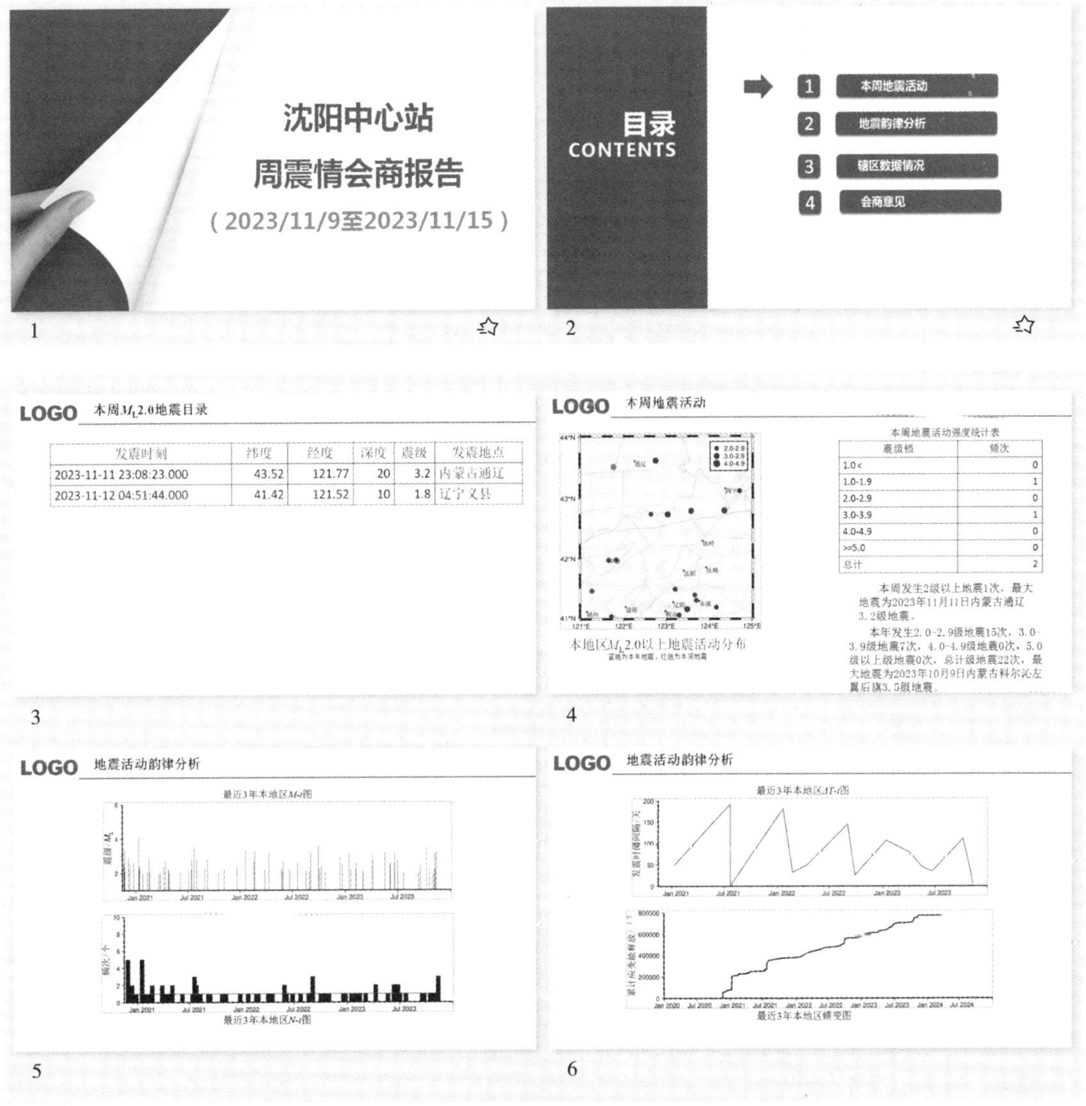

图 11–15 沈阳中心站测震学日常周会商流程产出示例图

11.3.3 震后趋势会商

震后趋势会商流程整体架构主要分为参数配置、断层统计、历史地震统计、现代地震统计、地震序列类型统计和 PPT 生成及推送等部分组成（图 11–16），主要通过 EQIM 系统获取到的地震信息，结合地震目录数据库、地震地质数据表、城市数据、序列类型数据等快速自动产出震后趋势会商报告，分析预报业务人员收到震后趋势会商报告后可直接用于汇报，可有效提高应急会商的时效性。对于未触发 EQIM 的低震级地震，还可以通过手动触发的方式获取震后趋势会商报告。

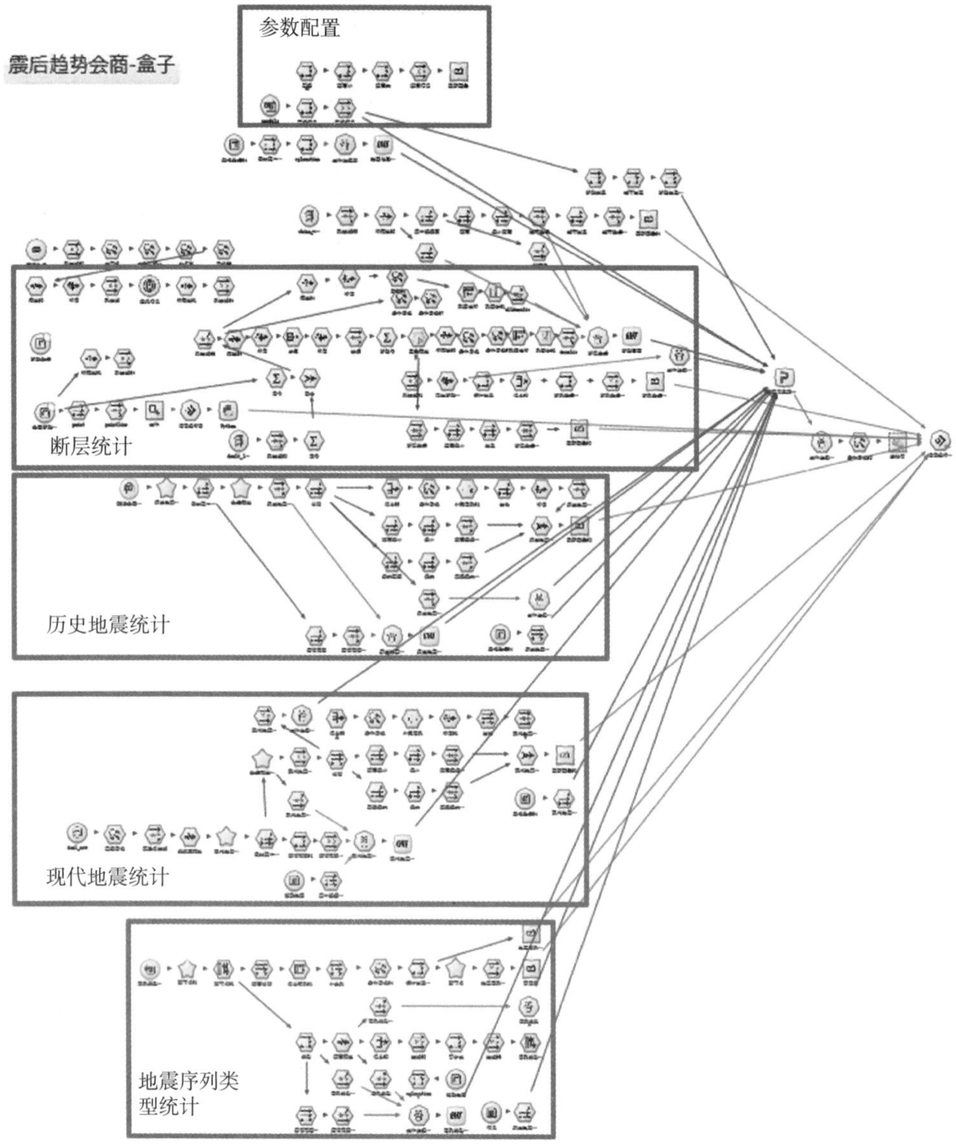

图 11-16　震后趋势会商流程架构示意图

本地化应用步骤：①更新 parfile.xlsx 参数文件内容，中心站区域名称；②准备地震序列类型文件“序列类型目录 .txt”，数据格式如下图所示，依次为“时间、纬度、经度、震级、深度、地点、序列类型”，其中“序列类型”严格按照“孤立型、主余型、震群型、多震型、前主余型”填写；③将参数文件“parfile.xlsx”、地震序列类型文件“序列类型目录 .txt”、震后趋势会商模板文件“震后趋势会商模板 .pptx”和全国 5 级历史地震目录“EQ16 全国地震目录 MS5.EQT”上传至“谛听”盒子“/home/DiTing/dms/zhenhouqushi”路径下；④修改部署流程的主要信息，如流程 ID、标题、微信推送用户等，配置 EQIM 触发方式。以沈阳中心站为例，如图 11-17 所示。

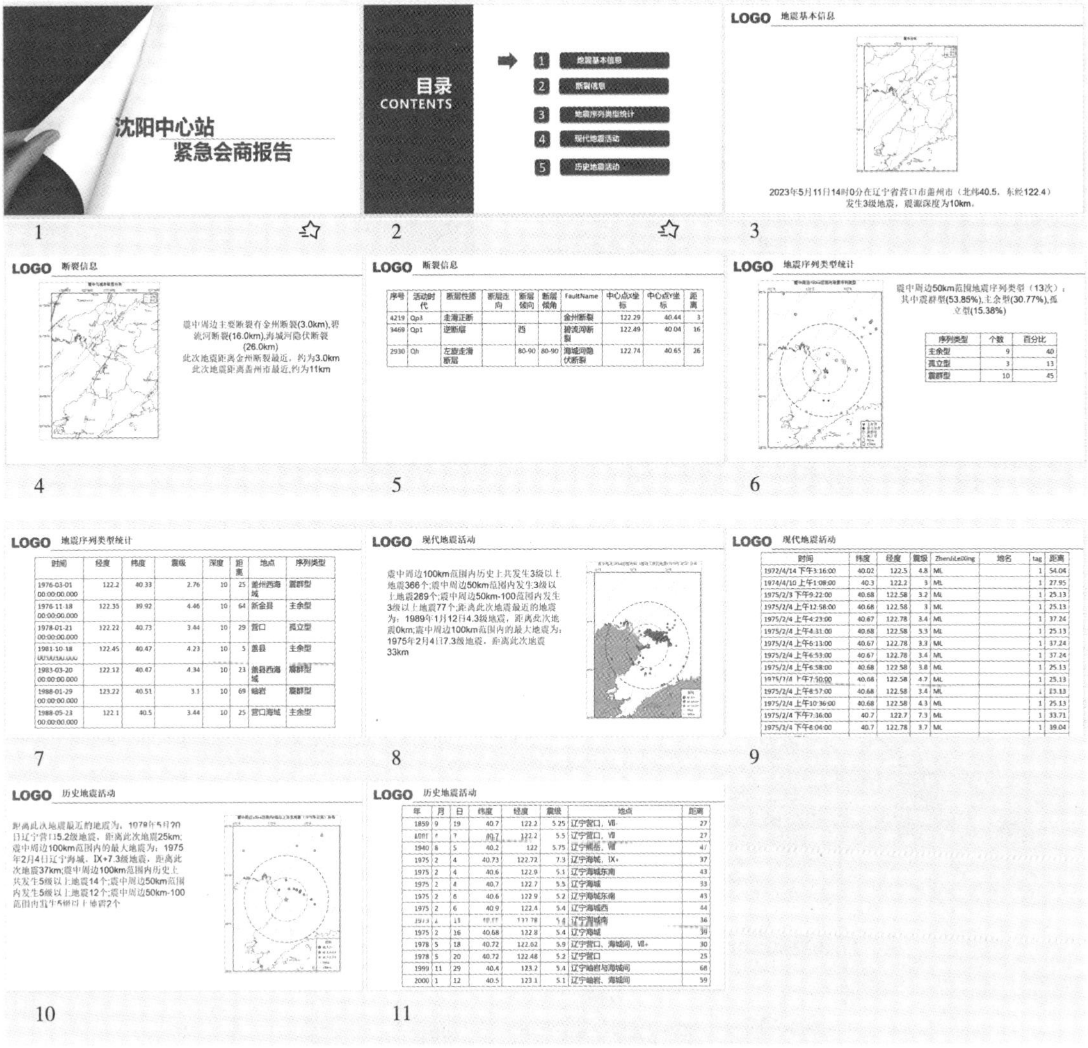

图 11-17 沈阳中心站震后趋势会商流程产出示例图

11.3.4 重点区域地震活动跟踪

重点区域地震活动跟踪流程整体架构主要分为参数配置、地震统计、震中分布图、M-t 图、地震目录和 PPT 生成及推送等部分组成（图 11-18），主要产出重点监视区域的地震活动情况。

本地化应用步骤：①更新 para.txt 参数文件内容，修改为重点区域的经纬度范围、震级下限、统计时长、区域名称；②将参数文件 para.txt，PPT 模板文件上传至“谛听”盒子“/home/DiTing/DMS/huoshanc/”路径下；③修改部署流程的主要信息，如流程 ID、标题、微信推送用户等。以霍山窗地区为例，如图 11-19 所示。

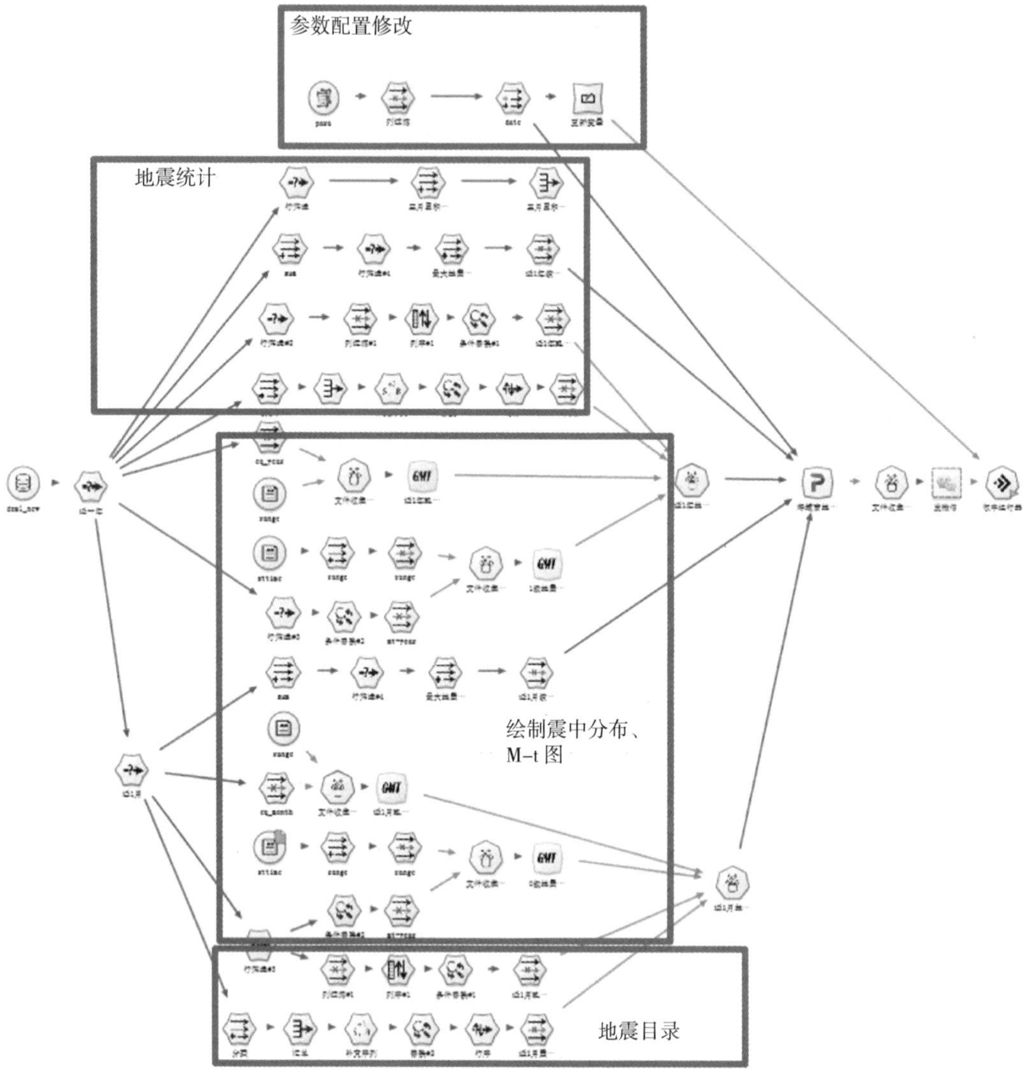

图 11–18　重点区域地震活动跟踪流程架构示意图

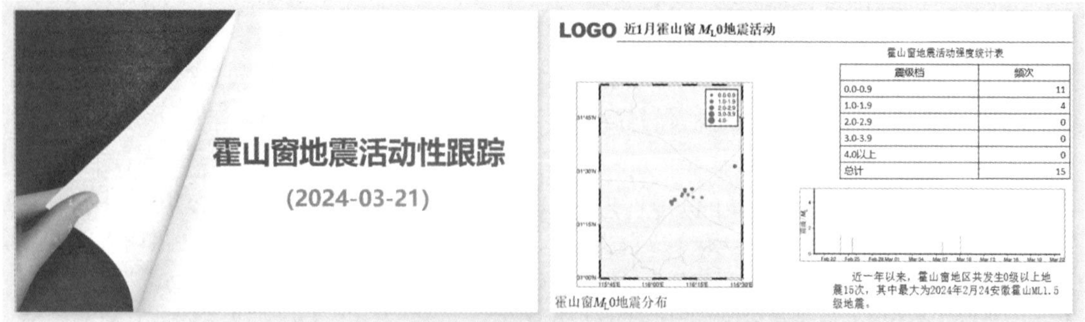

图 11–19　霍山窗地震活动跟踪流程产出示例图

11.3.5 地球物理观测周会商

地球物理观测周会商流程整体架构主要分为参数读取、数据下载绘图、台站分布图绘制和 PPT 生成汇总等部分组成（图 11–20），主要产出辖区测项列表、台站测项空间分布图和各个测项时间变化曲线。

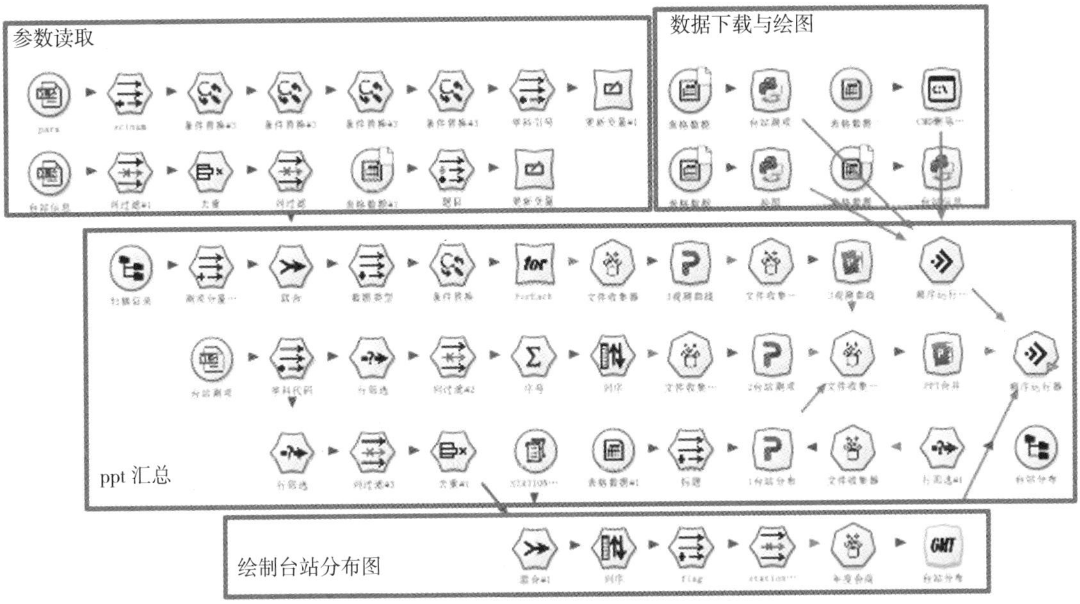

图 11–20 地球物理观测周会商流程架构示意图

本地化应用步骤：①使用前需在“谛听”盒子中安装 Python 的 addereq 模块，下载地址和使用说明见 https://pypi.org/project/addereq/，安装步骤首先运行 /home/DiTing/DMS/qianzhaozhouhuishang 路径下的 install_Oracle_Instant_Client.sh 脚本，在命令行输入 pip install addereq；②在 default.conf 中填写前兆数据库登录信息和绘制时长，在 para.xlsx 修改学科和辖区地名信息；③将 default.conf、para.xlsx 和 PPT 模板上传至“谛听”盒子 /home/DiTing/DMS/qianzhaozhouhuishang 路径下；④修改部署流程的主要信息，如流程 ID、标题、微信推送用户等，最后生成结果存放在“谛听”盒子 /home/DiTing/DMS/qianzhaozhouhuishang/report/ 路径下。以沈阳中心站为例，如图 11–21 所示。

11.3.6 台站数据质量监控

台站数据质量监控流程整体架构主要分为参数读取、数据下载绘图和和制作报告等部分组成（图 11–22），主要产出台站测项列表，各个测项的基本信息、连续率和采用率，并绘制测项时序曲线。该流程的本地化操作与上一小节地球物理观测周会商流程基本一致，在这里就不做赘述了，结果以沈阳中心站为例，如图 11–23 所示。

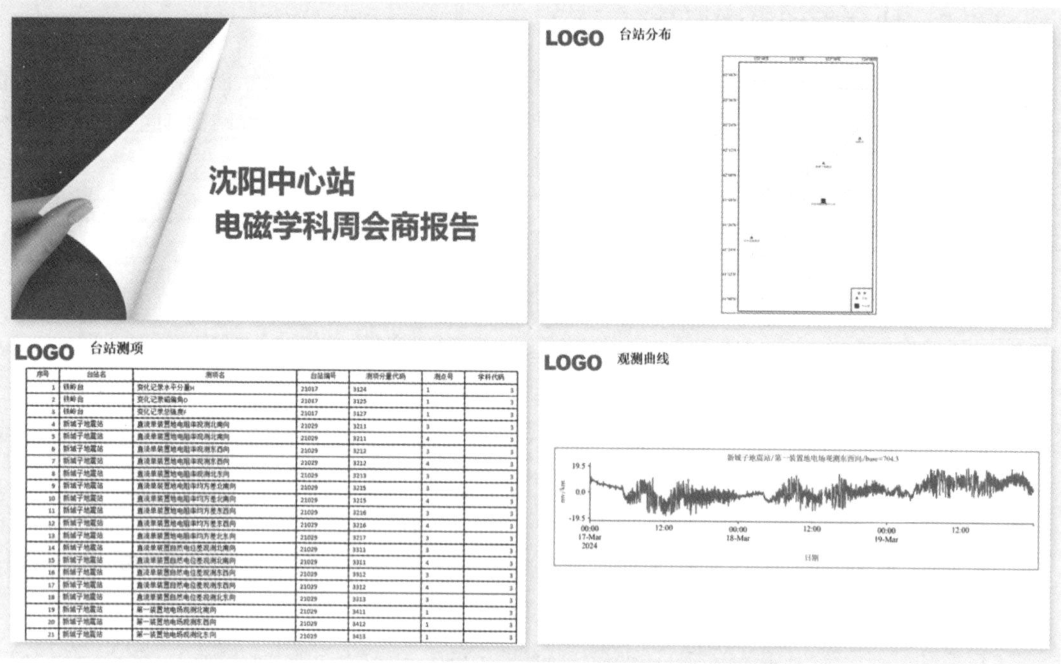

图 11-21　沈阳中心站地球物理观测周会商流程产出示例图

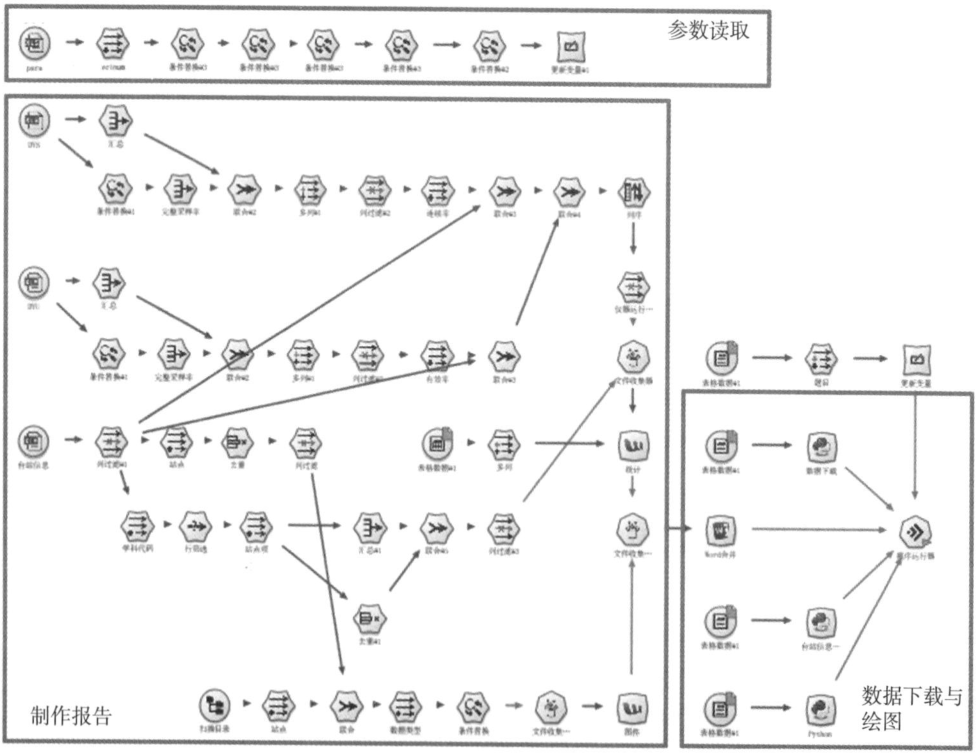

图 11-22　台站数据质量监控流程架构示意图

沈阳中心站 2024 年 3 月 20 日观测日报

报告编写人：XXX　　　　报告编写日期： 2024-03-20

一、在运行仪器概况

本月在运行的观测仪器概况填写下表，并对仪器运行情况进行说明。

表1　观测仪器概况

台站	测项名	台站代码	测点编码	测项数
苏家屯区地震台	浅层水温	21030	3	1
新民县地震台	浅层水温	21032	1	1
新民县地震台	静水位	21032	2	2
康平地震台	浅层水温	21033	1	1
抚顺山龙峪	逸出气氡浓度	21076	1	1
抚顺山龙峪	溶解汞浓度	21076	2	1
抚顺山龙峪	动水位	21076	3	1
抚顺山龙峪	中层水温	21076	4	1
抚顺山龙峪	同层水温	21076	6	1
抚顺山龙峪	动水位	21076	7	1
昌图三道监测站	静水位	21081	1	1
昌图三道监测站	深层水温	21081	2	1

二、仪器格值校准及使用

本月各测项分量仪器格值使用情况填写下表。本月如有仪器格值校准，在月报后附上格值校准计算表。

表2　仪器使用格值

测项分量代码	使用格值	格值单位	格值校准时间	备注

三、数据采集、报送和预处理情况

（1）各测项分量观测数据的完整率、连续率：

表3 观测数据完整率和连续率

台站	测项名	台站代码	测点编码	测项分量代码	采样率	连续率	有效率
新民县地震台	静水位	21032	2	4112	分钟值	99.58	99.58
新民县地震台	中层水温	21032	2	4312	分钟值	100	100
抚顺山龙峪	动水位	21076	3	4111	分钟值	100	100
抚顺山龙峪	中层水温	21076	4	4312	分钟值	100	100
昌图三道监测站	深层水温	21081	2	4313	分钟值	100	100

（2）数据日常预处理情况及说明，影响观测质量的主要原因。

①数据受地震、人为干扰等因素影响。

（手动填写）

四、特殊事件记录

（1）异常记录曲线及其落实情况简要描述

（手动填写）

（2）辅助观测情况描述

（手动填写）

（3）地震事件记录及典型曲线

地震记录统计填写下表，对典型震例记录曲线进行简要描述。

表4 地震事件记录统计表

序号	发生日期	初动时刻	延续时间（分钟）	台网中心速报目录		备注（震中距离）
				震级	地点	

（4）干扰事件及其简要描述

（手动填写）

五、观测曲线附图

各测项分量当月预处理数据整时值序列曲线图（图件大小一般为 A4 纸每页横向 1 幅、纵向 6 幅图排列）。

新民县地震台原始值

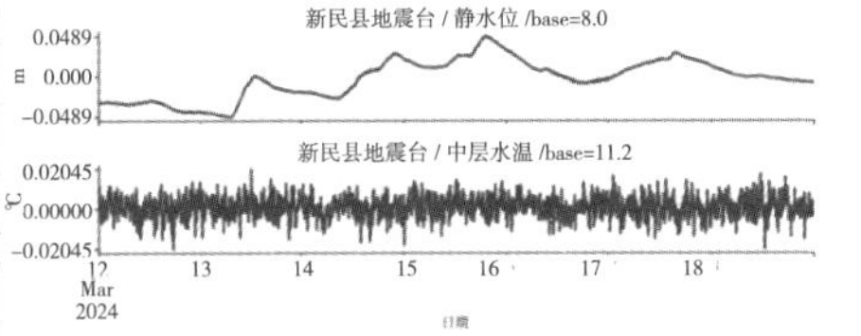

新民县地震台预处理值

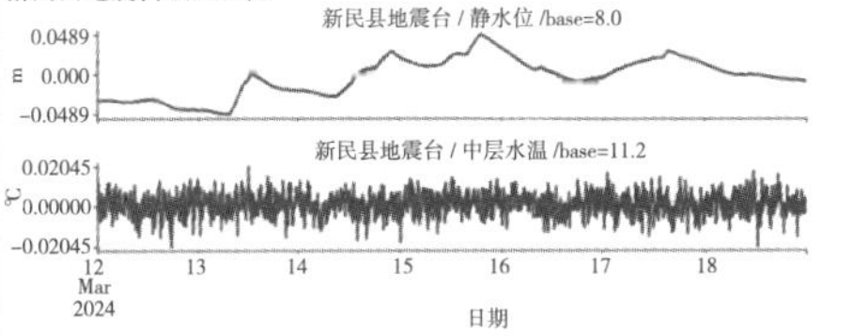

抚顺山龙峪原始值

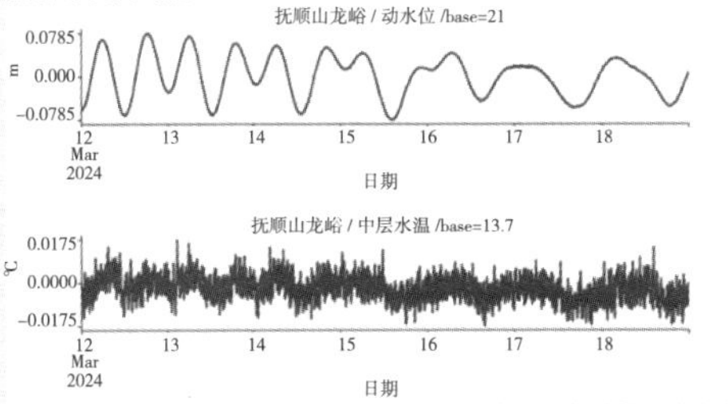

抚顺山龙峪预处理值

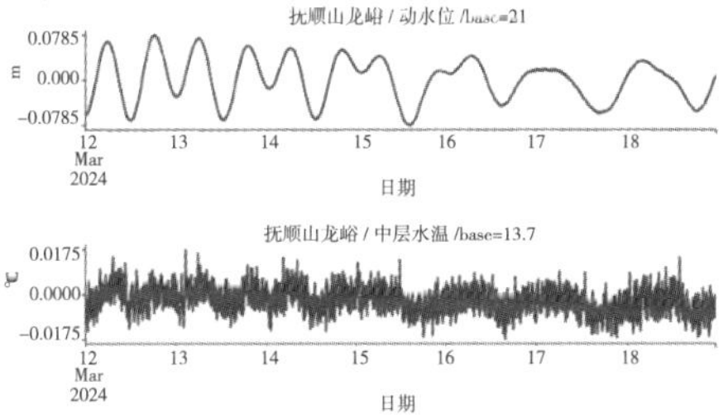

昌图三道监测站原始值

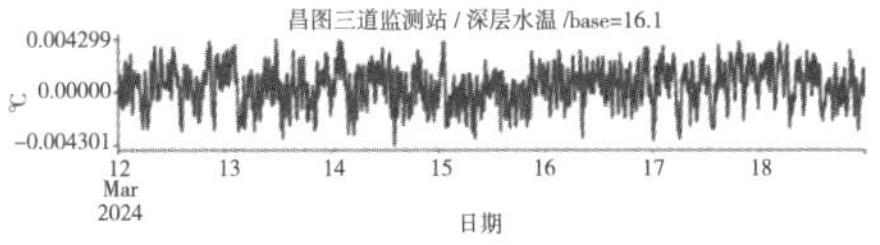

昌图三道监测站预处理值

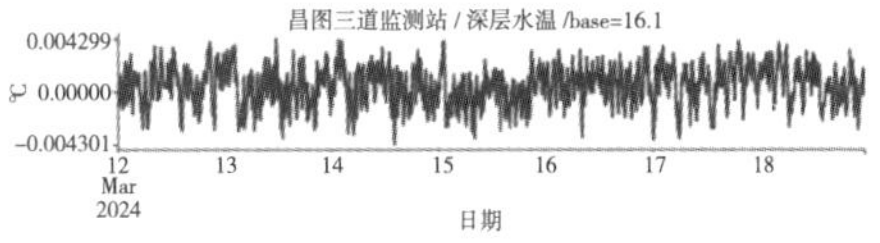

图 11-23　沈阳中心站台站数据质量监控流程产出示例图

下篇

基于『谛听』盒子的地球物理边缘计算开发与应用实践

大数据与人工智能的飞速发展给地震行业带来了前所未有的变革与机遇。作为国内外首款地球物理智能一体机，“谛听”盒子通过创新性的边缘计算架构、高性能人工智能算法的边缘端部署及云端交互为地震行业提供了“云 – 边 – 端”一体化的智能解决方案。它打破了传统中心化地震数据处理的限制，为地震数据的实时分析和预警提供了更加精准和高效的手段。

“谛听”盒子，通过集成地震业务低代码开发平台 DatistEQ Lite，打造出适用于中心站、无人值守台站等业务体量较少的软硬件一体化会商服务平台；通过预装 Geoist 开源软件，打造出涵盖重力数据处理、位场正反演、地震目录分析、连续时间序列处理等多个领域的综合地球物理资料处理与解释智能一体机；通过内置基于地震科普大模型 QuakeGPT，打造出能为公众提供更加精准的地震科普知识问答、专业知识学习及防震减灾建议的地震科普数字人“小Q”；通过内置的人工智能视频测震模型，可实现基于监控摄像头视频的智能灾情分析。

在神通广大的“谛听”盒子加持下，小 G 团队跃跃欲试，准备将其应用到地震和地球物理日常业务与研究实践中。我们期待，通过持续的技术创新与实践探索，“谛听”盒子能够在地震行业中发挥越来越重要的作用，为保障人民生命财产安全做出它自己的贡献。

第 12 章 "谛听"智慧盒子的环境与初步使用

智慧化地震监测离不开先进的仪器和算法，传统的地震监测预报业务开展需要将数据传回中心端处理，随着各种观测手段不断增加，中心端的处理模式已出现效能的瓶颈，在仪器端直接处理数据，是解决效能瓶颈的关键。智能化地震数据边缘计算终端面向未来地震智慧监测需求，支持在边缘端实现 AI 模型加速数据处理、流程部署和云平台相结合等运行模式。

"谛听"智慧盒子（以下简称"盒子"）① 内置了基于"谛听"数据集训练的人工智能网络模型，支持连续波形在边缘端自动检测，震相自动识别，震级、初动、单台方位角等信息的自动判定；而且，盒子内集成了地震业务低代码开发平台环境 DatistEQ Lite（DEQL），与中国地震局系统内会商开发平台同源，打造出适用于中心站、无人值守台站等业务体量较少的软硬件一体化会商服务平台；此外，盒子内也部署了中国地震局地球物理研究所自主开发的地球物理软件，涵盖重力数据处理、位场正反演、地震目录分析、连续时间序列处理等多个领域，可以解决地球物理数据处理与解释领域的相关科学研究和生产问题；盒子还内置了基于地震科普大模型 QuakeGPT 的地震科普数字人"小 Q"，在科普知识、震例分析、资料查询等方面，"小 Q"展现出了相较主流通用大模型更加精准和专业的能力，为公众提供地震相关问题的解答，提供精准的学习与防灾建议，增强公众的参与度和学习效果，提高他们在日常和紧急情况下的应对能力。

12.1 "谛听"智慧盒子基础环境

新一代"谛听"智慧盒子采用国产化的硬件设计方案，配备了 Ubuntu 和 aarch64 两种系统型号，盒子安装了数据库管理、地球物理专业数据处理、图形绘制、编程语言和流程管理等各类软件，支撑"谛听"智慧盒子各个功能模块。本节主要对盒子内主要的软件环境简要介绍。

（1）MariaDB。

盒子内安装了 MariaDB 数据库软件，主要为地震会商业务流程管理中心页面的提供数据库支持，MariaDB 数据库管理系统是 MySQL 的一个分支，遵循 GPL v2 授权，是以 Monty Program Ab 为主要管理者的 MariaDB 社区开发的。MariaDB 和 MySQL 具有相同的命令（包括 API 和命令行）、界面，工作状态也雷同，使之能轻松成为 MySQL 的代替品，可以获得 MariaDB 提供的许多更好的新特性。

① "谛听"智慧盒子后文简称为盒子，特此说明，后文不再另行注释，上下文不一致处系全称与简称之区别。

（2）Redis。

Redis 是一个开源（BSD 许可），内存存储的数据结构服务器，可用作数据库，高速缓存和消息队列代理。它支持字符串、哈希表、列表、集合、有序集合、位图、hyperloglogs 等数据类型，内置复制、Lua 脚本、LRU 收回、事务以及不同级别磁盘持久化功能，同时通过 Redis Sentinel 提供高可用，通过 Redis Cluster 提供自动分区。

（3）.NET 环境。

.NET 是一种用于构建多种应用的免费开源开发平台，可以使用 C#、F# 或 Visual Basic 编写 .NET 应用。.NET 用于生成多种类型的应用程序和库开发 Web 应用、Web API 和微服务、云中的无服务器函数、云原生应用、移动应用、桌面应用、Windows WPF、Windows 窗体、通用 Windows 平台 (UWP)、游戏、物联网 (IoT)、机器学习、控制台应用、Windows 服务。盒子内安装 .NET 平台开发的 DatistEQ Lite 执行器，驱动流程执行，也是 AI 检测地震等功能的基础环境之一。

（4）Jupyter Notebook（图 12-1）。

Jupyter Notebook 是基于网页的用于交互计算的应用程序，可被应用于全过程计算：开发、文档编写、运行代码和展示结果。它主要由网页应用和文档两部分组成。网页应用即基于网页形式的，结合了编写说明文档、数学公式、交互计算和其他富媒体形式的工具，简言之，网页应用是可以实现各种功能的工具。Jupyter Notebook 中所有交互计算、编写说明文档、数学公式、图片以及其他富媒体形式的输入和输出都是以文档的形式体现的。这些文档是保存为后缀名为 .ipynb 的 JSON 格式文件，不仅便于版本控制，也方便与他人共享。此外，文档还可以导出为：HTML、LaTeX、PDF 等格式。

图 12-1 盒子内安装 Jupyter Notebook 环境

Jupyter Notebook 具有语法高亮、缩进、tab 补全的功能，可直接通过浏览器运行代码，同时在代码块下方展示运行结果。它能够以富媒体格式展示计算结果，富媒体格式包括 HTML，LaTeX，PNG，SVG 等。在对代码编写说明文档或语句时，既支持 Markdown 语法，又支持使用 LaTeX 编写数学性说明。

“谛听”智慧盒子内安装了中国地震局地球物理研究所自主开发的 GEOIST 地球物理专业软件，包含 AI 检测地震的脚本，均是以 Python 语言编写的，在软件教学和技术推广中，Jupyter Notebook 可以免去安装复杂环境的问题，可以实现线下、线上教学演示，同步操作等等重要功能。

（5）Nextcloud。

Nextcloud 是一款面向个人用户和企业级用户的开源文件同步与共享软件。无论是在个人家庭环境中部署免费的 Nextcloud 服务器，还是大型企业及服务提供商依托 Nextcloud 企业订阅服务，Nextcloud 都能提供一套安全、合规且受控的文件同步与共享解决方案。用户可以将自己的计算机上的一个或多个文件和文件夹进行共享，并与 Nextcloud 服务器实现同步，只需将文件放入本地的共享目录，这些文件就会即时与服务器同步，并通过 Nextcloud 桌面将客户端、Android 应用程序或 iOS 应用程序同步至其他设备。盒子内安装了 Nextcloud 客户端，开发者或者盒子的组管理员可以通过本地的服务器端和客户端同步资料，比如地震震源机制解、视应力等地震学资料的同步，异常跟踪资料的同步等。

（6）DatistEQ Lite。

DatistEQ Lite 为 DatistEQ 简化版本，在 linux 环境中运行，它还集成了流程执行器和流程管理中心，使盒子能够不依赖云资源独立的运行和管理业务流程。DatistEQ 地震数据专家以管道的模式进行数据处理，让不同功能的程序可以互相连通通讯，从而可以让软件开发、程序开发更加的“高内聚，低耦合”，增强业务逻辑灵活度，将复杂的逻辑链条化和可视化、代码变得不那么耦合，像搭积木一样方便组合。但是，DatistEQ Lite 版本不支持空间分析类节点、经典算法类节点和一些复杂算法类节点。轻量化的 DatistEQ Lite 版本可以部署在“谛听”智慧盒子内，并且增添了远程调试等支持流程能够在盒子内远程运行等功能，能够更方便地在盒子上开发、调试和部署。

（7）GMT。

GMT，全称 Generic Mapping Tools，中文一般译为“通用制图工具”，是地球科学领域使用最广泛的制图软件之一，具有强大的绘图功能和数据处理功能（图 12-2）。

绘图方面，GMT 支持绘制多种类型的底图，包含 30 多种地图投影、笛卡尔坐标轴（线性坐标轴、对数轴、指数轴）、极坐标轴；支持绘制统计直方图、等值线图、2D 网格图以及 3D 视角图等；也支持绘制线段、海岸线、国界、多种符号、图例、色标、文字等。数据处理方面，GMT 具有数据筛选、重采样、时间序列滤波、二维网格滤波、三维网格插值、多项式拟合、线性回归分析等功能。

鉴于 GMT 在地球物理行业绘图功能的通用性和普遍性，“谛听”智慧盒子安装了该软件，支持中文编码，并且可以被 DatistEQ Lite 和 GEOIST 等软件调用。

图 12-2　GMT 图标

（8）GEOIST。

GEOIST 是一套开源的地球物理软件，该软件基于 Python（3.9）语言和面向对象方法编写，采用模块化设计，最新版本已发布在 Github 网站。GEOIST 软件包提供了多种地球物理数据处理和正反演算法，涵盖重力数据处理、位场正反演、地震目录分析、连续时间序列处理等多个领域，适合解决地球物理数据处理与解释领域的相关科学研究和生产问题，其图标如图 12-3 所示。

GEOIST

图 12-3　GEOIST 图标

（9）“谛听”智慧盒子管理系统。

“谛听”智慧盒子内置了自主开发的系统管理平台，如图 12-4 所示，通过盒子 IP 的 9000 端口访问，具有系统实时状态查看、实时监测、软件配置、网络配置、计费管理和系统管理等功能。

①系统实时状态查看包含设备型号、序列号、操作系统、运行时长、盒子位置经纬度、网络信息等基础信息。

②实时监测包含查看盒子内置震动传感器接收到的实时波形，查看连接到盒子上的视频信号等。

③软件配置包含应用管理和版本管理。

④网络配置界面包含有线网络的自动、手动配置，盒子连接无线网络界面，盒子 WiFi 的配置等功能，满足多样化网络环境的配置。

⑤计费管理为设备管理者提供了各类定制化功能模块的计费功能。

⑥系统管理包含管理平台的菜单管理、部门管理、用户管理、角色管理、岗位管理、字典管理 6 大模块。

图 12-4　“谛听”智慧盒子管理平台示意图

12.2 “谛听”智慧盒子的初步使用

12.2.1 网络配置

“谛听”智慧盒子配置了一根 2.4GHz 的网络天线和一根 4GHz 的网络天线，并且配置了两个有线网口，支持自适应 1000M/100M/10M。盒子启动后，网络指示灯显示正常表示网络已经联通。

“谛听”智慧盒子在启动电源后会自激发一个 WIFI 信号，用户可以通过笔记本、手机等能连接 WIFI 信号的终端设备连接该 WIFI 信号，盒子激发的 WIFI 默认账号和密码与盒子的版本有关，假如盒子为 T420 版本，WIFI 信号的账户为“DT420-01-0006”，“01”为用户组号，“0006”为盒子序列号的最后 4 位，密码为“diting420”。用户通过连接该 WIFI，在浏览器上输入“192.168.11.10:9000”，就可以访问“谛听”智慧盒子管理系统。

“谛听”智慧盒子支持不同网络场景下的配置——主要通过“谛听”智慧盒子管理系统的网络配置模块界面进行，如图 12-5 所示，从左到右依次为：1 号有线网口（ETH1）的网络配置、2 号有线网口（ETH2）的网络配置、盒子连接本地 WIFI 配置和盒子自激发 WIFI 信号配置。

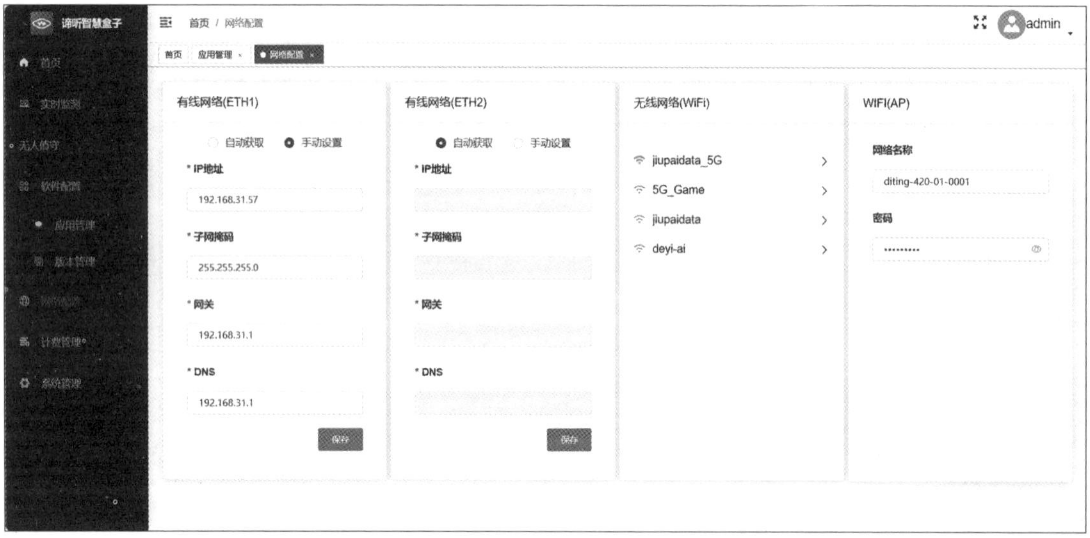

图 12-5 “谛听”智慧盒子管理系统的网络配置模块界面示意图

ETH1、ETH2 有线网络接口在连接网线后，可以通过自动获取的方式得到分配给盒子的网络信息，从而获取盒子的 IP 地址。

无线网络（WIFI）可以扫描并列出盒子能够连接到的本地 WIFI 信号，用户可以连接该 WIFI 信号，并支持自动获取 IP 等网络信息或者手动设置固定 IP 地址。

WIFI（AP）显示盒子的 WIFI 信号的网络名称和密码，默认情况下该名称和密码与盒子的版本、用户组和盒子的序列号有关。用户可以自主修改该账号和密码。

此外，“谛听”智慧盒子出厂时，在盒子侧面有访问“谛听”智慧盒子管理系统的二维码，用户手机端连接盒子 WIFI（AP）后，可以通过扫一扫实现快捷访问和设置。

12.2.2 连接盒子

通过上节的网络设置，用户可以获知盒子的 IP 地址，从而可以在本地网络条件下连接和管理盒子；Windows/Linux 用户可以在 Terminal 下通过 SSH 命令连接盒子，如下所示。

1. Windows 用户在 Terminal 窗口下连接盒子

```
1.C:\WINDOWS\system32> ssh DiTing@192.168.31.57
2.DiTing@192.168.31.57's password
3.DiTing@DiTing:~/Desktop$
```

2. Linux 用户在 Terminal 窗口下连接盒子

```
1.palo@ZJZL-20231230NE:~$ ssh DiTing@192.168.31.57
2.DiTing@192.168.31.57's password
3.DiTing@DiTing:~$
```

此外，Windows 用户也可以通过 Xshell 等软件连接盒子，通过“新建连接→连接参数设置→账号→密码”就可以连接到盒子上，如图 12–6 所示，连接盒子后的界面如图 12–7 所示。

图 12–6 Xshell 连接盒子的 IP 参数设置界面示意图

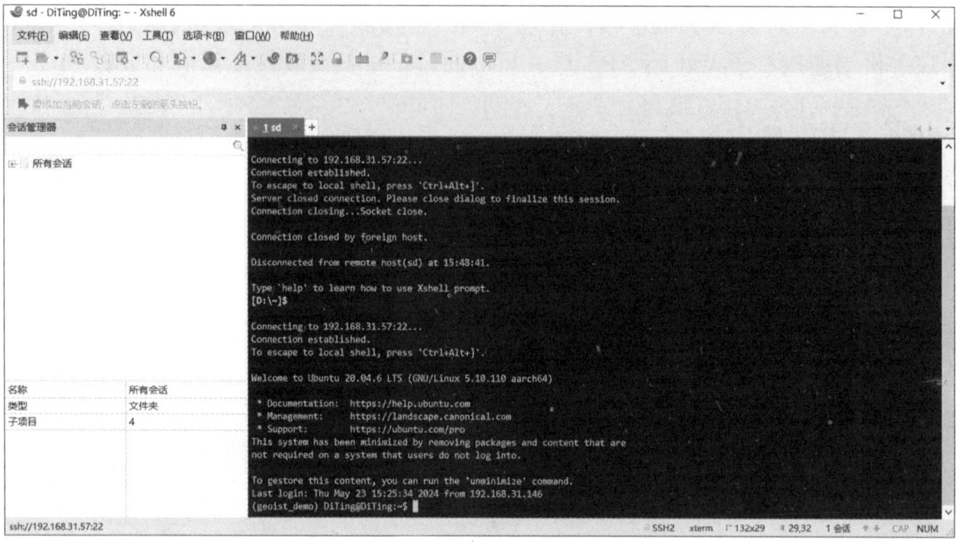

图 12-7　Xshell 连接盒子后的界面示意图

Windows 用户亦可通过 Xftp 软件实现盒子和 PC 机的连接，如图 12-8 所示。

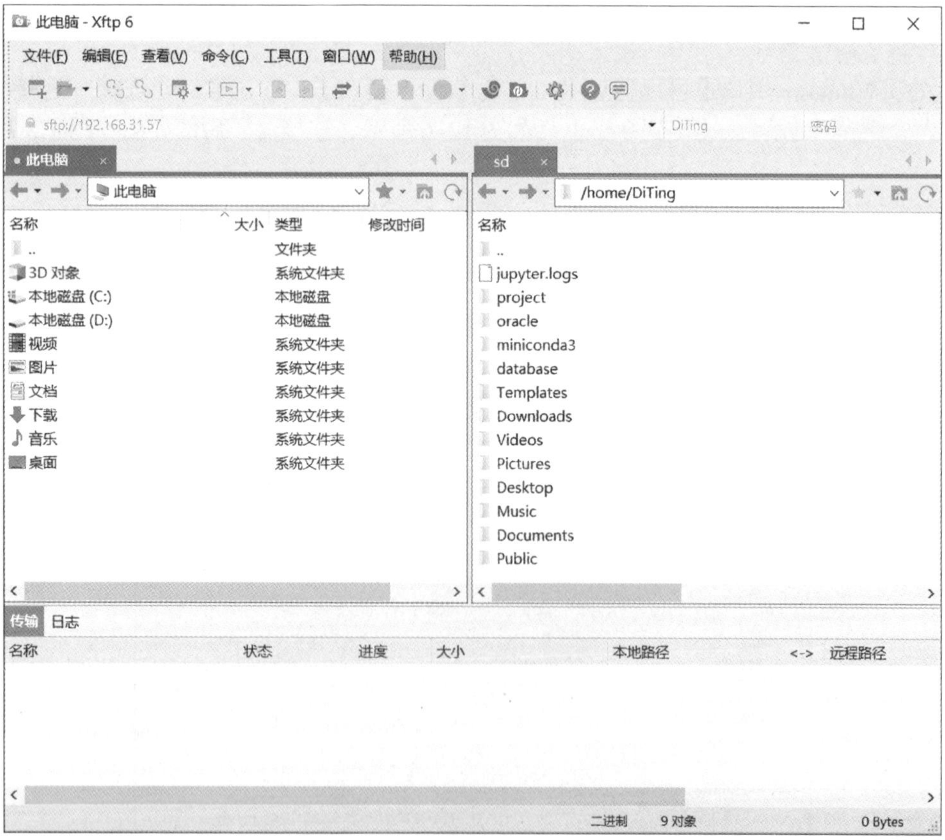

图 12-8　Xftp 软件实现盒子和 PC 机连接的界面示意图

12.2.3 地球物理程序包

GEOIST 是一套基于 Python 程序语言编制的开源地球物理软件包（网址：https://gitee.com/cea2020/geoist/tree/master），包含重力平差和模型粗计算、密度结构反演与成像、弹性厚度反演、位场异常计算和变换、地磁模型计算和分析、地震目录分析和时间序列处理等功能模块。用户在首次使用本软件时，可以参考上节所述方法将个人 PC 与“谛听”智慧盒子实现通信互联，再通过 Jupyter Notebook 来访问和使用“谛听”智慧盒子的 GEOIST 环境。

通过 Jupyter Notebook 访问“谛听”智慧盒子的 Python 环境十分方便，盒子内的 Jupyter Notebook 在出厂时已经完成设置，用户只要在浏览器输入 IP:“8888”就可以登录，如图 12-9 所示。

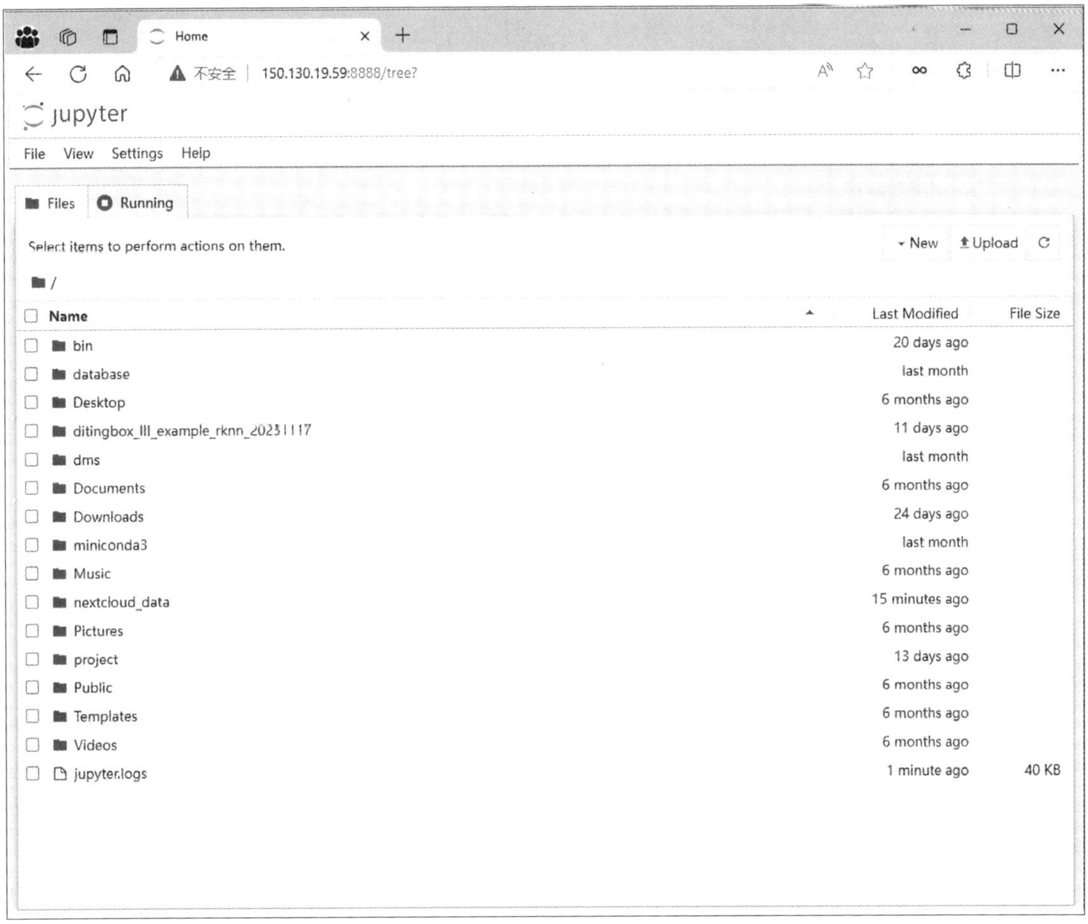

图 12-9 通过 Jupyter Notebook 访问盒子的界面示意图

在地球物理学正演计算中，利用已知地质体的赋存状态（例如形状、产状、空间位置）和物性参数（如密度、磁性、电性、弹性、速度等）计算该地质体引起的场异常或效应的过程称为正演计算。在上述界面，新建 Python3 脚本，将一段重力学正演的示例代码输入（代码可参见 https://gitee.com/cea2020/geoist/blob/master/examples/gravity_forward/pfm_grav_prism.py）并执行，即可完成该脚本的实现功能，即给定场源的几何形态和剩余密度，计算指定位置的重力异常值。

该脚本的正演计算和可视化实现方式通过以下步骤完成：首先利用 inversion 模块中的 geometry 子模块建立六面体模型并网格参数化，再用 geoist.forward.pfm 下的 prism 子模块进行重力势场和梯度的计算，然后用 Matplotlib 画图。图 12-10 为重力正演示例脚本的计算结果，可以看出，盒子上已经完美集成了 GEOIST 的各功能模块和依赖包。

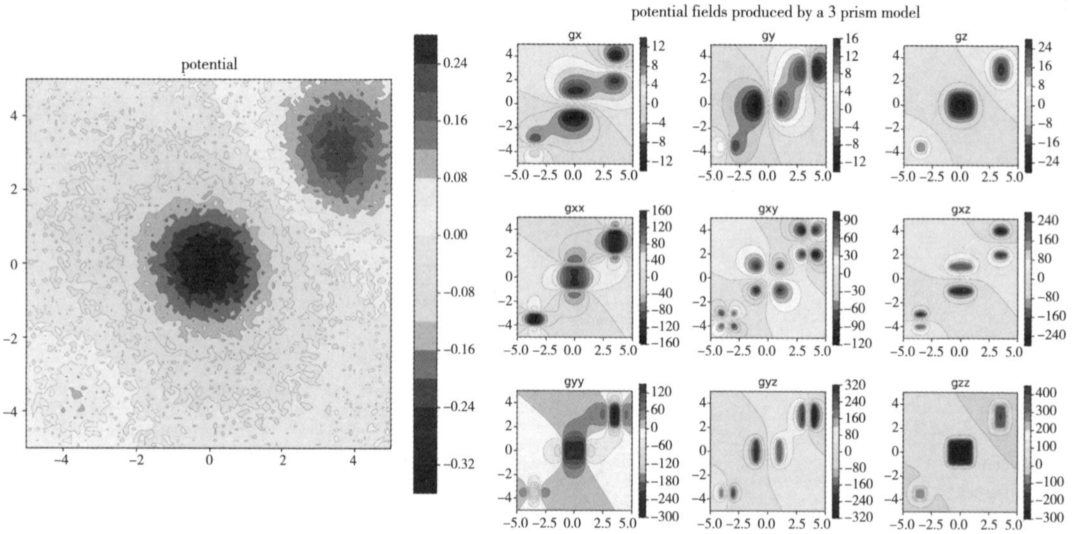

图 12-10　重力正演示例脚本的计算结果

12.2.4　AI 检测地震

“谛听”智慧盒子内部部署了“谛听”网络模型工具“diting_models”，用户可利用本地波形进行测试，盒子内还提供了示例脚本和波形文件。在盒子的“/home/DiTing/ditingbox_III_example_rknn”的文件夹下，可以运行测试脚本“test_ditingtools_on_rknn_lite.py”，该脚本可以加载盒子内的“谛听”模型——“DiTingPicker.rknn”“DiTingMotion.rknn”和“DiTingAzi.rknn”，实现对鞍山台（ANS）的连续波形数据进行 AI 检测，并识别出 P、S 的震相到时、初动极性和方位角。

用户可以通过 XShell 软件实现通信功能，并用 Xftp 查看识别结果，在 Terminal 窗口运行“test_ditingtools_on_rknn_lite.py”示例脚本，如下所示：

```
    DiTing@DiTing: ~/ditingbox_III_example_rknn$
    DiTing@DiTing: ~/ditingbox_III_example_rknn$python3 test_
ditingtools_on_rknn_lite.py
```

示例脚本运行结束后，在“./results/plots/tests”文件夹内就可以绘制得到 ANS 台检测结果，图 12-11 为 ANS 台第 50 号事件检测地震的结果波形图。

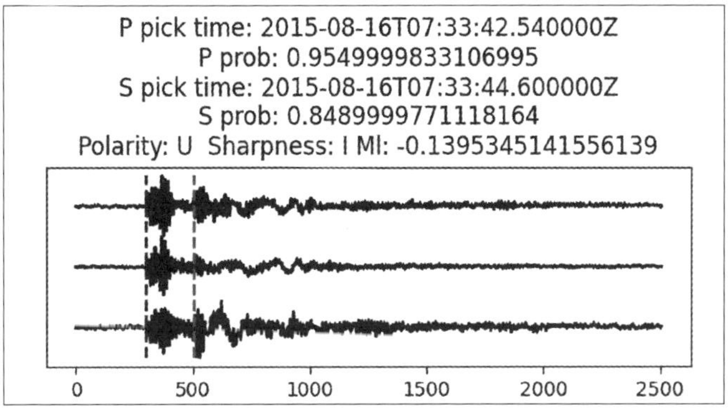

图 12-11 AI 检测到的 ANS 台第 50 号事件的波形图

12.2.5 流程编制和部署

“谛听”智慧盒子内置了 DatistEQ 的轻量化（Lite）版本，并配置了流程管理中心，一些小体量的地震会商业务流程可以部署在盒子内，实现本地化部署和业务运行。“谛听”智慧盒子出厂时内置了适用于地震会商业务的典型流程，包含日常周 / 月会商、震后会商、震情简报等，用户可根据实际需求修改、新增业务流程并部署在盒子内。

内置的地震会商业务流程模板已充分考虑到普适性和可移植性，用户可方便地修改本地化参数，实现本地化移植；编写和部署流程要经历本地化参数修改、调试和流程部署三个主要步骤，例如，将测震学周会商流程的本地化参数修改并部署在盒子上，要进行如下操作：

（1）测震学周会商流程的本地化参数修改。

测震学周会商流程的本地化参数修改界面如图 12-12 所示，需要修改经纬度范围和最小完整性震级。

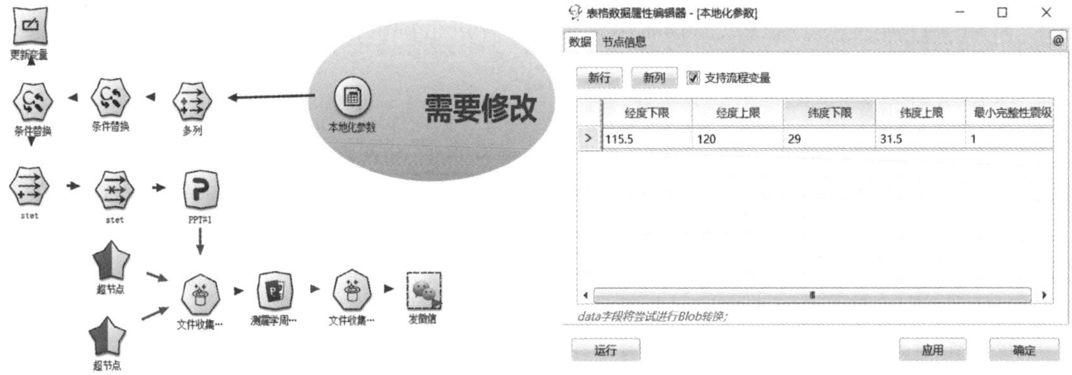

图 12-12 测震学周会商流程的本地化参数修改界面示意图

（2）调试。

调试分为本地远程调试和管理中心调试。为了方便在本地编写流程并调试，新版本的DatistEQ增添了远程调试功能，如图12-13所示，远程调试前，应首先确保本地PC机和盒子可以通信，还需要设置默认输出节点，并确保数据流不依赖本地数据文件（技巧：可以先将本地数据文件以表格数据的形式保存在流程中，调试通过后再恢复），远程调试界面需要先填写服务器地址（盒子的IP地址）、用户名和密码（流程管理中心的账号和密码），然后点击“登录”。登录盒子后，选择运行版本和执行器（目前远程调试运行版本只支持“DatistLite”版本，执行器应选择“谛听”执行器），点击“确定”后就能实现远程调试功能。

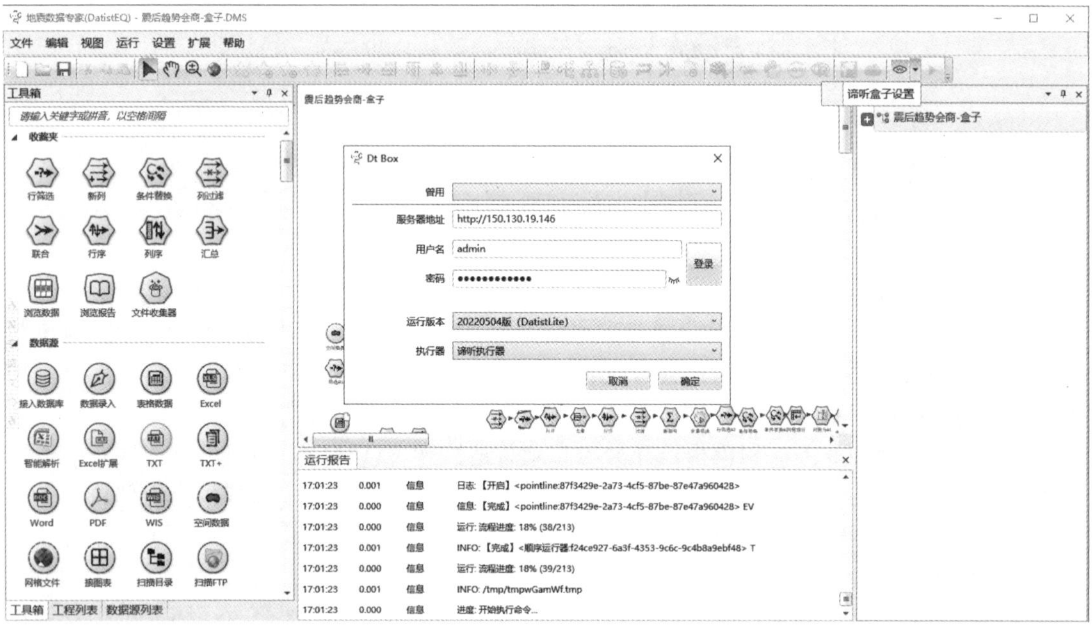

图12-13 远程调试界面示意图

管理中心调试是将流程上传到流程管理中心并进行调试，是流程部署到平台中的必要步骤之一，调试步骤将在后文详述。

（3）流程部署。

流程部署是指将流程上传至流程管理中心，并设置流程的运行方式。“谛听”智慧盒子提供了两种流程自动运行方式，一种是时间触发，一种是事件触发。时间触发指在特定的时间自动运行流程，比如测震学周会商可以选择在每周二中午12点自动运行，满足每周三会商讨论的需求；另一种是事件触发，通常指EQIM系统发送地震信息后的流程触发，常用于震后快速响应的相关流程执行。

图12-14显示了盒子的流程管理中心界面，先点击“新增流程”，选择需要上传的流程，确定后就可以完成流程上传的操作；然后需要对流程的执行配置参数——在相应的流程“操作”列，选择“修改”按钮，就可以打开参数设置界面，再选择执行流程的DatistEQ版本、执行器名称等，即可完成参数配置。

图 12-14　流程管理中心界面示意图

在“操作”列选择“调试”按钮，就可以进入管理中心的调试界面，调试的过程实际是流程在盒子内运行一次，便于发现和解决问题，所以在调试流程前，务必将流程的依赖文件迁移到盒子相应的位置，图 12-15 示意图为调试界面。调试界面支持自定义参数，如震后趋势流程，可将地震三要素定义为流程变量。在调试时，进行参数编辑，再运行流程，即可实现指定地震的震后会商报告产出和推送。

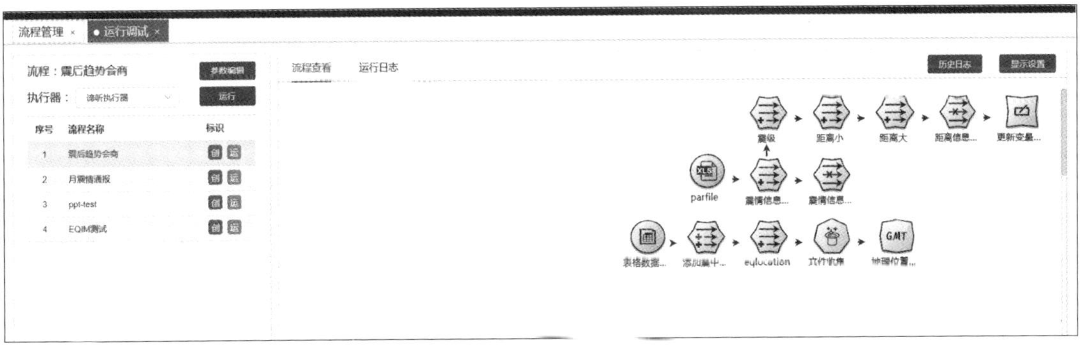

图 12-15　流程调试界面示意图

部署的最后步骤是设置流程的运行方式，在运行管理下拉菜单中，可以选择流程的运行方式，如图 12-16 所示，选择不同的运行方式，就可以打开相应的参数设置界面，完成参数设置后，即完成了流程的部署。

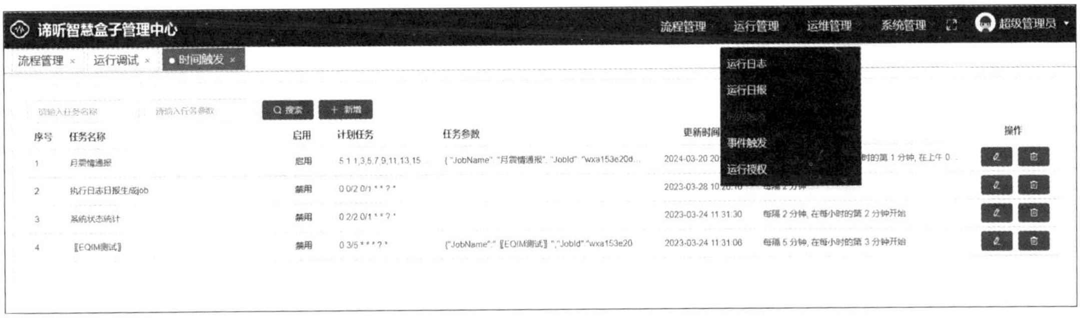

图 12-16　运行管理下拉菜单示意图

本章简要介绍了“谛听”智慧盒子的主要功能，包含 AI 检测地震、地球物理开源软件 GEOIST、地震数据专家 DatistEQ Lite 和数字地震人小 Q 等四个主要功能，其中每一种功能在接下来的内容均有详细介绍。

“谛听”智慧盒子内安装部署了 MariaDB、Redis、.NET 环境、Jupyter Notebook、Nextcloud、DatistEQ Lite、GMT、GEOIST、“谛听”智慧盒子管理中心等软件环境，支撑了盒子内几个功能模块的稳定运行；“谛听”智慧盒子管理中心可以方便用户实现本地与盒子的通信，可以在多种网络场景下实现网络配置和用户管理。

此外，本章从用户角度详细介绍了“谛听”智慧盒子如何进行网络配置及连接方法、如何使用盒子内 GEOIST 软件运行示例脚本、如何调用盒子内部署的 AI 模型检测地震事件、如何将盒子内的示范流程本地化并完成部署等基本操作，用户可根据本章介绍初步体验“谛听”智慧盒子的用法。

第 13 章　API 开发及其部署快速入门

在现代软件开发领域，选择适当的开发模式对于项目的成功至关重要。传统软件开发模式和基于微服务 API 的软件开发模式代表了两种不同的方式，它们在复杂性、灵活性和可维护性方面均有显著的差异。随着开发技术的不断进步和市场需求的变化，许多组织开始倾向于采用基于 API 的软件开发模式，这种模式强调模块化、分布式和松耦合的原则，以应对当今快速变化的业务环境。

传统的单体应用开发模式在过去几十年中一直是主流，但随着软件应用的复杂性和需求的不断增加，也暴露出一些明显的局限性——在这种模式下，整个应用程序通常被构建为一个庞大的、紧密耦合的单块，这导致以下局限。

①维护受限。单体应用中的紧密耦合组件使代码修改和维护变得复杂，一个小的变更可能需要整个应用程序的重新测试和部署。

②扩展性受限。单体应用的扩展通常需要增加整个应用程序的副本，这不仅昂贵，还可能导致性能问题。

③技术多样性受限。单一技术栈限制了开发团队在不同领域使用最合适的技术和工具。

④长周期交付受限。单体应用的交付周期较长，不利于快速响应市场变化和客户需求。

相较之下，基于微服务 API 的软件开发模式提供了一种更灵活、可扩展和创新的方法，适应了当今快速变化的业务环境，以下是采用 API 开发软件的一些优势：

①模块化使添加、更新或扩展功能更加容易。微服务将应用程序拆分为小型、独立的服务，每个服务都专注于执行特定的功能，若需修改或添加小型服务，不需要改变整个应用程序。

②独立部署不会影响其他服务的运行。每个微服务都可以独立部署，可以根据需要对某个服务进行更新或修复，这降低了部署的风险和复杂性。

③技术的多样性让选择最适合每个任务的技术成为可能。微服务架构允许在不同的服务中使用不同的技术栈，以满足每个服务的特定需求。

④团队自治加速了开发和交付速度。不同的微服务可以由不同的开发团队管理和维护，这增加了团队的自治性和独立性。

⑤容错性强。如果一个微服务发生故障，整个应用程序仍能继续运行，只是某个功能受到影响，这提高了系统的容错性和可用性。

⑥扩展性强。用户可以根据负载的需求扩展单个微服务，而不必为整个应用程序增加资源，这使系统更容易适应流量的波动。

⑦更快的交付速度。微服务的小型范围和独立性意味着可以更快地交付新功能和更新，从而更快地响应市场需求。

⑧容易采用新技术，而不必改变整个应用程序，有助于保持技术栈的现代性。

⑨更好的团队协作。微服务鼓励团队间的紧密协作，因为需要在不同的服务间定义清晰的 API 和契约，这有助于减少沟通、协作的难度。

可见，微服务 API 提供了更灵活、可维护和可扩展的应用程序开发方式，有助于满足快速变化的市场需求，提高整体开发效率，本章主要讲解如何利用 Flask 快速构建 API 微服务及对微服务的监控和应用。

如图 13-1 所示，本章将围绕 API 应用中涉及的各种技术手段进行简要介绍，包括 API 开发、API 运行以及与第三方应用结合等多个方面。

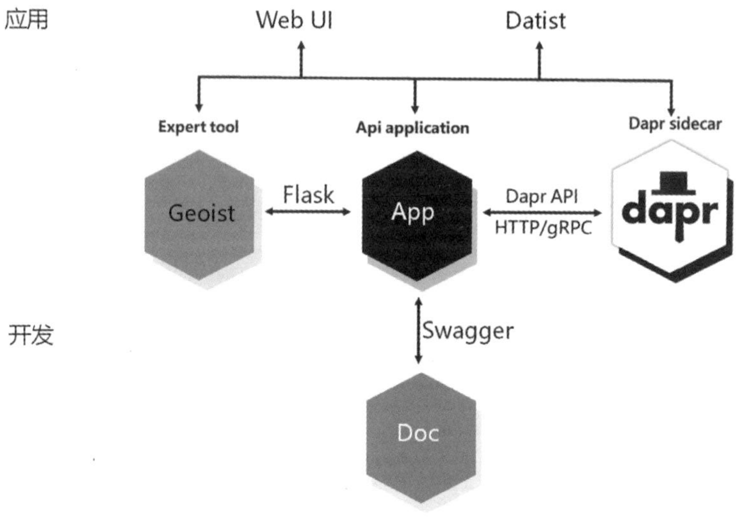

图 13-1　API 应用结构图

13.1　基于 Flask 轻量级 Web 框架构建 API

13.1.1　什么是 Flask?

Flask 是一个轻量级的 Python Web 应用框架，用于快速开发 Web 应用程序。它设计简单，易于学习和使用，同时也具有足够的灵活性来构建各种规模的 Web 应用，Flask 标识如图 13-2 所示。

图 13-2　Flask 标识

以下是与 Flask 有关的特点或概念：

①轻量级。Flask 是一个微型框架，提供了一些基本的工具和组件，但不强制性地包含大量功能，这使它非常适合小型、中型项目。

②易于学习。Flask 的文档清晰明了，学习曲线较为平稳，对初学者或有经验的开发人员均为不错的选择。

③路由。Flask 使用路由来映射 URL 到处理函数。通过装饰器，用户可以轻松定义 URL 和相应的处理逻辑。

④模板引擎。Flask 支持 Jinja2 模板引擎，使得在 HTML 中嵌入 Python 代码变得容易，同时也支持模板继承和重用。

⑤ WSGI 兼容。Flask 遵循 WSGI（Web 服务器网关接口）标准，这意味着可以在各种 Web 服务器上运行 Flask 应用，如 Gunicorn、WSGI 等。

⑥扩展性。Flask 社区提供了大量的扩展，允许用户轻松地添加功能，如身份验证、数据库连接、表单处理等。

⑦ RESTful 支持。Flask 非常适合构建 RESTful API，用户可以使用它来创建 Web 服务和后端 API。

⑧社区和生态系统。Flask 拥有一个活跃的社区，因此用户可以找到大量的文档、教程和第三方库，以便更容易地扩展应用。

13.1.2　通过示例程序快速入门

我们首先通过一个示例程序来说明如何快速构建 API。

示例

```
from flask import Flask,request
from flask_restful import API,Resource
#
app = Flask(__name__)
API = API(app)
#
@app.route('/hello',methods=['POST','GET'])
def hello()
    return 'Hello World!'
class Add(Resource)
#
    def get(self)
        num_a = request.args.get('a',type = int,location =
"args")
        num_b = request.args.get('b',type = int, location =
"args")
```

```
15.         return num_a + num_b
16. #
17. API.add_resource(Add, '/add')
18. if __name__ == '__main__'
19.     app.run(debug = True, host = '0.0.0.0', port = 5053)
20. #
```

以上示例通过对两个整数求和的简单例子来说明部署一个 API 的基本方法。在这个例子中，第 1 行导入 Flask 框架和 request 对象，用于处理 HTTP 请求；第 2 行导入 Flask-RESTful 扩展，用于创建 RESTful API；第 4 行创建一个 Flask 应用实例；第 5 行创建了一个 Flask-RESTful 的 API 实例，将它与 Flask 应用关联；第 7 行定义一个路由，指定 URL 路径为“/hello”，并指定支持的 HTTP 请求方法为 POST 和 GET；第 8 ~ 9 行定义名为“hello”的处理函数，它将处理“/hello”路由的请求，并返回字符串“Hello World!”作为响应，如图 13-3、图 13-4 所示。

图 13-3　浏览器测试结果示意图

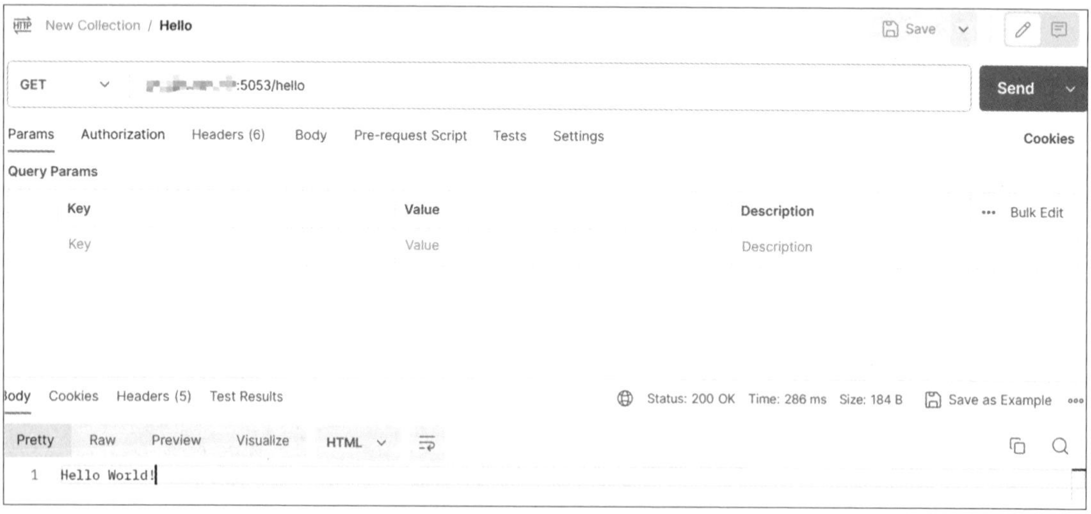

图 13-4　postman 软件测试结果示意图

第 10 ~ 15 行定义一个源于 Resource 的资源类，用于创建 RESTful API；其中第 12 ~ 15

行定义处理 GET 请求的方法，这个方法将处理“/add”路由的 GET 请求，使用 request.args.get 方法分别获取 URL 参数 a、b，并将其转换为整数类型，然后将 num_a、num_b 相加，并将结果作为响应返回。

第 17 行将 Add 资源类添加到 API 中，关联到“/add”路径上，这样就创建了一个 RESTful API，用于执行加法操作；第 18 行确保代码只在直接运行时执行，而不是被导入作为模块执行；第 19 行运行 Flask 应用，监听所有可用网络接口（0.0.0.0），端口号为 5053，并启用调试模式（debug=True）——调式模式主要用于软件开发阶段，生产环境中不可使用调式模式。

这段代码创建了一个简单的 Flask 应用，包括一个“Hello World!”路由和一个能够执行加法操作的 RESTful API，当访问“/hello”路由时，会返回“Hello World!”，否则，例如访问“/add?a=2&b=3”时，会执行加法操作并返回结果。

运行脚本之后，可以通过浏览器（图 13–5）或 Postman 软件（图 13–6）测试 API 功能。

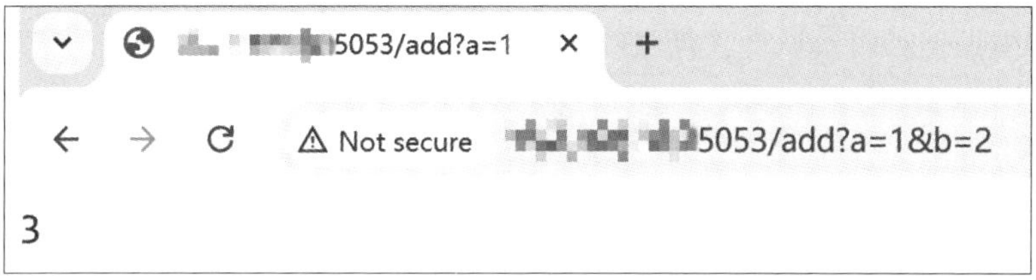

图 13–5　浏览器测试结果示意图

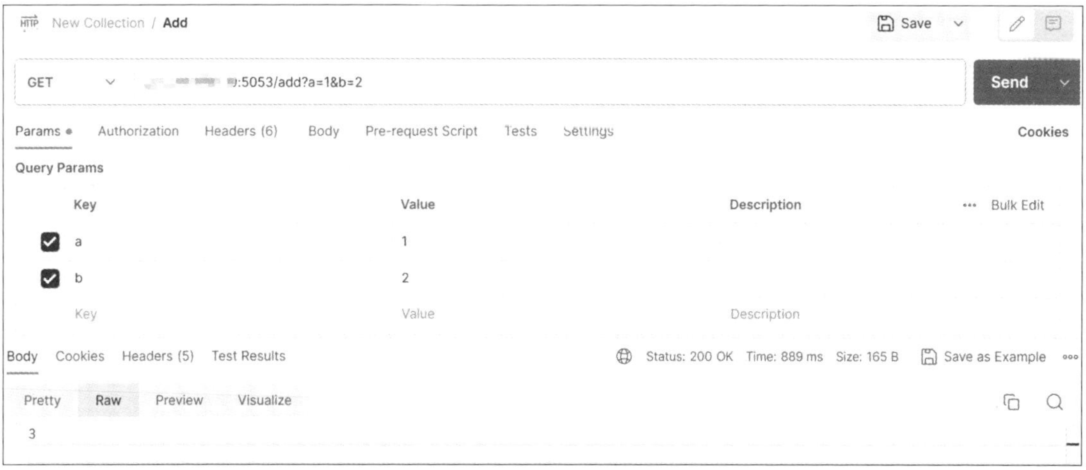

图 13–6　postman 软件测试结果示意图

13.2　基于 Swagger 创建 API 说明文档及交互式 UI

13.2.1　什么是 Swagger?

Swagger 是用于描述和文档化 RESTful API 的工具，它允许开发人员和团队在设计、构建和维护 API 时更轻松地理解和交互，其主要作用包括：

① API 文档生成。Swagger 可以自动生成可交互的 API 文档，以清晰地展示 API 的终端点、请求参数、响应格式和错误处理信息，这对开发人员和 API 用户来说非常有用。

②自动化测试。Swagger 文档不仅仅是静态的文档，它还包括与 API 交互的可视化工具，允许开发人员在文档中执行 API 请求并查看响应。这有助于快速验证 API 的正确性，并支持自动化测试。

③代码生成。Swagger 允许生成客户端和服务器端代码，以便根据 API 规范自动生成 API 请求和响应的相关代码。这可以节省开发时间，减少错误，并提高代码的一致性。

④接口协作。Swagger 可以作为团队协作的重要工具，开发人员、测试人员和文档编写人员可以共享同一个 API 规范，并确保大家都理解 API 的设计和功能。

⑤交互式探索。Swagger 的交互式 UI 工具（如 Swagger UI）允许开发人员直接在浏览器中与 API 互动，以了解 API 的功能和响应。这对于新用户来说非常有帮助。

总之，Swagger 是一种用于规范、文档和自动化 API 开发的强大工具，有助于提高 API 的可用性、可维护性和可测试性，使 API 设计和使用更加高效和方便。限于篇幅所限，本节只探讨如何使用 Swagger 文档以及创建 Swagger UI，对 Swagger 其他功能有需求的读者可查询相关数据或网络资源。

13.2.2 示例程序

我们在 13.1.2 节示例程序的基础上修改代码，用于生成 Swagger 文档，修改后的代码如下：

```
from flask import Flask,request,jsonify
from flask_restful import Api,Resource
from flasgger import Swagger
app = Flask(__name__)
api = Api(app)
#
Swagger_config = Swagger.DEFAULT_CONFIG
Swagger_config['title'] = 'Example API'
Swagger_config['description'] = 'Example API for testing'
Swagger_config['version'] = '1.0.0'
Swagger_config['host'] = '*.*.*.*:5050'
Swagger_config = Swagger(app, config = Swagger_config)
#
class Add(Resource)
#
    def get(self)
        '''add two numbers
```

```
        ---
        tags
            - Example
        parameters
            - name:a
              in:query
              type:number
              required:true
              description:The first number
            - name:b
              in:query
              type:number
              required:true
              description:The second number
        responses
            200
                description:The example response
                schema
                    id:result
                    properties
                        Result
                            type:integer
                            description:The result of adding two numbers
            400
                description:Invalid input
        '''
        num_a = request.args.get('a', type = float)
        num_b = request.args.get('b', type = float)

        result = {"Result":num_a + num_b}
#
        return jsonify(result)
#
api.add_resource(Add, '/add')
if __name__ == '__main__'
    app.run(debug = True, host = '0.0.0.0', port = 5050)
```

相比于示例，我们增加了几行代码，相关代码的作用如下：

代码第 7 行创建了一个名为 Swagger_config 的变量，并将其初始化为 Swagger 类的默认配置（Swagger.DEFAULT_CONFIG）。这个默认配置包含一些常见的 Swagger UI 参数，但它们需要进一步配置以符合你的 API 需求。

代码第 8 行将 Swagger_config 中的 title 属性设置为字符串 'Example API'。这将是 Swagger 文档中的标题，通常用来体现 API 的基本功能。

代码第 9 行将 Swagger_config 中的 description 属性设置为字符串 'Example API for testing'。这是对 Swagger 文档的描述，通常用于提供有关 API 用途和功能的简要信息。

代码第 10 行将 Swagger_config 中的 version 属性设置为字符串 '1.0.0'。这是 API 的版本号，通常用来指示 API 的版本。

代码第 11 行将 Swagger_config 中的 host 属性设置为字符串 '*.*.*.*:5050'。host 属性通常指定 API 的主机和端口信息。在实际部署时将 '*.*.*.*' 替换为服务器地址。

代码第 12 行用以创建一个 Swagger 对象，并将其配置为使用之前设置的 Swagger_config。这个 Swagger 对象与 Flask 应用（或者其他 Web 框架应用）相关联，用于生成 Swagger 文档和提供 Swagger UI。通过传递 config=Swagger_config，你将之前定义的配置应用到 Swagger 对象，以确保生成的文档和 UI 与你的 API 相匹配。

当我们成功运行脚本之后，访问 *.*.*.*:5050/apidocs 会出下如下界面（图 13-7）。

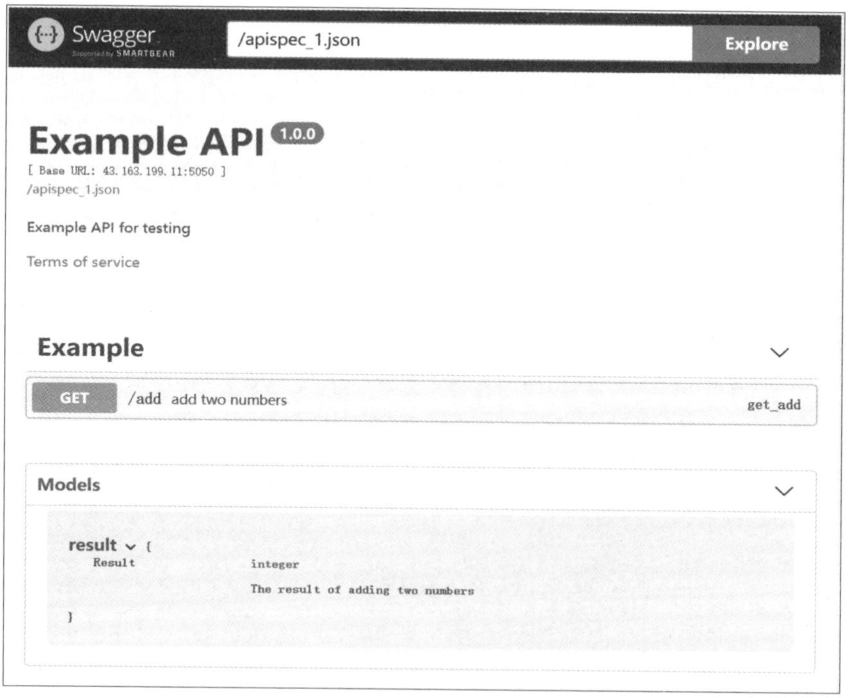

图 13-7 Swagger 文档界面示意图

测试一个输入示例，示例运行结果如图 13-8 所示。

图 13-8　Swagger 文档 API 测试结果示意图

13.3　应用分布式部署及监控

13.3.1　Dapr 是什么？

Dapr（分布式应用程序运行时，Distributed Application Runtime）是一个开源项目，旨在简化和加速分布式应用程序的开发。它提供了一组构建块和运行时服务，可以帮助开发人员构建可靠、可扩展、跨平台的分布式系统，而无须关心底层的复杂性。以下是 Dapr 的主要特点及相关概念：

①分布式应用程序构建块。Dapr 为开发人员提供了一组构建块，用于处理常见的分布式系统任务，例如状态管理、消息传递、事件处理、服务调用等。这些构建块可以简化应用程序的开发，并提供了可扩展性和重复利用性。

②多语言支持。Dapr 支持多种编程语言，包括 Python、Java、Go、Node.js 等，因此开发人员可以使用他们熟悉的语言来构建分布式应用程序。

③平台无关性。Dapr 是平台无关的，可以在各种云服务提供商、容器环境、边缘设备等不同的部署目标上运行。

④状态管理。Dapr 提供了一个分布式状态存储抽象层，使开发人员能够轻松地管理应用程序的状态数据，支持持久化、本地缓存、分布式缓存等不同的状态存储后端。

⑤消息传递和事件处理。Dapr 支持发布－订阅模型，允许应用程序组件通过事件进行通信。开发人员可以使用 Dapr 处理消息传递、事件处理和异步通信。

⑥服务调用。Dapr 提供了服务调用的抽象层，可以轻松地调用其他微服务或组件，而无须关心通信协议和细节，如图 13-9 所示。

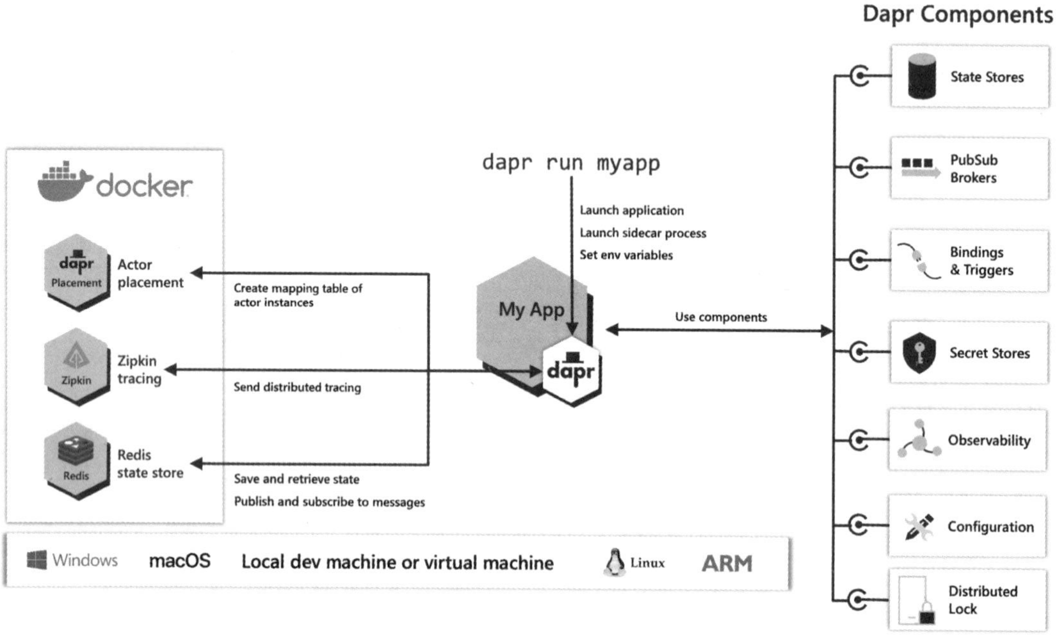

图 13-9　Dapr 应用生态结构示意图

⑦安全性。Dapr 具有内置的安全特性，包括身份验证和授权，以保护应用程序的数据和通信。

⑧可观察性。Dapr 提供了跟踪、指标和日志记录的支持，以便开发人员可以监视和调试分布式应用程序。

⑨扩展性。Dapr 的架构设计允许开发人员通过插件系统轻松扩展其功能，以满足特定需求。

⑩ 社区和生态系统。Dapr 拥有一个活跃的开源社区，提供了丰富的文档、示例和第三方扩展，帮助开发人员更轻松地采用和使用 Dapr。

13.3.2　基于 Dapr 工具部署分布式应用

基于 Dapr 工具部署分布式应用如图 13-10 所示。

Dapr 安装。

```
sudo wget -q https://raw.githubusercontent.com/dapr/cli/
master/install/install.sh -O - | /bin/bash
```

安装状态检测。

```
dapr -h
```

```
(base) geoist01@earthstack:~$ dapr -h

         __
    ____/ /___ _____  _____
   / __  / __ '/ __ \/ ___/
  / /_/ / /_/ / /_/ / /
  \__,_/\__,_/ .___/_/
              /_/

===============================
Distributed Application Runtime

Usage:
  dapr [flags]
  dapr [command]

Available Commands:
  annotate       Add dapr annotations to a Kubernetes configuration. Supported platforms: Kubernetes
  build-info     Print build info of Dapr CLI and runtime
  completion     Generates shell completion scripts
  components     List all Dapr components. Supported platforms: Kubernetes
  configurations List all Dapr configurations. Supported platforms: Kubernetes
  dashboard      Start Dapr dashboard. Supported platforms: Kubernetes and self-hosted
  help           Help about any command
  init           Install Dapr on supported hosting platforms. Supported platforms: Kubernetes and self-hosted
  invoke         Invoke a method on a given Dapr application. Supported platforms: Self-hosted
  list           List all Dapr instances. Supported platforms: Kubernetes and self-hosted
  logs           Get Dapr sidecar logs for an application. Supported platforms: Kubernetes
  mtls           Check if mTLS is enabled. Supported platforms: Kubernetes
  publish        Publish a pub-sub event. Supported platforms: Self-hosted
  run            Run Dapr and (optionally) your application side by side. Supported platforms: Self-hosted
  status         Show the health status of Dapr services. Supported platforms: Kubernetes
  stop           Stop Dapr instances and their associated apps. Supported platforms: Self-hosted
  uninstall      Uninstall Dapr runtime. Supported platforms: Kubernetes and self-hosted
  upgrade        Upgrades or downgrades a Dapr control plane installation in a cluster. Supported platforms: Kubernetes
  version        Print the Dapr runtime and CLI version

Flags:
  -h, --help                  help for dapr
      --log-as-json           Log output in JSON format
      --runtime-path string   The path to the dapr runtime installation directory
  -v, --version               version for dapr

Use "dapr [command] --help" for more information about a command.
```

图 13–10 Dapr 版本信息示意图

无容器环境下初始化 Dapr。

```
dapr init --slim
```

运行服务。

```
dapr run --app-id pfm_datist --app-port 5052 --app-protocol http --dapr-http-port 5050 -- python ./pfm_datist.py
```

服务访问测试（图 13–11）。

图 13–11 示例运行结果示意图

app–port: 5052 任务监听端口，即 pfm_datist.py 中微服务的端口号；

app-id: pfm_datist: 指定的 app id, 对应地址栏中第二个红框的信息；

dapr-http-port:5050 : 用户调用 API 时的端口号。

按照同样的方法部署我们的示例程序：

```
 dapr run --app-id exam --app-port 5053 --app-protocol http
--dapr-http-port 5055 -- python ./exampl1.py
```

运行结果如图 13-12 所示。

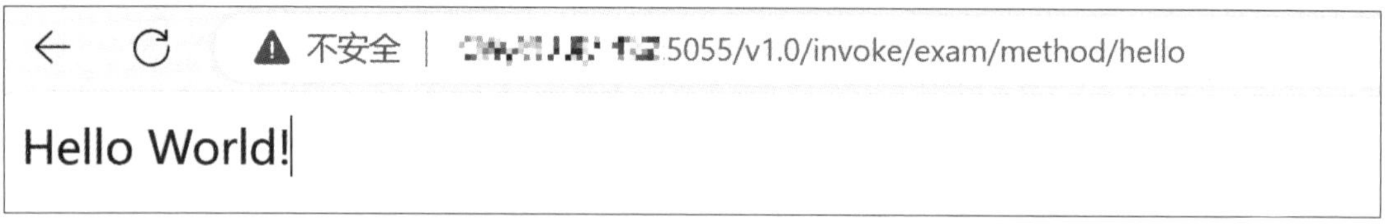

图 13-12　示例运行结果示意图

程序顺利运行之后，用新的 url 替换 WebNodes.json 文件中原有的 url.。

13.3.3　设置 token 认证

在分布式系统中，为了确保只有经过身份验证和授权的实体可以与 Dapr 服务进行通信，我们可以使用令牌“token”来增加安全性。在自托管场景中，Dapr 查找是否存在 DAPR_API_TOKEN 环境变量。如果设置了该环境变量，当 Dapr 进程启动时，Dapr 将对其公开的 APIs 强制执行身份验证。

设置 token。

```
export DAPR_API_TOKEN = <token>
```

本示例程序中 token 的值为“rchgFBO0OyUhxIzACMQWFw==”设置完 token 后，再按照上述方式访问网页，就会提示相应错误，如图 13-13 所示。

图 13-13　不带 token 时浏览器测试结果示意图

利用不带 token 时的 Postman 测试结果，如图 13-14 所示。

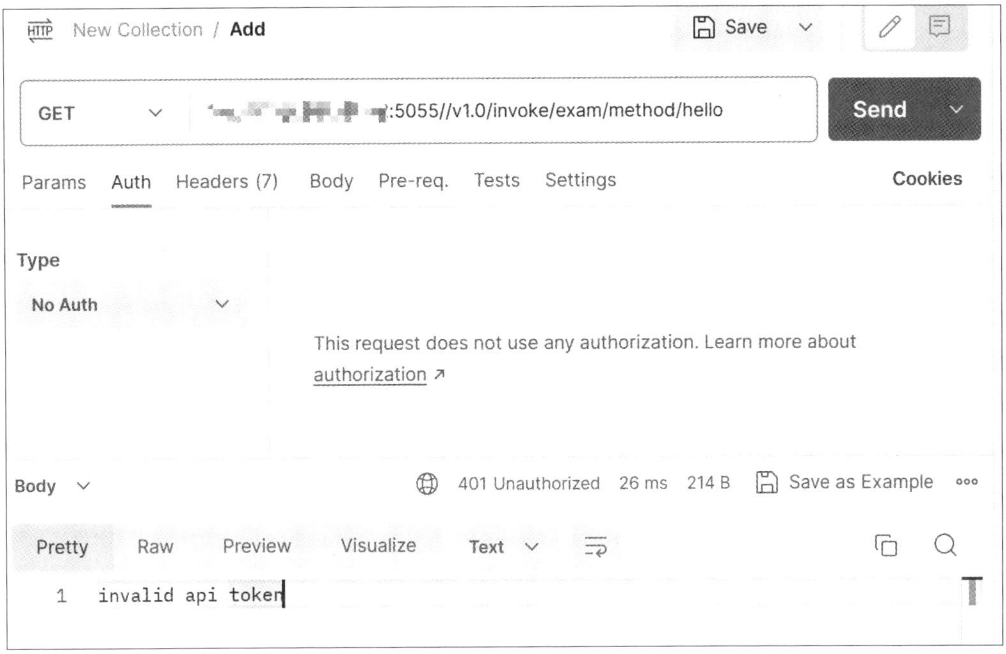

图 13-14　不带 tokcn 时的 postman 测试结果示意图

利用带 token 时的 Postman 测试结果，如图 13-15 所示。

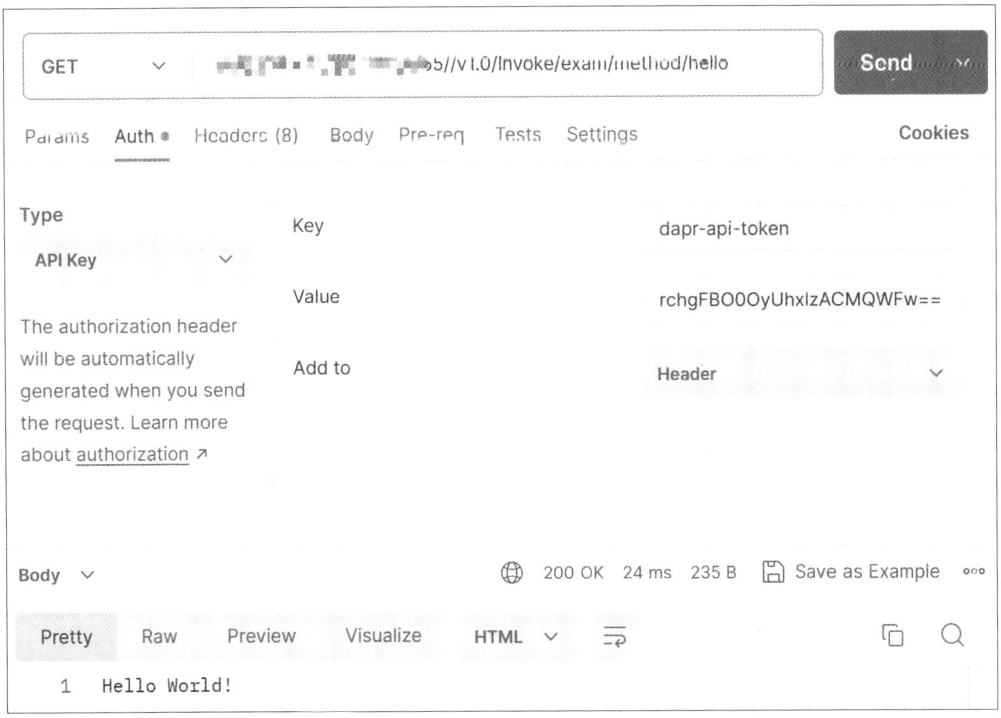

图 13-15　带 token 时的 postman 测试结果示意图

13.3.4 基于 Zipkin 监控 API 运行状态

Zipkin 是一个开源的分布式追踪系统，用于帮助开发人员监视和调试分布式应用程序的性能和问题。它最初由 Twitter 开发并开源，后来成为了一个独立的开源项目，并在云原生生态系统中得到广泛应用，以下是 Zipkin 的主要特点和概念：

①分布式追踪。Zipkin 用于追踪分布式应用程序中的请求和操作。它允许你跟踪一个请求从一个微服务到另一个微服务的整个路径，包括请求的传入和传出。

②可视化跟踪数据。Zipkin 提供一个直观的 Web 界面，用于可视化和分析跟踪数据。通过界面，你可以查看请求的完整跟踪历史，了解请求在各个微服务之间的流转情况。

③依赖关系分析。Zipkin 还提供了依赖关系分析，帮助你了解各个微服务之间的依赖关系，以及哪些微服务对整体性能产生了影响。

④采样和存储策略。你可以配置 Zipkin 来采样请求，以控制跟踪数据的量，以及选择合适的存储后端（如内存、Elasticsearch、Cassandra 等）来存储跟踪数据。

⑤跨语言支持。Zipkin 提供了多种语言的客户端库，使得你可以在不同编程语言的微服务中集成 Zipkin，并将跟踪数据发送到 Zipkin 服务器。

⑥集成性。Zipkin 可以与各种开发框架、微服务平台和云原生工具集成，如 Spring Cloud、Kubernetes、Docker 等。

下面我们来看一下如何安装 Zipkin。

1. 安装 Jave

```
1.sudo apt-get update
2.sudo apt-get install -y default-jdk jq vim
3.java -version
```

2. 安装 Zipkin

```
curl -sSL https://zipkin.io/quickstart.sh | bash -s
```

按照如下内容编辑 .dapr/config.yaml。

```
1.apiversion:dapr.io/vlalphal
2.kind:Configuration
3.metadata
4.name:daprConfig
5.spec
6.tracing
7.samplingRate:"1"
8.zipkin
9.endpointAddress:"http://localhost:9411/api/v2/spans
```

3. 运行 Zipkin 状态监控界面

```
java -jar zipkin.jar
```

使用 http://serverip:9411 监控 API 状态如图 13-16 所示。

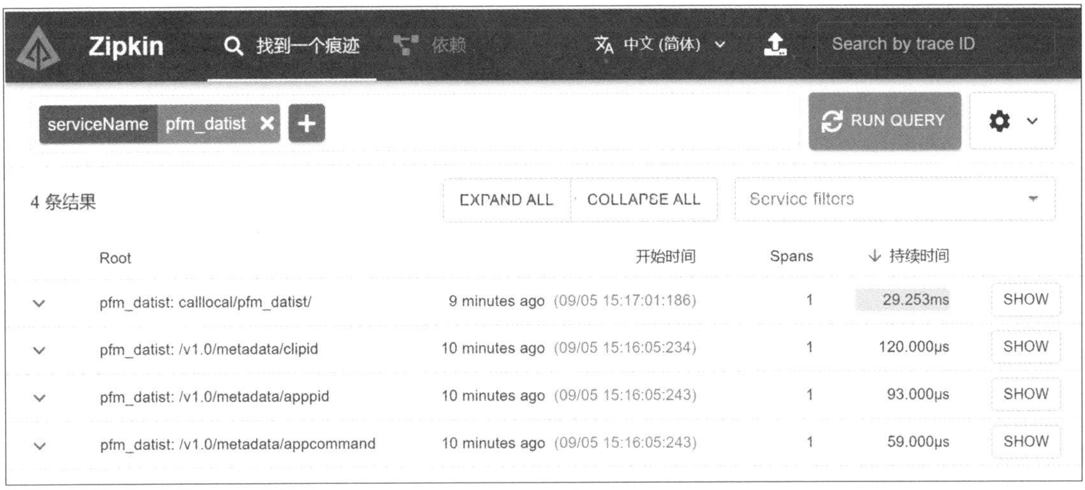

图 13-16　Zipkin 状态监控界面示意图

13.4　http 与 https

http（Hypertext Transfer Protocol）和 https（Hypertext Transfer Protocol Secure）是互联网上两种常见的协议，用于在浏览器和 Web 服务器之间传输数据。它们之间的主要区别在于数据传输的安全性，以及各自的优缺点。

1. http

http 是一种用于在 Web 浏览器和服务器之间传输数据的协议，其主要特点如下：

优点	缺点
简单易用。http 是一种简单、轻量级的协议，容易实现和理解	不安全。http 传输的数据是明文的，容易受到黑客的窃听和中间人攻击
速度较快。因为不需要加密和验证，http 通常比 https 更快	隐私问题。用户的个人信息和敏感数据在传输中可能被窃取

2. https

https 是 http 的安全版本，通过加密和认证提供了更高级别的安全性，其主要特点如下：

优点	缺点
数据加密。https 使用 tls/ssl 协议加密数据传输，确保数据在传输过程中不会被窃听或篡改 网站认证。https 使用数字证书验证网站的身份，确保用户与合法的网站进行通信 更高的安全性。适用于处理敏感信息，如登录凭据、信用卡号码等 提高 SEO 排名。搜索引擎通常更青睐使用 https 的网站，因为它们提供更高的安全性	复杂性。https 的实现和配置相对复杂，可能需要额外的成本和资源 性能稍慢，由于加密和认证过程，https 通常比 http 略慢，特别是对于大型网站 证书费用。获得有效的 https 证书可能需要支付费用

综上所述，http 适用于一些不涉及敏感信息的场景，但对于需要数据安全性的网站，特别是金融机构和电子商务网站，https 是必不可少的。尽管 https 可能会增加一些复杂性和性能成本，但它提供了更高级别的数据保护，确保用户的隐私和安全。在今天的互联网环境中，https 已经成为标准，大多数网站都应该考虑采用它来提供更好的用户体验和数据安全。

OpenSSL 是一个开源的密码库，提供了一组加密和安全通信相关的工具、库和协议实现。它是一个多功能的工具，用于在计算机网络上进行数据加密、解密、数字签名、证书管理以及安全通信协议的实现。我们仍以示例程序示例 1 为例演示如何通过 openssl 工具设置 https。

设置 https 步骤：

#生成私钥，按照提示填写内容。

```
openssl genrsa -des3 -out server.key 1024
```

#生成 csr 文件，按照提示填写内容。

```
openssl req -new -key server.key -out server.csr
```

#从钥秘中移除口令句。

```
1.cp server.key server.key.org
2.openssl rsa -in server.key.org -out server.key
```

#生成 crt 文件，有效期一年（365 天）。

```
openssl x509 -req -days 365 -in server.csr -signkey server.key
-out server.crt
```

修改示例程序代码。

```
if __name__ == '__main__'
    app.run(debug=True,host='0.0.0.0',port=5053
            ssl_context=('server.crt','server.key'))
```

设置 openssl 服务后，使用浏览器访问对应地址，通常会出现安全警告，对于自用服务一般没有影响。如果服务需要对外应用，可以通过购买服务器厂商的 https 服务来获得更好的体验，如图 13-17 所示。

图 13-17　https 访问结果示意图

13.5　API 与第三方应用集成

API 给了我们快速访问指定功能的接口，但若对 API 不熟悉，仍然难以通过 API 来处理实际问题，这时，我们可以将 API 与第三方应用结合来降低 API 的使用门槛，使专业工具的应用更加容易。

13.5.1　API 与地震数据专家 DatistEQ 应用结合

打开 DatistEQ 安装路径 Plugin 下的 WebNodes.json 文件，编写对应 API 的 DatistEQ 云节点，生成如下脚本。

```
[
    {
    "NodeId": "example1"
    "ScriptFile": "http://127.0.0.1:5053/add"
    "GroupName": " 重磁云 "
    "SubGroupName": " 示例 "
    "Author": "geoist"
    "SystemToolTip": " 示例程序 A"
    "Version": "v1.0"
    "Name": " 两数相加 "
```

```
"Series": " 测试 "
  "InputFields":[
    {
      "Name": "a"
      "Title": "The first number"
      "Type": "Int"
      "Parameters": "Int"
      "GroupName": " 数据 "
      "Description": " 输入数据 1"
    }
    {
      "Name": "b"
      "Title": "The second number"
      "Type": "Int"
      "Parameters": "Int"
      "GroupName": " 数据 "
      "Description": " 输入数据 2"
    }
  ]
"OutputFields":[
  {
      "Name": "Result"
  "Type": "Integer"
    }
  ]
}
]
]
```

在编写 DatistEQ 云节点时需要明确服务器的地址、端口号、任务名称，然后进一步指定输入参数与输出参数的变量名、变量类型等。脚本编写完成后启动 DatistEQ 软件，软件会根据脚本信息自动生成一个新的功能块。生成云节点及参数设置如图 13-18 所示。

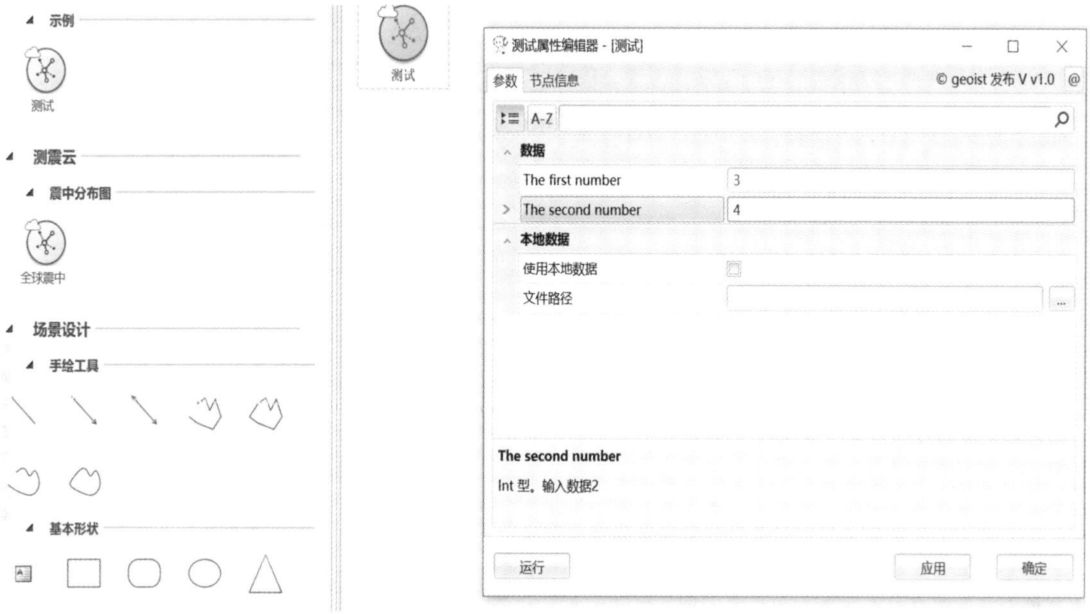

图 13-18　生成云节点及参数设置示意图

云节点运行结果如图 13-19 所示。

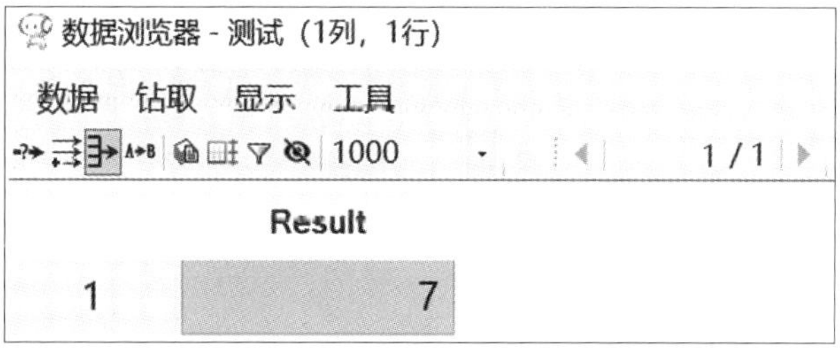

图 13-19　云节点运行结果示意图

以上内容完整演示了如何使用 Flask 生成 API 及与 DatistEQ 配合使用的示例，结合以上方法，我们在 GEOIST 软件包的基础上开发了大量的 API 应用接口，并将其与 DatistEQ 结合，如图 13-20 所示，共生成了数十个云节点。

基于 DatistEQ 云节点的重力数据正演、AI 反演及可视化处理流程示例如图 13-21 所示，主要用到了重力正演、等值线图、重力 AI 反演、剖面图等绘制云节点；而首先，是要通过两个重力正演节点生成重力观测异常，模型参数设置如图 13-22 所示；然后通过重力 AI 节点反演密度结构，反演结果如图 13-23 所示，真实密度模型与反演结果具有很好的一致性。

图 13-20　DatistEQ 云节点列表示意图

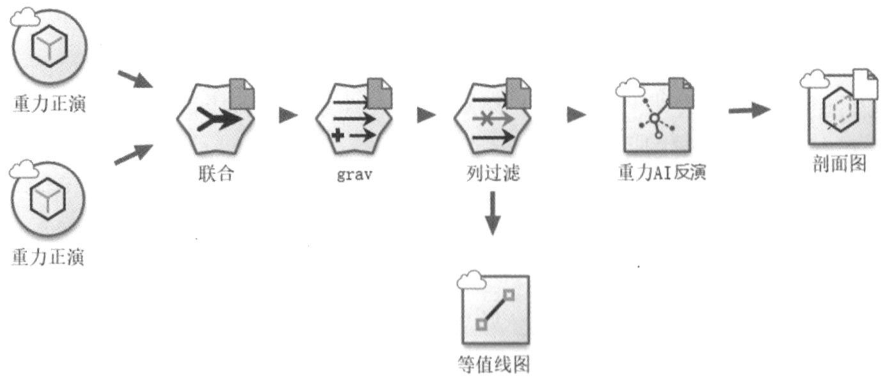

图 13-21　重力数据正演 -AI 反演 - 可视化处理流程示意图

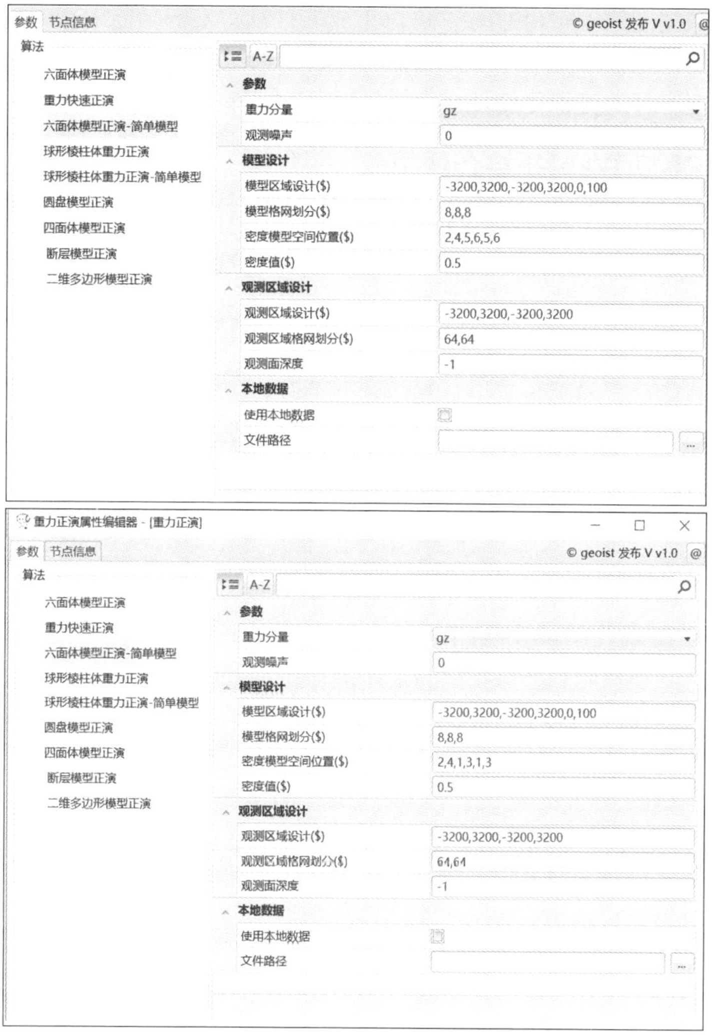

图 13-22　在 DatistEQ 云节点中设置模型参数示意图

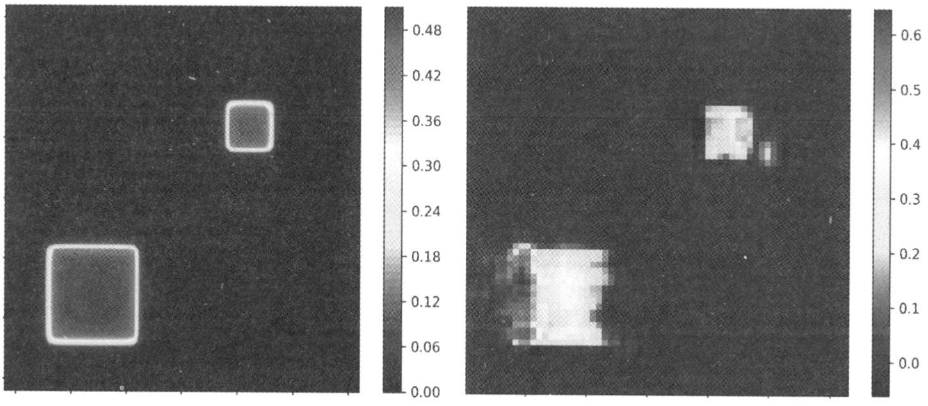

图 13-23　真实密度模型与反演结果可视化示意图

可见，地震数据专家 DatistEQ 软件可以集成多种具有不同功能的 API，这些 API 可以部署到不同的服务器，从而减轻单一服务器的压力；而通过平台整合可以实现数据预处理、数据可视化以及数据解释的流程化处理，降低数据分析处理的难度。

13.5.2 API 与 WebUI 结合使用

WebUI 是“Web User Interface”的缩写，意为网络用户界面。WebUI 是一个用于与 Web 应用程序或网站进行交互的用户界面，能通过 Web 浏览器访问，通常以网页的形式呈现给用户。

WebUI 包括了用户在 Web 上进行的各种交互操作，例如：

①表单输入。用户可以填写表单，包括文本字段、单选按钮、复选框、下拉列表等。

②按钮和链接。用户可以点击按钮、链接或其他交互元素来执行特定的操作，如提交表单、导航到不同的页面或执行 JavaScript 功能。

③菜单和导航。WebUI 通常包括菜单、导航栏和侧边栏等，用于帮助用户导航到不同的页面或部分。

④图像和多媒体。WebUI 可以包括图像、视频、音频等多媒体元素，以增强用户体验。

⑤响应式设计。现代 WebUI 通常具有响应式设计，能够适应不同的设备和屏幕尺寸，以确保在桌面电脑、平板电脑和移动设备上都能提供良好的用户体验。

⑥动态内容。WebUI 可以包括通过 JavaScript 和 AJAX 技术动态加载和更新的内容，以提供更丰富的用户交互体验。

WebUI 通常由前端开发人员设计开发，使用 HTML、CSS 和 JavaScript 等技术来创建。它是 Web 应用程序的重要组成部分，能向用户呈现信息、提供导航和用户反馈，同时能收集 / 输入数据、执行操作命令。不同的 Web 应用程序和网站可能具有不同的 WebUI 设计，以满足其特定的需求和目标用户群。

本章提供了一系列详尽指南，以便深入了解如何构建、文档化、部署和监控 API，同时增强其安全性，要点如下：

首先，我们深入探讨了 API 的构建。API 是现代应用程序的关键组成部分，使不同的软件模块能够相互通信、协同工作，以满足客户端的需求。我们强调了设计 RESTful API 的原则，包括端点、http 方法、数据格式等方面，学习了如何创建 API 端点、定义请求和响应、处理路由等关键概念。

其次，我们介绍了 Swagger 文档。Swagger 文档用于自动生成和展示 API 文档，不仅使 API 易于理解，还提供了互动式的 API 测试和调试功能，有助于开发者和用户更好地使用 API。

然后，我们探讨了 Dapr。这是一个分布式应用系统，用于简化构建、部署微服务和分布式应用。Dapr 提供了一组强大的组件，如状态管理、事件驱动、服务发现等，帮助开发者处理分布式系统中的复杂性问题，实现负载均衡、故障恢复和松耦合通信。

随后，我们介绍了 Zipkin——一个分布式跟踪工具，用于监控 API 的状态和性能。Zipkin 使我们能够了解请求的时间线，检测性能瓶颈和潜在问题，从而优化应用程序，提高用户体验。

最后，我们强调了 https 的重要性，以保障 API 和数据的安全性。我们了解了如何配置和部署 https，使用 TLS/SSL 协议来加密通信，以及如何获得和管理数字证书以验证网站的身份。

总之，本章提供了一个综合指南，帮助您构建高质量的 API，提供清晰的文档、部署 API，监控其性能，提升数据的安全性。这些工具和技术的综合应用将加速您的开发工作，提高应用程序的质量和可维护性，为用户提供更好的体验。

第 14 章 WebUI 与 DatistEQ 云节点开发教程

上一章我们介绍了如何通过 API 的方式部署 GEOIST 功能，并介绍了两种扩展任务部署方式，即基于网页的 WebUI 方法与基于地震数据专家的云节点方法，但并未对这两种扩展方式的开发做详细讲解。

本章主要针对 API 开发与部署做进一步扩展，详细讲解 WebUI 与 DatistEQ 云节点的开发方法，协助用户理解这两种扩展平台的运行模式——通过这两种平台的搭建，其拥有的专属功能可增强代码利用的可重复性，提高数据处理效率。

14.1 Python Web 应用框架—Django

WebUI 平台基于 Python Web 应用框架—Django，实现了任务一键部署、任务进度查询等功能；通过功能集成，极大降低了非专业用户的使用难度，进一步扩充了 GEOIST 应用的生态圈。

14.1.1 什么是 Django?

Django 是一个用于开发 Web 应用的高级 Python Web 框架，它强调快速开发和简单、实用的设计。Django 由 Adrian Holovaty 和 Simon Willison 于 2005 年发布，旨在让开发者能够快速构建强大且可扩展的 Web 应用。

Django 的主要特点如下：

①快速开发。Django 的设计理念之一是减少开发时间。它提供了许多开箱即用的功能，使开发者可以专注于应用的独特部分，而不需要从头开始构建基础设施。

②安全性。Django 提供了一系列安全功能，包括防止 SQL 注入、防止跨站请求伪造（CSRF）、防止跨站脚本攻击（XSS）等。这些功能被默认启用，帮助开发者避免常见的安全漏洞。

③可扩展性。Django 的模块化设计允许开发者根据需要扩展或替换组件，其松耦合的组件让应用的扩展和维护更容易。

④ ORM（对象关系映射）。Django 提供了一个强大的 ORM 系统，使开发者可以使用 Python 代码而不是 SQL 来操作数据库。ORM 提供了数据库无关性，可以使应用更轻松地在不同数据库后端切换。

⑤自动化管理界面。Django 自动生成一个管理界面来管理应用的数据，这对原型快速开发和管理应用的后台数据非常有用。

⑥丰富的文档资源与活跃的社区支持。Django 拥有丰富的文档和一个活跃的社区，提供了大量的资源和支持，帮助开发者解决问题并持续改进他们的项目。

Django 的核心组件：

① Models（模型）。定义应用的数据结构和数据库模式。

② Views（视图）。处理应用的业务逻辑并返回响应。

③ Templates（模板）。定义应用的前端显示方式，支持模板语言来动态生成 HTML。

④ URL 配置。URL 路由系统将 URL 映射到对应的视图函数。

Django 的工作流程：

①请求与路由。当用户发送请求时，Django 的 URL 路由系统会将请求分发到相应的视图函数。

②视图处理。视图函数接收请求、处理业务逻辑、与数据库交互并生成响应。

③模板渲染。视图函数将数据传递给模板，模板生成 HTML 并返回给用户。

14.1.2　实例讲解

安装好 Django 之后，我们通过一个例子来快速掌握 Django 的基本使用方法。首先，我们需要初始化一些设置，即生成 Django 项目需要的设置项，比如数据库、Django 配置以及应用程序配置等，方法是通过 cd 命令进入代码放置目录后运行如下命令：

```
django-admin startproject my_first_project
```

运行上述命令后，会在当前目录创建 my_first_project 目录，目录结构如下：

```
my_first_project
├ my_first_project
│ ├ __init__.py
│ ├ asgi.py
│ ├ settings.py
│ ├ urls.py
│ └ wsgi.py
└ manage.py
```

最外层 my_first_project 为项目的根目录，对项目本身没有影响，可以任意修改根目录名称。

manage.py：管理 Django 项目的命令行工具。

my_first_project：项目主文件夹，用于存 python 代码，当引用其内部文件时，需要用到该目录名称（比如 my_first_project.urls）。

my_first_project/ __init__.py：空文件，主要作用为告诉 python 这个目录应该被视为一个 python 包。

my_first_project/ asgi.py：项目运行在 ASGI 兼容的 Web 服务器上的接口。

my_first_project/ settings.py：Django 项目的配置文件。

my_first_project/ urls.py：Django 的 URL 申明。

my_first_project/ wsgi.py：项目运行在 WSGI 兼容的 Web 服务器上的接口。

运行项目的命令为：

```
python manage.py runserver
```

运行正常的输出结果为：

```
1. Watching for file changes with StatReloader
2. Performing system checks...
3. #
4. System check identified no issues (0 silenced)
5. #
6. You have 18 unapplied migration(s). Your project may not work properly until you apply the migrations for app(s): admin, auth, contenttypes, sessions
7. Run 'python manage.py migrate' to apply them
8. May 14, 2024 - 03:21:28
9. Django version 4.2.5, using settings 'my_first_project.settings'
10. Starting development server at http://127.0.0.1:8000/
11. Quit the server with CONTROL-C
```

程序默认端口为 8000，如需更换其他端口，比如 8002，可运行如下命令：

```
python manage.py runserver 8002
```

如想要修改服务器监听的 IP，则在端口之前输入新的 IP。比如，为了监听所有服务器的公开 IP（这在运行 Vagrant 或想向网络上的其他电脑展示你的成果时很有用），可使用如下命令：

```
python manage.py runserver 0.0.0.0:8002
```

通过这种运行方式，可以让任意 IP 地址访问 WebUI。

14.2 GEOIST-WebUI 框架

GEOIST 是中国地震局地球物理研究所开发的以 Python 程序语言为主的开源地球物理数据处理程序包，该程序包目前具有重磁位场数据处理功能、地震目录分析功能，地球物理正 / 反演功能等。GEOIST-WebUI 是在 GEOIST 基础上开发的“用户友好型”网页交互界面，通过将专业数据处理功能封装成单个任务，用户直接使用配置文件调用对应的功能，降低了 GEOIST 软件包的使用难度。同时尽管目前的 WebUI 主要是服务于 GEOIST 的，但其本身也可以作为其他程序的交互接口，具有极大的可扩展性。

14.2.1　GEOIST-WebUI 整体框架

图 14-1 显示了 WebUI 使用的逻辑流程，首先将 WebUI 部署在服务器上，用户通过浏览器打开 WebUI 应用交互界面，界面如图 14-2 所示。在界面的顶栏中有多个可操作按钮，包括提交任务按钮，用于提交新的计算任务；资源使用情况，用于查看服务器的 CPU 占用和存储空间状态；“？”号标志为帮助文档，主要为用户提供详细的使用说明；最右侧的 GDOC 为 GEOIST 使用案例。

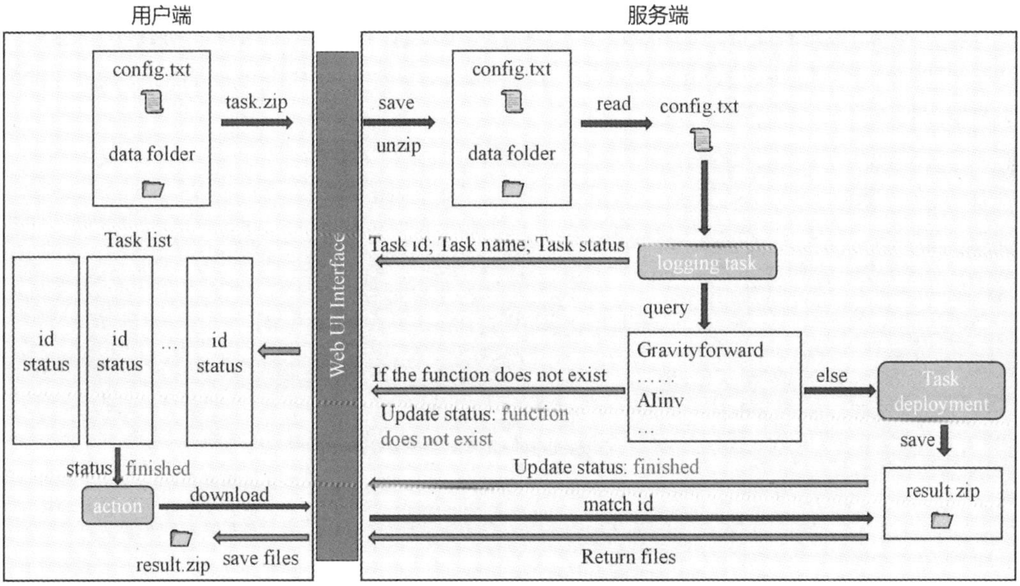

图 14-1　GEOIST-WebUI 逻辑流程

图 14-2　GEOIST-WebUI 用户界面示意图

从图 14-2 中我们可以看到多个任务列表，每一个任务都有任务 ID、任务、任务简介、状态、操作以及管理多个属性。其中 ID 是每一个任务的唯一标识符，任务在执行过程中的每一步变化通过改标识符进行关联；用户表示当前用户名；任务表示当前调用的具体计算功能，在图中的这两个示例中调用的都是重力正演功能；任务简介用于描述当前任务的额外属性；状态表示任务当前的运行情况，可以根据任务的运行情况进行改变，当计算完成并存储结果后需要将任务状态设置为计算完成；操作为当前时刻可执行的操作，主要用于计算结果下载，当任务未完成时，操作按钮为灰色的不可点击状态；最后的管理选项则主要用于删除历史任务，当点击删除按钮时，后台会清除对应的文件夹以及日志记录。

那么，上述页面的功能是如何实现的呢，我们将在接下来的内容中进行详细介绍。

14.2.2 GEOIST-WebUI 日志系统

当任务提交到服务器后，用户通常会关心任务的执行情况，为此我们搭建了日志系统用于记录每个任务的信息以及在运行过程中每一步的状态，即采用 django 的“models”模块构建日志记录函数，具体代码如下：

```
from django.db import models
class Log(models.Model)
    unique_id = models.CharField(max_length=50, unique=True)
    username = models.CharField(max_length=50)
    calculation = models.CharField(max_length=20)
    description = models.TextField()
    status = models.CharField(max_length=20, default=
'pending')
    action = models.CharField(max_length=20, default=
'False')
savedir = models.CharField(max_length=100)
savename = models.CharField(max_length=100)
#
def __str__(self)
    return self.unique_id
#
@classmethod
def delete_log_by_id(cls, unique_id)
    try
        log_obj = cls.objects.get(unique_id=unique_id)
        log_obj.delete()
        return True #删除成功，返回 True
    except cls.DoesNotExist
```

```
22.          return False  #对应的日志条目不存在,返回 False
```

上述代码第一行导入 Django 的 models 模块，这个模块提供了 ORM（对象关系映射）功能，可以让我们使用 Python 类和对象操作数据库。在第三行定义了一个名为 Log 的模型类，继承自 models.Model，这是所有 Django 模型的基类。代码第四行定义了一个字符字段 unique_id，最大长度为 50 个字符，并且必须唯一，用来唯一标识每条日志记录。代码第五行定义一个字符字段 username，最大长度为 50 个字符，用来存储用户名。代码第六行定义一个字符字段 calculation，最大长度为 20 个字符，用来存储计算信息或任务名称。代码第七行定义一个文本字段 description，用来存储详细描述信息，TextField 没有最大长度限制。代码第八行定义一个字符字段 status，最大长度为 20 个字符，默认值为 'pending'，用于存储当前任务的运行状态。代码第九行定义一个字符字段 action，最大长度为 20 个字符，默认值为 'False'，用于存储某个任务的可操作性。代码第十行定义一个字段 savedir，最大长度为 100 个字符，用来存储保存目录的路径。代码第十一行定义一个字符字段 savename，最大长度为 100 个字符，用来存储保存文件的名称。上述代码同时定义了一个 delete_log_by_id 函数，可以通过任务 id 号删除对应的条目日志。上述代码中通过修饰符 @classmethod 使得在调用删除函数时不需要对该对象进行实例化。

在程序收到用户提交的任务后，首先生成唯一的 id 号，然后根据任务名称等信息完成任务注册，注册函数如以下代码片段所示。

```
23.def create_log(unique_id, username,calculation,savedir)
24.#
25.      log = Log(unique_id=unique_id,username=username,
calculation=calculation
26.                savedir = savedir,savename = 'result.csv'
27.                description = 'des',status = 'pending',action =
False)
28.      log.save()
```

任务在运行过程中，根据任务的运行状态实时更新日志，用户通过日志记录查看当前任务的状态，进而决定下一步操作。下面这一小段代码显示了如何更新日志，代码中的 get_object_or_404() 函数的主要作用是从数据库中获取一个与 unique_id 匹配的日志记录，根据该记录更新日志信息。

```
29.def update_log(unique_id,status)
30.      log = get_object_or_404(Log,unique_id=unique_id)
31.      log.status = status
32.      log.save()
```

当任务执行完成之后，用户点击删除按钮，系统会自动删除对应的日志记录于文件记录，其实现代码如下：

```
def delete_log(request)
#
    log_id = request.GET.get('taskID')
    print("删除任务",log_id)
    Log.delete_log_by_id(log_id)
    path = os.path.join(settings.MEDIA_ROOT,'{}'.format(log_id))
    shutil.rmtree(path)
#
    return HttpResponse('success')
```

14.2.3 计算机资源检测系统

为更好地利用服务器的资源，我们设置了一个简单的监控系统，可以查看服务器的 CPU 占用率及存储情况，其查询结果如图 14-3 所示。

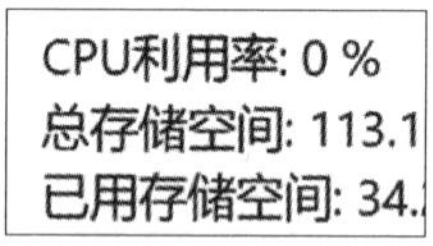

图 14-3 服务器资源占用及存储情况

上述功能的实现主要依赖于 Python 的 Psutil 包，该工具包能够轻松实现获取系统运行的进程和系统利用率（包括 CPU、内存、磁盘、网络等）信息，主要用来做系统监控、性能分析、进程管理。GEOIST WebUI 中目前只用于监控系统的 CPU 以及存储等情况，用户可以根据自己需求定义需要监控的功能。上述监控的实现代码如下所示：

```
def system_info(request)
    cpu_percent = psutil.cpu_percent()
    disk_usage = psutil.disk_usage('/')
    total_disk_space = round(disk_usage.total / (1024**3), 2)
    used_disk_space = round(disk_usage.used / (1024**3), 2)
    available_disk_space = round(disk_usage.free / (1024**3), 2)
#
    context = {
```

```
        'cpu_percent':cpu_percent
        'total_disk_space':total_disk_space
        'used_disk_space':used_disk_space
        'available_disk_space':available_disk_space
    }
#
return JsonResponse(context)
```

14.3 为 GEOIST-WebUI 添加新的计算功能

在 GEOIST-WebUI 中，每个任务都包装成为单独的功能，一些功能直接集成在 GEOIST-WebUI 系统中，直接通过调用函数的形式来执行对应的功能，而另一部分则通过 API 进行调用。

GEOIST-WebUI 作为一个开源的、灵活的可扩展平台，允许用户自定义功能。我们结合 GEOIST 工具包来介绍如何自定义工具。为了使添加功能更加灵活方便，GEOIST-WebUI 只解析参数文件里的任务名称，然后将用户上传的所有数据直接传递给具体任务，再由各任务去解析相关参数，并自主更新日志。

14.3.1 本地功能生成实例

重力场正演是一个典型的地球物理应用场景，图 14-4 展示了密度模型与重力响应观测系统，那么如何在 WebUI 上部署这样一个功能呢？

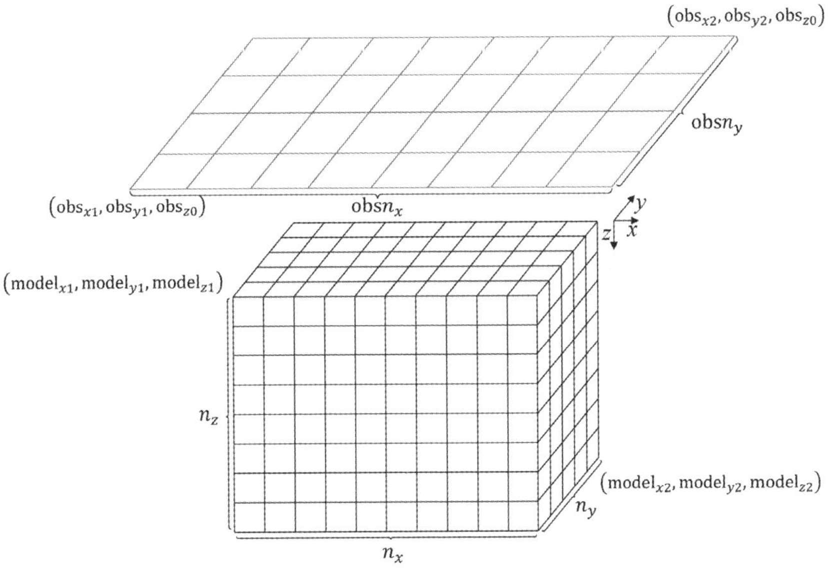

图 14-4 三维密度结构模型与重力响应观测系统示意图

我们首先通过上述正演应用的例子来说明如何写一个本地的功能，正演例子的程序如下：

```
import numpy as np
import pandas as pd
from geoist.inversion.geometry import Prism
from geoist.forward.pfm import prism, giutils
from geoist.utils import gridder
from geoist.inversion.mesh import PrismMesh
import os
import argparse
import subprocess
import sys
from .models import Log
from django.shortcuts import get_object_or_404
#
def _update_log(unique_id, status)
    log = get_object_or_404(Log, unique_id=unique_id)
    log.status = status
    log.save()
#
class GravityForward:
    def __init__(self, inpfile, task_id, dir_name)
        self.inpfile = inpfile
        self.skip_line = 3
        self.dir_name = dir_name
        self.task_id = task_id
#
    def parameters_initial(self)
        _update_log(self.task_id, "初始化参数")
        paras = []
        with open(self.inpfile, 'r') as f:
            for i in range(self.skip_line)
                next(f)
            while True
                line = f.readline()
                if line == ''
                    break
```

```
                print(line.strip('\n').split('='))
                paras.append(line.strip('\n').split('=')[1])
#
        self.region = [float(i) for i in paras[0].split(',')]
        self.gridsize = [int(i) for i in paras[1].split(',')]
        self.obsregion = [float(i) for i in paras[2].split(',')]
        self.obsgrid = [int(i) for i in paras[3].split(',')]
        self.unit = str(paras[4])
        if self.unit == "km"
            self.region = np.array(self.region) * 1000.0
            self.obsregion = np.array(self.obsregion) * 1000.0
        self.gtype = str(paras[5])
        self.z0 = float(paras[6])
        self.noise = float(paras[7])
        self.savefile = os.path.join(self.dir_name, 'result', str(paras[8]))
#
        if not os.path.exists(os.path.join(self.dir_name, 'result'))
            os.makedirs(os.path.join(self.dir_name, 'result'))
#
        density_file = str(paras[9])
        density_file = os.path.join(self.dir_name, density_file)
        if density_file.endswith('.csv')
            self.density = pd.read_csv(density_file, sep='\t', header=None)
        elif density_file.endswith('.txt')
            self.density = np.loadtxt(density_file)
#
    def forward(self)
        """forward GravityForward model"""
        dirname = 'ttm'
        if not os.path.exists(dirname)
            os.makedirs(dirname)
        meshfile = dirname+r'/msh1.txt'
        densfile = dirname+r'/den1.txt'
        graoutfile = dirname+r'/gra1.dat'
```

```
        graoutfile1 = dirname+r'/gra1n.dat'
#
        mesh = PrismMesh(self.region, self.gridsize)
        mesh.addprop('density', self.density.ravel())
        mesh.dump(meshfile, densfile, 'density')
#
        kernel=[]
        xp, yp, zp = gridder.regular(self.obsregion, self.obsgrid, z=self.z0)
        _update_log(self.task_id, "计算核矩阵")
        for i, layer in enumerate(mesh.layers())
            for j, p in enumerate(layer)
                x1 = mesh.get_layer(i)[j].x1
    ......
                z2 = mesh.get_layer(i)[j].z2
                den = mesh.get_layer(i)[j].props
                model = [Prism(x1, x2, y1, y2, z1, z2, {'density':1000})]
                if self.gtype == 'gz'
                    field = prism.gz(xp, yp, zp, model)
#
    ......
                if self.gtype == 'gxy'
                    field = prism.gxy(xp, yp, zp, model)
                kernel.append(field)
#
        kk=np.transpose(kernel)
        field_gra = np.mat(kk)*np.transpose(np.mat(self.density))
        field_gra1 = giutils.contaminate(np.array(field_gra).ravel(), self.noise, percent = True)
        _update_log(self.task_id, "保存文件")
        resul = {'xp':list(xp), 'yp':list(yp), 'zp':list(zp), 'field_gra':list(np.array(field_gra1[:]).ravel())}
        result = pd.DataFrame(result)
        result.to_csv(self.savefile, sep='\t', header = None, index=False)
#
```

```
117. #
118. def  forward3D(inpfile, taskid, dir_name)
119.      """forward GravityForward model"""
120.      gf = GravityForward(inpfile, taskid, dir_name)
121.      gf.parameters_initial()
122.      gf.forward()
```

代码中前 12 行为本程序依赖的一些 python 包，其中 pandas 主要用于数据处理，numpy 用于常见的数值计算，os 提供一些系统级的操作，这个三包都可以直接通过 pip install ** 的方式安装。

程序中第 23 行的 skip_line 变量用于说明配置文件中正式参数行前面的行数，这里的 skip_line=3 意味着读取参数时需要跳过前三行内容，从第三行开始的内容为正演需要的参数，其中 region 代表密度模型的位置，针对如图 14-4 所示的一个重力异常正演系统，region 中的参数分别对应于（$model_{x1}$, $model_{x2}$, $model_{y1}$, $model_{y2}$, $model_{z1}$, $model_{z2}$）；gridsize 参数为密度模型的网格划分，对应参数为 (n_x, n_y, n_z)；obsregion 为观测网格的区域，对应参数为（obs_{x1}, obs_{x2}, obs_{y1}, obs_{y2}）；obsgrid 为观测网各的划分，对应参数为（$obsn_x$, $obsn_y$），unit 为模型与观测网格的距离单元，可选为 km 或 m；type 为正演重力异常的类型，可选参数为：g_{z-} 垂向重力异常，g_{x-x} 方向重力异常，g_{y-y} 方向重力异常，g_{zz-z} 方向上一阶导数……，所有可选参数集合为 [g_x, g_y, g_z, g_{xx}, g_{yy}, g_{zz}, g_{xz}, g_{yz}, g_{xy}]；zobs 为观测面的高度，对应于模型中的 obs_{z0}。

程序中加入了任务状态更新功能，_update_log(unique_id, status)，程序在不同的运行状态下向日志中更新任务状态，WebUI 再根据任务列表从数据库中读取对应的任务状态，实时更新在 UI 界面上。

在这段代码中，我们将功能包装成为一个完整的类，外部传入 inpfile, task_id, dir_name 这几个参数，其中 inpfile 是我们的配置文件地址，task_i 为当前任务的位置标识符，用于更新程序运行状态、文件存储、文件获取等，一个具体任务的配置文件的内容如下：

```
type = Local_application
task = GravityForward
-----
region = 0,100,0,100,10,50
gridsize = 10,10,2
obsregion = 0,100,0,100
obsgrid = 20,20
unit = km
type = gz
zobs = -1
noise = 0.05
```

```
savename = result.csv
density_file = density.txt
```

配置文件中第一行为程序功能的实现方式，即调用本地函数还是调用 API 实现对应的计算功能。第二行的 task 则为具体的任务名称关键字，这里的 GravityForward 指的是重力正演功能，配置文件中从第四行开始的内容即为程序的主要参数设置以及相关文件信息。

在这个示例中，我们将一个具体的应用包装成一个类，WebUI 将用户提交的参数文件，数据文件以及唯一标识符传递该类完成类的实例化，通过执行类的 forward 方法实现正演计算功能。

当程序运行完成时，WebUI 将返回结果保存在服务器对应地址上，并通过 UI 向用户提供下载运行结果的功能，用户可以根据自己需求下载对应结果。

14.3.2 API 节点功能部署方法

上节示例展示了如何在 WebUI 服务器上部署本地计算功能，本节通过一个例子介绍如何通过 WebUI 调用 API 实现相关功能，通过这种方式可以做到 WebUI 与专业功能开发的解耦，有助于大型项目或者分布式应用的构建。

我们同样以重力场正演为例进行说明，其代码如下：

```
import requests
from localfunc.models import Log
from django.shortcuts import get_object_or_404
import csv
import os
import pandas as pd
#
def _update_log(unique_id, status)
    log = get_object_or_404(Log, unique_id=unique_id)
    log.status = status
    log.save()
#
class GravityForwardSimple
#
    def __init__(self, inpfile, task_id, dir_name)
        """init GravityForward model"""
        self.inpfile = inpfile
        self.skip_line = 3
        self.dir_name = dir_name
```

```
        self.task_id = task_id
#
    def parameters_initial(self)
        _update_log(self.task_id, " 初始化参数 ")
        paras = []
        with open(self.inpfile, 'r') as f
            for i in range(self.skip_line)
                next(f)
            while True
                line = f.readline()
                if line == ''
                    break
                print(line.strip('\n').split('='))
                paras.append(line.strip('\n').split('=')[1])
#
        self.region = [float(i) for i in paras[0].split(',')]
        self.gridsize = [int(i) for i in paras[1].split(',')]
......
    def get_response(self)
#
        url = "http://^.^.^.^:5052/grav_forward"
        params = {
......
        }
#
        _update_log(self.task_id, " 等待 API 响应 ")
        try
            response = requests.get(url, params=params)
#
            if response.status_code == 200
                data = response.json()
                datas = pd.DataFrame({"xp":data['xp']
                                      "yp":data['yp']
                                      "zp":data['zp']
                                      "gravity":data['field_gra']})
```

```
                csv_file = 'result.csv'
                self.savefile = os.path.join(self.dir_name, 'result', csv_file)
                floder_ = os.path.join(self.dir_name, 'result')
#
                if not os.path.isdir(floder_)
                    os.makedirs(floder_)
                datas.to_csv(self.savefile)
                print(f"Data has been written to {csv_file}")
            else
                print(f"Failed to get data. Status code: {response.status_code}")
                print(response)
        except requests.exceptions.RequestException as e
            print(f"An error occurred:{e}")
#
#
def forward3D(inpfile, taskid, dir_name)
    ……
```

在这一个示例代码中主要依赖 requests 包，通过调用 API 的方式实现功能的部署。与本地部署代码的最大差异在类中的最后执行函数部分，本示例通过调用服务器 API 功能获得 json 格式的返回值，进一步解析该返回值并将解析结果存储在 CSV 文件中，用户通过界面的下载功能获取计算结果。

```
type = Api_application
tesk = GravityForward
-----
region = 0,100,0,100,10,50
gridsize = 20,20,20
obsregion = 0,100,0,100
obsgrid = 20,20
dc = 4,5,4,7,4,7
dd = 0.5
zobs = -1
type = gz
```

```
noise = 0.05
unit = km
```

上面的配置文件显示了使用 API 方式执行具体功能时的参数设置方式。

14.4 DatistEQ 现有云节点介绍

基于 GEOIST 开源软件包，我们开发了多套地球物理数据处理 API，包括重磁数据处理，重磁位场正反演等，然而这些功能都相对独立，如何利用这一系列 API 工具包实现对数据的流程式处理呢？地震数据专家 DatistEQ 通过云节点的方式为我们提供了一套可行的解决方案，通过 DatistEQ 云节点的方式可以有效整合现有的多种 API，实现流程式的低代码开发。图 14-5 显示了 DatistEQ 现有的云节点，其中包括多种地球物理专业数据处理云节点，同时为进一步丰富云节点功能，我们还设置了多个辅助云节点，比如绘图、数据格式转换等。

图 14-5 DatistEQ 上现有云节点示意图

在每一个云节点上部署了一个或多个子节点，如图 14-6 的重力正演模块所示，左侧编号为 1 的参数框指明了不同的子节点名称，共有 9 个子节点，分别用于处理不同应用场景下的重力异常正演任务，通过有效结合这些云节点以及 DatistEQ 原有节点，可以实现地球物理数据处理－数据清洗－数据可视化等完整解决方案。

图 14–6　重力正演模块子功能示意图

14.5　DatistEQ 云节点生成方式详解

DatistEQ 在程序打开时自动搜索 \BinX\Plugin 目录下的 WebNodes.json 文件，通过读取文件的节点配置信息自动生成云节点，下面的代码显示了一个完整云节点的配置内容。

```
{
    "NodeId": "geoist001"
    "ScriptFile": "http://*.*.*.*:5052/grav_forward"
    "GroupName": " 重磁云 "
    "SubGroupName": " 重磁模型正演 "
    "Author": "geoist"
    "SystemToolTip": " 正演模块 "
    "Version": "v1.0"
    "Name": " 六面体模型正演 "
"Series": " 重力正演 "
```

```
    "InputFields":[
      {
        "Name":"density"
        "Title":"density"
        "Type":"dbfield"
        "Parameters":"Real"
        "GroupName":"密度数据"
        "Description":"参数"
      }
    {
        "Type":"enum"
        "Name":"g_component"
        "DefaultValue":"gz"
        "Parameters":"potential,gx,gxx,gxy,gxz,gy,gyy,gyz,gz,gzz"
        "Title":"重力分量"
        "Description":"请输入重力分量"
        "GroupName":"参数"
      }
     ......
    {
        "Type":"real"
        "Name":"noise"
        "DefaultValue":"0.05"
        "Title":"观测噪声"
        "Description":"观测噪声"
        "GroupName":"参数"
      }
    ]
    "OutputFields":[
      {
        "Name":"xp"
  "Type":"real"
      }
     ......
    {
        "Name":"field_gra"
  "Type":"real"
```

```
        }
    ]
}
```

NodeId 为每一个节点的唯一标识符；” ScriptFile” 为节点对应 API 的地址和功能，这里的访问地址是 http://*.*.*.*，访问端口号为 5052，具体功能为 grav_forward；GroupName 为一级群组名称，如图 14-5 所示，这里我们将所有的云节点都归为重磁云这个群组；SubGroupName 为次一级群组名称，这里的重磁模型正演即为图 14-5 中所示的第二个子群组；Author，SystemToolTip 以及 Version 为该节点的附加信息；Name 为具体任务的名称；Series 为任务的系列类别，如图 14-6 所示，六面体模型正演、重力快速正演等都属于具体的任务，而这些任务由于都属重力场正演这个大类，因此属于同一个 Series。DatistEQ 根据配置文件将这些功能集成在同一个图标里。

图 14-6 右上的框 2 为参数输入框，每一个输入参数包括多个属性。Type 为输入变量，主要类型有 “text” - 文本型，“real” - 浮点型，“Int” - 整形，“enum” - 枚举型，“dbfield” - 文件；Name 为变量名称，指明向 API 传递参数时的变量名称；Parameters 参数当 Type 参数指定为 “dbfield” 时的数据类型。Rule 为参数的限制条件，比如 "Rule": "val >= 0 && val < 0.2?'':' 不合符条件’” 意味着参数值必须小于 0.2 且大于等于 0，当输入参数不满足条件时，参数框会变为红色；Title 为变量的显示名称，如图 14-6 中第二个框所示的重力分量，观测噪声，模型区域设计等；Description 为对每一个参数的描述，可以用于说明参数的作用，输入示例等，其效果如图 14-6 中的第 3 个框所示；GroupName 用于指定参数所属类别，我们可以通过这个参数将具有类似属性的变量归为同一组参数，比如图 14-6 中所示的模型设计和观测区域设计这两个参数组。

图 14-6 右下的框 3 用于配置节点返回信息，主要用于处理 API 返回的数据。图中显示了当 json 返回为四列数据时的参数设置。在我们的 API 中常见的返回数据类型除了列数据还包括图片等。当需要返回图片信息时，API 将图片数据转换为 Base64 文本数据，云节点接收该文本并进一步转换为图片数据用于显示，云节点中当返回数据为 Base64 时的输出数据参数设置代码如下：

```
    "OutputFields":[
      {
        "Name":"Data"
  "Type":"blob"
      }
   {
  "Name":"Name"
  "Type":"text"
   }
    {
```

```
"Name":"StreamType"
"Type":"text"
 }
  ]
```

本小节通过以上内容我们便实现了一个云节点的完整开发过程，通过这种方式可以实现将用户需要的一些专用功能与 DatistEQ 功能的有效结合，降低这些功能的实现难度。

第 15 章 “谛听”端边云一体化系统与 AI 计算

在第 10 章中我们已经介绍了“去中心化”、边缘计算等概念，以及“谛听”盒子的硬件配置、技术参数等内容，本章我们进一步以地震监测数据的 AI 处理为例，介绍我们开发的“谛听”AI 数据集、“谛听”系列高泛化力深度学习模型，以及如何进行边缘端的轻量化部署。此外，我们还将介绍如何结合云端 API 模块构建端边云一体化地震大数据智能化实时处理系统，从而实现“谛听”智慧盒子与人工智能彼此赋能，催生“边缘智能”的崭新范式，给地震实时监测预警领域带来深刻的变化。

在本章中我们将详细地探讨“谛听”端边云一体化软硬件平台的实现和应用。为了让读者更全面地了解其结构和功能，我们将从多个角度出发，分别解释平台的各个组成部分，展现其在地震研究和监测中的应用价值。

15.1 地震行业的“去中心化”场景

目前，各省、市地震局、监测中心仍然是“中心化”的数据治理模式，各类监测仪器获取的数据都需要集中传输至数据中心进行归档、处理和分析。未来会不会出现类似的“去中心化”应用场景呢？如果会的话，地震行业的“去中心化”场景会是什么样子的呢？

我们知道，为了防震减灾和救灾，中国地震局基于多种地球物理观测手段的观测体系和台网，综合应用 GNSS、InSAR、电磁、重力、地下流体等地球物理数据，开展地震前兆异常活动跟踪与分析、日常地震监测与速报、震后趋势跟踪与研判等工作，这些多样化的观测手段所积累的大量数据，在现有中心化体系中都必须通过网络甚至人工手段输送至数据中心的中心服务器进行统一管理、归档和处理，如图 15-1 左图所示。由于观测台站的规模和数量与日俱增，而一些防震减灾的关键业务，如地震前兆活动性分析、预警、震后趋势分析等都要求很高的时效性，在未来的某一个时间点，当需要快速分析处理的数据量超过了中心节点网络带宽、算力的承载能力极限时，这种“中心化”的数据管理和处理方式就会变得不可持续，将不得不向“去中心化”的数据管理和处理模式转变。具体的做法是，在观测仪器与设备端接入边缘计算设备，边缘计算将计算和数据存储需求移动到网络的边缘，即设备、终端或服务器，从而提高响应速度和降低网络带宽需求，减轻中心端控制台的负载和压力，如图 15-1 右图所示。

当前这种“中心化”集中处理的方式所面临的瓶颈问题已经在地震监测领域率先出现。近年来随着地震台站的不断加密，地震台网监测到的地震数量呈爆发式的增长，各省、市地震局、监测中心在集中处理地震数据时的能力已捉襟见肘，尽管随着大数据、云计算、人工

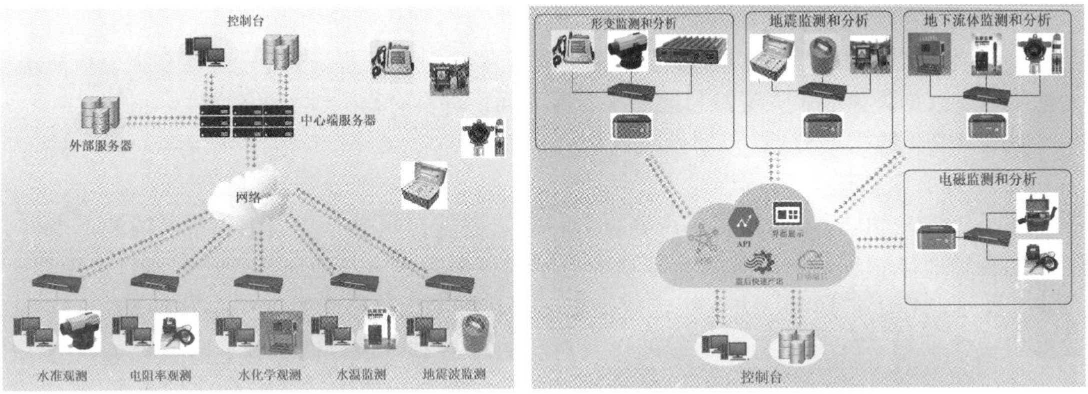

图 15-1 地震行业的“中心化”和“去中心化”场景示意图

智能（AI）、“互联网 +”及 5G 技术的快速发展，“中心化”集中地震处理已经在很大程度上实现了自动化，提升了整个数据中心的处理和快速响应能力，但仍然需要耗费大量人力物力提高网络覆盖率和传输速度，进行高性能服务器升级和研发高效率自动化地震波形处理系统等。随着中国地震台网、预警台网的进一步大规模建设，“中心化”集中地震数据处理和管理模式将不可持续，未来必将向“去中心化”方式转变。如何将深度学习、边缘计算等强大的人工智能技术高效地部署在地震数据处理和管理中，解决人工智能落地的“最后一公里”这一问题正是我们努力的方向。

15.2 “谛听”软硬件系统介绍

在上述背景下，“谛听”系统应运而生。它是中国地震局地球物理研究所“谛听”人工智能地震学团队历时三年打造的一套以人工智能技术为核心的自动化地震数据处理与分析软硬件系统的统称，包括：“谛听”大型 AI 地震学训练数据集、“谛听”系列 AI 自动地震数据处理算法、国内外地震监测领域第一款可部署轻量级高性能 AI 算法的边缘计算设备——“谛听”智慧盒子、边端云一体化地震数据处理系统。

我们将在下文分节依次为大家介绍：首先，“谛听”数据集为“谛听”系列 AI 算法提供了训练数据和基准测试；其次，训练好的“谛听”系列 AI 算法通过轻量化处理可以部署至低功耗边缘计算设备——“谛听”智慧盒子，实现地震仪器端现场实时自动化数据处理；最后，通过将“谛听”智慧盒子与具有更多后处理功能模块的云端服务器相连，构建了面向未来的下一代“去中心化”智能地震大数据处理系统和平台。这样就突破了大数据存储、传输和算力需求方面的瓶颈，能够极大地提升数据处理的效率，实现智能化地震前兆识别、实时地震监测与预警。

15.2.1 “谛听”数据集

15.2.1.1 研究背景

近年来人工智能技术在地震信号识别领域发展迅速，展现出巨大潜力，有望替代和革新常规的地震数据处理方法。人工智能研究和落地应用离不开海量的、高质量的标注数据，国际上大型人工智能地震数据集方面的工作刚刚起步，特别是面向中国的大型数据集目前仍为空白。中国地震台网已建成 1300 多个高标准固定台站，形成了一支专业地震数据分析队伍，无论从地震数据积累还是人工编目震相报告等方面，都具有得天独厚的优势。

15.2.1.2 数据集介绍

（1）“谛听”数据集 1.0 版本。

基于 2013—2020 年间的震相观测报告和国家测震台网中心数据中心备份的波形事件，中国地震局地球物理研究所赵明、陈石等与中国科学院地质与地球物理研究所肖卓伟博士合作，整理制作了“谛听”人工智能数据集，并在国家地震科学数据中心发布（图 15–2）。数据集包含了约 273 万三分量地震波形及对应的 P 波和 S 波到时标签，以及约 64 万的 P 波初动极性标签，其台站、地震分布示意图，震中距分布图，波形示例分别见图 15–3 和图 15–4。考虑到地震记录的可能存在的数据安全问题，数据集中所有数据都经过了严格的脱敏处理，抹去了地震时间及位置、台站名称及经纬度等信息，确保其仅可用于发展人工智能方法。

图 15–2 “谛听”数据集 1.0 在国家地震数据中心示意图

（https://data.earthquake.cn/datashare/report.shtml?PAGEID=datasourcelist&dt=ff8080827e3317f4017e331e7ce00002）发布

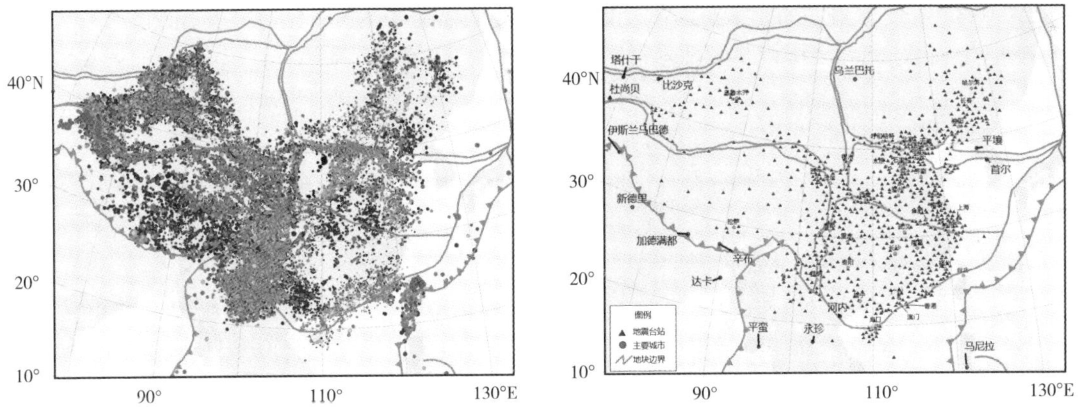

图 15-3 “谛听”数据集台站、地震分布示意图

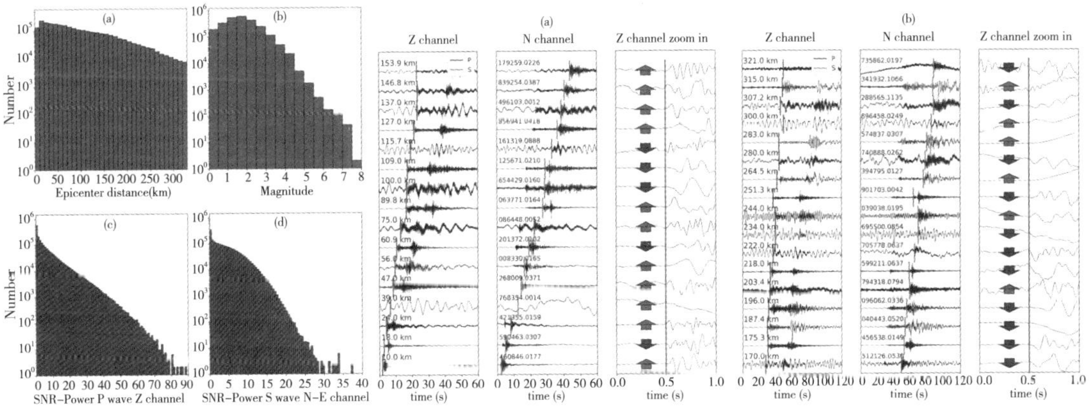

图 15-4 “谛听”数据集震中距、震级、信噪比分布图以及波形标注示例示意图

（2）“谛听”数据集 2.0 版本。

在“谛听”数据集 1.0 版本基础上，“谛听”数据团队进一步升级和迭代完成了 2.0 版本的研发。“谛听”数据集 2.0 版本的波形数据采用了更加适用于存储和处理大规模科学与工程数据的 HDF5 格式，具有读写快速、数据类型灵活、跨平台支持、支持大规模数据和元数据等优点，其元数据标签采用了更加灵活的 json 格式，包含了地震事件三要素（发震时刻、震级、位置）、台站、震相到时、初动极性、方位角、震中距等全方位信息。数据集已在地震科学国际数据中心和国家地震科学数据中心同时发布。

“谛听”数据集 2.0 版本收集了中国地震台网 2020.3—2023.2 年间的震相观测报告和国家测震台网数据备份中心的事件波形，包括来自 264298 个中国大陆及邻区天然地震事件的 1089920 条三分量波形，以及 958076 个 Pg、780603 个 Sg、152752 个 Pn、25956 个 Sn 震相到时标签，此外还有 249477 个 Pg 波、41610 个 Pn 初动极性标签。数据集中地震事件的震级范围为 0~8.2 级，震中距范围为 0~1000 km, 台站方位角分布为 0~360°，均与波形一一对应进行了标注，如图 15-5 至图 15-8 所示。

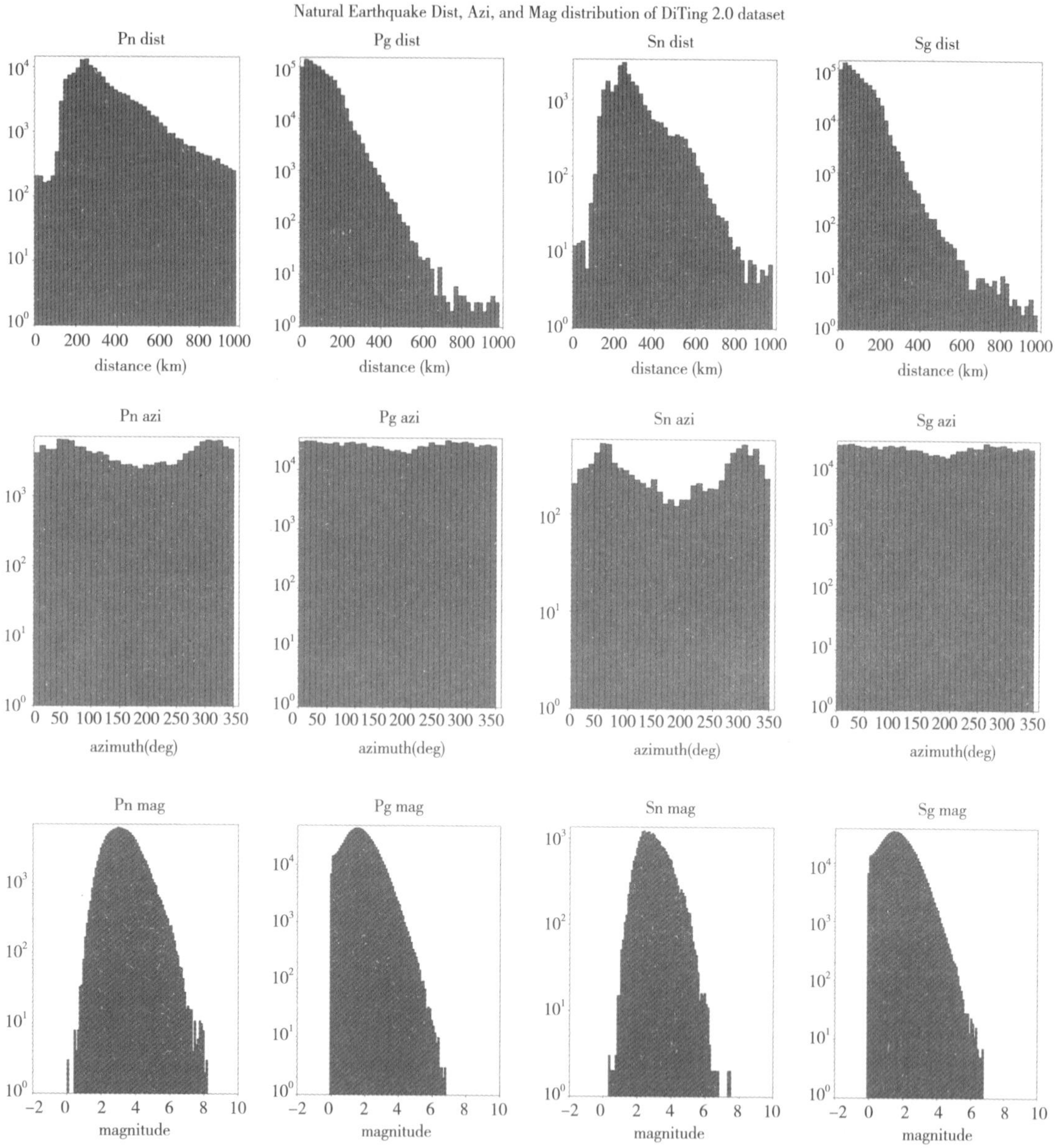

图 15-5　天然地震事件标注震相（Pg，Pn，Sg，Sn）的震中距、方位角、震级数量分布图

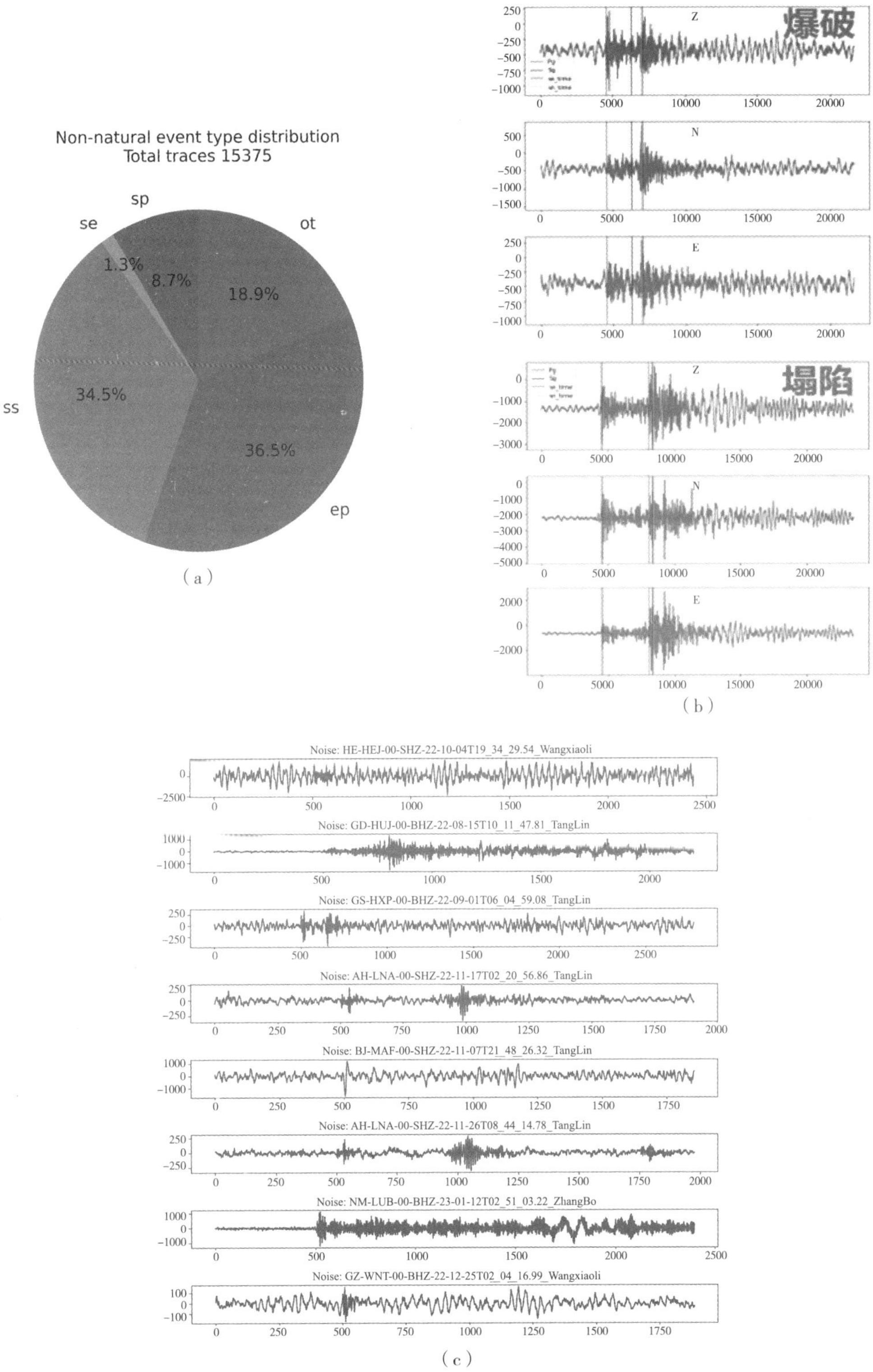

图 15-6 非天然地震事件的类型分布图（a）；事件样例（b）；噪声样例（c）

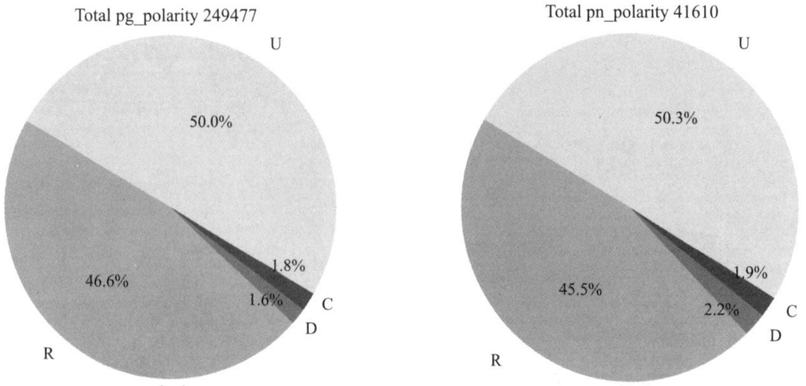

（a）　　　　（b）

图 15-7　Pg（a）与 Pn（b）初动极性分布图

图 15-8　“谛听”2.0 版本数据集在地震科学国际数据中心（http://www.esdc.ac.cn/article/137）和国家地震科学数据中心（https://data.earthquake.cn/datashare/report.shtml?PAGEID=datasourcelist&dt=ff8080828b238a7a018b40eac2790006）发布图

（3）数据集的意义。

“谛听”数据集是目前全球在规模、样本标注质量、标签类别三项指标上领先的地震学标注数据集之一。首先在标注样本的数量上（278 万和 108 万），仅次于美国 NEIC 主导的 MLAAPDE 数据集（510 万），领先于其他国际同类数据集；其次在标签的齐全性方面，“谛听”数据集是唯一拥有震相、初动、方位角、震级、震中距等全方位标签的数据集；最后在波形长度方面，样本波形长达 180s 和 110s，均位列同类数据集的前列，这大大增加了数据集的可用性。同时，“谛听”数据集 2.0 版本有针对性地补全了 1.0 版本的短板，增设了噪声数据类别、非天然地震事件类别，这使得“谛听”数据集成为世界上第一个多标签的全类别数据集，以表 15-1 为例展示。

表 15-1　“谛听”数据集与国外同类型数据集的指标对比

数据集名称	地震记录数目（百分条）	噪声记录数目（百分条）	震中距分布（°）	波形长度（s）	数据源区	初动极性
SCSN-P&FM	2.53	2.32	0 ~ 1	6	美国	有
SCSN-GPD	3.00	1.50	0 ~ 1	6	美国	无
STEAD	1.05	0.10	0 ~ 3	60	全球	无

续表

数据集名称	地震记录数目（百分条）	噪声记录数目（百分条）	震中距分布（°）	波形长度（s）	数据源区	初动极性
LEN-DB	0.63	0.62	0 ~ 1	27	全球	无
NEIC	1.30	0	0 ~ 180	60	全球	无
INSTANCE	1.20	0.13	0 ~ 6	120	意大利	有
DiTing	2.73	0	0 ~ 3	180	中国	有

“谛听”数据集的发布有利于地震智能识别算法的研究向应用转化。例如，此前国际大型训练地震数据集中仅有极少的数据来自中国，这导致在这些数据集上发展的方法应用于国内数据时往往需要进行迁移学习等步骤才能保持较高性能。

从促进科学研究的角度讲，“谛听”数据集有助于突破目前算法的发展瓶颈。比如，目前有的智能检测算法在此前最大的数据集 STEAD 上已经达到接近 100% 的精度和召回率，但在其他数据上性能有一定下降，说明存在因数据集数量和多样性不足导致的过拟合及泛化性差的问题。亟需扩大数据集以进一步推动算法的发展。此外，“谛听”数据集还可以用于进行初动极性判别、震级预测等研究。

最后，“谛听”数据集将推动人工智能算法在地震监测预报业务中的进一步落地应用，地震检测、震相与初动极性识别、震相关联、震级预测、地震定位、震源机制反演等一系列面向常规地震数据处理任务的算法性能将得到进一步提升，有针对性的噪声集的加入将有助于推进地震去噪、降低各类算法在实际应用中的误报率。此外，“谛听”数据集还可以为地震行业大模型的开发提供基础数据。

15.2.2 “谛听”系列 AI 工具— DiTingTools

针对“去中心化”密集台阵海量地震数据近实时处理的需求，我们发展了基于千万级高质量标注数据集的深度学习 P 震相检测、S 震相检测、P 波初动极性检测、单台定位、震级预测等技术，并将这些预训练的高泛化力深度学习模型轻量化，然后开发可以部署多款轻量级深度学习模型进行高效神经网络推理的低功耗、便携式边缘检测设备。

（1）地震检测与震相拾取——DiTingPicker。

地震检测与震相拾取是地震数据处理中最基本和最常见的问题之一，快速、准确、自动化地识别地震类型并拾取震相到时是地震行业的迫切需求。地震检测与震相拾取可看成深度学习里的语义分割问题，其数学原理实际是对目标函数进行最优化，通过反复比较当前网络的预测值与我们期望的目标值的差异，不断调整每一层的权重和偏差等超参数，使得差值最小化。衡量预测值与期望值差异的方程被称为损失函数或目标函数。

如图 15-9 所示，“谛听”地震检测与震相拾取神经网络的基本组件可分为下采样分支层和上采样分支，其中下采样分支由卷积层、残差模块和池化层组成，在训练阶段，还包括 dropout 层来防止过拟合；上采样层由卷积层、转置卷积层、残差模块和跳跃链接层组成，在训练过程中同样也加入了 dropout 层。一个下采样层和上采样层为一个阶段。网络设计采用级联的架构，共包含三个阶段。网络输入为三分量地震波形，每一阶段的输出将作为下一阶段的输入，以及最终判别的输入。在级联结构中，网络可以提高感受野范围，自动提取地震和震相的抽象特征，以解决地震检测与震相拾取问题。在多次下采样和上采样的分支组合中，结合局部与全局的特征信息，逐步判别地震信号并识别震相的细节特征，以解决地震检测与震相拾取的问题。最后网络通过激活函数计算 P 波、S 波及是否为地震事件的概率值。网络输出的预测经后处理模块后，根据预设阈值得到对应的地震时间及 P 震相、S 震相的到时。

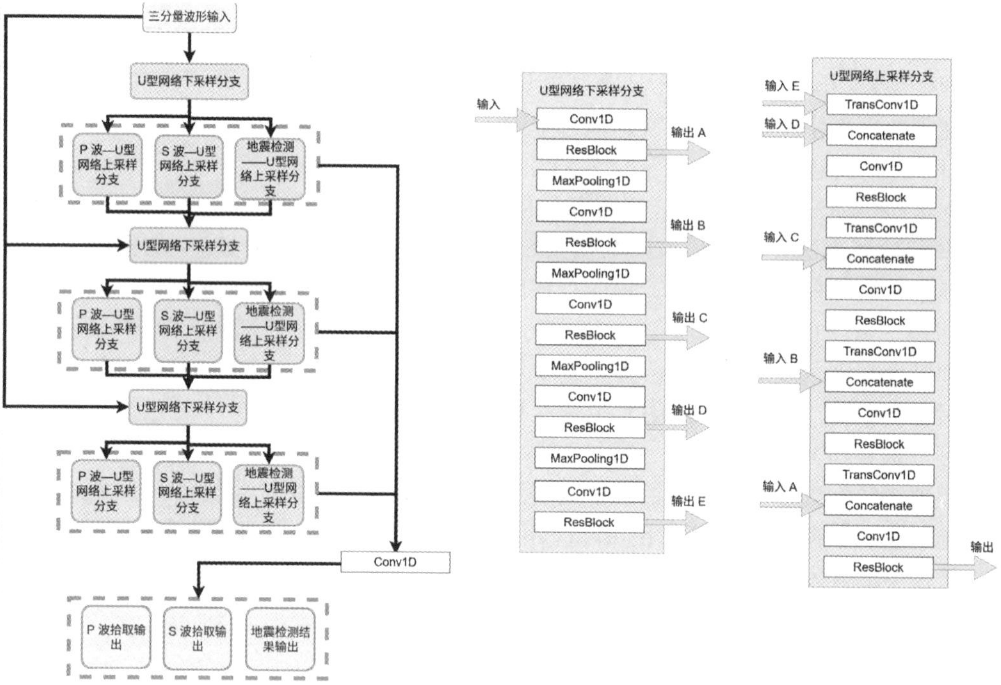

图 15-9 “谛听”地震检测与震相拾取神经网络架构图

前面所述“谛听”地震检测与震相拾取神经网络模型是以 6144 个采样点三分量地震波形为输入，以是否为地震事件及震相类别为输出进行训练得到的。其中，“谛听”地震检测与震相拾取神经网络模型在训练过程中的损失函数为：

$$
\begin{cases}
L=\sum_{i=1}^{3}\sum_{j=1}^{n}-\alpha_t\left(1-Y_{ij}\right)^{\gamma}Y_{ij}^{'}\cdot\log\left(Y_{ij}\right)\\
Y_1^{'}=\begin{cases}Y_1^{'}:[1,0,0]\\Y_2^{'}:[0,1,0]\\Y_3^{'}:[0,0,1]\end{cases}\\
Y_i=\dfrac{1}{1+e^{-z_i}}
\end{cases}
$$

式中，$Y_i^{'}$ 为二值化编码的标签，分别表示 P 波、S 波和地震信号三个类别；$Y_{ij}^{'}$ 为第 j 个样本

属于类 i 的真实概率；n 为波形采样点数；Y_i 为网络模型最后一层的 sigmoid 函数计算得到的概率值；Y_{ij} 为第 j 个样本属于类 i 的预测概率值；z_i 为网络模型最后一层的输出张量 $[m,n,3]$；m 为输入数据个数；α_t 为不同类别均衡权重；γ 为难易样本均衡系数。

（2）地震 P 波初动极性判别——DiTingMotion。

地震 P 波初动极性信息对于震源机制的反演十分重要。由于极性特征通常有“朝上”“朝下”“不明显”等几种，跟深度学习里的分类问题比较类似，因此近年来有不少工作将 AI 分类算法应用于初动极性自动识别。

如图 15-10 所示，“谛听”地震初动判别神经网络的基本组件可分为卷积组合模块和侧分支层，其中卷积组合模块由组合卷积层和池化层组成，在训练中加入了 dropout 层来防止

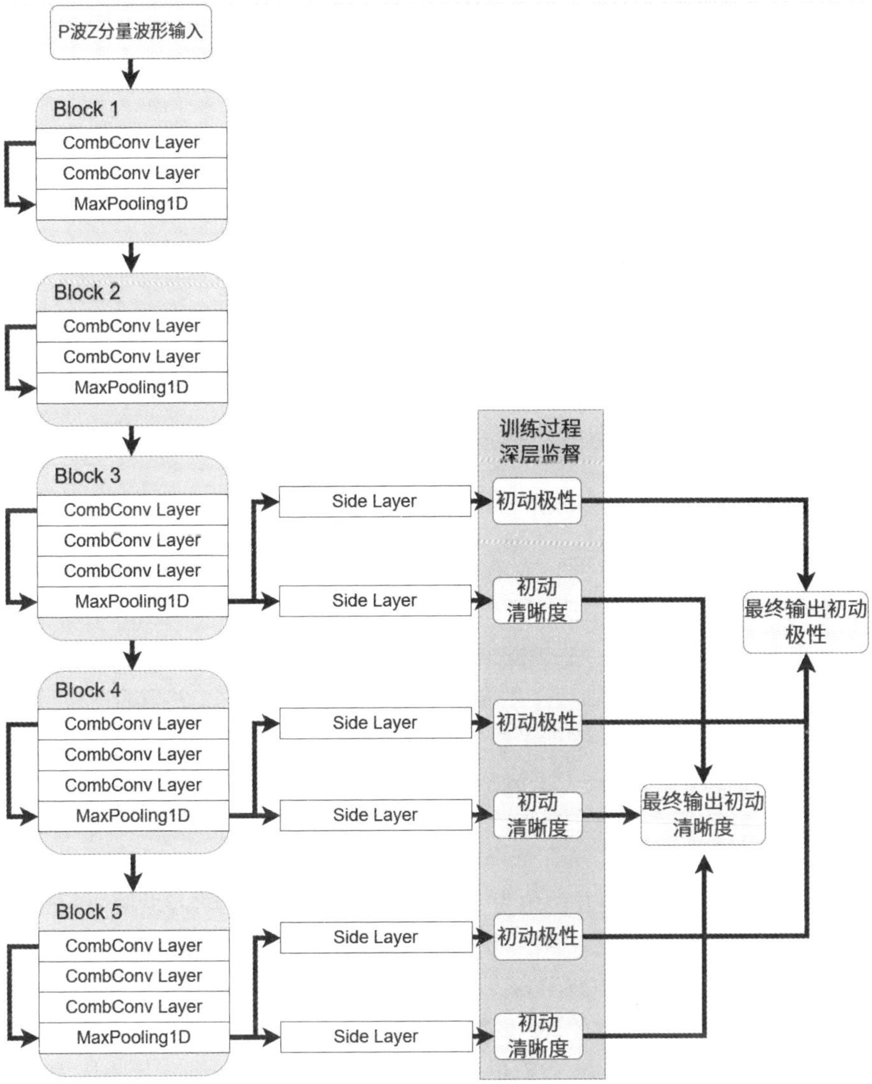

图 15-10 DiTingMotion 边缘检测模型架构图

过拟合；侧输出层将第三至第五个卷积组合模块的输出映射为最终的地震初动判别结果，其中地震初动判别结果分为地震的极性（初动向上或向下）及初动的清晰程度（初动尖锐、平缓或介于二者之间）。“谛听”地震初动判别神经网络通过卷积组合模块提取地震初动的抽象特征，以解决初动判别问题。在训练过程中，多个侧输出层同时用于监督，可以有效加速网络收敛速度，并且综合不同感受野和不同尺度信息，以解决地震初动判别的问题。最后通过激活函数计算初动向下或向下及初动尖锐或平缓的概率值，并与预设阈值比对确定该地震波形的初动类别。

上述“谛听”地震初动判别神经网络模型是以 P 波到时前后各 128 个采样点的地震垂直分量波形为输入，以初动方向及清晰度类别为输出进行训练得到的；所述 P 波初动极性包括初动向上、向下，所述清晰度包括“清晰”“平缓”“不清晰 ”。其中，该神经网络模型在训练过程中的损失函数为：

$$
\begin{cases}
L=-\sum_{i=1}^{2}\alpha_t\left(1-Y_i^m\right)^{\gamma}Y_i^{m'}\cdot\log\left(Y_i^m\right)-\sum_{j=1}^{3}\alpha_t\left(1-Y_j^c\right)^{\gamma}Y_j^{c'}\cdot\log\left(Y_j^c\right)\\
Y_i^{m'}=\begin{cases}Y_1^{m'}:[1,0]\\ Y_2^{m'}:[0,1]\end{cases}\\
Y_j^{c'}=\begin{cases}Y_1^{c'}:[1,0,0]\\ Y_2^{c'}:[0,1,0]\\ Y_3^{c'}:[0,0,1]\end{cases}\\
Y_l=\dfrac{e^{z_l}}{\sum_{k=1}^{3}e^{z_k}}
\end{cases}
$$

式中，$Y_i^{m'}$ 为二值化编码的标签，i=1,2 分别表示初动向上和向下两个类别；$Y_j^{c'}$ 为二值化编码的标签，j=1,2,3 分别表示初动清晰、介于清晰和平缓之间、初动平缓三个类别；$Y_i^{m'}$ 为初动波形属于对应类 i 的真实概率，Y_i 为网络最后一层的 sigmoid 函数计算得到的概率值；Y_l 为输入波形的属于类 l（极性或清晰度）的预测概率值；z_k 为网络每个侧输出最后一层的输出张量（shape 为 [m,5]），m 为输入数据个数。

（3）地震单台方位角估算——DiTingAzi。

地震单台方位角也是地震定位的重要参数之一，尤其是当事件关联台站比较稀少的时候，可以为定位提供重要参考。通常单台方位角可以通过对三分量（Z\N\E）波形进行分析得到，但其误差往往较大。由于方位角为一个数值，类似于深度学习里的回归问题，因此近年来也有人尝试将回归类 AI 算法应用于方位角估算，并取得了一定效果。

如图 15–11 所示，“谛听”地震单台方位角估算网络的基本组件可分为主干网络和估算网络，其中主干网络由卷积层、残差模块和池化层组成，训练中会加入 dropout 层来防止过拟合，估算网络由全连接网络和 sin 或 cos 函数组成，估算网络的数据结果经转换函数后为最终估算的方位角。在训练中，利用标签方位角对 sin 及 cos 函数的输出进行监督。

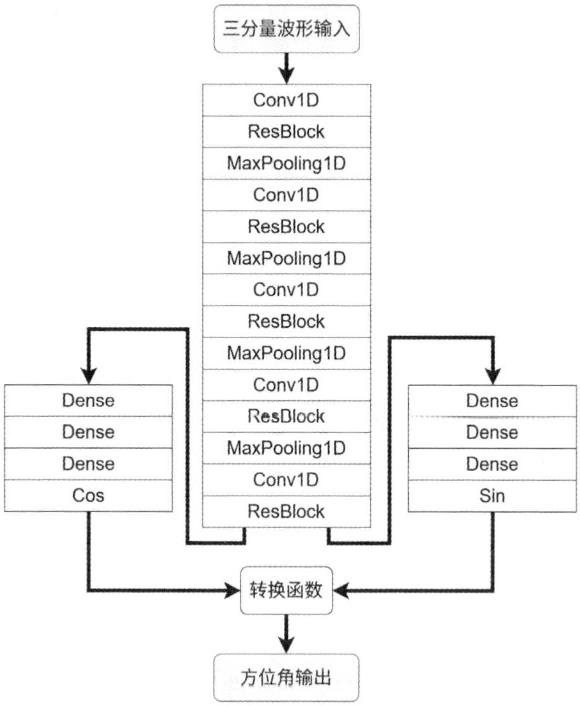

图 15-11 “谛听”地震单台方位角估算网络架构图

上述“谛听”地震单台方位角估算神经网络模型是以 P 波前后 64 个采样点的三分量地震波形为输入，以方位角对应的 sin 与 cos 值为输出进行训练得到的。其中，“谛听”地震单台方位角估算神经网络在训练过程中的损失函数为：

$$\begin{cases} L = \sum_{i=1}^{2}\left(Y_i - Y_i^{'}\right)^2 \\ Y_1 = \sin\left(z_m\right) \\ Y_2 = \cos\left(z_n\right) \end{cases}$$

式中，$Y_i^{'}$ 为方位角对应的 sin 或者 cos 值，i=1,2 分别表示 sin 与 cos 值；Y 为“谛听”地震单台方位角估算神经网络最后估算出的该记录对应方位角的 sin 或者 cos 值，z_m 与 z_n 为方位角估算模型后一层的输出张量 ([m,1])，m 为输入数据个数。

（4）震中距估计模型——DiTingDist。

对于采用前述方法检测到的地震事件，可进一步对其开展震中距估计，判断事件距离台站的远近，这可以通过我们这里介绍的震中距估计模型实现，如图 15-12 所示，震中距估计网络为三级级联结构，三级结构的参数分别在预训练、迁移学习和主动学习后微调，与此前震级预测网络的三级级联结构类似。震中距预测网络采取了深度学习与物理约束相结合的方式，即直接通过深度学习模型回归出一个震中距，同时通过对 P 震相和 S 震相进行检测所得的到时差估算出粗略的震中距。最终通过子网络对深度学习模型的震中距和粗略估算出的震中距进行加权整合。在训练过程中，首先训练震相拾取和震中距预测网络，在二者收敛后再开始子网络的训练。

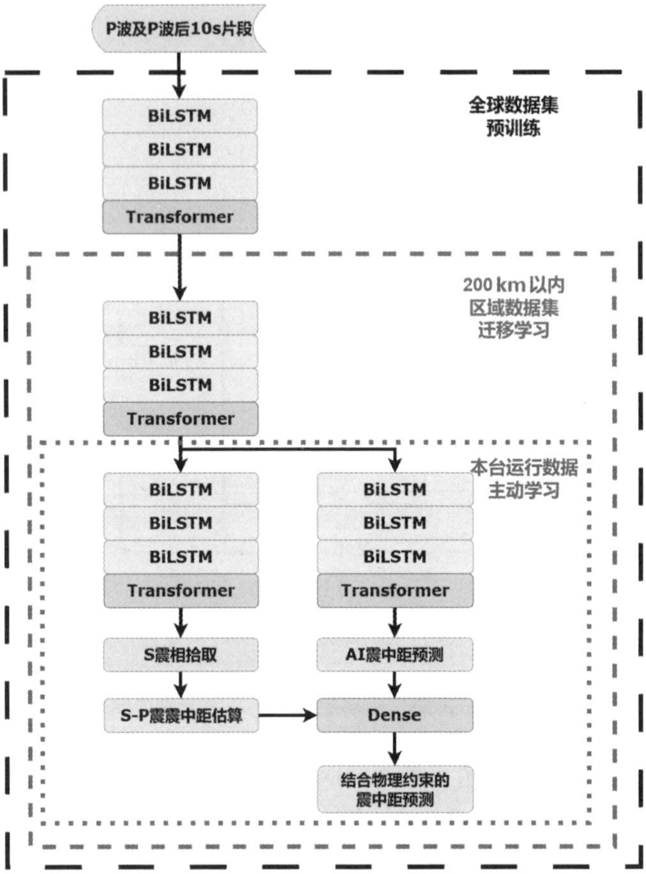

图 15-12 "谛听"震中距估计网络架构图

上述震中距估计网络是以 Pg 波及 Pg 波以后 10s 波形为输入，以震中距预测值为输出进行训练得到的。其中，该神经网络模型在训练过程中的损失函数为：

$$\begin{cases} L = \dfrac{1}{n}\sum_{i=1}^{n}\left(y_i - y_i^{'}\right)^2 \\ y_i = f\left(x_i\right) \end{cases}$$

式中，$y_i^{'}$ 是标签震级值；y_i 是模型预测值；x_i 为输入波形张量 $[n,1000,1]$，1000 为 10s 波形所对应的采样点数，n 为地震个数，1 为通道数。

（5）预警震级模型——DiTingMag。

震级作为地震定位三要素之一，其重要性不言而喻。对于地震监测而言，由于国内外都已经建立了相对较为完善的震级标度体系，在已知地震 P、S 到时并能够量取 S 波最大振幅的前提下，代入相应公式即可计算得到震级。相比之下，预警震级是利用不完整的事件波形（例如 P 波前几秒）来预测和估计震级，在技术上更具挑战性，也更有实用价值，因此我们在这里提出了一种基于深度学习和边缘计算的地震预警方法，即依托"谛听"智慧盒子可以直接在地震仪器端接入实时数据并进行现场实时处理，通过部署在盒子上的高性能预警 AI 算法，在第一时间检测到地震 P 波信号并提前给出事件震级大小的预测，并根据实时数据动态更新预测结果，从而为地震预警决策尽可能争取到宝贵的时间。

①预警震级预测。

把预警震级预测看成深度学习里的回归问题，其数学原理实际上是对目标函数进行的最优化，通过反复比较当前网络的预测值与我们期望的目标值的差异，不断地调整每一层的权重和偏差等超参数，使得差值最小化。衡量预测值与期望值差异的方程被称为损失函数或目标函数。

如图 15–13 所示，预警震级预测网络为三级级联结构，每一级的基本组件可分为三个依次相连的双向长短时记忆网络层和一个 Transformer 层，其中卷积组合模块由组合卷积层和池化层组成，在训练中加入了 dropout 层来防止过拟合，预警震级预测网络最后通过激活函数计算震级预测值。

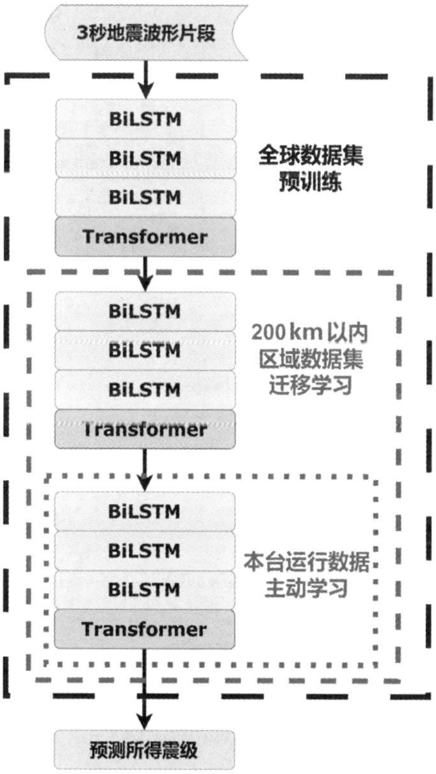

图 15–13　深度学习的预警震级预测神经网络架构图

上述预警震级预测模型是以 P 波到时后 3 s 的地震垂直分量波形为输入，以震级为输出进行训练得到的。所述震级为一个不超过 10 的浮点数值，精确到小数点后 1 位。该神经网络模型在训练过程中的损失函数为：

$$MSE = \frac{1}{n}\sum_{i=1}^{n}\left(y_i - y_i^{'}\right)^2$$

式中，y_i 是标签震级值；$y_i^{'}$ 是模型预测值；n 为地震个数。

②震级修正。

如图 15-14 所示，震级修正网络通过综合包含 P 和 S 的波形片段、S-P 到时差信息、AI 初步估算震级和传统单台近震震级信息，对已经获得的震级进行修正。其中，波形数据首先通过一组 BiLSTM 和 Transformer 网络进行特征提取，而 S-P 到时差信息、AI 初步估算震级和传统单台近震震级信息则通过全连接网络进行特征组合，最终将波形与其他信息的特征进行融合。震级修正模型同样采用三级网络结构，各级参数分别在预训练、迁移学习和主动学习后微调，与此前震级预测网络的三级级联结构类似。网络最终进行输出修正后的震级浮点数范围和震级分类结果：小于 4 级，4～6 级，大于 6 级。

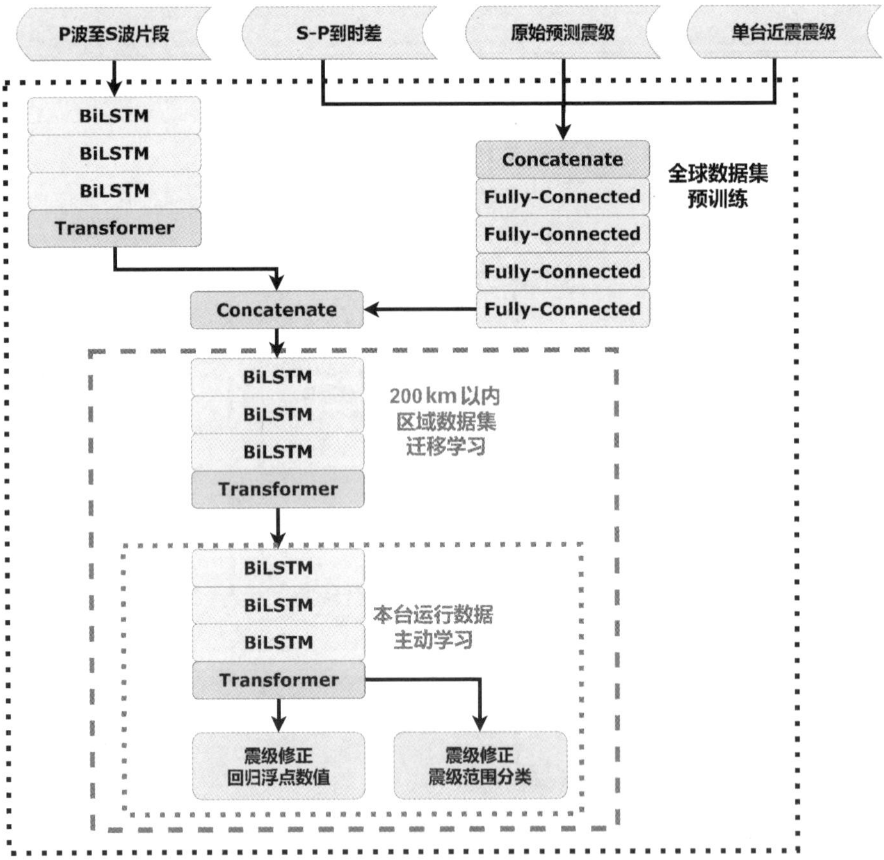

图 15-14　深度学习的震级修正神经网络架构图

上述网络以包含 P 和 S 的波形片段、S-P 到时差、初始预警震级初步估算震级和单台近震震级为输入，以预测震级的浮点数和震级范围分类为输出，其中“谛听”震级修正网络在训练过程中的损失函数为：

$$L=\sum_{i=1}^{3}\sum_{j=1}^{n}-\alpha_t\left(1-Y_{ij}\right)^{\gamma}Y_{ij}'\cdot\log\left(Y_{ij}\right)+\frac{1}{n}\sum_{k=1}^{n}\left(y_k-y_k'\right)^2$$

$$Y_i'=\begin{cases}Y_1':[1,0,0]\\Y_2':[0,1,0]\\Y_3':[0,0,1]\end{cases}$$

$$y_k=f\left(x_k,\Delta t_k,M_k^0,M_k^1\right)$$

式中，Y_i' 为独热编码的标签，分别表示震级小于 4 级、4～6 级、大于 6 级三个类别；Y_{ij}' 为第 j 个样本属于类 i 的真实概率；n 为波形采样点数；Y_i 为震级修正网络震级范围预测分支最后一层的 sigmoid 函数计算得到的概率值；Y_{ij} 为第 j 个样本属于类 i 的预测概率值；z_i 为震级修正网络震级范围预测分支最后一层的输出张量 $[m,n,2]$，m 为输入数据个数，n 为波形采样点数；α_t 为不同类别均衡权重；γ 为难易样本均衡系数；y_k' 为该地震的实际震级；y_k 为震级修正网络震级估算分支的估算震级；x_k 为输入波形张量 $[m,n,3]$，3 为通道数；Δt_k 为 S–P 到时差；M_k^0 为初始预警震级；M_k^1 为单台近震震级。其中 Δt_k 和 M_k^0 为已知，M_k^1 可通过自动量取 S 波最大振幅并应用单台地方震级计算公式计算得到。

15.2.3 “谛听”AI 模型集的泛化能力评估

AI 模型的泛化能力是其业务化应用的关键。为了提升“谛听”模型的泛化能力，我们一方面采用了更大规模的标注数据集，包括“谛听”、STEAD、INSTANCE 等共计 1000 万条的数据进行训练，如表 15–2 所示，DiTingPicker 在国内测试数据集上 P 震相、S 震相拾取的表现好于 PhaseNet 和 EqT，DiTingMotion 在国内外不同测试集上极性判别准确率均达到了 97% 以上，这充分证明了使用更多训练数据的有效性，结果如图 15–15 所示。

表 15–2　DiTingPicker 与其他 AI 模型在中国台网测试数据上的性能对比

Method	P Pr（%）	P Re（%）	S Pr（%）	S Re（%）
DiTingPicker	**95.3**	**87.9**	**97.5**	**80.1**
PhaseNet(Zhu et al.,2019)	91.7	80.5	87.1	69.7
EqT(Mousavi et al.,2020)	92.8	56.1	97.4	18.8

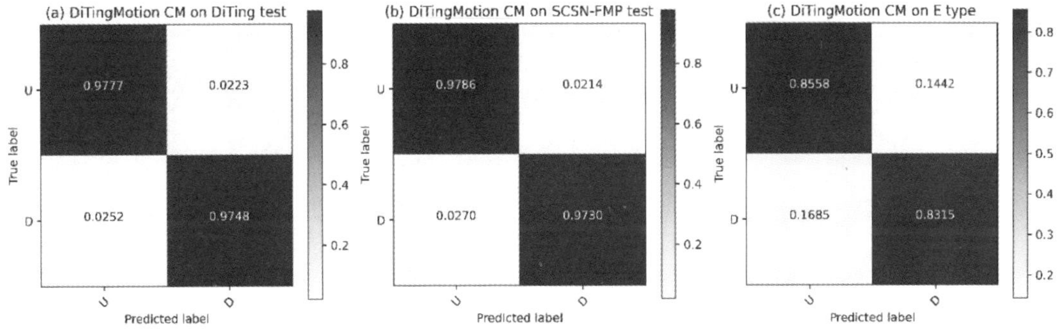

图 15–15　DiTingMotion 在国内外不同测试集上准确率均为 97% 以上

另一方面，我们将训练好的“谛听”系列模型应用于中国地震局的智能化前震识别业务，并在实际应用中不断加以改进。智能化前震识别业务旨在发现和总结大震、强震在震前可能出现的微震活动的规律，并根据地震活动性时空异常、初动一致性等设计相应的统计指标来进行提前报警。由于这些前震震级一般都非常小，传统技术手段并不能很好地识别，存在大量遗漏或误检测事件，利用人工智能技术则可在很大程度上改善这一问题。目前该业务共接入全国地震波形 LISS 流服务 1064 个台站，每天产生数据达 30GB，同时由于数据的多样性和地域广阔性，对 AI 算法的泛化能力提出了很大的挑战。

经过两年多的迭代，“谛听”系列算法在智能化前震识别业务中的泛化能力越来越强（图 15-16）。在 2023 年 4 月，我们以 2021 年 6 月至 2023 年 1 月间人工震相报告中的结果作为标准答案，对“谛听”系列算法的识别结果进行了一次全面评测，并使用精度、召回率等指标对结果进行评测，以评估模型目前在实际连续波形上达到的检测水平。其中，DiTingPicker 的事件检测平均召回率 80% 以上，拾取精度全国平均 P 波在 0.05 ± 0.11s，S 波在 0.016 ± 0.17s，各个台站的具体结果参见图 15-17、图 15-18（目前只完成了 300 多台的统计）；DiTingMotion 的 Pg 初动极性识别正确率达到 86.7%（U）和 87.9%（D），Pn 初动极性正确率达到 75.1%（U）和 73.1%（D）；DiTingDist 的震中距判断误差平均 ± 25km。DiTingMag 的震级判断误差平均为 ± 0.3 级，DiTingAzi 目前尚未投入实际数据中进行迭代（图 15-19）。

图 15-16　智能化前震识别业务展示前端示例示意图

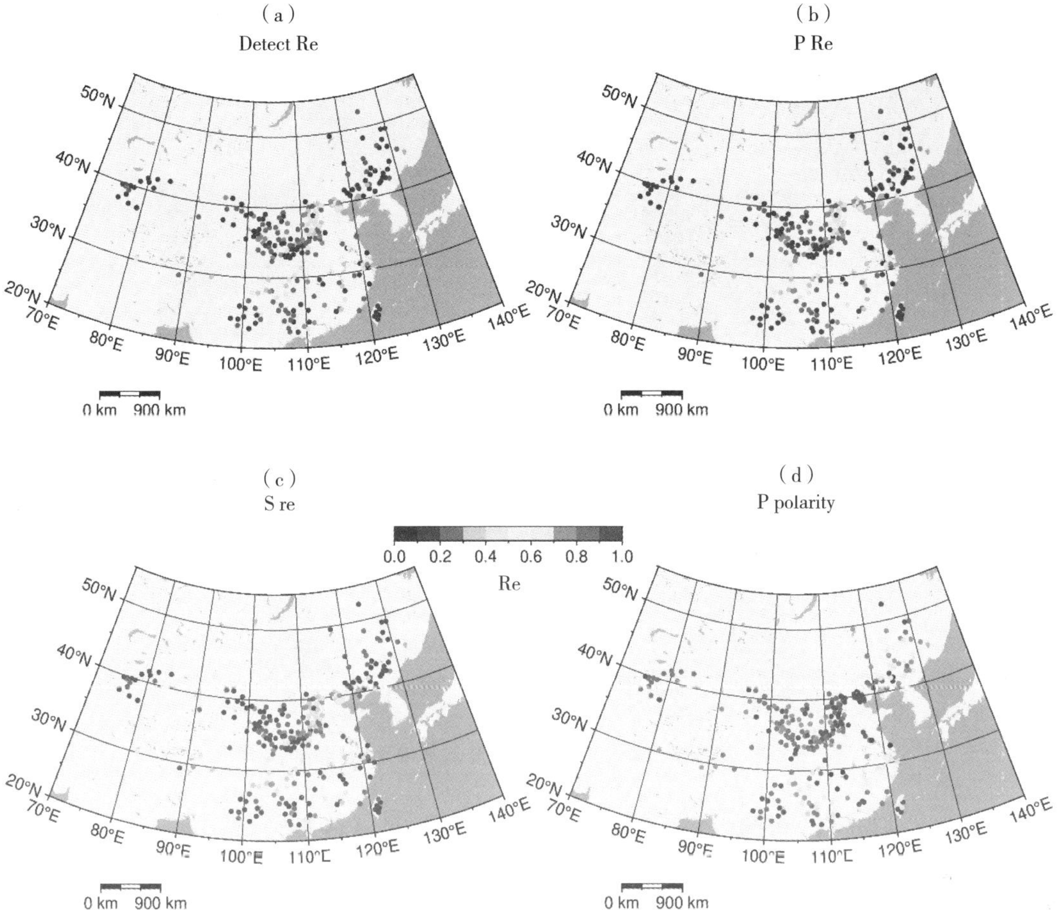

图 15-17 全国不同地域 300 多个台站的检测召回率分布图

(a)事件检测召回率;(b)P 波检测召回率;(c)S 波检测召回率;(d)P 波初动极性检测正确率

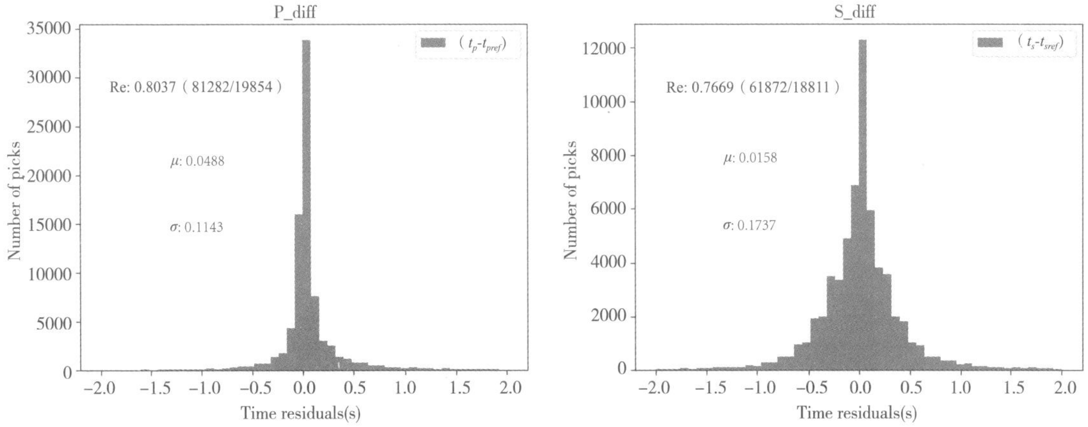

图 15-18 与全国固定台网的人工标注相比结果图,DiTingPicker 的震相拾取精度:P 波平均在 0.05 ± 0.11s(101136 条),S 波平均在 0.016 ± 0.17s(80683 条)

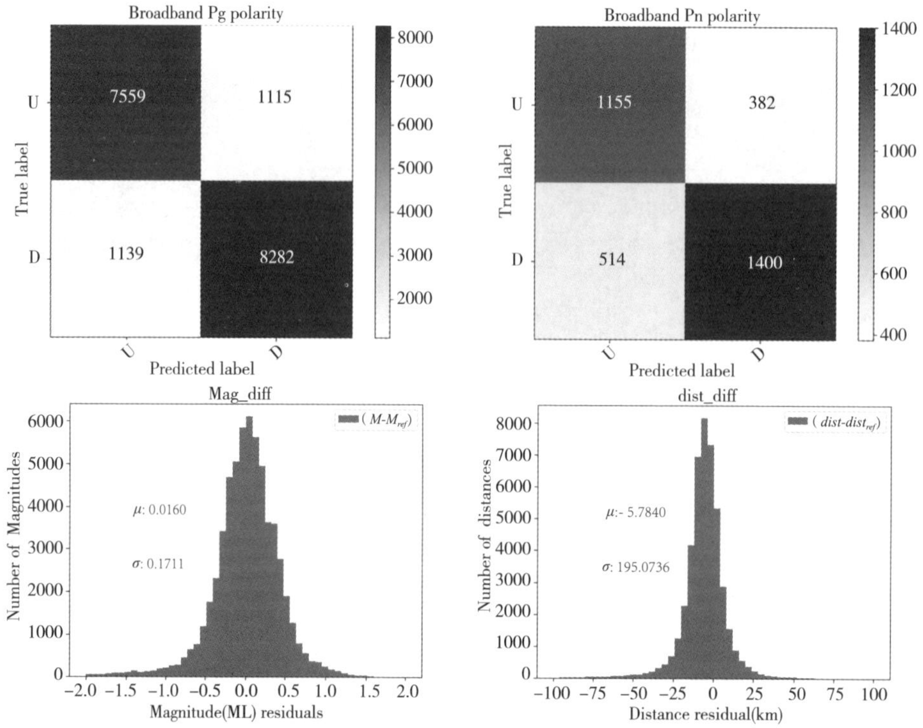

图 15-19　Pg、Pn 极性判别混淆矩阵与震中距预测混淆矩阵图

15.3 “谛听”盒子与 AI 地震数据处理

15.3.1 “谛听”盒子 AI 推理环境介绍

对于上节所介绍的“谛听”系列 AI 模型，我们需要在“谛听”盒子上配置好相应的 AI 推理环境。“谛听”盒子目前已进行了四代产品的开发，其中第一代和第二代是以树莓派+Intel 神经计算棒为基础硬件配置的 ARM 32 位机及 Raspbian 操作系统，第三代和第四代是国产化硬件替代之后的 AARCH 64 位机及 Ubuntu 麒麟操作系统。第三代和第四代在硬件配置、性能、功耗方面均相比之前有较大改进，已成为“谛听”盒子的主流机型。在本书的第 2 章中详细介绍了目前最新型号“DT-420”硬件及 AI 推理环境配置，感兴趣的读者可以翻阅。目前出厂的“谛听”盒子均已做好相关软件安装和配置，用户可直接使用。“谛听”盒子的发展变化如图 15-20 所示。

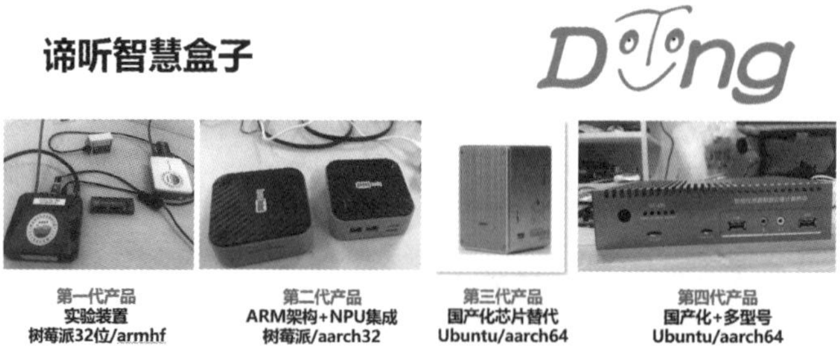

图 15-20　“谛听”盒子发展阶段性产品式样图

15.3.2 “谛听”盒子智能处理地震数据

如图 15-21 所示，“谛听”盒子可通过 USB 端口或网线连接数字采集器（DAS）获取实时地震数据，支持多种仪器类型，包括 Reftek 130 数采、MEMS 传感器、短周期节点式地震仪等。

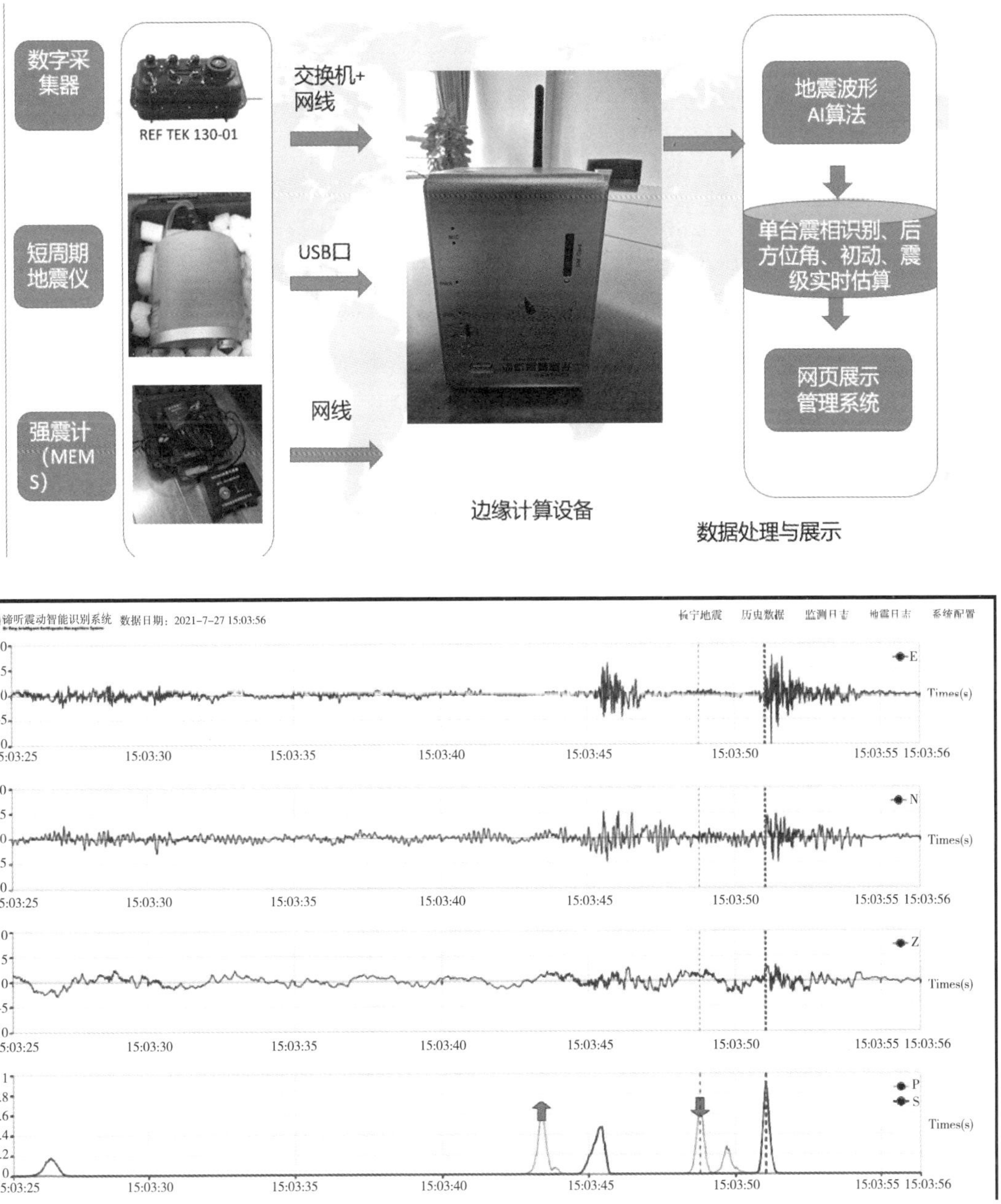

图 15-21 “谛听”盒子接入实时观测数据并进行 AI 处理示意图

利用部署在盒子里的 AI 算法，可在 4s 之内完成单台约一分钟长数据流（6144 采样点）的震相检测、初动极性检测、方位角估计，并进一步自动估算震级，相关代码和实现步骤如下。

首先，我们导入 AI 推理环境 RKNN，并加载“谛听”系列深度学习模型。（本章所有程序代码均与电脑屏幕所显示的一致，包括正斜体及格式，特此说明，后文不再赘述）

```
import re,os,sys
import obspy
import numpy as np
import matplotlib.pyplot as plt
import subprocess
from pathlib import Path
from src.PostProcessing import postprocesser
# import libs
from sklearn.cluster import AgglomerativeClustering
import time
import platform
from rknnlite.api import RKNNLite
#
# 加载"谛听"系列深度学习模型
# Load DiTing models
#
# decice tree for rk356x/rk3588
DEVICE_COMPATIBLE_NODE = '/proc/device-tree/compatible'
#
def get_host()
    # get platform and device type
    system = platform.system()
    machine = platform.machine()
    os_machine = system + '-' + machine
    if os_machine == 'Linux-aarch64'
        try
            with open(DEVICE_COMPATIBLE_NODE) as f
                device_compatible_str = f.read()
                if 'rk3588' in device_compatible_str
                    host = 'RK3588'
                else
                    host = 'RK356x'
```

```
        except IOError
            print('Read device node {} failed.'.format
(DEVICE_COMPATIBLE_NODE))
            exit(-1)
    else
        host = os_machine
    return host
#
input_N = 6144
test_batch_size = 1
t1 = time.time()
rknn_lite = RKNNLite()
#
# load RKNN model
print('--> Load RKNN model')
ret_picker = rknn_lite.load_rknn("diting_models/DiTingPick
er_tf1.rknn")
if ret_picker != 0
    print('Load DiTingPicker model failed!')
    exit(ret_picker)
print('done')
#
# init runtime environment
print('--> Init runtime environment')
# run on RK356x/RK3588 with Debian OS, do not need specify target
#
ret = rknn_lite.init_runtime()
#
if ret != 0
    print('Init runtime environment failed')
    exit(ret)
print('done')
```

```
--> Load RKNN model
done
--> Init runtime environment
I RKNN: [14:10:33.251] RKNN Runtime Information: librknnrt version: 1.5.2 (c6b7b351a@2023-08-23T15:28:22)
I RKNN: [14:10:33.251] RKNN Driver Information: version: 0.8.2
I RKNN: [14:10:33.254] RKNN Model Information: version: 2, toolkit version: 1.4.0-22dcfef4(compiler version: 1.4.0 (3b4520e4f@2022-09-05T12:50:09)), target: RKNPU lite, target platform: rk3566,
```

可以看到模型已经成功加载，接下来我们利用 obspy 读取数据，这里我们以截取的一段含地震事件的波形为例，数据格式为 mseed。

```
# 读取波形文件
# Read seismic waveforms
# Turkey example
st = obspy.read('./TU.KHMR_020702023/TU.KHMR.mseed')
st = st.trim(starttime = obspy.UTCDateTime('2023-02-07T12:05:30'),endtime = obspy.UTCDateTime('2023-02-07T12:08:30'))
st.plot()
```

基于以上示例，生成图 15–22。

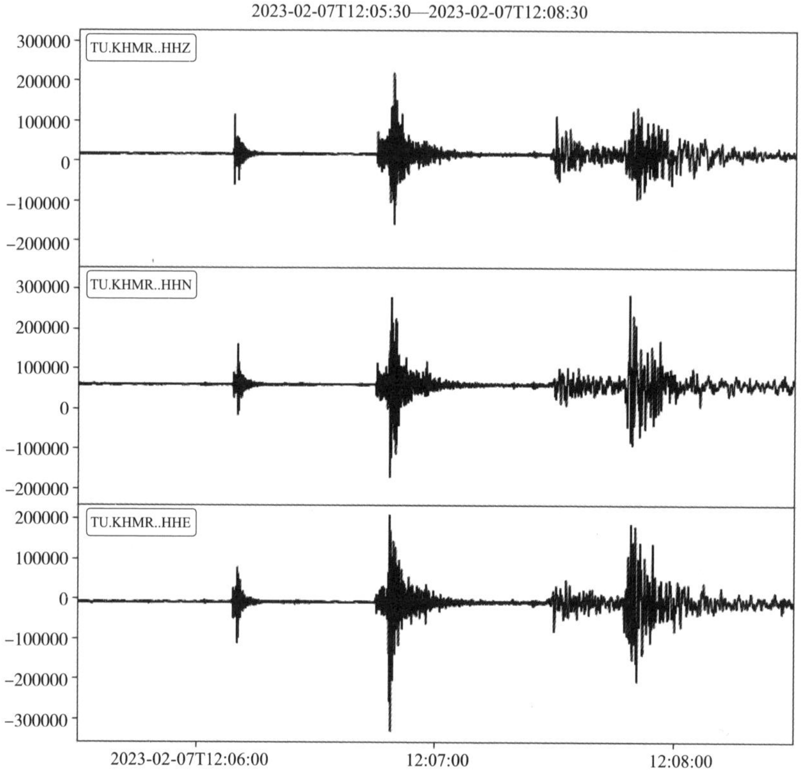

图 15–22　地震事件波形示意图

然后，我们调用 DiTingPicker 模型进行 P 震相、S 震相的智能识别。

```
# 智能识别 P 和 S 震相
# Pick P and S phases
# settings
# phase and polarity
counter = 0
slide_step = 1000
# dist def
dist = lambda p1,p2:np.abs(p1-p2)
```

```
#
sta_dict = dict()
for trace in st.traces
    net = trace.stats.network
    sta = trace.stats.station
    net_sta_key = net + '.' + sta
    if net_sta_key in sta_dict.keys()
        pass
    else
        sta_dict[net_sta_key] = dict()
        sta_dict[net_sta_key]['P'] = list()
        sta_dict[net_sta_key]['S'] = list()
        sta_dict[net_sta_key]['FMP'] = list()
        sta_dict[net_sta_key]['AZI'] = list()
        sta_dict[net_sta_key]['AZI_flinn'] = list()
        sta_dict[net_sta_key]['MAG'] = list()
#
for net_sta_key in sta_dict.keys()
    net = net_sta_key.split('.')[0]
    sta = net_sta_key.split('.')[1]
    temp_st = st.select(network = net, station = sta)
    if len(temp_st) == 0
        continue
#
    print(temp_st[0].stats.sampling_rate)
    if temp_st[0].stats.sampling_rate != 100.0
        print('Resampling...')
        temp_st.resample(100.0)
        print('Done resampling 100.0 Hz')
#
    print('Done loading stream...')
    st_len = len(temp_st[0].data)
#
    slice_num = int( (st_len-6144+slide_step) / slide_step)
    if slice_num < 0
        continue
    total_batch_number = int(slice_num/test_batch_size) + 1
#
```

```
    P_pick_list = []
    P_prob_list = []
    S_pick_list = []
    S_prob_list = []
#
    for batch_num in range(total_batch_number)
        if batch_num % 10 == 0
            print('On batch_num {} of {}'.format(batch_num, total_batch_number))
        temp_input = np.zeros([test_batch_size,6144,3])
#
        for batch_dx in range(test_batch_size)
            slice_dx = batch_num*test_batch_size + batch_dx
            for trace in temp_st.traces
                end_dx = 6144
                end_dx_tx = slice_dx*slide_step + 6144
                if  slice_dx*slide_step + 6144 > len(trace.data)
                    end_dx = 6144 - (slice_dx*slide_step + 6144 - len(trace.data))
                    end_dx_tx = len(trace.data)
                    if end_dx < 2000
                        continue
#
                if trace.stats.channel[2] == 'Z'
                    temp_input[batch_dx,:end_dx,0] = trace.data[slice_dx*slide_step:end_dx_tx]
                    if np.max(temp_input[batch_dx,:,0]) == 0
                        pass
                    else
                        temp_input[batch_dx,:end_dx,0] -= np.mean(temp_input[batch_dx,:end_dx,0])
                        norm_factor = np.std(temp_input[batch_dx,:,0])

                        if norm_factor == 0
                            pass
                        else:
                            temp_input[batch_dx,:,0] /= norm_
```

```
factor
#
            elif trace.stats.channel[2] == 'N' or trace.stats.channel[2] == '1'
                temp_input[batch_dx,:end_dx,1] = trace.data[slice_dx*slide_step:end_dx_tx]
                if np.max(temp_input[batch_dx,:,1]) == 0
                    pass
                else
                    temp_input[batch_dx,:end_dx,1] -= np.mean(temp_input[batch_dx,:end_dx,1])
                    norm_factor = np.std(temp_input[batch_dx,:,1])
                    if norm_factor == 0
                        pass
                    else
                        temp_input[batch_dx,:,1] /= norm_factor
#
            elif trace.stats.channel[2] == 'E' or trace.stats.channel[2] == '2'
                temp_input[batch_dx,:end_dx,2] = trace.data[slice_dx*slide_step:end_dx_tx]
                if np.max(temp_input[batch_dx,:,2]) == 0
                    pass
                else
                    temp_input[batch_dx,:end_dx,2] -= np.mean(temp_input[batch_dx,:end_dx,2])
                    norm_factor = np.std(temp_input[batch_dx,:,2])
                    if norm_factor == 0
                        pass
                    else
                        temp_input[batch_dx,:,2] /= norm_factor
#
        temp_input = np.reshape(temp_input, [test_batch_size,6144,1,3])
```

```
    # temp_input = temp_input.transpose((0,3,1,2))
        temp_input = np.array(temp_input, dtype = np.float32)
    # Inference
        print('--> Running model')
        ress = rknn_lite.inference(inputs=[temp_input])
    # np.save('./tensorflow_inception_v3_qat_0.npy', outputs[0])
    # print(len(ress), ress[0].shape, ress[1].shape, ress[2].shape)
    # print(ress)
        D_pred_prob = ress[2][0,0:input_N,0,0]
        P_pred_prob = ress[0][0,0:input_N,0,0]
        S_pred_prob = ress[1][0,0:input_N,0,0]
#

        for batch_dx in range(test_batch_size)
            slice_dx = batch_num*test_batch_size + batch_dx
            post_res = postprocesser(D_pred_prob
                                     P_pred_prob
                                      S_pred_prob
                                      det_th = 0.30
                                      p_th = 0.1
                                      s_th = 0.1
                                      p_mpd = 10
                                      s_mpd = 10)
    # print (post_res)
            for ev in post_res.keys()
                if post_res[ev][2] != None and (post_res[ev][2] + slice_dx*slide_step) not in P_pick_list
                    P_pick_list.append(post_res[ev][2] + slice_dx*slide_step)
                    P_prob_list.append(post_res[ev][3])
                if post_res[ev][4] != None and (post_res[ev][4] + slice_dx*slide_step) not in S_pick_list
                    S_pick_list.append(post_res[ev][4] + slice_dx*slide_step)
                    S_prob_list.append(post_res[ev][5])
    print('Agglomerative Clustering Started…')
    # picking results agglomerative clustering
    # print('On P picks...')
```

```
    if len(P_pick_list) <= 1
        P_pick_list = list()
    else
        dm = np.asarray([[dist(p1, p2) for p2 in P_pick_list] for p1 in P_pick_list])
        cluster_res = AgglomerativeClustering(n_clusters = None, linkage = 'single', distance_threshold = 300).fit(dm)
        P_pick_dict = dict()
        P_prob_dict = dict()
        for cluster_dx in range(len(cluster_res.labels_))
            label_key = cluster_res.labels_[cluster_dx]
            if label_key not in P_pick_dict.keys()
                P_pick_dict[label_key] = list()
            P_pick_dict[label_key].append(P_pick_list[cluster_dx])
        P_pick_list = list()
        for pick_key in P_pick_dict.keys()
            if len(P_pick_dict[pick_key]) > 1
                P_pick_list.append(np.median(P_pick_dict[pick_key]))
    for t_pick in P_pick_list
        append_value = st[0].stats.starttime + t_pick*0.01
        sta_dict[net_sta_key]['P'].append(append_value)
#
    #picking results agglomerative clustering
    #print('On S picks...')
    if len(S_pick_list) <= 1
        S_pick_list = list()
    else
        dm = np.asarray([[dist(p1, p2) for p2 in S_pick_list] for p1 in S_pick_list])
        cluster_res = AgglomerativeClustering(n_clusters = None, linkage = 'single', distance_threshold = 600).fit(dm)
        S_pick_dict = dict()
        for cluster_dx in range(len(cluster_res.labels_))
            label_key = cluster_res.labels_[cluster_dx]
            if label_key not in S_pick_dict.keys()
```

```
                    S_pick_dict[label_key] = list()
                S_pick_dict[label_key].append(S_pick_list
[cluster_dx])
            S_pick_list = list()
            for pick_key in S_pick_dict.keys()
                if len(S_pick_dict[pick_key]) > 1
                    S_pick_list.append(np.median(S_pick_
dict[pick_key]))
        for t_pick in S_pick_list
            append_value = st[0].stats.starttime + t_pick*0.01
            sta_dict[net_sta_key]['S'].append(append_value)
print('Done picking')
#
print('done')
#
rknn_lite.release()
#
print("running time of phase picking using DiTingPicker
takes: {} ms : ".format(((time.time() - t1) * 1000)))
```

```
100.0
Done loading stream...
On batch_num 0 of 13
--> Running model
W RKNN: [14:10:51.916] Output(model/final_p/Sigmoid:0): size_with_stride larger than model origin size, if need run OutputOperator in NPU, please call rknn_create_memory using size_with_stride.
W RKNN: [14:10:51.916] Output(model/final_s/Sigmoid:0): size_with_stride larger than model origin size, if need run OutputOperator in NPU, please call rknn_create_memory using size_with_stride.
W RKNN: [14:10:51.916] Output(model/final_d/Sigmoid:0): size_with_stride larger than model origin size, if need run OutputOperator in NPU, please call rknn_create_memory using size_with_stride.
--> Running model
W RKNN: [14:10:53.022] Output(model/final_p/Sigmoid:0): size_with_stride larger than model origin size, if need run OutputOperator in NPU, please call rknn_create_memory using size_with_stride.
W RKNN: [14:10:53.023] Output(model/final_s/Sigmoid:0): size_with_stride larger than model origin size, if need run OutputOperator in NPU, please call rknn_create_memory using size_with_stride.
W RKNN: [14:10:53.023] Output(model/final_d/Sigmoid:0): size_with_stride larger than model origin size, if need run OutputOperator in NPU, please call rknn_create_memory using size_with_stride.
--> Running model
W RKNN: [14:10:54.117] Output(model/final_p/Sigmoid:0): size_with_stride larger than model origin size, if need run OutputOperator in NPU, please call rknn_create_memory using size_with_stride.
W RKNN: [14:10:54.118] Output(model/final_s/Sigmoid:0): size_with_stride larger than model origin size, if need run OutputOperator in NPU, please call rknn_create_memory using size_with_stride.
W RKNN: [14:10:54.118] Output(model/final_d/Sigmoid:0): size_with_stride larger than model origin size, if need run OutputOperator in NPU, please call rknn_create_memory using size_with_stride.
--> Running model
W RKNN: [14:10:55.213] Output(model/final_p/Sigmoid:0): size_with_stride larger than model origin size, if need run OutputOperator in NPU, please call rknn_create_memory using size_with_stride.
W RKNN: [14:10:55.213] Output(model/final_s/Sigmoid:0): size_with_stride larger than model origin size, if need run OutputOperator in NPU, please call rknn_create_memory using size_with_stride.
W RKNN: [14:10:55.213] Output(model/final_d/Sigmoid:0): size_with_stride larger than model origin size, if need run OutputOperator in NPU, please call rknn_create_memory using size_with_stride.
--> Running model
W RKNN: [14:10:56.309] Output(model/final_p/Sigmoid:0): size_with_stride larger than model origin size, if need run OutputOperator in NPU, please call rknn_create_memory using size_with_stride.
W RKNN: [14:10:56.310] Output(model/final_s/Sigmoid:0): size_with_stride larger than model origin size, if need run OutputOperator in NPU, please call rknn_create_memory using size_with_stride.
W RKNN: [14:10:56.310] Output(model/final_d/Sigmoid:0): size_with_stride larger than model origin size, if need run OutputOperator in NPU, please call rknn_create_memory using size_with_stride.
--> Running model
W RKNN: [14:10:57.414] Output(model/final_p/Sigmoid:0): size_with_stride larger than model origin size, if need run OutputOperator in NPU, please call rknn_create_memory using size_with_stride.
...
Agglomerative Clustering Started...
Done picking
done
running time of phase picking using DiTingPicker takes: 32259.664297103882 ms :
Output is truncated. View as a scrollable element or open in a text editor. Adjust cell output settings...
/home/rpdzkj/.local/lib/python3.7/site-packages/numpy/core/fromnumeric.py:3441: RuntimeWarning: Mean of empty slice.
  out=out, **kwargs)
/home/rpdzkj/.local/lib/python3.7/site-packages/numpy/core/_methods.py:189: RuntimeWarning: invalid value encountered in true_divide
  ret = ret.dtype.type(ret / rcount)
```

可以看到识别已经完成，我们查看结果。

```
sta_dict
```

```
{'TU.KHMR': {'P': [2023-02-07T12:06:09.345000Z,
   2023-02-07T12:06:45.080000Z,
   2023-02-07T12:07:28.510000Z],
  'S': [2023-02-07T12:06:10.460000Z,
   2023-02-07T12:06:48.400000Z,
   2023-02-07T12:07:47.450000Z],
  'FMP': [],
  'AZI': [],
  'AZI_flinn': [],
  'MAG': []}}
```

可以看到拾取到了三对 P 震相、S 震相到时数据，我们将这些到时数据标注到波形上，通过目测可以看出拾取结果是准确的，如图 15-23 所示。

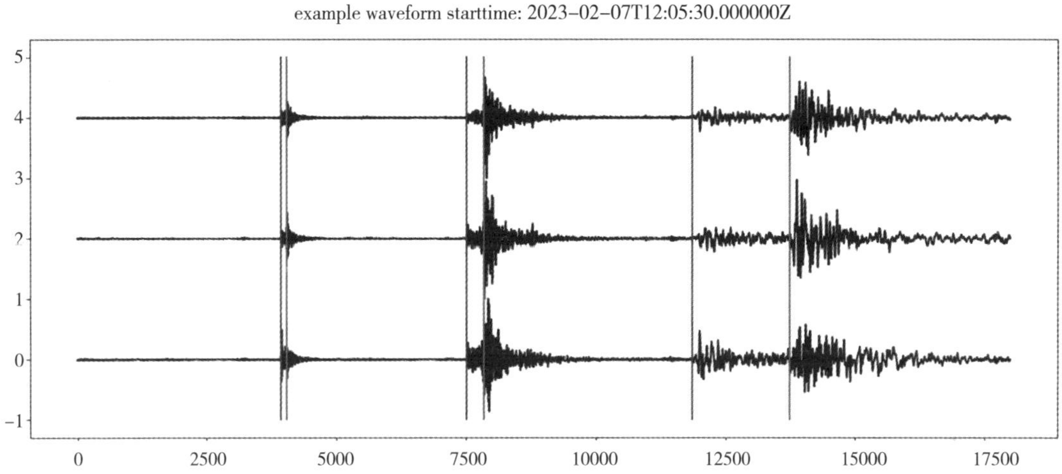

图 15-23 P 震相、S 震相到时数据示意图

根据拾取到的 P 波到时，我们可以接着进行 P 波初动极性的自动判别，这需要调用“谛听”盒子里的 DiTingMotion 算法。

```
rknn_lite = RKNNLite()
#
# load RKNN model
print('--> Load RKNN model')
ret_motion = rknn_lite.load_rknn('diting_models/DiTingMotion_tf1.rknn')
if ret_motion != 0
    print('Load DiTingMotion RKNN model failed')
    exit(ret_motion)
print('done')
#
```

```
# init runtime environment
print('--> Init runtime environment')
# run on RK356x/RK3588 with Debian OS,do not need specify target
#
ret = rknn_lite.init_runtime()
if ret != 0
    print('Init DiTingMotion runtime environment failed')
    exit(ret)
print('done')
# Init runtime environment
#
fmp_list = ['U','D','-']
#
for p_pick in sta_dict[sta_name]['P']
    motion_input = np.zeros([1,128,1,2])
    p_indx = int( (p_pick - st[0].stats.starttime)*100 )
    for trace in st.traces
        if trace.stats.channel[2] == 'Z'
            motion_input[0,:,0,0] = trace.data[p_indx-64:p_indx + 64]
            if np.max(motion_input[0,:,:,0]) == 0
                pass
            else
                motion_input[0,:,:,0] -= np.mean(motion_input[0,:,:,0])
                norm_factor = np.std(motion_input[0,:,:,0])
                if norm_factor == 0
                    pass
                else
                    motion_input[0,:,:,0] /= norm_factor
            motion_input[0,64:,0,1] = np.sign(np.diff(motion_input[0,63:,0,0]))
    # motion_input = motion_input.transpose((0,3,1,2))
    motion_input = np.array(motion_input,dtype=np.float32)
    resp = rknn_lite.inference(inputs=[motion_input])
    print(resp)
#
```

```
    res_clarity = resp[-1]
    res_polar=resp[-2]
    if np.argmax(res_polar[0,:]) == 1
        polarity = 'D'
        if np.argmax(res_clarity[0,:]) == 0
            sharpness = 'I'
        elif np.argmax(res_clarity[0,:]) == 1
            sharpness = 'E'
        else
            sharpness = 'x'
#
    elif np.argmax(res_polar[0,:]) == 0
        polarity = 'U'
        if np.argmax(res_clarity[0,:]) == 0
            sharpness = 'I'
        elif np.argmax(res_clarity[0,:]) == 1
            sharpness = 'E'
        else
            sharpness = 'x'
    else
        polarity = 'x'
        if np.argmax(res_clarity[0,:]) == 0
            sharpness = 'I'
        elif np.argmax(res_clarity[0,:]) == 1
            sharpness = 'E'
        else
            sharpness = 'x'
    sta_dict[sta_name]['FMP'].append(polarity)
    plt.figure(figsize=(8,4))
    plt.plot(motion_input[0,:,0,0],color='k')
    plt.title('DiTing polarity:{}  sharpness:{}'.format(polarity, sharpness))
    #plt.savefig("polarity.png",dpi=300)
    plt.show()
    plt.close()
#
rknn_lite.release()
```

```
#
print("running time of FMP identification using DiTingMotion takes:{}ms:".format(((time.time()-t2)*1000)))
```

```
--> Load RKNN model
done
--> Init runtime environment
I RKNN: [14:11:31.052] RKNN Runtime Information: librknnrt version: 1.5.2 (c6b7b351a@2023-08-23T15:28:22)
I RKNN: [14:11:31.052] RKNN Driver Information: version: 0.8.2
I RKNN: [14:11:31.054] RKNN Model Information: version: 2, toolkit version: 1.4.0-22dcfef4(compiler version: 1.4.0 (3b4520e4f@2022-09-05T12:50:09)), target: RKNPU lite, target platform: rk3566,
done
[array([[0.47802734, 0.23095703, 0.12915039]], dtype=float32), array([[0.00180054, 0.00180054, 0.00180054]], dtype=float32)]
```

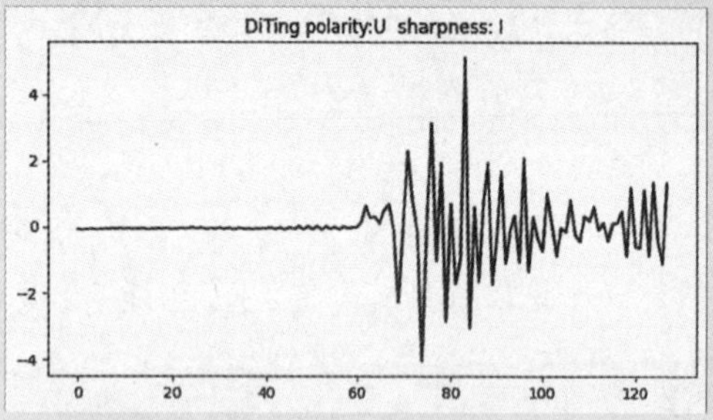


```
[array([[0.00405884, 0.93603516, 0.07989502]], dtype=float32), array([[0.00180054, 0.00180054, 0.00180054]], dtype=float32)]
```

此处展示的例子其初动极性为“U”（向上），初动特征为“I”（清晰），可以看到算法判断很准确，我们还可以将所有初动拾取结果画在图上，如图 15-24 所示。

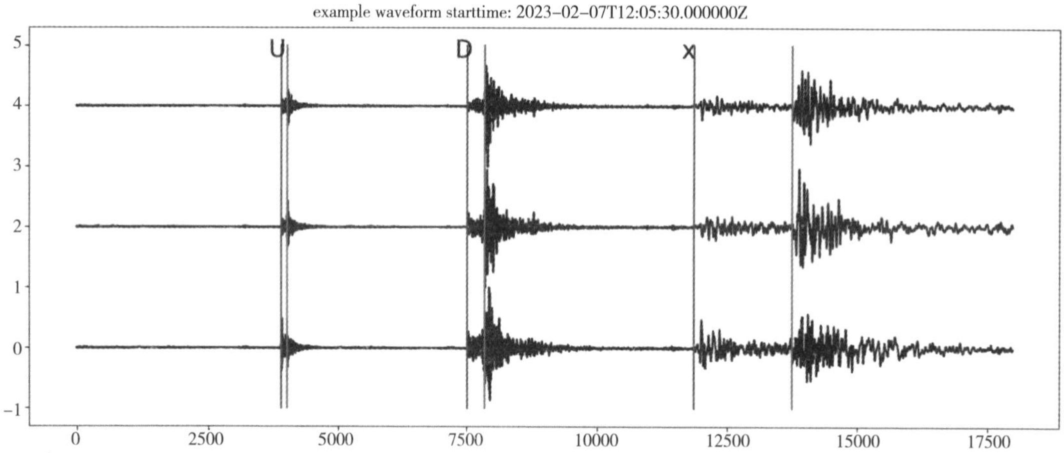

图 15-24 P 波初动极性拾取结果示意图

可以看到上图中三个比较明显的事件，其中一个初动特征向上，一个向下，一个方向判定为“不明显”。

接下来我们利用 DiTingAzi 网络进行台站方位角的识别。

```
def sin_cos_to_deg(sin_theta, cos_theta)
    # sin as indicator
    cos_angle = 360.0*np.math.acos(cos_theta)/(2*np.pi)
    if sin_theta > 0
```

```
        pass
    else
        cos_angle = 360 - cos_angle
#
    # cos as indicator
    sin_angle = 360.0*np.math.asin(sin_theta)/(2*np.pi)
    if cos_theta > 0 and sin_theta < 0.0
        sin_angle = 360 + sin_angle
    elif cos_theta < 0.0 and sin_theta < 0.0
        sin_angle = 180 - sin_angle
    elif cos_theta < 0 and sin_theta > 0.0
        sin_angle = 180 - sin_angle
    elif cos_theta < 0 and sin_theta < 0.0
        pass
#
    return cos_angle,sin_angle
t3 = time.time()
#
rknn_lite = RKNNLite()
#
# load RKNN model
print('--> Load DiTingAzi RKNN model')
ret = rknn_lite.load_rknn('diting_models/DiTingAzi_tf1.rknn')
if ret != 0
    print('Load DiTingAzi RKNN model failed')
    exit(ret)
print('done')
#
# ret_azi = rknn_lite.init_runtime(core_mask=RKNNLite.NPU_CORE_0)
ret_azi = rknn_lite.init_runtime()
# Init runtime environment
print('--> Init runtime environment')
if ret_azi != 0
    print('Init DiTingAzi runtime environment failed!')
    exit(ret_azi)
print('done')
#
```

```
for p_pick in sta_dict[sta_name]['P']
    azi_input = np.zeros([1,128,1,3])
    p_indx = int( (p_pick - st[0].stats.starttime)*100 )
    for trace in st.traces
        if trace.stats.channel[2] == 'Z'
            azi_input[0,:,0,0] = trace.data[p_indx-28:p_indx + 100]
            if np.max(azi_input[0,:,:,0]) == 0
                pass
            else
                azi_input[0,:,:,0] -= np.mean(azi_input[0,:,:,0])
        if trace.stats.channel[2 == 'N'
            azi_input[0,:,0,1] = trace.data[p_indx-28:p_indx + 100]
            if np.max(azi_input[0,:,:,1]) == 0
                pass
            else
                azi_input[0,:,:,1] -= np.mean(azi_input[0,:,:,1])
        if trace.stats.channel[2] == 'E'
            azi_input[0,:,0,2] = trace.data[p_indx-28:p_indx + 100]
            if np.max(azi_input[0,:,:,2]) == 0
                pass
            else
                azi_input[0,:,:,2] -= np.mean(azi_input[0,:,:,2])
#
    azi_input /= np.max(np.abs(azi_input))
    # azi_input = azi_input.transpose((0,3,1,2))
    azi_input = np.array(azi_input,dtype=np.float32)
    res1 = rknn_lite.inference(inputs=[azi_input])
#
    res_sin = np.sin(res1[0][0,0])
    res_cos = np.cos(res1[1][0,0])
#
```

```
    mean_baz = np.mean(sin_cos_to_deg(res_sin, res_cos))
#
    sta_dict[sta_name]['AZI'].append(mean_baz)
#
    plt.figure(figsize=(8,4))
    plt.plot(azi_input[0,:,0,0],color='k')
    plt.title('DiTing BAZ {}'.format(mean_baz))
    plt.show()
    plt.savefig("azi.png",dpi=300)
    plt.close()
rknn_lite.release()
#
print("running time of bac-azimuth prediction using DiTingAzi
takes:{} ms:".format(((time.time() - t3) * 1000)))
```

```
--> Load DiTingAzi RKNN model
done
I RKNN: [14:12:01.561] RKNN Runtime Information: librknnrt version: 1.5.2 (c6b7b351a@2023-08-23T15:28:22)
I RKNN: [14:12:01.562] RKNN Driver Information: version: 0.8.2
I RKNN: [14:12:01.562] RKNN Model Information: version: 2, toolkit version: 1.4.0-22dcfef4(compiler version: 1.4.0 (3b4520e4f@2022-09-05T12:50:09)), target: RKNPU lite, target platform: rk3566,
--> Init runtime environment
done
```

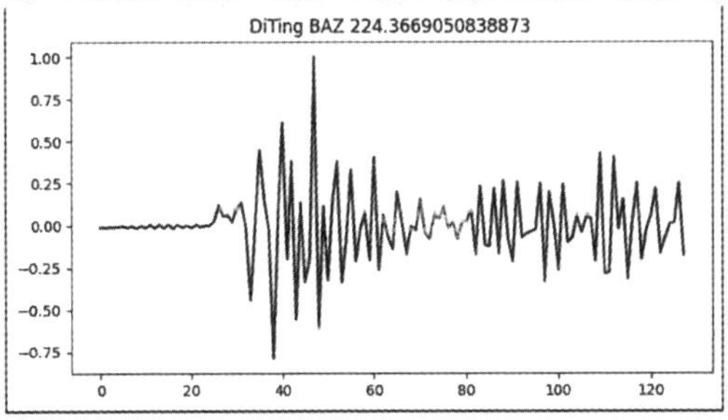

基于以上展示的例子，我们将方位角识别的结果也画在图上，如图 15-25 所示。

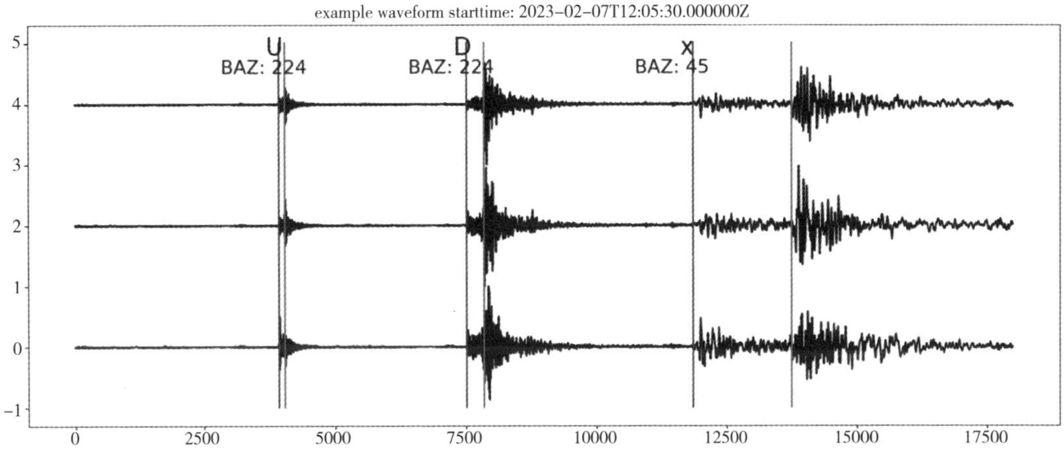

图 15-25　方位角识别结果示意图

我们还可以使用obspy自带的极化分析算法计算台站方位角，并与AI预测的结果进行对比，同时，根据拾取的S波到时，代入震级计算公式即可得到单台震级。

```
from obspy.signal.polarization import flinn
resp_file = obspy.read_inventory('./TU.KHMR_020702023/KHMR_H_station.xml')
paz_wa = {'sensitivity':2800, 'zeros':[0j], 'gain':1000, 'poles':[-6.2832 - 4.7124j, -6.2832 + 4.7124j]}
pre_filt = [0.001,0.005,45,50]
st_amp = st.copy()
st_amp = st_amp.remove_response(inventory = resp_file)
st_amp = st_amp.simulate(paz_simulate = paz_wa)
st_amp = st_amp.filter('bandpass', freqmin=0.2, freqmax = 10.0, zerophase=True)
fmp_list = ['U','D','-']
#
for p_pick in sta_dict[sta_name]['P']
    azi_input = st.slice(p_pick-0.5, p_pick+1.0)
    azi = flinn(azi_input)[0]
    sta_dict[sta_name]['AZI_flinn'].append(azi)
#
for sdx, s_pick in enumerate(sta_dict[sta_name]['S'])
    distance = (s_pick - sta_dict[sta_name]['P'][sdx])
    temp_mag = st_amp.slice(s_pick-5, s_pick+5)
    max_n = max(temp_mag.select(channel='??N')[0].data)
    max_e = max(temp_mag.select(channel='??E')[0].data)
    amp = (max_n + max_e)/2.0
    print(amp)
    mag = np.log(amp)/np.log(10) + 1.110*np.log(distance/100)/np.log(10) + 0.00189*(distance - 100) + 3.5
    sta_dict[sta_name]['MAG'].append(mag)
    print(mag)
```

```
0.35553371356092245
0.6964632418826322
9.914390613157611
2.6720040984143476
18.578211859732413
3.813692283001004
```

我们将得到的所有结果画在图上，如图15-26所示。

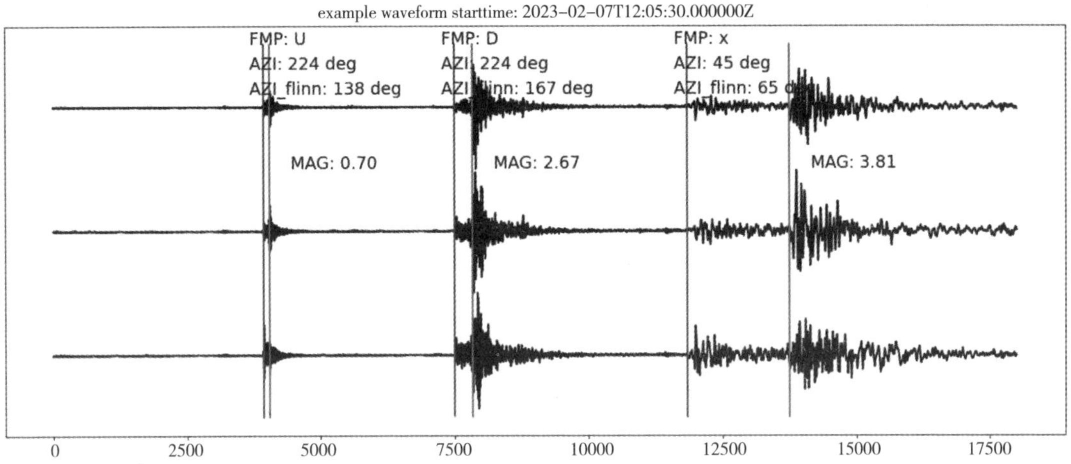

图 15-26 单台震极示意图

最终我们在“谛听”盒子上成功识别出了地震事件，拾取了 P 波到时、S 波到时、P 波初动极性，并分别用 AI 和传统算法识别了台站方位角，估算出了单台地震事件的震级。这些边缘端推理结果，既可以用于单台粗略定位（例如一些孤立事件），也可以是进一步震相关联、定位甚至震源机制反演的基础。

15.4 “谛听”端边云一体化软硬件平台及应用

上一节我们介绍了如何在“谛听”盒子上处理地震数据。为了实现后续定位、震源机制解的产出，还需要实现边云结合，也就是我们接下来要介绍的“谛听”边端云一体化解决方案。

15.4.1 “谛听”端边云一体化软硬件平台

我们将多台“谛听”盒子接入数据源，并通过网络串联起来实现与云端 API 的交互，就形成了“谛听”端边云一体化软硬件系统和平台（图 15-27）。其中“端”是指地震监测数据，既可以是地震仪记录的实时数据，也可以是数据流或离线存档数据；“边”则是上一节所介绍的边缘端数据处理；“云”则是通过互联网提供的按需计算资源和服务，例如大规模的数据分析和复杂计算任务等。目前在云端部署的主要是震相关联、定位、震源机制反演等功能模块，以后可以根据不同的应用场景提供定制化的方案设计。

图 15-28 展示了“谛听”端边云一体化地震智能处理软硬件平台服务的一般流程：首先通过在各地震仪器端或者实时流接入“谛听”智慧盒子进行自动 AI 数据处理（图 15-28（b）），“谛听”盒子产出 Json 格式的单台事件波形信息（到时、初动极性、方位角、震级等），将这些 Json 文件自动上传和汇聚至云端，利用云端部署的各种不同功能 API，例如震相关联、自动定位、震源机制反演等，可自动化产出震相报告、前震活动分析、实时速报地震目录、准实时震源机制解等，同时我们仍在不断地更新和训练 AI 模型，并部署至“谛听”盒子上进行测试、迭代，使得整套流程不断优化。

值得一提的是，目前“谛听”端边云一体化软硬件解决方案已经实现了全国产化替代，所有软硬件技术都自主可控。其中边缘端采用的“谛听”系列 AI 算法集均已申请软件著作[①]和国家发明专利[②]，国产化芯片替代的盒子申请了实用新型专利[③]，云端 API 部署在国内的阿里云应用市场上，可通过网络方便地调用[④]。

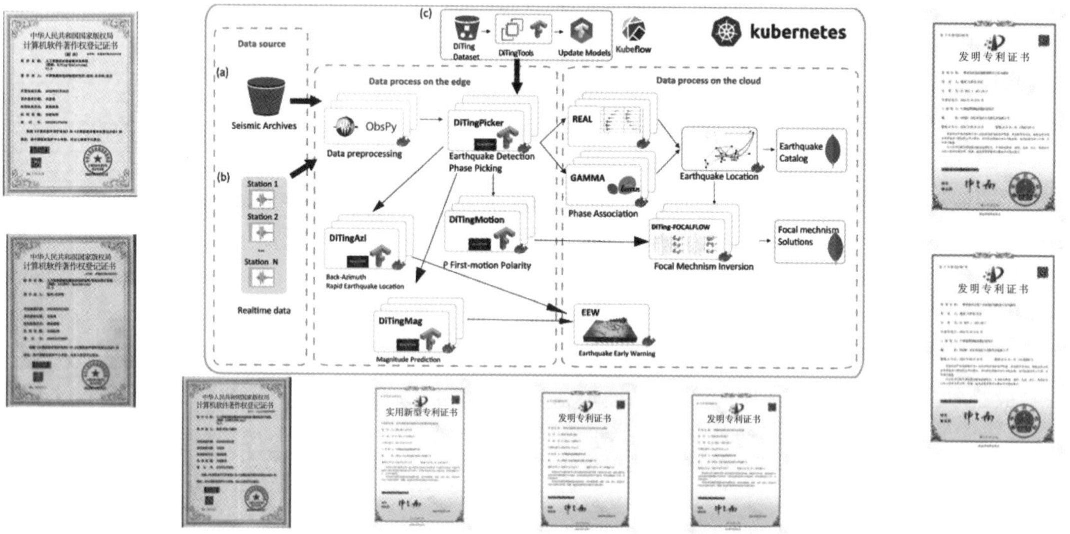

图 15-27 具有自主知识产权的“谛听”端边云一体化软硬件系统与平台示意图

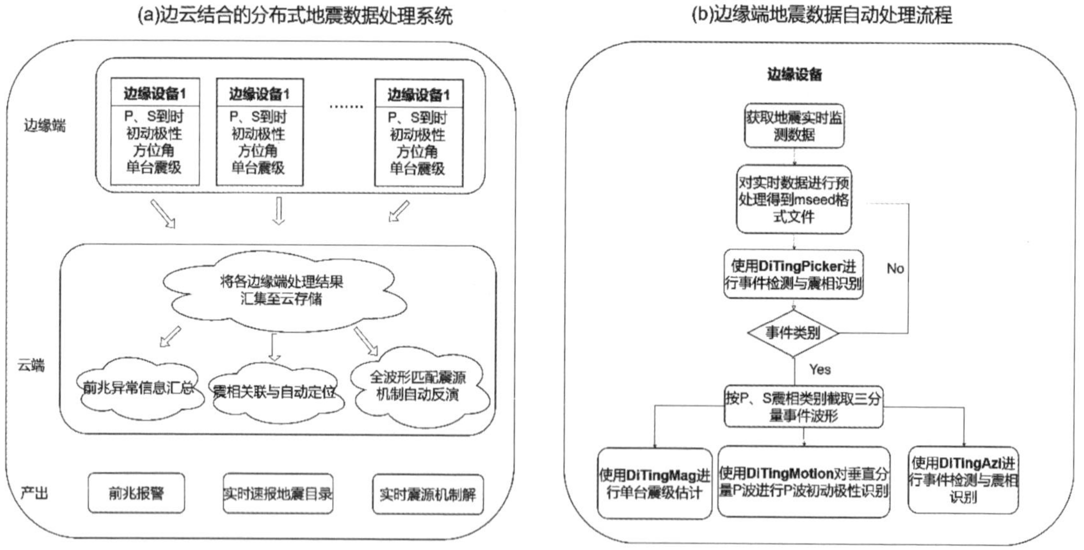

图 15-28 “谛听”端边云一体化地震智能处理软硬件平台服务流程示意图

① 软件著作登记号：2020SR1539687，2022SR1049442，2022SR1376546。

② 专利授权号：202111451140.7，202111451136.0，202210105991.4，2023202210811296.X，2023 1 0556793.4，2021 1 0717883.8。

③ 专利授权号：202121474032.7。

④ 专利授权号：202211469342.9。

15.4.2 云端 API 介绍

目前，中国地震局地球物理研究所通过与阿里云公司开展合作，将我们科学研究过程中开发的一些算法、软件制作成云 API 服务，并上线至在阿里云市场，用户可随时随地调用，也可通过访问阿里云的网站（https://market.aliyun.com/products?k= 地球物理 &scene=market）了解相关 API 的介绍和详细使用方法，例如，如果想使用我们开发的震相关联定位 API——“DiTingLink”，首先你需要注册阿里云账号，获取一个你自己的 APPCode，然后通过如下 Python 代码调用：

```
import urllib,urllib2,sys
import ssl
#
#
host = 'https://datistapi.market.alicloudapi.com'
path = '/DiTingLink/Invoke/v2'
method = 'POST'
appcode = '你自己的 AppCode'
querys = ''
bodys = {}
url = host + path
#
bodys['file'] = '''file'''
post_data = urllib.urlencode(bodys)
request = urllib2.Request(url, post_data)
request.add_header('Authorization', 'APPCODE ' + appcode)
//根据API的要求,定义相对应的Content-Type
request.add_header('Content-Type', 'application/x-www-form-urlencoded; charset=UTF-8')
ctx = ssl.create_default_context()
ctx.check_hostname = False
ctx.verify_mode = ssl.CERT_NONE
response = urllib2.urlopen(request, context=ctx)
content = response.read()
if (content)
    print(content)
```

除了 Python 的调用方式，阿里云还支持 Java、C#、PHP、ObjectC 等调用方式，这些均可以在网页的“请求示例”一栏获取示例代码。此外，我们在网页上还能方便地获取到 API

的产品亮点及产品说明信息，如图 15-29 所示。

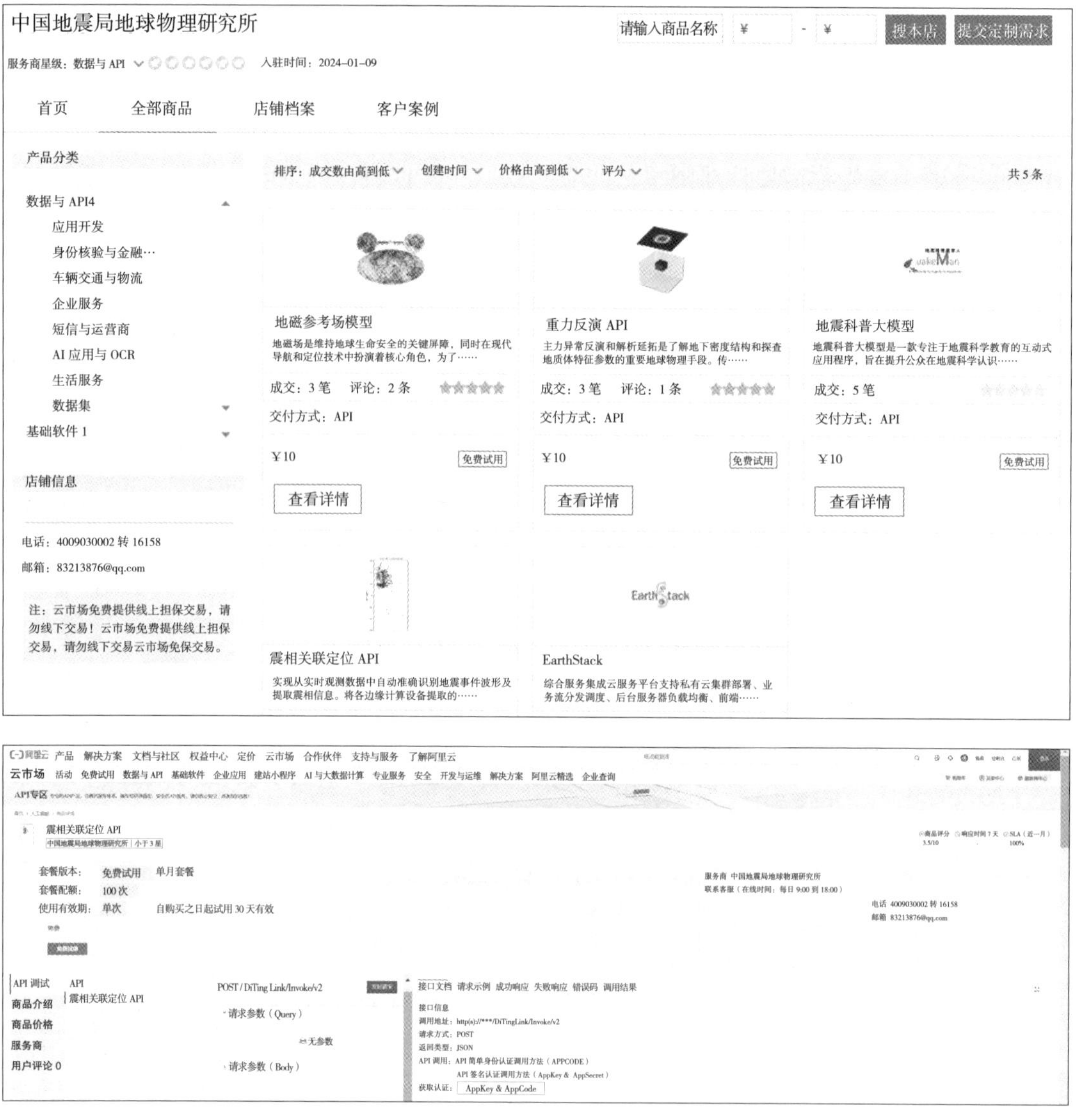

图 15-29　中国地震局地球物理研究所已开发上架的阿里云 API 示意图

第 16 章　云端 API 的震相关联与定位技术

在当前的地震监测系统中，边缘计算与云计算的结合变得越来越重要。“谛听”盒子作为地震仪器端的智能设备，主要负责单个地震台站的实时地震检测。然而，仅依靠单个地震仪进行地震监测，容易受到环境噪声等因素的干扰，难以精准定位震源，因此综合多个地震仪的监测结果尤为重要。每个“谛听”盒子通过实时处理与其相连的地震仪信号，并将处理后的数据上传至云端进行震相关联和地震定位。利用云端更强大的计算资源和更复杂的算法，云端 API 可以对汇总的数据进行更深入的分析和处理，进一步提升地震监测的精度和可靠性，并提高地震定位的精度。本章主要介绍震相关联（DiTingLink）和地震定位（DiTingLocate）算法在“谛听”盒子使用及其云端 API 的交互方式。云端 API 结合了多种主流的开源震相关联与地震定位模块，不仅能够有效整合多个地震台站的检测结果，还能通过云端强大的计算能力实现更精准的地震定位和更可靠的震相关联，大幅地提升地震监测的性能。

16.1　震相关联及其在“谛听”盒子中的应用

地震关联是地震监测中的一个关键概念，指的是如何将不同地震台站检测到的地震波信号与同一个地震事件关联起来的过程。地震发生时，会产生多种类型的地震波，如纵波（P 波）和横波（S 波）等，这些地震波在地球内部和表面传播，并被布设在不同位置的地震台站接收到。由于各台站与震中的距离不同，加之介质传播速度的差异，同一地震事件的地震波会在不同时间到达不同台站，地震学家需要将不同台站检测到的地震波信号关联到同一个地震事件，以确定某一地震发生的时间和地点。

在地震关联过程中，需要综合利用不同地震仪的识别结果。如果实时将所有地震仪的数据传送到云端，将导致巨大的通信成本，同时对中心服务器的计算能力和实时响应能力造成巨大负担。“谛听”盒子通过边缘计算，在地震监测站点实时处理采集的数据，进行地震检测和震相识别，这样以来就达到了快速响应、就地处理和实时性强的目的。在边缘端完成识别后，只需向中心服务器或远端服务器传输识别结果，相比于此前需要传输完整的连续波形数据，这种方式显著地减少了数据传输延迟和网络压力，有助于大规模地震台网的快速地震监测。

通过边缘计算，可以显著减少需上传至云端的数据量，降低带宽成本，提高整体数据传输效率。云端计算拥有强大的数据处理和分析能力，可以从不同“谛听”盒子汇集的多点数据中识别和关联地震事件，实现全面且准确的地震活动分析。云端计算还可灵活配置复杂的震相关联算法，以适应不同地震监测场景的需求，并通过调整配置参数，实现对不同区域和观测台网的监测和分析（图 16-1）。

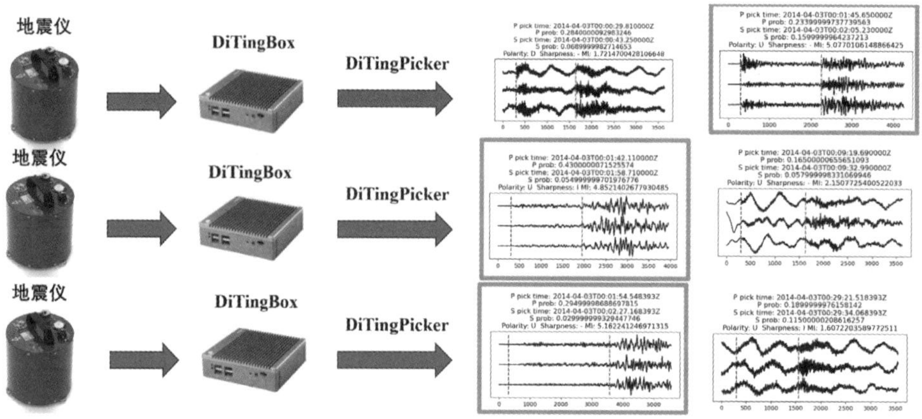

图 16-1 “谛听”盒子在设备端处理数据并与云端交互的示意图

16.1.1 “谛听”系统使用的震相关联算法介绍

（1）REAL 方法。

REAL（Rapid Earthquake Association and Location; Zhang et al., 2019）是一种广为应用的基于格点搜索的地震 P 波、S 波关联算法①，该方法使用三维网格搜索算法，其主要思想是将主震发生位置、记录到初至 P 震相的台站位置或任意指定位置（如地震分布中心位置）作为参考位置，以参考位置为中心在经度方向、纬度方向和深度方向设置三维网格点，假定网格点是地震发生的位置，可以基于提前创建好的走时表计算理论到时窗内的震相数量，震相数量最多的网格点则被确定为地震的初始位置（图 16-2）。若多个网格点具有相同的最大震相

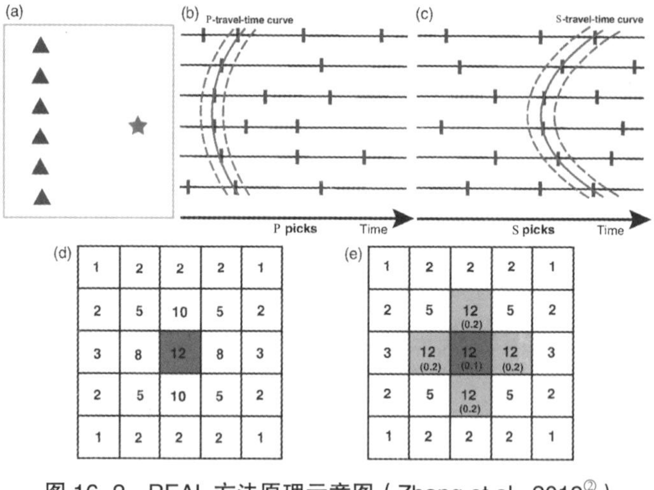

图 16-2　REAL 方法原理示意图（Zhang et al., 2019②）

（a）地震事件（五角星）和地震台站（三角形）的分布；（b）P 波理论到时曲线（实线）与不确定性范围（虚线）；（c）S 波理论到时曲线（实线）与不确定性范围（虚线）；（d）优选位置为统计次数最多的网格点；（e）当拾取次数相同时最小残差选择为最优网格点

① Miao Zhang, William Ellsworth, Greg Beroza, Rapid Earthquake Association and Location[J], Seismological Research Letters, 2019, Vol. 90, No. 3.

② Zhang et al., 2019（略）.

数量，则将具有最小走时残差的网格点作为地震的初始位置。同时，REAL 会自动采用模拟退火方法的原理对三维网格点搜索的地震位置进行重定位，进一步改善绝对地震位置的定位精度[①]（冯甜，2022）。

（2）PyOcto 方法。

PyOcto（Münchmeyer, 2024）是一种基于树结构的先进震相关联算法[②]，它对四维时空网格（三维空间加上一维时间）进行划分，通过只搜索满足要求的区域来缩短震相关联的计算开销，并通过对关键区域进行网格细化来提高关联和定位精度。对于每个基本节点，执行灰框（图 16-3），在每个框内进行空间划分算法和定位 / 拾取匹配步骤（图 16-4），输出事件并最终重复数据删除。PyOcto 先以覆盖整个研究区域并持续很长时间的大节点作为起始节点，并将其中的所有震相分配给这些节点，以作为初始活跃节点列表。随后，从列表中选择震相数目最多的活跃节点，并重复以下判断与操作：

①如果节点不满足地震事件的最低要求，则丢弃节点；

②如果节点足够小：则将节点内的震相关联为一个事件；

③如果均不满足上述两个分支，则分割节点并将子节点添加到活跃节点列表中。

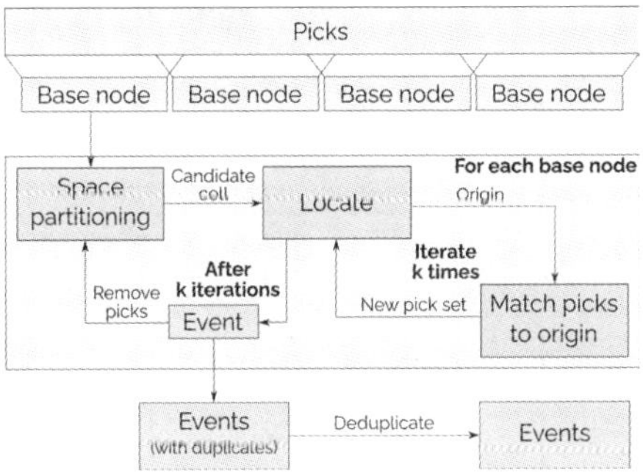

图 16-3　PyOcto 方法技术思路示意图（Janes Munchmeyer，2024[③]）

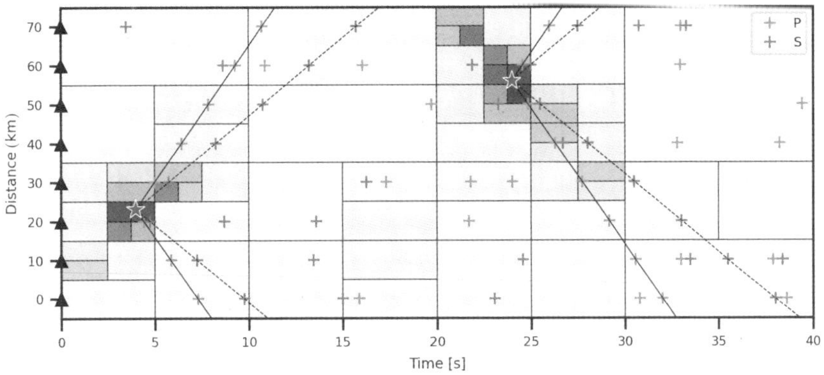

图 16-4　每一空间维度和时间维度的网格方案示意图（Janes Munchmeyer，2024[③]）

三角形表示台站；十字符号分别代表 P 波到时和 S 波到时；五角星表示关联出的地震位置

① 冯甜，机器学习和模板匹配方法在川滇地区地震检测与速度结构成像中的应用研究 [D]. 中国地震局地球物理研究所 .

② Janes Munchmeyer, PyOcto: A High-throughput Seismic Phase Associator[J]. Seismica, 2024, Vol. 3, No. 1.

③ Janes Munchmeyer, PyOcto: A High-throughput Seismic Phase Associator[J], Seismica, 2024, Vol. 3, No. 1.

图 16-5 给出了 PyOcto（1D 和均匀模型）、REAL（1D 和均匀模型）和 GaMMA（均匀模型）算法的 IPOC 地区（包括智利北部）关联结果。不同方法在区域地震活动分布特征表现整体一致。不同方法关联得到的地震目录数量统计结果显示，PyOcto 和 REAL 关联得到目录最多，且 REAL 目录包含了更多的事件。从程序运行效率来看，相比于 REAL 和 GaMMA 方法，PyOcto 方法运行时间降低了 10 倍左右。

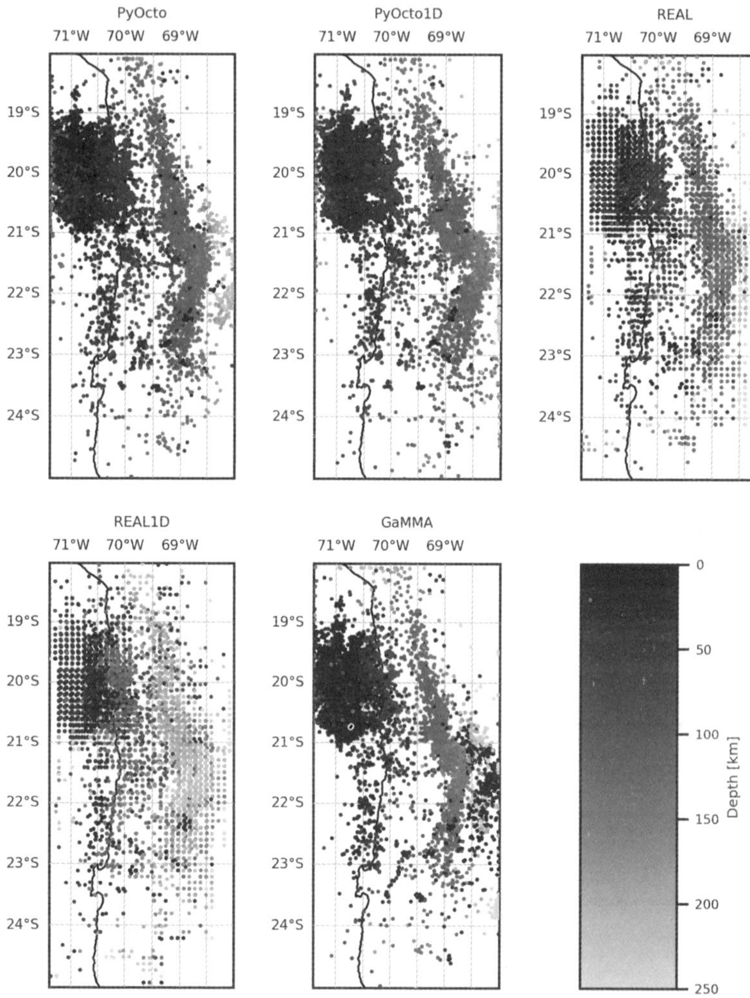

图 16-5　基于不同关联算法的 Iquique 序列（2014 年 3 月 15 日至 2014 年 4 月 15 日）目录震中分布（Janes Munchmeyer，2024[①]）

16.1.2　震相关联技术在“谛听”盒子中的使用

使用 REAL 和 PyOcto 前，需要在“谛听”盒子中安装程序，具体安装步骤可以参考相关程序安装说明，这里不作赘述。关联程序存放在“谛听”盒子根目录下“for_

① Janes Munchmeyer, PyOcto: A High-throughput Seismic Phase Associator[J], Seismica, 2024, Vol. 3, No. 1.

DITING420”→“DiTingLink_PyOcto_REAL”文件夹中，包括主程序“run_DiTingLink.py”、配置文件存储文件夹“configs”、REAL 关联程序相关脚本“REAL_scripts”。在“谛听”盒子中使用 REAL 和 PyOcto 进行震相关联时，配置文件是整个程序运行的关键文件，下面就来详细介绍配置文件中具体参数的意义。

“./configs”路径下，包括“DiTingLink_PyOcto_LudingCase.yaml”和“DiTingLink_REAL_LudingCase.yaml”两个配置文件，分别给定了 PyOcto 和 REAL 的相关参数说明，其中 DiTingLink_REAL_LudingCase.yaml 为 REAL 关联相关参数，具体如下。

```
task_ID: DiTingLink_example_LuDing_REAL(任务名称)
sta_path: '/home/DiTing/for_DITING420/example_Luding2022/2022090512.SC/sta_real_format.dat'(DiTingPicker 输出台站信息文件路径)
json_path: '/home/DiTing/for_DITING420/Luding_mainshock_example_result-fd.json'(DiTingPicker 输出的震相 JSON 信息文件路径)
data_range: ['20220905', '20220906'](震相关联的起止时间)
LinkModule: 'REAL'(使用的震相关联模块)
year: ["\"2022\""](处理年份)
mon: ["\"09\""](处理月份)
day: ["\"05\""](处理日期)
R: "\"0.5/50/0.03/5/0.01\""(搜索半径和分辨率参数)
G: "\"0.5/100/0.01/5\""(网格搜索参数)
V: "\"6.3/3.4/2.0/1.5/1\""(速度模型参数)
S: "\"3/2/5/2/5.0/0.5/5.0/5.0\""(信号参数)
dir: "./EQTRes/"(结果输出目录)
station: "\"./sta_real_format.dat\""(输入台站信息文件)
ttime: "\"./REAL_scripts/tt_db/ttdb.txt\""(使用走时表文件)
```

DiTingLink_PyOcto_LudingCase.yaml 为 PyOcto 关联相关参数，其中和 REAL 参数文件相同的不再介绍，其他相关参数介绍具体如下。

```
1.p_velocity: 7.0(P 波速度,单位为 km/s)
2.s_velocity: 4.0(S 波速度,单位为 km/s)
3.tolerance: 2.0(关联的时间容差,单位为秒)
4.association_cutoff_distance: 250(关联的最大距离,单位为 km)
5.min_lat: 28(最小纬度)
6.max_lat: 31(最大纬度)
7.min_lon: 100(最小经度)
8.max_lon: 104(最大经度)
```

```
9.min_depth: 0(最小深度)
10.max_depth: 200(最大深度)
11.time_before: 300(震相检测前的时间窗口)
12.n_picks: 6(最少震相数目)
13.n_p_and_s_picks: 3(最少 P 波和 S 波联合数目)
```

具体程序使用方式。

```
cd for_DITING420/DiTingLink_PyOcto_REAL/(进入目标文件夹)
python3 run_DiTingLink.py --config-file configs/DiTingLink_REAL_LudingCase.yaml(使用 REAL 算法关联)
python3 run_DiTingLink.py --config-file configs/DiTingLink_PyOcto_LudingCase. yaml(使用 PyOcto 算法关联)
```

16.1.3 震相关联技术结果产出

如果在运行中选择了 PyOcto 模块，则其输出结果保存在“./ outputs/”文件夹下，按照每天一个事件信息 CSV 文件（图 16-6）和一个震相与事件配对文件（图 16-7），例如关联 2024 年 6 月 1 日数据，则产出文件名为：20240601_events.csv 和 20240601_assignments.csv，事件信息文件以 CSV 格式保存，格式如下。

```
1.idx: 事件索引
2.time: 事件发生时间(相对于当天绝对秒数,如到时为 00:01:01.00,则到时为 61.00)
3.x: 事件的 X 坐标
4.y: 事件的 Y 坐标
5.z: 事件的 Z 坐标(深度)
6.picks: 震相选择数
7.latitude: 事件的纬度
8.longitude: 事件的经度
9.depth: 事件的深度
10.震相与事件的配对文件同样以 CSV 格式保存,表头如下
11.event_idx: 事件索引
12.pick_idx: 震相索引
13.residual: 残差
14.time: 震相到达时间(相对于当天绝对秒数,如到时为 00:01:01.00,则到时为 61.00)
```

```
15. z: 事件的 Z 坐标 (深度)
16. confidence: 置信度
17. amplitude: 振幅
18. phase: 震相类型 (P 波或 S 波)
19. station: 台站名称
20. longitude: 事件的经度
```

```
,idx,time,x,y,z,picks,latitude,longitude,depth
0,0,17540.281058946584,-0.38426999899282055,14.587037461675544,25.390625,28,29.631598268935036,101.99603193553257,25.390625
1,1,17656.797900739486,19.597769948633847,-4.997933606824001,9.765625,10,29.454756798206805,102.20201916256832,9.765625
2,2,17723.058964176387,-0.38426999899282055,19.809696413275425,28.515625,30,29.678714342115768,101.99603008667587,28.515625
3,3,17752.423874116400,17.292149954676923,-4.997933606824001,0.390625,21,29.454790741262965,102.17825230415163,0.390625
4,4,17797.54081180602,18.060689952662564,-11.52625729632385,12.890625,35,29.395883080229595,102.18606722759971,12.890625
5,5,17862.032287891423,16.52360995669128,-3.6922688689240304,50.390625,20,29.466580423927706,102.17034969031272,50.390625
6,6,17865.48880332829,18.060689952662564,-12.831922034223817,0.390625,9,29.38410365404782,102.1860457924854,0.390625
7,7,17912.76474217799,16.52360995669128,-7.609263082623938,1.171875,33,29.43124242783835,102.17029068230538,1.171875
```

图 16-6　PyOcto 模块关联产出事件信息示意图

```
,event_idx,pick_idx,residual,time,confidence,amplitude,phase,station
0,0,117,-0.13474547278747195,17556.83,0.863,0.0,P,SC.BAX.
1,0,141,0.7524896325558075,17570.23,0.393,0.0,S,SC.BAX.
2,0,154,-0.4097574496481684,17554.35,0.711,0.0,P,SC.CLA.
3,0,184,-0.6287813269409526,17564.99,0.297,0.0,S,SC.CLA.
4,0,65,-0.8410571961503592,17548.54,0.228,0.0,S,SC.CNXJ.
5,0,74,-0.6316445167758502,17548.58,0.942,0.0,P,SC.GZA.
6,0,146,-1.0595836944230541,17554.85,0.681,0.0,S,SC.GZA.
7,0,160,-0.4956495320693648,17553.74,0.665,0.0,P,SC.HJB.
8,0,24,0.9721711860220239,17554.01,0.718,0.0,P,SC.JLO.
9,0,110,0.505098671241285,17555.77,0.842,0.0,P,SC.JNNQ.
10,0,1,1.2472168846106797,17567.75,0.546,0.0,S,SC.JNNQ.
11,0,208,0.46421377667502384,17548.63,0.808,0.0,P,SC.KDGGS.
12,0,98,1.0506683191197226,17555.13,0.565,0.0,S,SC.KDGGS.
13,0,94,0.4760186608800723,17555.37,0.908,0.0,P,SC.KDKY.
14,0,38,1.326326866477757,17567.18,0.279,0.0,S,SC.KDKY.
15,0,59,-0.4092044582066592,17547.75,0.894,0.0,P,SC.KDLC.
16,0,240,-0.39781359192420496,17553.67,0.448,0.0,S,SC.KDLC.
```

图 16-7　PyOcto 模块关联产出事件与震相配对文件示意图

图 16-8 展示了基于 PyOcto 对智利余震序列的关联结果示例，结果中包括了 8 个事件和相应台站记录到的到时信息。

如果在运行中选择了 REAL 模块，则其输出结果保存在当前文件夹下，包括事件目录和相对的震相信息，存储文件名为“task_ID_catalog_sel.txt”和“task_ID_phase_sel.txt”，其中 task_ID 为运行配置文件中的任务名称。其中 task_ID_catalog_sel.txt 文件列分别为：id，年，月，日，日期（hh:mm:ss），绝对到时（相对于当天 0 时，s），残差，纬度，经度，震级，震级误差，P 震相数量，S 震相数量，震相总数，台站缝隙角（图 16-9）。备注：不计算震级时，震级和震级误差分别为“-inf”和“nan”。task_ID_phase_sel.txt 文件分为事件行和震相行，事件行与 catalog_sel 文件构架相同，震相行分别为：台网，台站，震相名，绝对到时（相对于当天 0 时，s），振幅（mm），残差，权重，方位角（图 16-10）。

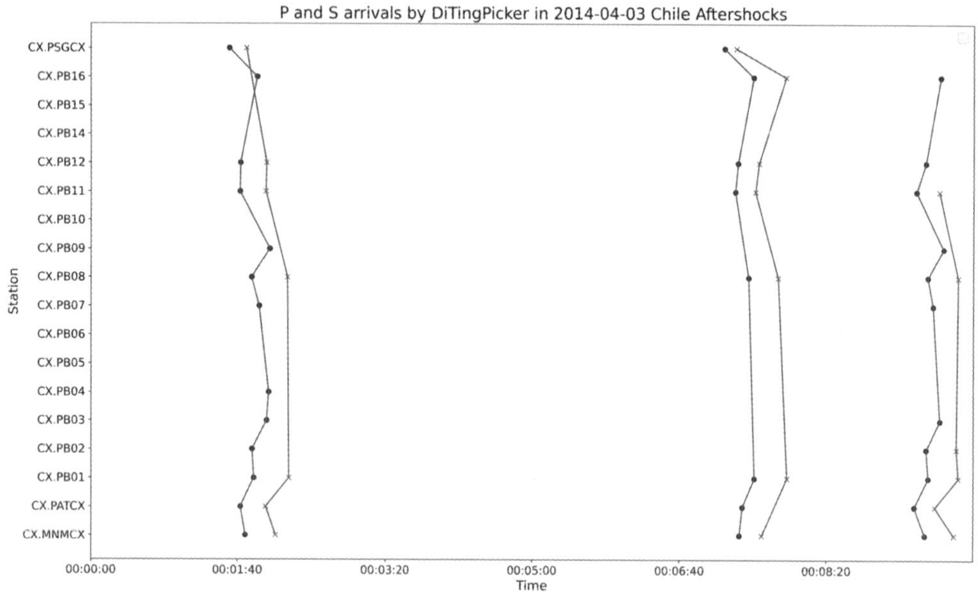

图 16-8　基于 PyOcto 对智利余震序列的关联结果示例

1	2022	09	05	04:52:01.793	17521.793	1.5196	29.7539	103.1947	0.0000	-inf	nan	4	7	11	266.59
2	2022	09	05	04:52:17.770	17537.770	1.6885	29.5603	102.2149	5.0000	-inf	nan	18	13	31	131.37
3	2022	09	05	04:54:17.420	17657.420	1.4263	29.5763	101.9454	0.0000	-inf	nan	5	4	9	114.64
4	2022	09	05	04:55:21.193	17721.193	1.0016	29.5902	102.0054	0.0000	-inf	nan	14	13	27	86.44
5	2022	09	05	04:55:23.824	17723.824	1.0624	30.0767	101.5451	10.0000	-inf	nan	6	5	11	170.00
6	2022	09	05	04:55:49.598	17749.598	0.9962	29.4464	102.2099	30.0000	-inf	nan	11	10	21	148.58
7	2022	09	05	04:56:34.813	17794.813	1.2638	29.3864	102.1499	0.0000	-inf	nan	16	16	32	94.43
8	2022	09	05	04:56:40.704	17800.704	1.9004	30.0467	101.5451	15.0000	-inf	nan	6	4	10	170.53
9	2022	09	05	04:57:41.485	17861.485	1.2203	29.4764	102.1799	0.0000	-inf	nan	12	13	25	108.71
10	2022	09	05	04:57:50.565	17870.565	1.9535	29.6939	102.2647	25.0000	-inf	nan	5	3	8	129.78
11	2022	09	05	04:57:53.877	17873.877	1.3396	29.9663	102.0354	30.0000	-inf	nan	3	4	7	88.18
12	2022	09	05	04:58:29.520	17909.520	1.4245	29.4164	102.1499	0.0000	-inf	nan	16	15	31	98.10
13	2022	09	05	04:58:36.593	17916.593	1.8704	30.0467	101.5751	15.0000	-inf	nan	7	3	10	165.80

图 16-9　REAL 关联产出事件文件结果示例

```
 1  2022 09 05 04:52:01.793   17521.793  1.5196    29.7539   103.1947     0.0000    -inf     nan   4   7  11  266.59
SC      SBA    S  17568.3500    46.5574  0.0000e+00     -0.1971     0.3410     38.3733
SC     JNNQ    S  17567.7500    45.9574  0.0000e+00      0.3890     0.5460     53.0365
SC     XXXJ    P  17542.3300    20.5374  0.0000e+00      0.7887     0.8920     88.5343
SC     CNXJ    S  17548.5400    26.7474  0.0000e+00     -1.6335     0.2280     90.1554
SC      YJI    P  17558.9700    37.1774  0.0000e+00      0.6254     0.8170     97.8474
SC     KDLC    S  17553.6700    31.8774  0.0000e+00      0.1971     0.4480    105.6317
SC     YLXJ    S  17557.9100    36.1174  0.0000e+00     -1.2836     0.4870    111.0328
SC      GZA    S  17554.8500    33.0574  0.0000e+00      1.4617     0.6810    111.9538
SC     BMZJ    P  17551.5600    29.7674  0.0000e+00      1.6937     0.8930    115.6662
SC     BMZJ    S  17565.0300    43.2374  0.0000e+00     -3.2278     0.4410    115.6662
SC      TQU    P  17523.2900     1.4974  0.0000e+00     -0.9222     0.2870    130.3412
 2  2022 09 05 04:52:17.770   17537.770  1.6885    29.5603   102.2149     5.0000    -inf     nan  18  13  31  131.37
SC      SBA    P  17556.7500    18.9799  0.0000e+00      0.2822     0.7490      2.6132
SC      CLA    P  17554.3500    16.5799  0.0000e+00      0.3171     0.7110      6.8196
SC      CLA    S  17564.9900    27.2199  0.0000e+00      0.3389     0.2970      6.8196
SC     JNNQ    P  17555.7700    17.9999  0.0000e+00     -0.6775     0.8420     30.6635
SC      JLO    P  17554.0100    16.2399  0.0000e+00     -0.8997     0.7180     47.3194
SC      JLO    S  17565.0500    27.2799  0.0000e+00     -0.9511     0.6220     47.3194
SC     TGXJ    P  17552.1300    14.3599  0.0000e+00     -1.3777     0.7170     55.1449
SC     TGXJ    S  17563.2400    25.4699  0.0000e+00     -0.3499     0.3730     55.1449
SC    KDGGS    P  17548.6300    10.8599  0.0000e+00     -0.4750     0.8080     81.6416
SC    KDGGS    S  17555.1300    17.3599  0.0000e+00     -1.0316     0.5650     81.6416
SC      YJI    S  17572.1900    34.4199  0.0000e+00      1.7719     0.3740    114.0156
SC    KDXDQ    P  17552.5500    14.7799  0.0000e+00     -1.9597     0.7280    126.9140
SC    KDXDQ    S  17561.4300    23.6599  0.0000e+00     -3.8006     0.3490    126.9140
SC     XXXJ    P  17542.3300     4.5599  0.0000e+00     -0.7467     0.8920    144.9988
SC     XXXJ    S  17550.1100    12.3399  0.0000e+00      3.8482     0.0450    144.9988
```

图 16-10　REAL 关联产出震相文件结果示例

16.2　DiTingLink API 的功能

16.2.1　什么是 DiTingLink API?

DiTingLink API 是一种功能强大的震相关联工具，通过整合不同台站的监测数据和震相信息，全面、准确地识别和定位地震事件，为地震活动研究提供强有力的支持。DiTingLinkAPI 集成了当前主要的开源关联工具，初始版本主要支持 PyOcto 和 REAL，未来会加入 GaMMA 等其他开源模块。

16.2.2　如何使用 DiTingLink API

（1）DiTingLink API 的输入。

DiTingLinkAPI 的输入数据格式与“谛听”盒子 DiTingPicker 的输出数据格式相同，包括 json 震相文件和台站信息文件，其中 json 文件按照“台网 . 台站名 _ 年月日 .json”（如 CX.PB07_20140403.json）命名规则存储于“jsons”文件夹下，即每一台站每天一个文件。台站信息文件的格式为 IRIS 网站的标准 xml 文件，按照“台网 . 台站名 .xml”（如 CX.PB07.xml）命名规则存储于“stations”文件夹下（图 16-11）。当准备好上述文件后，压缩为 filename.zip，DiTingLink API 的输入文件就准备好了。

```
CX.MNMCX_20140403.json  CX.PB03_20140403.json  CX.PB07_20140403.json  CX.PB11_20140403.json  CX.PB16_20140403.json
CX.PATCX_20140403.json  CX.PB04_20140403.json  CX.PB08_20140403.json  CX.PB12_20140403.json  CX.PSGCX_20140403.json
CX.PB01_20140403.json   CX.PB05_20140403.json  CX.PB09_20140403.json  CX.PB14_20140403.json
CX.PB02_20140403.json   CX.PB06_20140403.json  CX.PB10_20140403.json  CX.PB15_20140403.json
DiTing@DiTing:~/for_DITING420/BoxCallCloud/input/link_v2/stations$ ls
CX.MNMCX.xml  CX.PB01.xml  CX.PB03.xml  CX.PB05.xml  CX.PB07.xml  CX.PB09.xml  CX.PB11.xml  CX.PB14.xml  CX.PB16.xml
CX.PATCX.xml  CX.PB02.xml  CX.PB04.xml  CX.PB06.xml  CX.PB08.xml  CX.PB10.xml  CX.PB12.xml  CX.PB15.xml  CX.PSGCX.xml
```

图 16–11　DiTingLink API 的输入文件格式示意

说明：对于目前无可用的台站 xml 文件，可通过文件夹中提供的 stacsv2xml.py 脚本进行转换。

```
python3 sta_txt2xml.py --sta_txt ./sta_real_format.dat --xml_
folder ./example_xml
```

转换前文本示例：–69.24192 –21.79638 CX PB09 BHZ 1.530

转换后对应的 xml 文件名为 CX.PB09.xml，其内容如下。（本章所有程序代码均与电脑屏幕所显示的一致，包括正斜体及格式，特此说明，后文不再赘述）

```
<?xml version='1.0' encoding='UTF-8'?>
<FDSNStationXML xmlns = "http://www.fdsn.org/xml/station/1"
schemaVersion ="1.1">
    <Source> ObsPy 1.3.0 </Source>
    <Module> ObsPy 1.3.0 </Module>
    <ModuleURI> https://www.obspy.org </ModuleURI>
```

```
    <Created>2024-06-26T14:24:34.810275Z</Created>
    <Network code="CX">
      <Station code="PB09">
        <Latitude unit="DEGREES">-21.79638</Latitude>
        <Longitude unit="DEGREES">-69.24192</Longitude>
        <Elevation unit="METERS">1530.0</Elevation>
        <Site>
          <Name></Name>
        </Site>
        <Channel code="BHZ" locationCode="00">
          <Latitude unit="DEGREES">-21.79638</Latitude>
          <Longitude unit="DEGREES">-69.24192</Longitude>
          <Elevation unit="METERS">1530.0</Elevation>
          <Depth unit="METERS">-1530.0</Depth>
          <Azimuth unit="DEGREES">0.0</Azimuth>
          <Dip unit="DEGREES">-90.0</Dip>
        </Channel>
      </Station>
    </Network>
  </FDSNStationXML>
```

（2）DiTingLink API 的输出。

DiTingLinkAPI 的输出数据以 zip 压缩包的形式存储，包含了事件和对应震相文件信息，产出结果文件的具体命名方式、文件构架与在“谛听”盒子关联产出的文件结果一致，这里不做详细说明。具体格式参见前面有关震相关联输入内容格式的介绍。

（3）DiTingLink API 的调用方式。

本小结介绍如何在“谛听”盒子上通过代码的方式调用 DiTingAPI，首先是文件上传和处理部分。

第一步：导入用于处理 HTTP 请求和 MIME 类型的模块。

```
import http.client
import mimetypes
from codecs import encode
import os
```

第二步：检查文件是否存在。

```
# 在上传文件之前，必须确保文件存在。如果文件不存在，程序会提示并退出
```

```
file_name = "待上传的数据文件路径"(前文中提到 filename.zip)
if not os.path.exists(file_name)
    print('文件不存在')
     else:
      print('文件存在')
```

第三步：建立与阿里云 API 的 HTTPS 连接。

```
conn = http.client.HTTPSConnection("datistapi.market.alicloudapi.com")
```

第四步：使用 MIME 规范准备数据，包括文件的边界和内容类型。

```
dataList = []
boundary = 'wL36Yn8afVp8Ag7AmP8qZ0SA4n1v9T'
dataList.append(encode('--' + boundary))
dataList.append(encode('Content-Disposition:form-data; name = file
filename={0}'.format(file_name)))
fileType = mimetypes.guess_type(file_name)[0] or 'application/octet-stream'
dataList.append(encode('Content-Type:{}'.format(fileType)))
dataList.append(encode(''))
with open(file_name, 'rb') as f
dataList.append(f.read())
dataList.append(encode('--'+boundary+'--'))
dataList.append(encode(''))
body = b'\r\n'.join(dataList)
payload = body
```

第五步：为 HTTP 请求设置必要的头信息，包括认证信息和内容类型。

```
headers = {
    'Accept':'application/json'
    'Authorization':'APPCODE  83d8b3b321764e148c2770261a083cdd'
    'Host':'datistapi.market.alicloudapi.com'
```

```
        'Content-Type':'multipart/form-data; boundary={}'.format
(boundary)
    }
```

第六步：发送包含文件的 POST 请求。

```
    conn.request("POST", "/DiTingLink/Invoke/v2", payload, headers)
res =
    conn.getresponse()
    # 根据响应状态码决定如何处理返回的数据。如果请求成功，则保存返回的
    # ZIP 文件，否则输出错误信息
       if res.status == 200
         data = res.read()
         zip_filename = 'output.zip'  (输出文件 zip)
         with open(zip_filename, 'wb') as f
             f.write(data)
         print(f"ZIP file {zip_filename} has been saved.")
       else
         print(f"Request failed with status {res.status} {res.
reason}")
       conn.close()
    最终在“谛听”盒子终端运行如下命令即可进行 DiTingLink API 的调用
    python3  zxgl_v3.py
```

16.3 地震定位与 DiTingLocate API

在震相关联后，可以进一步通过地震定位模块使地震的位置更精确。目前云端 DiTing LinkAPI 采用的是开源 HypoInverse 模块。Hypoinverse 定位方法是 Fred W. Klein（1978）在 Geiger 方法（1912）基础上提出的一种线性单事件定位方法①，通过读取地震台站的震相数据，如 P 波到达时间和地震记录的振幅与持续时间，将这些数据转换为地震的位置和震级。该方法的最大优点是对比较复杂的地下结构和水平各项异性较强的区域可在不同区域采用不同的速度模型，这样就可以依据地质体的赋存位置和范围设定不同的速度模型参数，引入误差计算，只要 3 个台站就可以进行定位计算，从而得到更多单个地震的位置，并且特别适合近场定位。计算时通过各台站 P、S 波到时差与震源距的关系得到一线性方程组，采用奇异值分解法求解方程，求解得到震中位置。

① Fred Klein. Hypocenter Location Program HYPOINVERSE:Part Ⅰ. Users Guide to Versions 1, 2, 3, and 4. Part Ⅱ. Source Listings and Notes[R].U S Geological Survey, 1978.

16.3.1　DiTingLocate 在“谛听”盒子中的应用

（1）DiTingLocate 的输入。

DiTingLocate 模块支持 DiTingLink 的输出格式，其输入包括台站信息文件和震相关联结果文件。在使用过程中，考虑到 DiTingLink 中使用 REAL 或 PyOcto 模块产出结果存在格式差异，因此需要通过 yaml 配置文件，以确保数据处理的精确性和灵活性。以下是详细的参数说明和示例配置（图 16–12）。

```
task_ID: DiTingLink_example

job_folder: './input_example/'

data_range: ['20220905', '20220906']

# REAL, PyOcto
LinkType: 'REAL'
sta_path: /home/DiTing/for_DITING420/DiTingLink_PyOcto_REAL/sta_real_format.dat
REAL_res_path: /home/DiTing/for_DITING420/DiTingLink_PyOcto_REAL/DiTingLink_example_LuDing_REAL_phase_sel.txt
PyOcto_res_path: /home/DiTing/for_DITING420/DiTingLink_PyOcto_REAL/outputs/

min_lat: 28
max_lat: 31
min_lon: 100
max_lon: 104
min_depth: 0
max_depth: 200
```

图 16–12　DiTingLocate 配置文件说明示意图

配置参数说明如下：

task_ID: 任务标识符，用于标记当前地震定位任务的唯一名称。例如，DiTingLink_luding。

job_folder: 输入数据文件夹路径，指定存放台站信息文件和震相关联结果文件的目录。例如，'./input_example/'。

data_range: 数据处理的时间范围，格式为列表，包含起始和终止日期。例如，['20220905', '20220906']。

LinkType: 使用的震相关联类型，可以 REAL 或 PyOcto。例如，'REAL'。

sta_path: 台站信息文件路径，指定 DiTingLink 输出的台站信息文件的位置。例如，/home/DiTing/for_DITING420/DiTingLink_PyOcto_REAL/sta_real_format.dat。

REAL_res_path: 当 LinkType 为 REAL 时，震相关联结果文件路径。例如，/home/DiTing/for_DITING420/DiTingLink_PyOcto_REAL/DiTingLink_example_LuDing_REAL_phase_sel.txt。

PyOcto_res_path: 当 LinkType 为 PyOcto 时，震相关联结果文件路径。例如，/home/DiTing/for_DITING420/DiTingLink_PyOcto_REAL/outputs/。

min_lat: 最小纬度，定义地震定位的最小纬度范围。例如，28。

max_lat: 最大纬度，定义地震定位的最大纬度范围。例如，31。

min_lon: 最小经度，定义地震定位的最小经度范围。例如，100。

max_lon: 最大经度，定义地震定位的最大经度范围。例如，104。

min_depth: 最小深度，定义地震定位的最小深度范围，单位为 km。例如，0。

max_depth: 最大深度，定义地震定位的最大深度范围，单位为 km。例如，200。

（2）DiTingLocate 的输出。

DiTingLocate 的输出包括两个主要文件：一个定位事件文件（以 .sum 结尾）和一个包含详细震相的文件（以 .pha 结尾）。定位事件文件包含每个地震事件的基本信息和定位结果，其内容包括地震事件的发震时间、定位经度、纬度、深度、水平与垂向定位误差等（图 16–13）。震相文件包含事件行和震相行，事件行包括了发震时刻、经度、纬度、震级信息，震相行包括了每一台站对应的震相绝对到时信息（图 16–14）。

```
20220905 0451 14.07 30  4.36 104E53.02    2.00    0.00 14 321204.4 4.00 27.9 31.6 D -        0
20220905 0452  5.89 29 58.12 100E35.57    2.00    0.00 26 285 41.1 6.50 20.5 99.0 D -        1
20220905 0454 14.79 29 29.47 102E10.35    2.00    0.00  8 149 34.0 0.21  0.9 21.8 C -        2
20220905 0455 21.33 29 37.30 102E 3.76    2.00    0.00 26  94 49.5 0.35  0.5 32.0 C -        3
20220905 0455 19.74 29 42.55 101E55.68   36.43    0.00 12 126 39.0 1.72  6.4  9.5 C          4
20220905 0455 49.85 29 26.23 102E 8.77    9.08    0.00 19 134 30.6 0.41  0.9  6.7 C          5
20220905 0456 34.45 29 24.97 102E10.81   11.83    0.00 32 104 26.7 0.56  0.8  5.4 D          6
20220905 0456 33.88 29 27.23 102E 2.29   37.97    0.00 11 118 67.5 1.52  6.1 24.8 C          7
20220905 0457 41.99 29 28.48 102E 9.68    1.50    0.00 26 105 33.1 0.70  1.0  6.3 D          8
20220905 0457 44.58 28 56.75 101E53.32   70.73    0.00  4 155 37.1 0.01  2.2  4.4 C          9
20220905 0457 51.81 29  8.71 102E 2.62    2.00    0.00 11 137 42.814.09 53.5 99.0 D -       10
20220905 0458 29.73 29 26.48 102E 9.78    5.14    0.00 30 103 30.0 0.42  0.6 11.8 C         11
20220905 0458 29.34 29 27.27 102E 7.03    2.00    0.00 10 126 68.7 1.21  4.1 99.0 D -       12
```

图 16–13　DiTingLocate 产出事件文件示意示意图

```
20220905045114.07,30.0727,104.8837,4.2,-2.0
SC,SBA,-1,2022-09-05T04:52:48.350000Z,-1,-1,-1
SC,JNNQ,-1,2022-09-05T04:52:47.750000Z,-1,-1,-1
SC,XXXJ,2022-09-05T04:52:22.330000Z,-1,-1,-1,-1
SC,CNXJ,-1,2022-09-05T04:52:28.540000Z,-1,-1,-1
SC,YJI,2022-09-05T04:52:38.970000Z,-1,-1,-1,-1
SC,KDLC,-1,2022-09-05T04:52:33.670000Z,-1,-1,-1
SC,YLXJ,-1,2022-09-05T04:52:37.910000Z,-1,-1,-1
SC,GZA,-1,2022-09-05T04:52:34.850000Z,-1,-1,-1
SC,BMZJ,2022-09-05T04:52:31.560000Z,2022-09-05T04:52:45.030000Z,-1,-1,-1
SC,TQU,2022-09-05T04:52:03.290000Z,-1,-1,-1,-1
20220905045205.89,29.9687,100.5928,4.2,-2.0
SC,SBA,2022-09-05T04:52:36.750000Z,-1,-1,-1,-1
SC,CLA,2022-09-05T04:52:34.350000Z,2022-09-05T04:52:44.990000Z,-1,-1,-1
SC,JNNQ,2022-09-05T04:52:35.770000Z,-1,-1,-1,-1
SC,JLO,2022-09-05T04:52:34.010000Z,2022-09-05T04:52:45.050000Z,-1,-1,-1
SC,TGXJ,2022-09-05T04:52:32.130000Z,2022-09-05T04:52:43.240000Z,-1,-1,-1
SC,KDGGS,2022-09-05T04:52:28.630000Z,2022-09-05T04:52:35.130000Z,-1,-1,-1
SC,YJI,-1,2022-09-05T04:52:52.190000Z,-1,-1,-1
```

图 16–14　DiTingLocate 产出震相文件示意示意图

同时，在产出事件、震相信息的同时，初步绘制了定位后的震中平面分布与三维分布结果，如图 16–15 和图 16–16 所示。

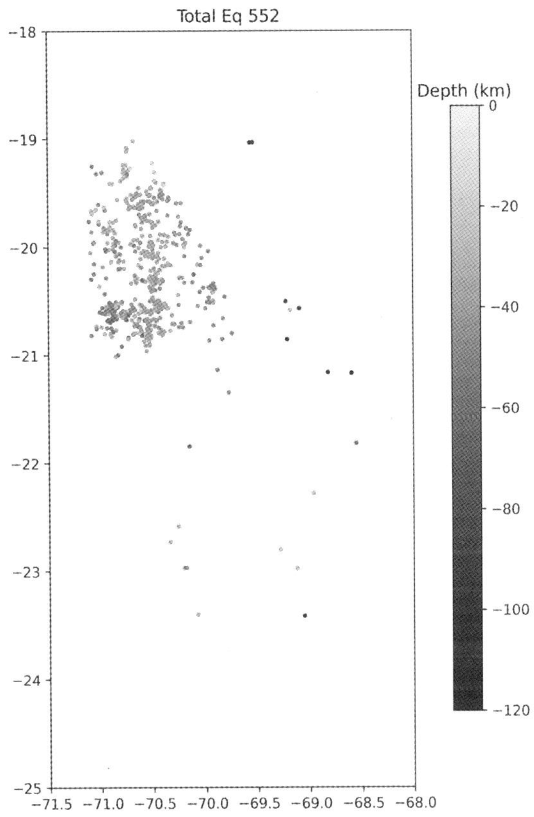

图 16-15　DiTingLocate 地震震中分布图

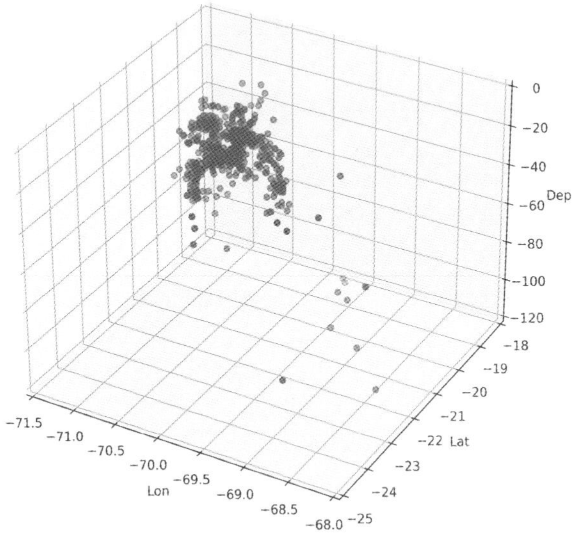

图 16-16　DiTingLocate 产出地震三维分布图

（3）DiTingLocate 在“谛听”盒子终端的应用。

当设置好配置文件后，在终端输入：“python3 run_DiTingLocate.py --config-file configs/DiTingLocate.yaml”即可运行程序，结果输出保存在“./outputs”文件夹下，文件夹中包含了 .sum、.pha 以及两张震中分布图文件。

16.3.2 DiTingLocateAPI 调用

DiTingLocate 的 API 与调用方式同 DiTingLink 相同，只需要对应修改 POST 请求部分即可。

第 17 章　在“谛听”智慧盒子中部署 SeisComP

本章将详细介绍如何在“谛听”智慧盒子中部署 SeisComP，以实现高效的地震数据采集和处理。SeisComP 是由德国 GEOFON 台网开发的全自动地震台站数据获取和实时处理工具，它具备数据获取、质量控制、地震事件检测、定位和报警等功能。作为全球范围内广泛用于实时监测地震和其他地震事件的软件包，SeisComP 提供了自动和交互式地震学数据采集、处理和数据交换服务。可以对台网日常处理的地震波形、定位结果、震相数据进行统一管理，能够完成地震台网承担的地震速报、地震编目和数据服务等日常工作任务。

SeisComP 不是单一的软件，而是由多个模块组成的综合系统，这些模块分别用于自动和交互式数据处理与地震活动分析，它能实现不同数据中心或节点之间近实时波形数据的汇集和交换共享。

SeisComP 支持第三方扩展，使用和开发文档齐全，提供了开发运维持续进行，目前已经发布了 6.2.0 版本（2024 年 2 月），用户生态较为友好。“谛听”团队针对“谛听”盒子进行了 SeisComP 的适配和定制开发，具体包括：①重新编译：围绕“谛听”盒子的 ARM 架构硬件对 SeisComP 进行了重新编译；② AI 算法集成：接入了基于 AI 的地震波形处理算法，提升了地震事件检测和分析的准确性；③ LISS 流服务：实现了我国广泛使用的 LISS 流服务的实时数据接入，增强了数据获取的灵活性和广泛性。该软件更多相关内容可以从以下网址获取：https://www.seiscomp.de/。SeisComP 软件逻辑架构如图 17-1 所示。

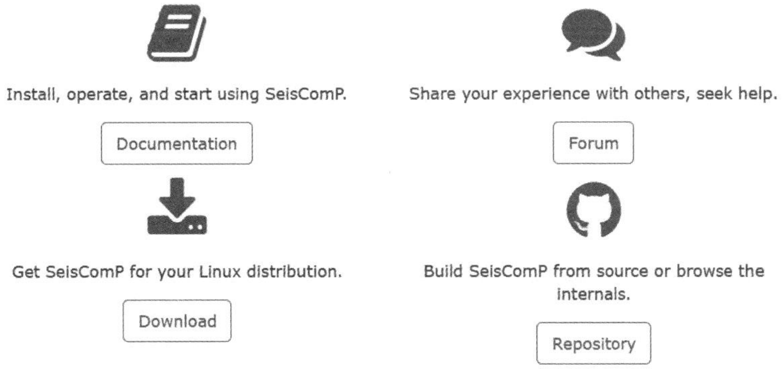

图 17-1　SeisComP 软件逻辑架构（https://www.seiscomp.de/）

第三方机构已经围绕 SeisComP 开发了一些插件，这些插件未包含在默认安装包中。图 17-2 列出了一些功能插件，包括基于波形互相关的地震事件检测、基于深度学习的震相提取、能量震级计算、双叉定位和地震预警等功能。这些功能插件可以在编译后嵌入 SeisComP 软件系统，作为模块功能扩展使用。

Name	Institution	Description
scdetect	ETH Zürich	Real-time earthquake detection based on waveform cross-correlation
scdlpicker	GFZ Potsdam	SeisComP/SeisBench interface to enable deep-learning (re)picking in SeisComP
scmert	GFZ Potsdam	Real-time energy magnitude
scrtdd	ETH Zürich	Real-time double difference event relocation
sed-eew	ETH Zürich	Modules for earthquake early warning

图 17-2 SeisComP 功能插件

更多相关扩展插件的信息可以参考以下网址：

https://github.com/swiss-seismological-service/scdetect

https://github.com/SeisComP/scdlpicker

https://github.com/SeisComP/scmert

https://github.com/swiss-seismological-service/scrtdd

https://github.com/SED-EEW/SED-EEW-SeisComP-contributions

17.1 认识 SeisComP

SeisComP 主要使用 C++ 和 Python 开发，采用 QT 实现图形界面，支持跨平台运行。该软件提供了 MySQL、SQLite 等数据库接口，免费且开源，具有良好的可移植性。

17.1.1 软件功能与特点

SeisComP 软件架构采用模块化设计，每个功能模块可以独立运行，并提供数据获取或处理等相关功能，主要功能包括：从一个或多个数据源获取地震波形数据、归档原始波形数据、提取震相到时、进行事件检测和震中计算，并提供交互式用户接口等，通过 scmaster 模块实现消息传递，完成多个模块之间的通信和功能协作，其架构图如图 17-3 所示。

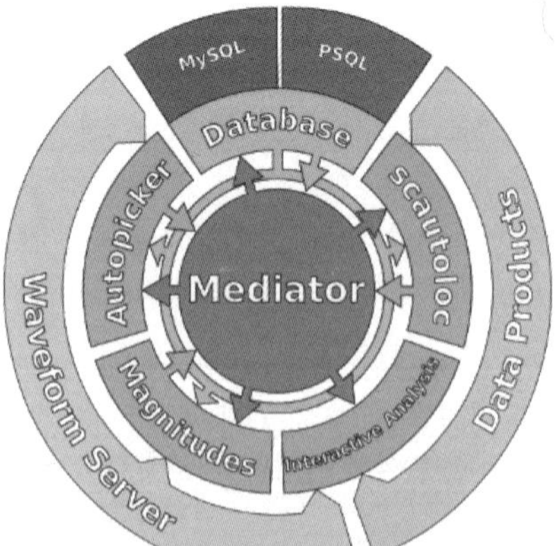

图 17-3 SeisComP 模块架构图

17.1.2　软件主要模块与功能

“谛听”团队针对第二代盒子的树莓派系统硬件环境（armhf），成功编译了 SeisComP 6.1.1 版本的源代码，在软件目录 Desktop/seiscomp-6.1.1/bin 中，通过运行 ./seiscomp start 命令，可以启动预先配置好的软件模块。此外，通过运行单独的软件模块命令，如 ./seiscomp exec scrttv，也可以启动特定的模块功能。以下是常用模块和功能列表，如表 17-1 所示。

表 17-1　常用模块功能 / 分类表

No.	模块名称	功能	类别
1	seedlink	实时地震数据获取	数据获取
2	slarchive	SDS 结构波形数据归档	
3	arclink	波形数据分发	
4	scamster	TCP/IP 消息服务器	数据处理
5	scautopick	震相自动拾取	
6	scautoloc	自动定位	
7	scamp	计算振幅	
8	scmag	计算震级	
9	scevent	事件关联	
10	scqc	波形质量参数	
11	scwfparam	波形参数化（*PGA*、*PGV*、响应谱）	
12	scevtlog	事件状态日志	
13	scvoice	声音报警	
14	scbulletin	创建事件报告	数据管理
15	scart	波形导入或导出	
16	scevtls	列出事件	
17	scevtstreams	提取流信息	
18	scimex	事件参数导入或导出	
19	scimport	系统间信息交换	
20	scm	系统状态监控	
21	scxmldump	事件参数转化为 XML 格式	
22	scdb	XML 文件或消息导入数据库	
23	scrttv	实时波形显示	分析与可视化
24	scmv	台站状态显示	
25	scolv	人机交互界面	

续表

No.	模块名称	功能	类别
26	scesv	事件列表	分析与可视化
27	scqcv	台站状态列表	
28	slinktool	查看本地 seedlink 数据流接收情况，支持 -Q -L -C 参数，示例：slinktool -Q localhost:18000	数据检查

注：表中加粗的 7 个模块是核心模块，提供最基本的数据接收和运行。

17.2 SeisComP 软件操作

17.2.1 编译与安装

在主目录下执行 make 命令，随后进入 build 目录执行 make install，完成后进入 bin 目录运行相关程序。整个编译过程大约需要 1 ~ 2 小时，如果只修改了部分模块，则不会重新编译未修改的模块。在编译过程中可能会出现各种错误，通常与环境配置相关。

17.2.2 运行配置

./bin/seiscomp exec scconfig 这个命令执行后，可以在界面配置数据绑定、运行参数和查看相关的运行日志。

./bin/seiscomp exec scmv 启动程序运行图形界面 scrttv、scolv 这三个模块都是 QT5 的可视化界面，如图 17-4 所示。

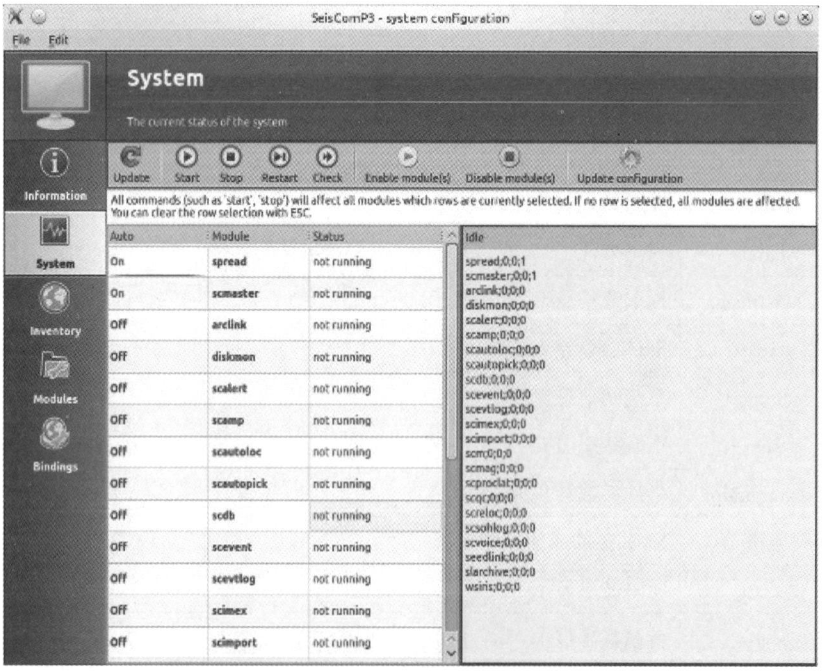

图 17-4 scconfig 的图形界面示意图

17.2.3　软件操作示例

（1）下载台站 XML 数据：访问 http://eida.gfz-potsdam.de/webdc3 下载数据，如果要做带后续分析的需要下载仪器响应的元数据，如图 17-5 所示。

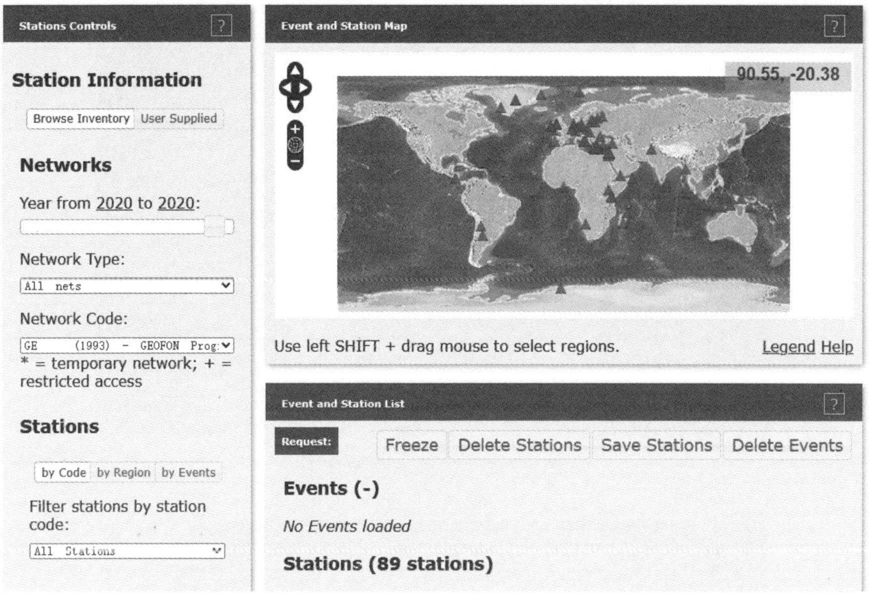

图 17-5　http://eida.gfz-potsdam.de/webdc3 示意图

（2）数据绑定：在 scconfig 的图形化界面可以进行数据绑定，在界面的右部区域设置对应的模块 profile 配置信息，左部配置 networks、station 等信息后，选择数据流来源和处理方法（提示：需要实时数据配置 seedlink，需要存储到本地文件配置 slarchive），如图 17-6 所示。

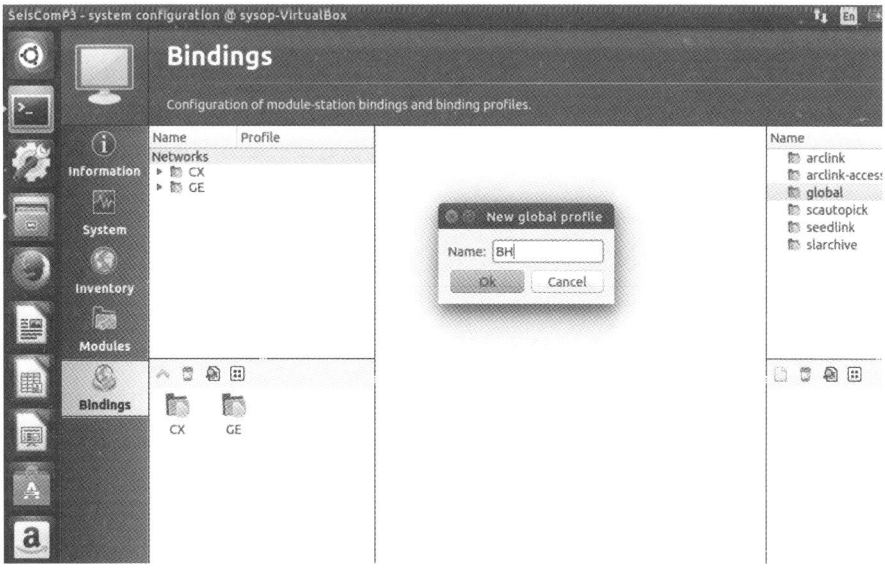

图 17-6　Bindings 图形化界面示意图

（3）查看实时波形数据：在不启动 scmaster 图形化界面的情况下也可以显示台站的三分量波形实时数据，可以使用以下命令指定文件名：./seiscomp exec scrttv --channels GE.ACRG.*.BH? --channels GE.APE.*.BH? --channels GE.ARPR.*.BH? 执行该命令后会首先显示具有 Diting Smart Box 标识的启动界面（图 17–7），然后，显示实时波形信息（图 17–8）。

图 17–7　启动界面示意图

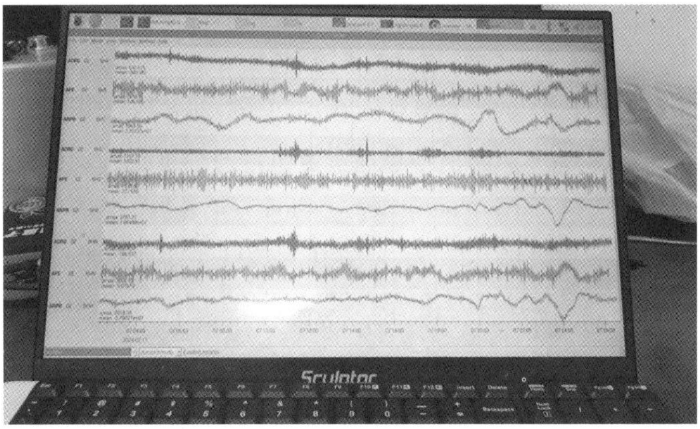

图 17–8　三分量波形实时数据示意图

17.3　SeisComP 软件的功能扩展

17.3.1　社区附加组件特点介绍

SeisComP 是一个开放且可扩展的系统，允许用户根据自己的需求和研究方向进行功能扩展和定制。其开放性特点使得许多第三方机构和开发者能够为 SeisComP 开发附加组件，进一步增强其功能。这些附加组件虽然不属于官方 SeisComP 包的一部分，但通过社区共享，极大地丰富了 SeisComP 的应用场景和能力。

社区附加组件的特点：①开放性和灵活性。SeisComP 的开放架构使得开发者能够轻松地创建和集成新的功能模块。社区附加组件充分利用了这一特点，为用户提供了多样化的功能扩展选项。②实时处理能力。许多附加组件，如 scdetect 和 scmert，专注于实时数据处理和分析。这些工具能够实时检测地震事件、计算震级，提供快速反应能力，这对于地震监测和预警至关重要。③前沿技术应用。一些附加组件，如 scdlpicker，采用了深度学习等先进技术，提升了地震数据分析的准确性和效率。通过与最新技术的结合，这些工具使 SeisComP 系统始终保持在地震科学研究的前沿。④模块化和可定制性。SeisComP 的模块化设计允许用户根据具体需求选择和配置附加组件。这种灵活性使得系统可以适应不同的应用场景，从学术研究到实际地震监测和预警。⑤社区驱动。这些附加组件由全球各地的研究机构和开发者共同开发和维护，体现了开放科学和协作的精神。社区驱动的开发模式不仅促进了技术进步，也增强了知识共享和资源整合。

SeisComP 的开放性特点使得其社区附加组件丰富多样，极大地增强了系统的功能和适应性。这些附加组件涵盖了从地震事件检测、震级计算到深度学习拾取和地震预警等多个方面，体现了最新的科学技术和应用需求。通过社区的共同努力，SeisComP 不仅是一个强大的地震监测工具，更是一个不断进化和创新的开放平台。

17.3.2　社区附加组件总览

SeisComP 社区附加组件页面列出了增强 SeisComP 功能的附加组件，这些附加组件不属于官方 SeisComP 包，可能是实验性的（图 17–9）。

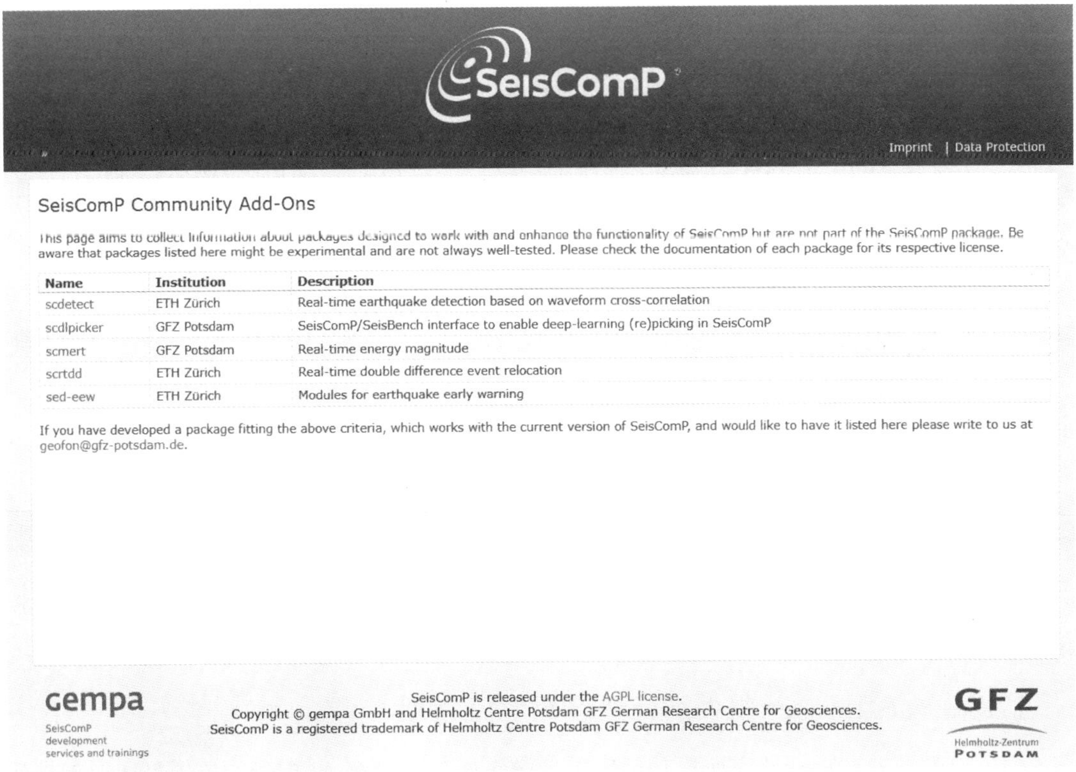

图 17–9　SeisComP 社区附加组件页面示意图

SeisComP 社区附加组件主要有五个，包括 scdetect、scdlpicker、scmert、scrtdd 以及 sed-eew，这里简要的总结这些组件的功能和特点，如表 17-2 所示。

表 17-2　SeisComP 社区附加组件功能与特点

组件名称	组件功能	组件特点
scdetect	基于波形互相关（匹配滤波）算法，实现实时和经典离线地震检测，支持单通道和多通道地震检测。当检测参数超过配置的阈值时，系统将宣布发现新的震源。此外，系统支持多种方法（如回归和振幅比）来估算地震的震级	使用 scdetect-cc 扩展模块基于计算皮尔逊相关系数实现了互相关算法，通过 SeisComP 平台的消息传递和数据处理功能，实现了实时波形数据的处理和震源检测
scdlpicker	该模块基于 SeisBench 的简单深度学习再拾取（repicking）模块，能够重新拾取地震波到时，或检测新的到时。该模块主要用于已确定或推定的地震事件中的波形分析和重新拾取，不宜用于连续流数据的处理	该项目包含三个 Python 模块，scdlpicker.client.py 负责与 SeisComP 系统通信，scdlpicker.repicker.py 用于重新拾取波形数据，scdlpicker.relocate-event.py 用于事件定位，这些模块利用 SeisComP 的消息传递机制实时获取和处理地震事件数据，并通过深度学习算法改进波形挑选结果
scmert	快速测定浅源强震和大地震的震级，该模块实现了 Di Giacomo 等人（2008 年）的方法，通过快速计算地震能量来进行震级估算	该模块需要与 SeisComP 的核心环境结合使用，通过实现 Di Giacomo 等人的方法，实现地震能量的实时测定和震级计算
scrtdd	实时双差事件重定位，支持单事件和整个地震目录的双差事件重新定位	该组件实现了一个独立于 SeisComP 的双差反演 C++ 库，可用于其他系统。该库已集成到 SeisComP 中，通过其消息传递和数据处理功能，实现了实时事件重定位和经典离线模式下的地震目录重新定位
sed-eew	这个模块包括 scfinder 和 sceewenv 两个模块，Scfinder 模块可以通过匹配强震动模式与可能的地震源，预测有限断层的位置和大小，推断事件震级和预期的地面运动模式；Sceewenv 模块则为 scfinder 和 scvsmag 等地震预警模块生成地面运动包络值	该模块需要 SeisComP（3 版或更高版本）的支持，并使用额外的数据模型扩展和依赖项，如 FinDer 库。通过添加 SeisComP 子模块并将其编译整合到 SeisComP 源码中，确保与系统兼容并进行编译和安装

总而言之，这些组件通过各自的特定功能和实现方式，扩展了 SeisComP 在地震监测、事件分析和实时反应方面的能力，为地震学和地震预测研究提供了重要支持。

17.3.3　scdlpicker 组件结合“谛听”AI 模型

中国地震局地球物理研究所成功开发了地震事件自动拾取 AI 模型，该模型可以部署到各种边缘设备。为充分利用 SeisComP 与“谛听”AI 模型的优势，我们将“谛听”震相自动识别 AI 模型结合到 SeisComP 社区附加组件的 scdlpicker 中，形成了新的 dtpicker，用于提高地震事件检测率。

由于篇幅限制，在这里仅展示 dtpicker 中结合“谛听”震相自动识别 AI 模型部分的代码。

```
import pathlib
from pathlib import Path
import yaml,os
import time
import logging
import numpy as np
import scipy.signal
from typing import Tuple
import argparse
import obspy
import itertools
import platform
from rknnlite.api import RKNNLite #rknn 推理框架
from src.PostProcessing import postprocesser_ev_center #后处理
模块,消除重复检测事件
from sklearn.cluster import AgglomerativeClustering #凝聚式聚
类,用于消除多余震相
```

与 scdlpicker 相比，dtpicker 引入了 RKNNLite、自定义后处理模块和 Scikit-learn 库中的凝聚式聚类算法。

在这里我们先介绍一下 RKNN，RKNN 是 Rockchip NPU 平台使用的一套深度学习推理框架，模型文件以 .rknn 后缀结尾。而 RKNNLite 是其中的一个轻量级版本，专门针对嵌入式设备的低功耗、高性能需求进行了优化，通过将常用的深度学习框架（如 TensorFlow、PyTorch 等）的模型转换为 RKNN 格式，可以确保模型的跨平台兼容性和执行效率。

```
#"谛听"震相拾取模型
models = {
    'DiTing':"/usr/local/bin/rknn-3588-ditingmodel/DiTing
Picker.rknn"
    # short names for convenience
    'dt':"/usr/local/bin/rknn-3588-ditingmodel/DiTingPicker.
rknn"
}
```

在 dtpicker 中我们导入的是基于"谛听"数据集训练的 P 震相监测、S 震相监测、P 波初动极性监测与方位角监测的深度学习模型。

```
    # 子程序：使用 diting 算法进行拾取
    def pick_by_diting(self, st, save_dir=None, resample_to=10.0)
            ###########################################################
            """
            USUALLY DONT NEED TO CHANGE
            """
            input_N = self.expected_input_length_sec
            det_th = 0.3
            p_th = 0.05
            s_th = 0.01
            p_mpd = 200
            s_mpd = 400
            ev_tolerance = 20
            ps_min_tolerance = 20
            p_tolerance = 100
            s_tolerance = 150
            eq_center_cluster_range = 300
            mini_cluster_num = 2
            mini_pick_num = 2
            # max_prob or median
            phase_keep_rule = 'max_prob'
            ###########################################################
            # define dist function
            dist = lambda p1,p2:np.abs(p1-p2)
            # resample to what
            # choose small sampling rate for earthquakes from
large epicentral distance
            dist = lambda p1,p2:np.abs(p1-p2)
            sta_dict = dict()
            st.detrend('demean')
            st.detrend('linear')
    ……# 省略数据预处理部分
            temp_input = np.reshape(temp_input, [self.test_batch_size,
input_N,1,3])
                    #temp_input = temp_input.transpose((0,3,1,2))
```

```
                    temp_input = np.array(temp_input, dtype = np.float
32)
                    # Inference
                    print('--> Running model')
                    ress = self.rknn_lite.inference(inputs=[temp_
input])
                    # np.save('./tensorflow_inception_v3_qat_0.npy',
outputs[0])
                    # print(len(ress), ress[0].shape, ress[1].shape,
ress[2].shape)
                    D_pred_prob = ress[2][0,0:input_N,0,0]
                    P_pred_prob = ress[0][0,0:input_N,0,0]
                    S_pred_prob = ress[1][0,0:input_N,0,0]
                    # to be save as sac
                    print("594:", len(D_prob_array), slice_dx*self.
slide_step, end_dx_tx, end_dx)
                    D_prob_array[slice_dx*self.slide_step:end_dx_
tx] = D_pred_prob[:end_dx]
                    P_prob_array[slice_dx*self.slide_step:end_dx_
tx] = P_pred_prob[:end_dx]
                    S_prob_array[slice_dx*self.slide_step:end_dx_
tx] = S_pred_prob[:end_dx]
              …… # 省略地震事件的后处理部分
```

这部分代码首先定义了各种参数和阈值，省略部分在进行模型推断之前对数据进行预处理，减去均值和除以标准差，使用模型进行推理，把输入数据调整成合适的格式，即设定批次大小的单通道三分量数组，再运行模型推断，最后得到对应的预测概率。

17.4　结合 Obspy 做开发

当 SeisComp 众多的功能模块不能够满足我们的需求或者说我们想要开发自定义功能模块时，SeisComP 提供了强大的 Python 包支持，让我们可以通过其灵活的模块化架构开发定制化功能模块。SeisComP 的 Python 接口使得开发者可以利用其丰富的插件接口和开发工具，快速实现复杂的数据处理流程和高级地震学算法，从而满足各种独特的监测和分析需求。

17.4.1　SeisComP 开发者工具：seiscomp.datamodel

在 Python 中，类（class）和对象（object）是面向对象编程的核心概念，允许开发者按照抽象和模块化的方式组织和管理代码。类是对象的蓝图或模板，用于创建具有相似属性和行为的对象。对象是类的实例，具有类定义的属性和方法。类定义了对象的结构和行为，而对象是类的实例化结果。通过类和对象，Python 提供了一种有效的方式来组织代码，提高代码的可复用性和可维护性，尤其适用于需要模块化设计和复杂数据结构的应用程序开发。类与对象的使用不仅仅是一种编程范式，更是提高代码质量、可复用性和开发效率的重要工具。它们为复杂系统的设计和实现提供了一种结构化和模块化的方法，是现代软件开发中不可或缺的部分。

在 SeisComP 中，seiscomp.datamodel 提供了用于表示和管理地震学数据模型的核心功能。这个 datamodel 定义了多个类和数据结构，用于描述地震事件、台站、波形数据、传感器配置等重要的地震学实体和关系。以下是 seiscomp.datamodel 在 SeisComP 中提供的一些关键作用。

（1）地震事件和震相管理。seiscomp.datamodel 定义了 Event、Origin、Magnitude 等类，用于描述和管理地震事件、震源、震级等信息。这些类可以帮助用户组织和检索地震事件相关的数据。

（2）台站和通道管理。通过 Station、SensorLocation、Stream 等类，seiscomp.datamodel 允许用户定义和管理台站、传感器位置及其通道的配置信息。这些信息对于地震监测和数据采集至关重要。

（3）波形数据管理。seiscomp.datamodel 提供了 WaveformStreamID、WaveformQuality 等类，用于描述和管理波形数据的标识和质量控制信息。这些类帮助用户在数据处理和分析中保持数据的完整性和可靠性。

（4）配置信息管理。包括 Inventory 和 Setup 类，用于管理和存储台站配置、通道配置、仪器响应以及其他相关的参数设置。

（5）数据存取和持久化。seiscomp.datamodel 提供了方法和接口，允许用户从数据存储中读取地震学数据模型，或将数据存储回去。这些功能支持数据的持久化和长期存储。

seiscomp.datamodel 在 SeisComP 中扮演了定义、管理和操作地震学数据模型的核心角色，为地震学数据处理和分析提供了必要的数据结构和接口。在 SeisComP 中，Object、PublicObject 和 Notifier 是关键的类，用于管理地震数据的对象、公共对象和变更通知。它们的主要功能和作用见表 17-3 至表 17-5。

表 17-3　Object 类

名称	功能
parent()	返回对象的父对象 PublicObject，如果没有则返回 None
setParent(parent)	将对象设置为指定的 PublicObject 的子对象
update()	创建一个更新通知器，用于处理对象属性的变更
assign(other)	将另一个 Object 的元数据赋值给当前对象
clone()	克隆当前对象，保留相同的 publicID
attachTo(parent)	将对象附加到指定的父对象
detachFrom(parent)	从指定的父对象中移除对象
detach()	从父对象中移除当前对象

表 17-4　PublicObject 类（继承自 Object，扩展了以下功能）

名称	功能
setPublicID (id)	设置对象的公共标识符 publicID
publicID ()	返回对象的公共标识符 publicID

表 17-5　Notifier 类

名称	功能
Enable ()	启用全局通知器池
Disable ()	禁用全局通知器池
SetEnabled (enable)	设置通知器池的启用状态
IsEnabled ()	返回通知器池的当前启用状态
SetCheckEnabled (enable)	设置是否检查先前插入的通知器
IsCheckEnabled ()	返回当前检查状态
GetMessage (allNotifier=True)	获取所有通知的消息
Size ()	返回当前通知器池中的通知器数量
Clear ()	清除所有缓存的通知器
Create (parentID, operation, object)	创建一个由全局通知器池管理的通知器对象
apply ()	将通知器应用于本地对象树

总的来说，Object 和 PublicObject 类提供了地震数据对象的基本管理功能，包括父子关系管理、属性赋值、克隆和标识符设置。Notifier 类则是变更通知机制的核心，通过管理通知器池来跟踪和处理对象树中的变更操作，确保数据模型的一致性和及时更新。

17.4.2　结合 Obspy 显示实时流数据

下面将提供两个示例，示例 1 是一个基于 SeisComP 的地震数据处理应用程序，用于从地震记录流中获取数据并进行处理，主要为读者展示如何通过 Python 来通过 SC 服务获得 messaging、数据流等实时数据。示例 2 是为读者展示在示例 1（获取数据）的基础上，结合 Obspy 的功能实现实时数据流的数据处理（示例 2 中处理的为滤波），并通过绘图直观地向读者展示处理后的动态地震波形数据的显示和保存。

示例 1：如何通过 Python 来通过 SC 服务获得 messaging、数据流等实时数据。

waveformclient.py 连接到 RecordStream 服务并将内容转储到 stdout 的示例客户端。

```
# 导入模块
import sys    # sys 模块用于处理命令行参数
```

```
from seiscomp import core, client  # seiscomp.core 和 seiscomp.client 是SeisComP库的核心模块，提供了地震数据处理和应用程序开发所需的基本功能
# 定义应用程序类 App
class App(client.StreamApplication):  # App 类继承自 client.StreamApplication，这是一个SeisComP提供的应用程序基类，用于处理流式数据

    def __init__(self, argc, argv):  # __init__ 方法初始化应用程序，禁用了消息传递和数据库连接
        client.StreamApplication.__init__(self, argc, argv)
        # Do not connect to messaging and do not use database at all
        self.setMessagingEnabled(False)
        self.setDatabaseEnabled(False, False)
# 初始化方法
def init(self):  # init 方法初始化应用程序环境，配置数据流的起始时间和要获取的数据流
        if not client.StreamApplication.init(self)
            return False
     now = core.Time.GMT()  # 使用 core.Time.GMT() 获取当前时间，并通过 core.TimeSpan 计算出过去5分钟的起始时间
    start = now - core.TimeSpan(300, 0)
    self.recordStream().setStartTime(start)
    self.recordStream().addStream("GE", "ARPR", "", "BHZ")  # self.recordStream() 返回记录流对象，通过 setStartTime 设置起始时间，然后通过 addStream 添加要读取的地震数据流。GE：台网代码，ARPR：台站代码，" "位置标识（通常为空），BHZ：通道代码，表示垂直方向的短周期波形数据，至此程序开始监听指定台站的地震数据流

    return True
# 处理记录的方法 handleRecord
def handleRecord(self, rec):  # handleRecord 方法用于处理从记录流中读取的每条地震记录。打印记录的流 ID、开始时间和采样频率。如果记录中包含数据 (rec.data() 不为空)，则打印样本数量和数据数组。这个过程相当于实时监听 GE、ARPR、BHZ 这个台站的地震数据，并输出到控制台
        print(rec)
        print(rec.streamID())
```

```
        print("{:s}".format(rec.startTime().iso()))
        print("{:f} Hz".format(rec.samplingFrequency()))

        if rec.data()
            print("{:d} samples".format(rec.data().size()))
            data = core.FloatArray.Cast(rec.data())
            if data
                print("data:{:s}".format(str([data.get(i) for
i in range(data.size())])))
            else
                print("no data")
    # 主函数 main 和程序入口
    def main():    #main 函数创建 App 类的实例，并通过 sys.argv
传递命令行参数
        app = App(len(sys.argv), sys.argv)
        return app()

    if __name__ == "__main__":    # if __name__ == "__main__": 确保当
该脚本作为主程序运行时执行相关逻辑
        sys.exit(main())
```

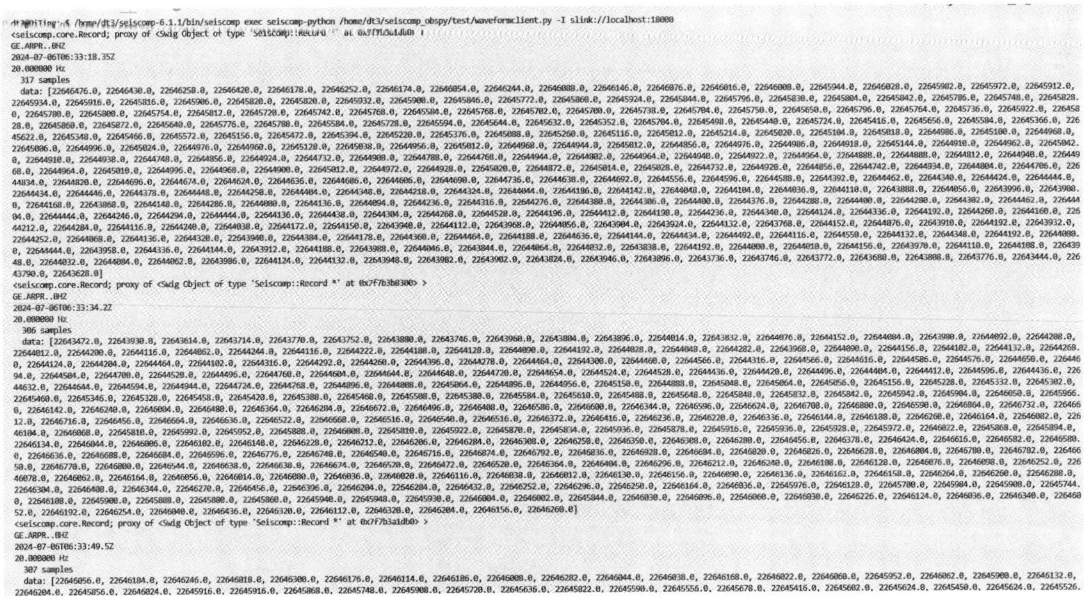

图 17-10　GE、ARPR 站点的垂直方向短周期波型数据输出

示例 2：在获取数据的基础上，结合 Obspy 的功能实现实时数据流的数据处理。

get_data_miniseed_m.py 这段程序从指定的地震台站获取实时地震数据，进行滤波处理，并将数据保存到 MiniSEED 文件中。

假设地震台站的实时数据流中有新的地震记录，程序会执行以下步骤：①从数据流中读取新的记录；②使用解复用器和滤波器对记录进行处理；③提取记录的相关信息（如流 ID、采样频率、数据样本）；④创建一个 Obspy 的 Trace 对象，并将其保存到对应的 MiniSEED 文件中；⑤如果文件已存在，追加新数据并截取最后 30 分钟的数据进行保存。

通过以上流程，程序能够持续接收、处理和保存地震台站的实时数据，为后续的地震数据分析提供支持。

```
# 导入模块
import sys    # sys 提供与 Python 解释器相关的功能，或者说用于处理命令行参数
from seiscomp import core, client, io, math, logging
# seiscomp 包含处理地震数据的模块
import matplotlib.pyplot as plt    # matplotlib.pyplot 用于绘图
import numpy as np    # numpy 用于数值计算
import obspy    # obspy 用于处理地震数据
from datetime import datetime, timedelta    # datetime 和 timedelta 用于日期和时间操作
from obspy.core import UTCDateTime
import os    # os 提供操作系统相关的功能
# 定义应用程序类 App
class App(client.StreamApplication):    # App 类继承自 client.StreamApplication，用于创建一个处理地震数据的应用程序
    def __init__(self, argc, argv):    #__init__ 方法初始化应用程序并禁用消息传递和数据库连接
        client.StreamApplication.__init__(self, argc, argv)

self.setMessagingEnabled(False)
        self.setDatabaseEnabled(False, False)
# 初始化方法
def init(self):    # init 方法设置应用程序的初始配置。调用基类的 init 方法进行基础初始化。获取当前时间并设置开始时间为当前时间的前 5 分钟。向记录流中添加指定的地震台站和通道。创建一个一个 IIR 滤波器，滤波器通过 filterIIR 参数定义，参数为 "BW(3,0.5,8)"，表示三阶巴特沃斯滤波器，带宽从 0.5Hz 到 8Hz，并将其设置为数据流的滤波器。创建了一个解复用 (Demux) 过
```

```
滤器，它接收由滤波器处理后的数据流，并将其分解成单独的数据流或通道。self.
recordFilter 作为参数传递给解复用器，表示数据流经过滤波处理后，需要进一步
解复用成单独的通道或数据流，以便后续的分析和存储
        if not client.StreamApplication.init(self)
            return False
        now = core.Time.GMT()
     start = now - core.TimeSpan(300, 0)
        self.recordStream().setStartTime(start)
        stations = ["RZSQL", "JZ", "HX", "JS"]
        for station in stations
            self.recordStream().addStream("HA", station, " ",
"BHZ")

  filterIIR = math.InPlaceFilterF.Create("BW(3,0.5,8)")
        if not filterIIR
            logging.error("Failed to create filter")
            return False
     self.recordFilter = io.RecordIIRFilterF(filterIIR)
        self.demuxer = io.RecordDemuxFilter(self.recordFilter)

        return True
  # 处理记录方法
  def handleRecord(self, raw_rec):    # 使用解复用器处理原始记录，使用
self.demuxer 对象将原始记录数据 raw_rec 进行解复用，得到 rec。如果解复用后
的数据为空，则直接返回，不做后续处理
        rec = self.demuxer.feed(raw_rec)
        if not rec
            return

        print(rec.streamID())    # 打印流 ID，打印数据流的唯一标识符，
即 rec.streamID()

        time_str = rec.startTime().iso()
        time_format = "%Y-%m-%dT%H:%M:%S.%fZ"
        parsed_time = datetime.strptime(time_str, time_format)
  # 获取记录的开始时间并解析为 datetime 对象：获取记录开始时间并转换为
ISO 8601 格式的字符串，使用 datetime.strptime 函数将时间字符串解析为
```

```
datetime 对象 parsed_time
            time_delta = timedelta(seconds=0.05)
            time_samples = [parsed_time + i * time_delta for i in
range(rec.data().size())]
```
生成时间样本（每 0.05 秒一个样本）：定义时间增量 time_delta，表示每个样本之间的时间间隔为 0.05 秒。计算每个样本的时间戳，并存储在 time_samples 列表中

```
            print("  {:f} Hz".format(rec.samplingFrequency()))
```
打印数据的采样频率，即 rec. samplingFrequency()

```
            if rec.data()
                data = core.FloatArray.Cast(rec.data())
```
处理数据：如果存在数据 (rec.data() 返回 True)，则将数据转换为浮点数组。使用 core.FloatArray.Cast 将 rec.data() 转换为浮点数组 data

```
                if data
                    samples = [data.get(i) for i in range(data.
size())]

                    stats = {
                        'network':rec.networkCode()
                        'station':rec.stationCode()
                        'location':rec.locationCode()
                        'channel':rec.channelCode()
                        'npts':len(samples)
                        'sampling_rate':rec.samplingFrequency()
                        'starttime':UTCDateTime(parsed_time)
                    }
```
获取数据中的样本值，并存储在 samples 列表中。创建一个包含数据统计信息的字典 stats，包括网络代码、站点代码、位置代码、通道代码、样本数、采样率和起始时间

```
                    new_trace = obspy.Trace(data=np.array(samples),
header=stats)
```
使用 obspy.Trace 创建一个新的迹线对象 new_trace，并将样本数据和统计信息 stats 作为参数传递

```
                    filename = "data/" + f"{rec.networkCode()}.{rec.
stationCode()}.*.{rec.channelCode()}.mseed"

                    if os.path.exists(filename)
```

```
                    existing_stream = obspy.read(filename)
                    existing_stream += new_trace
                else
                    existing_stream = obspy.Stream(traces=[new
_trace])

                end_time = existing_stream[-1].stats.endtime
                start_time = end_time - 30 * 60
                existing_stream.trim(starttime=start_time,
endtime=end_time)
                existing_stream.write(filename, format="MSEED")
    # 如果文件已存在，追加新数据并截取最后 30 分钟的数据进行保存

                print(f"  Saved to {filename}")

            else
                print("  no data")
    # 主函数
    def main():    # main 函数创建应用程序实例并运行它。如果脚本作为主程序
运行，调用 main 函数并返回其退出状态
        app = App(len(sys.argv), sys.argv)
        return app()

    if __name__ == "__main__"
        sys.exit(main())
```

这个应用程序通过订阅地震台站的数据流，处理并保存数据到 MiniSEED 文件中，方便后续分析和处理。

plot_data_mseed.py 这段代码使用了 Matplotlib 和 Obspy 库来实现动态地震波形数据的显示和保存。

```
# 导入必要的库和定义全局变量
import matplotlib.pyplot as plt
import matplotlib.animation as animation
from obspy import read
from obspy.core import UTCDateTime
import numpy as np
```

```
from datetime import datetime, timedelta
import matplotlib.dates as mdates
from matplotlib.ticker import FuncFormatter
import os    # Matplotlib 相关库：matplotlib.pyplot：用于绘图和图形显示。matplotlib.animation：用于创建动画效果。matplotlib.dates 和 matplotlib.ticker：用于处理时间和日期的格式化和显示
Obspy 相关库：obspy.read：用于读取 MiniSEED 格式的地震波形数据
obspy.core.UTCDateTime：用于处理和表示时间
# 函数 do_something(datas)
def do_something(datas):    # 遍历传入的 datas 列表，每个元素是一个 ObsPy 的 Stream 对象，包含地震波形数据。根据每个数据对象的网络码、台站码等信息构建 MiniSEED 文件的路径
将数据写入到指定的 MiniSEED 文件中
    for item in datas
        filepath_t = os.path.join("data","temp",f"{item[0].stats.network}.{item[0].stats.station}.*.BHZ.2mins.mseed")
        item.write(filepath_t, format='MSEED')
        #st.write('Mini-SEED-filename.mseed', format='MSEED')
    pass
# 函数 animate(i):animate 函数作为动画更新函数，每次调用时更新显示最新的地震波形数据和保存到 MiniSEED 文件
def animate(i)
    try
        datas = []
        start_time = UTCDateTime()  - 2 * 60 -15
        end_time = UTCDateTime() - 15    # 首先定义最近 2 分钟内的起止时间 start_time 和 end_time
        stations = ["RZSQL","JZ","HX","JS"]
        for station in stations
            filename = os.path.join("data",f"HA.{station}.*.BHZ.mseed")
            temp = read(filename, starttime=start_time, endtime=end_time)
            datas.append(temp)
# 遍历预定义的四个台站 ("RZSQL","JZ","HX","JS")，从文件中读取对应时间范围内的地震波形数据
        l_sample = datas[0][0].stats.npts
```

```
            time_delta = timedelta(seconds=0.01)
            time_samples = [start_time.datetime + i * time_delta
for i in range(l_sample)]
    # 构建时间轴 time_samples，用于绘制波形图的时间坐标
            for i in range(4):    # 对每个台站的数据进行处理：调用 do_
something 函数将数据保存到指定的 MiniSEED 文件中。清除子图内容，绘制最新的
地震波形数据。设置子图标题、坐标轴标签和网格线

                do_something(datas)
                ax[i].clear()
                ax[i].plot(time_samples, datas[i][0].data, linewidth
=0.4)
                ax[i].set_title("{}.{}.*.BHZ".format(datas[i][0].stats.
network, datas[i][0].stats.station, datas[i][0].stats.channel))
                ax[i].set_xlabel("Time")
                ax[i].set_ylabel("Amplitude")
                ax[i].grid(True)
            plt.tight_layout()
    # 最后使用 plt.tight_layout() 调整子图布局，确保图形显示合理
        except
            print("w!!!!")
            pass
    # Matplotlib 设置和动画创建
    fig, ax = plt.subplots(4, 1, figsize = (12, 6))    # 使用 plt.subplots 创
建一个包含四个子图的 Matplotlib 图形 fig，存储在 ax 数组中
    ani = animation.FuncAnimation(fig, animate, interval=200)    # 使用
animation.FuncAnimation 创建动画 ani，指定每 0.2 秒更新一次，更新函数为
animate 函数
    plt.show()    # 最后使用 plt.show() 显示 Matplotlib 的图形界面，展示动
态的地震波形数据图
```

程序运行时，会显示一个包含四个子图的窗口，每个子图显示一个台站的最新地震波形图，如图 17-11 所示。每 0.2 秒更新一次数据和图形，以显示实时的地震波形变化。同时，程序会将每个台站的最新数据保存到指定的 MiniSEED 文件中，用于长期存储和后续分析。

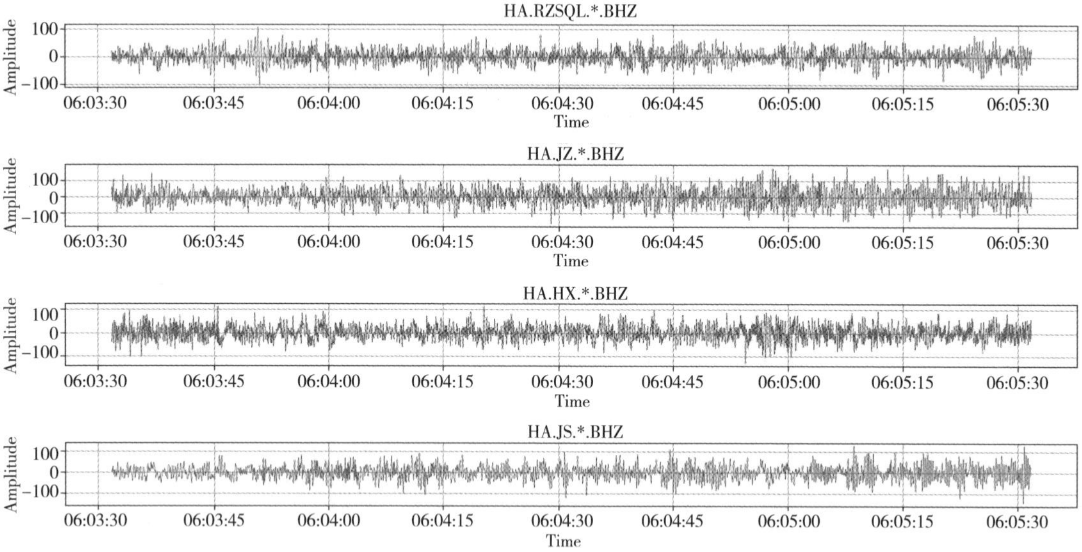

图 17–11　示例 2 中程序运行结果——台站的地震波形图

第 18 章　基于监控视频的强震信息分析

我国政府大力推动的“雪亮工程”，显著地加快了安防监控摄像头在全国范围内的广泛布局与深度覆盖。截至 2024 年，我国已部署约 11 亿台专业安防监控摄像头，平均每台摄像头覆盖 1.2 人。随着这些摄像头在城市中的广泛应用，城市发生的灾害事故、孩子丢失等信息被全面记录。通过对海量监控视频开展自动化灾情分析，政府能够显著提升对自然灾害的响应速度与效率。以视频测震为案例，详细介绍了基于人工智能的视频测震模型的研制过程，从视频测震模型的基本原理、模型搭建、数据蒸馏、模型移植，到“谛听”盒子以及简单的工程部署和应用，每个阶段均通过图和文字详细介绍了关键步骤和技术方案，读者可以通过学习和实践，掌握视频监控灾情智能分析的需求设计方法和将其转化为计算机视觉任务的方法，同时提高计算机视觉技术水平。

（1）自然灾害智能分析与预警。

监控系统的广泛部署，特别是在广场、主要道路、关键桥梁及河流沿岸等重要区域的全方位实时监测，产生了海量的监控视频数据。这些数据不仅为日常安全管理提供了强有力的支持，也为自然灾害的防控与应对提供了宝贵的资源。

融合计算机视觉技术的自然灾害自动识别与灾情分析系统，能够高效地处理和分析这些海量视频数据。采用先进的图像识别和机器学习算法，该系统可以自动且精准地检测出潜在的自然灾害迹象，如在河流沿岸的监控视频中，系统能够识别水位的异常上升，进而预判可能的洪水泛滥；在桥梁的监控中，系统可以检测出微小的结构异常或位移，预示着桥梁可能面临的安全风险；在道路监控中，系统能够快速识别并定位塌方、裂缝等可能导致交通事故或大规模道路封闭的隐患。

一旦系统检测到潜在的自然灾害迹象，它将立即启动预警机制。基于灾害的严重程度和可能的影响范围，系统会自动向相关部门和公众发出警报信息。这些预警信息通过多种渠道传递，如短信、应急广播、社交媒体和专门的灾害预警应用程序，确保信息能够迅速、准确地到达需要的人群。

总之，融合了计算机视觉技术的自然灾害自动识别和灾情分析系统，能够自动且精准地从海量的监控视频中检测出潜在的自然灾害迹象，如洪水泛滥、火灾、台风、地震、滑坡、冰雹等异常事件，从而及时发出警报，向相关部门和公众提供预警信息。

（2）多数据融合灾害监测。

结合多个监控视频源和其它传感器数据（如气象数据、地震监测设备等）可以提高灾情分析的准确性和时效性，确保从多个角度和尺度对灾害进行全面监控。比如采用计算机视觉捕捉城市监控中的地震发生时的震动记录，为高效快速的烈度分析提供丰富的参考信息，如图 18-1 所示。

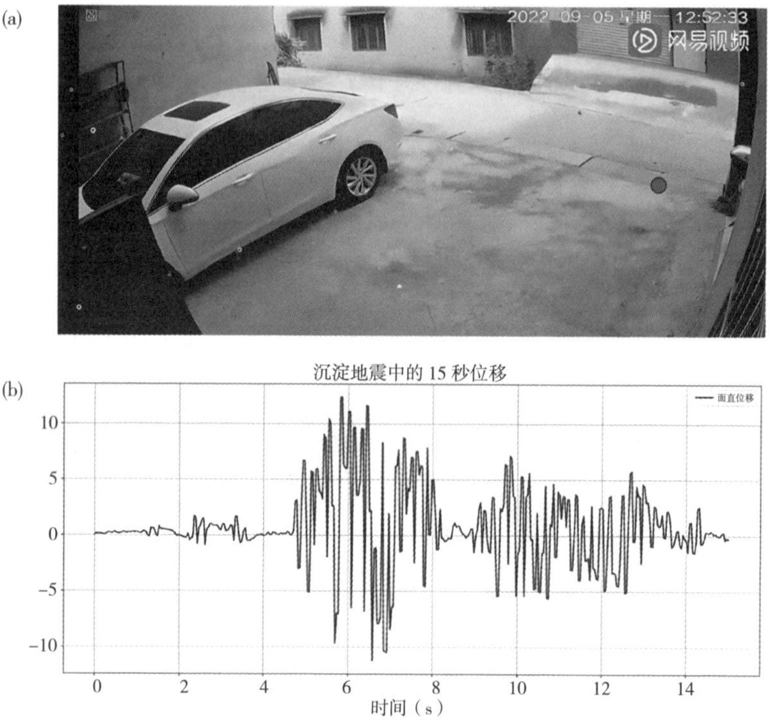

图 18-1　(a) 地震监控视频；(b) 视频测震模型输出地震监控视频的地震动位移

18.1　基于监控视频的强震信息提取的算法原理

算法总体框架如图 18-2 所示，第一步，输入监控录像并设置录像中起始追踪点；第二步，将其输入到视频测震模型追踪器中，获取追踪点的运动；第三步，通过 Savitzky-Golay 滤波器进行平滑处理；第四步，得到地震运动的位移数据。

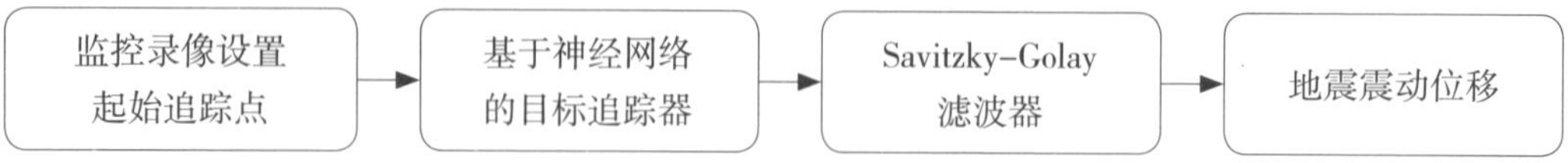

图 18-2　自动提取强地面运动位移

其中，基于神经网络的目标追踪器是模型的核心，下面将对其进行详细介绍。目标追踪器旨在在视频中追踪特定目标的二维平面上的点随着时间运动的位移轨迹，其架构总体概况如图 18-3 所示。

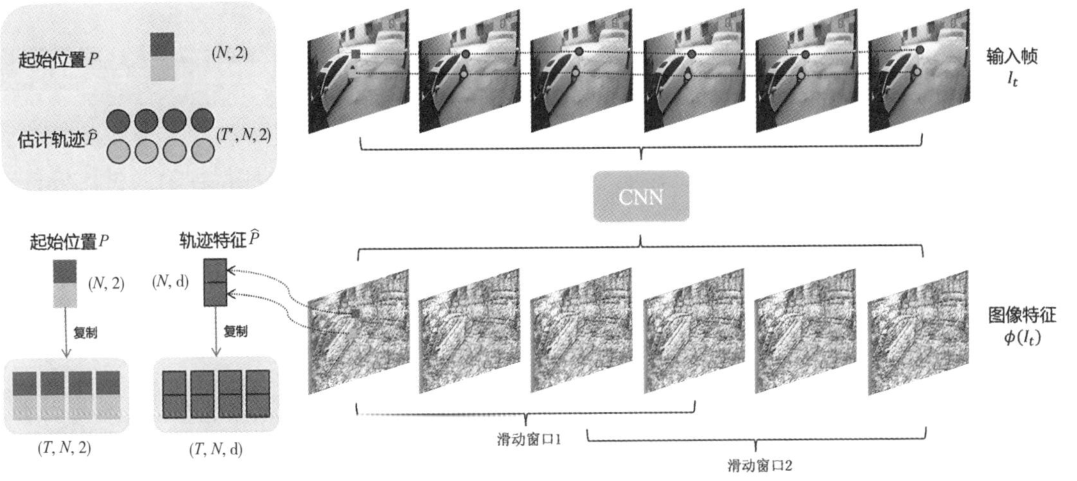

图 18-3　追踪器架构总体概况示意图

使用滑动窗口处理计算每一帧卷积特征，初始化轨迹特征 Q，通过起始位置 P 点进行双线性采样。P 点也被用于初始化估计轨迹，详细的滑动窗口内容如图 18-4 所示。

在追踪器中有四个重要特征：图像特征、轨迹特征、相关性特征、Tokens 以及它的具体应用过程，和 Transformer 网络应用、滑动窗口推断等。

（1）图像特征。

使用 ResNet-18 的神经网络从每个视频帧中提取外观特征。为了提高效率，我们对这些特征进行了缩小处理，这些缩小的特征是通过平均邻近的基本特征得到。

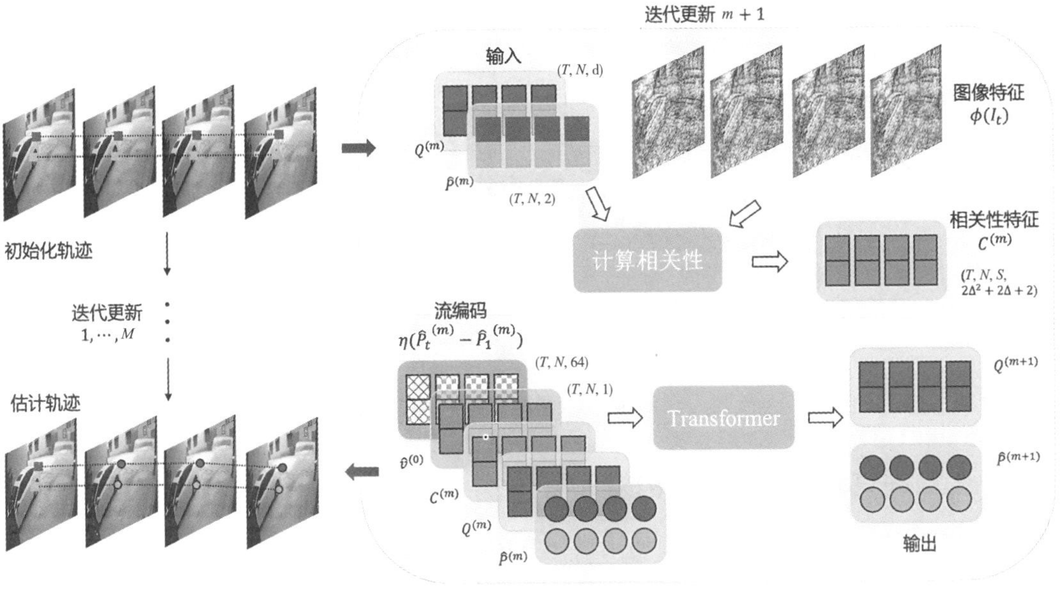

图 18-4　追踪器架构，滑动窗口更新机制示意图

（2）轨迹特征。

轨迹特征表示了物体在视频中的移动路径，一开始使用图像特征来初始化这些轨迹特征，然后我们用神经网络来不断地更新这些特征，以适应轨迹的变化。

（3）相关性特征。

为了更好地将轨迹与图像匹配起来，算法引入了相关性特征，这些特征是通过比较轨迹特征和物体周围的图像特征得到的。

（4）Tokens。

将位置、可见性、追踪特征和相关性特征组合成“Tokens”，然后输入到 Transformer 网络中，Transformer 会处理这些 Tokens，并输出更新后的位置和外观特征。

为了逐步估计物体的移动轨迹，模型会多次应用 Transformer 网络，每次应用后都会得到更新的轨迹特征，最后用这些特征来更新物体的最终位置。如果视频太长，超出了 Transformer 网络能处理的最大长度，将视频分成多个小窗口，并在每个窗口上分别应用 Transformer 网络，这样做可以在整个视频中追踪物体，每个窗口的输出都会作为下一个窗口的输入，这样就可以达到连续地追踪物体的目的。

18.2 “谛听”盒子边缘设备移植

18.2.1 模型压缩

为了压缩模型，我们常采用如图 18-5 所示的数据蒸馏技术对原模型进行精简，以提高移动端的计算速度。通过训练一个小型的视频测震模型“学生”模型来模仿一个大型的“教师”模型的行为，从而将“教师”模型中学到的知识转移到“学生”模型中，该过程在不显著降低性能的前提下，降低视频测震模型的存储和计算成本。

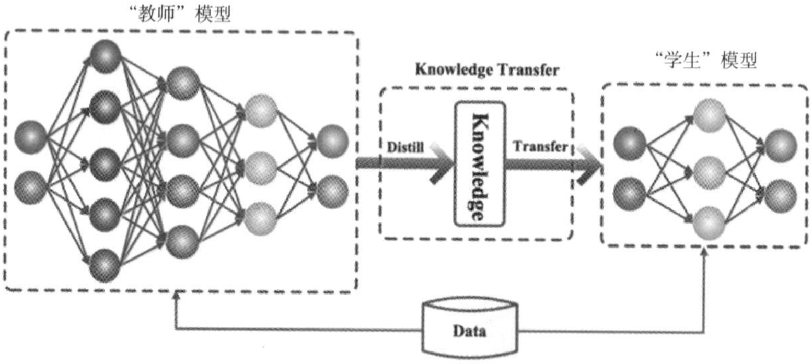

图 18-5 数据蒸馏示意图

18.2.2 模型量化和模型移植

在模型训练完成后开始应用，使用量化方法将视频测震模型的权重和激活值从浮点数（如 32 位）转换为低位宽（如 8 位或 16 位）的整数，从而有效减少模型的大小和计算需求。将模型从训练阶段成功地迁移到生产环境是一个关键步骤，其目的是将模型转换为更适合生产环境的格式，以优化性能和兼容性。PyTorch 提供了 torch.jit 模块，该模块支持将 PyTorch 模型转换为 TorchScript，从而可以进一步转换为 Open Neural Network Exchange (ONNX) 格式，方便在不同深度学习框架之间交换模型。其实现流程如图 18-6 所示。

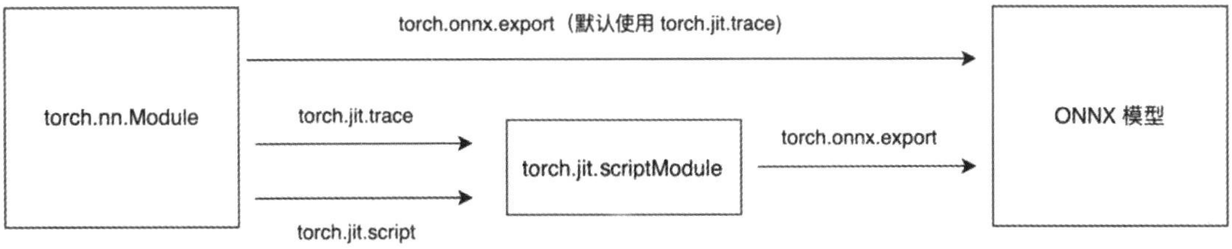

图 18-6 模型移植示意图

（1）使用 torch.jit 进行跟踪或脚本化。

TorchScript 提供了一种方法来创建可以独立于 Python 运行的序列化模型表达，通常以如下的两种方法实现：

①跟踪（Tracing）：使用 torch.jit.trace 函数，通过运行模型一次，跟踪并记录所有的运算步骤。该方法适用于不含任何数据依赖的决策路径（如条件分支）的模型。

②脚本化（Scripting）：使用 torch.jit.script 方法，将 PyTorch 模型转换为 TorchScript，通过分析模型的代码结构，直接处理更复杂的控制流。该方法适用于包含控制流（如循环和条件）的模型。

```
# 加载预训练的模型
model = torchvision.models(pretrained = True)
model.eval()
# 使用 torch.jit.trace 进行跟踪
# 创建一个输入张量来初始化跟踪过程
example_input = torch.rand(1,3,224,224)
traced_model = torch.jit.trace(model,example_input)
```

（2）转换为 ONNX 格式。

一旦模型被转换为 TorchScript，接下来将其转换为 ONNX 格式。ONNX 通过提供跨平台的模型表达，使其可以在多种框架和硬件上运行。转换过程可以通过以下步骤进行：使用 torch.onnx.export 函数将 TorchScript 模型转换和导出为 ONNX 模型，该过程需要指定正确的模型输入，以便正确地捕获所有操作和结构。

```
# 导出模型到 ONNX 格式
onnx_model_path = 'model.onnx'
torch.onnx.export(traced_model,      # 跟踪后的模型
```

```
                    example_input,    # 模型输入（用于创建模型的输入
形状）
                    onnx_model_path,    # 输出模型的文件名
                    export_params=True,    # 是否导出权重
                    opset_version=11,    # ONNX 版本
                    do_constant_folding=True,    # 是否进行常数折叠
优化
                    input_names=['input'],    # 输入名
                    output_names=['output'],    # 输出名
                    dynamic_axes={'input':{0 : 'batch_size'},    #
批处理尺寸可变
                             'output' : {0 : 'batch_size'}})
```

（3）验证 ONNX 模型。

转换为 ONNX 格式后，需要验证转换后的模型是否保持其功能和性能。通常使用 ONNX 运行来测试模型的输入和输出是否与原始 PyTorch 模型一致？验证无误后，ONNX 模型即可部署到生产环境中。由于 ONNX 的通用性，该模型可以部署在多种硬件和平台上，包括云基础设施和边缘设备。

18.3 视频测震（强震）系统的部署

本节将详细介绍如何部署视频测震（强震）系统，基于 Flask 的微服务 API 开发模式，并基于 Dapr 工具实现分布式部署与监控，以便通过 API 提供的算法实现对地震活动的实时监测与位移估计。

18.3.1 视频测震系统总体设计

视频测震系统架构设计如图 18-7 所示：系统包括服务器系统和多个边缘节点设备。边缘节点负责实时视频监控和初步数据处理，而服务器端则负责深度数据分析和结果的存储与分发。

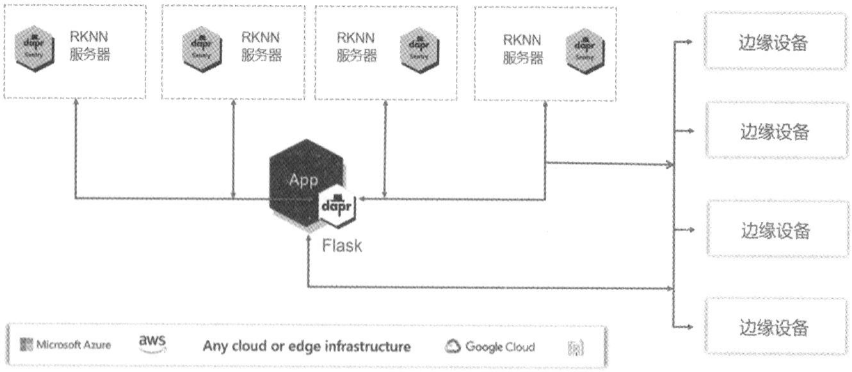

图 18-7 视频测震系统架构设计示意图

18.3.2　视频测震系统技术栈

视频处理和分析：使用自定义视频测震系统进行视频流处理分析。

API 服务：Flask 框架用于快速开发 RESTful API。

分布式服务架构：使用 Dapr 来实现微服务之间的通信和状态管理。

数据存储与管理：采用 Redis 作为数据存储解决方案。

Flask：用于构建 Web 服务的轻量级 Python Web 框架，它可用于快速开发 Web 应用程序，具有设计简单，易于学习和使用，同时具备足够的灵活性来构建各种规模的 Web 应用。主要的特点如下：

（1）轻量级：Flask 是一个微型框架，提供了基本工具和组件，但不包含过多功能，适合小型和中型项目。

（2）易于学习：Flask 有清晰明了的文档和平缓的学习曲线，适合初学者和有经验的开发人员。

（3）路由：使用装饰器定义 URL 与处理函数的映射，轻松配置应用的路由。

（4）模板引擎：支持 Jinja2 模板引擎，便于在 HTML 中嵌入 Python 代码，同时支持模板继承和重用。

（5）WSGI 兼容：遵循 WSGI 标准，可在各种 Web 服务器上运行，如 Gunicorn、uWSGI 等。

（6）扩展性：提供丰富的扩展，可轻松添加功能，如身份验证、数据库连接、表单处理等。

（7）RESTful 支持：构建 RESTful API 的理想选择，可创建 Web 服务和后端 API。

（8）支持边缘设备：Flask 的轻量级特性允许在资源有限的环境中运行，支持在边缘计算场景中快速部署和低延迟处理，适合进行局部数据处理和决策，减少对中心服务器的依赖。这样就增强了应用的响应速度和效率，并且可以通过以下方式增强支持：① 使用轻量级扩展和中间件，避免过多资源消耗；② 精简和优化应用程序代码，减少对计算和内存的需求；③ 避免复杂的功能和组件，专注于核心需求；④ 考虑使用异步处理或延迟加载等技术，优化性能和资源利用率。

Dapr：开源的分布式应用程序运行时用于构建微服务应用，它提供了一系列构建块和服务，支持多种编程语言，如 Python、Java 等，并且可以在不同平台如云服务、容器和边缘设备上运行。Dapr 的主要特点包括：①多平台支持：无论是云环境还是边缘设备，它均能提供一致的运行体验，特别是在边缘设备上，它能有效地处理网络不稳定和资源限制的问题，提高应用的健壮性和响应速度；②状态管理和消息传递：提供分布式状态存储和发布订阅模型，简化状态数据管理和组件间通信；③服务调用：通过抽象层简化服务间的调用，隐藏通信细节；④安全与可观察性：内置安全机制和提供监控工具，帮助保护数据并易于问题排查；⑤可扩展性和社区支持：架构允许通过插件扩展功能，丰富的社区资源和文档支持开发者使用。所有这些功能共同提升了 Dapr 在处理分布式系统时的效率和灵活性，特别是在边缘计算场景中能够有效利用局部资源，减少延迟并提高数据处理的速度。

18.3.3 基于 Flask 构建 API

服务器系统作为系统的核心，负责接收和分析从边缘节点上传的视频数据，处理深度分析、震动幅度估算以及结果的实时输出。为了实现这些功能，系统将采用 Flask 框架来构建服务，根据 Flask 快速入门指南，在 Flask 框架上构建基础的 API，利用 Flask 的路由功能将 URL 映射到 Python 函数，这些函数负责处理 API 调用并返回地震数据分析结果。下面是详细的功能设计和实现方案。

（1）环境与依赖准备。

首先，需要在服务器上设置适当的 Python 环境，并安装 Flask 和相关依赖。视频测震模型可能还需要特定的库和框架支持，如 PyTorch 或 TensorFlow，以及用于图像处理的库如 OpenCV。

（2）Flask 应用搭建。

使用 Flask 框架创建系统的 Web 服务。Flask 提供灵活平台，通过定义路由和视图函数来处理 HTTP 请求。下面是一个基本服务器端的 Flask 设计步骤：①视频接收与预处理模块：设计一个 Flask 路由接收从边缘节点上传视频数据，使用 Flask 的 request 对象处理 POST 请求中的视频文件；对接收到的视频进行初步处理，如格式转换、解压缩、裁剪和压缩，这一步骤确保视频在分析前符合输入规格，同时减小数据量以优化处理速度；②视频分析模块：在 Flask 应用启动时加载转换后的 ONNX 模型，确保模型随时可用于视频数据分析；利用加载的模型分析视频中的物体运动轨迹，计算物体的运动速度和方向；根据物体的运动轨迹和速度数据，估算地面震动的幅度；③结果输出与存储模块：将分析结果如震动幅度、运动轨迹等信息封装成 JSON 格式响应至前端或存储至数据库；通过 WebSocket 或 REST API 提供实时数据反馈给客户端或其他系统；④安全与性能优化模块：实现适当的认证与授权机制，确保数据传输的安全性；通过异步处理和负载均衡技术提高系统处理能力和响应速度。

基本服务器端的 Flask 设计程序代码如下：

```
from flask import Flask, request
from flask_restful import API, Resource

app = Flask(__name__)
API = API(app)
model = ort.InferenceSession("path_to_model.onnx")

@app.route('/upload-video', methods=['POST'])
def upload_video()
    video_file = request.files['video']
    # 假设视频已经是裁剪和压缩过的
    frames = preprocess_video(video_file)
    tracking_data, amplitude_estimate = analyze_video(frames)
```

```
        response = format_response(tracking_data, amplitude_
estimate)
        return jsonify(response)

    def preprocess_video(video_file)
        # 实现视频解压缩，裁剪等预处理步骤
        pass

    def analyze_video(frames)
        # 使用 ONNX 模型分析视频帧
        tracking_results = []
        for frame in frames
            input_tensor = preprocess_frame(frame)
            outputs = model.run(None, {'input':input_tensor})
            tracking_results.append(parse_model_output(outputs))
        amplitude_estimate = estimate_amplitude(tracking_results)
        return tracking_results, amplitude_estimate

    def format_response(tracking_data, amplitude_estimate)
        return {
            "tracking_data":tracking_data
            "amplitude_estimate":amplitude_estimate
        }

    if __name__ == '__main__'
        app.run(host='0.0.0.0',port=5000,debug=True)
```

以上程序代码的主要功能是，创建了一个简单的 Flask 应用，包括一个“Hello World”路由和一个能够执行加法操作的 RESTful API。当访问 /hello 路由时，会返回“Hello World!”，而访问 /add?a=2&b=3（例如）时，会执行加法操作并返回结果；当运行脚本之后，可以通过浏览器或者 Postman 软件测试相关的 API 的功能。

程序代码相关语句解释：

```
# 导入 Flask-RESTful 扩展，用于创建 RESTful API。
from flask_restful import API, Resource

# 创建一个 Flask 应用实例
app = Flask(__name__)
```

# 创建一个 Flask-RESTful 的 API 实例，将它与 Flask 应用关联。
API = API (app) :

定义一个路由，指定 URL 路径为 /upload-video，并指定支持的 HTTP 请求方法为 POST。
@app.route ('/upload-video', methods=['POST']) :

定义名为 upload_video 视频上传的处理函数，它将处理路由上传请求。
def upload_video ()

定义名为 preprocess_video 视频处理函数，将边缘设备上传到视频进行解压缩等操作。
def preprocess_video (video_file)

定义 analyze_video 视频分析函数，加载 ONNX 格式视频测震模型，进行视频分析处理。
def analyze_video (frames)

运行 Flask 应用，监听所有可用网络接口（0.0.0.0），端口号为 5053，并启用调试模式（debug=True）。
app.run (debug=True, host='0.0.0.0', port=5053)

（3）边缘设备服务的调用。

Flask 应用部署并运行后，其他边缘设备系统或服务就可以通过 HTTP 请求与之交互，利用 Flask 框架构建边缘设备的控制系统不仅可以实现实时视频监控与数据分析，而且还可以确保在关键时刻快速有效地反应。可以是通过 REST API 调用，其中的请求包含必要的数据，如视频帧，而响应则包含跟踪结果。以下是边缘设备的功能设计和技术实现方案。

① 实时视频流监控与抖动检测：设备应连续接收来自摄像头的实时视频流，并利用计算机视觉技术实时分析视频画面，以检测和量化画面的抖动情况。

② 抖动数据分析与响应决策：结合视频分析结果和来自加速度传感器的数据，设备将计算得到的抖动幅度与预设的阈值进行比较。一旦抖动幅度超过阈值，系统应自动判定为潜在的地震活动，并触发报警机制。

③ 数据上传与服务器端通信：在检测到异常情况时，边缘设备应自动启动上传程序，将关键视频数据和分析结果发送到云端计算系统以进行进一步的深度分析，数据上传前可进行必要的压缩处理，以优化传输效率和降低网络负荷。考虑到视频分辨率对带宽和处理速度的影响，采用裁剪原始视频的策略可以有效优化数据处理流程。具体操作可以是选择原始视频中的一个特定区域，裁剪出较小的窗口，从而形成一个包含连续帧的缩小版视频。该方式不仅降低了视频的分辨率和数据量，而且还可聚焦于视频中最关键的部分，提高处理精确度和效率；然后利用先进的图像压缩算法对裁剪后的视频进行压缩以进一步减少数据传输过程中的带宽占用和提高传输速率。压缩后的视频数据可以通过网络上传至基于 Flask 的应用服务器。Flask 作为一个轻量级的 Web 应用框架，可灵活地处理多种类型的数据请求，包括视

频流的接收和处理。服务器端接收到视频数据后启动视频测震系统，输入视频提取视频测震信息，处理完成后被提取并送回。

④ 用户界面与监控控制：设备提供基于 Web 的用户界面，允许用户实时查看视频流，并可调整监测参数和查看系统状态，同时通过 Flask 提供的界面，可远程启动或停止监控、调整阈值设置等。

边缘设备服务调用的关键实现源代码如下：

```
from flask import Flask,request,jsonify,render_template
import cv2
import threading
import numpy as np

app = Flask(__name__)

# 假设视频流处理函数
def video_stream_processor()
    cap = cv2.VideoCapture(0)  # 捕获视频
    while True
        ret,frame = cap.read()
        if ret
            shake_amplitude = detect_shake(frame)
            if shake_amplitude > THRESHOLD
                trigger_alert(shake_amplitude)
                upload_video_to_cloud(frame)
            if cv2.waitKey(1) & 0xFF == ord('q')
                break
    cap.release()
    cv2.destroyAllWindows()

# 抖动检测逻辑
def detect_shake(frame)
    # 实现基于图像分析的抖动检测逻辑
    pass

# 触发警报
def trigger_alert(amplitude)
    print(f"Detected shake amplitude: {amplitude},triggering
alert...")
```

```
    # 实现警报逻辑

# 上传视频至云
def upload_video_to_cloud(frame)
    print("Uploading video to cloud...")
    # 实现视频上传逻辑

@app.route('/')
def index()
    return render_template('index.html')

if __name__ == '__main__'
    threading.Thread(target=video_stream_processor).start()
    app.run(host='0.0.0.0',port=5000,debug=True)
```

18.3.4 利用Dapr实现分布式部署

Dapr 提供状态管理、服务发现和消息路由等功能，支持在多个服务器和边缘设备之间进行无缝的数据同步和任务分发；通过 Dapr 工具，将微服务应用部署到多个服务器节点，实现高可用和可伸缩的服务架构。

在实施基于 Dapr 的分布式部署中，多个服务器和边缘设备之间的协同工作可以大幅提升视频测震的效率和响应速度，通常需要设置以下几个主要的组件：① Dapr 的发布订阅组件：用于数据和任务的异步通信；② Flask 应用：用于接收边缘设备上传的视频数据，并通过 Dapr 组件发布数据或任务指令；③边缘设备：配置适应具体的硬件和软件环境，定义功能接口。

服务器端核心功能包括接收来自边缘设备的视频流，进行数据处理，并提供实时反馈。使用 Dapr 组件设计的路由可以有效管理来自多个路由器的并行视频处理和视频上传。

（1）设置 Dapr 的发布订阅组件。

发布订阅组件用来分配视频处理任务给特定的处理服务，或者在服务器之间同步处理状态和结果。本实例使用 Redis 作为消息代理，首先在系统上部署 Redis，然后 Dapr 会自动使用后端进行消息传递。该组件通常在 components 文件夹下的 YAML 文件中定义，例如下列代码 pubsub.yaml：

```
apiVersion:dapr.io/v1alpha1
kind:Component
metadata
  name:pubsub
spec
```

```
type:pubsub.redis
version:v1
metadata
- name:redisHost
  value:"localhost:6379"
- name:redisPassword
  value:" "
```

代码解释：

apiVersion: dapr.io/v1alpha1：这指定了使用的 Dapr API 的版本。在这种情况下，它使用的是 v1alpha1 版本。

kind: Component：这表明我们正在定义一个 Dapr 组件。

metadata：这是元数据部分，用于指定组件的名称和其他信息。

name: pubsub：这是组件的名称，这里命名为“pubsub”。

spec：这是组件的规格部分，包含组件的具体配置信息。

type: pubsub.redis：这里指定了组件的类型为 pubsub.redis，表示这是一个用于发布订阅功能的 Redis 组件。

version: v1：这指定了 Redis 组件的版本为 v1。

metadata：这是组件的元数据部分，用于配置特定于组件类型的属性。

- name: redisHost：这是 Redis 主机的名称。在这里的值设置为“localhost:6379”，表示 Redis 服务器运行在本地主机上，端口号为 6379。

- name: redisPassword：这是 Redis 的密码。在这里的密码为空字符串，表示不需要密码连接到 Redis 服务器。

（2）Flask 应用接收和发布数据。

创建 Flask 应用接收来自边缘设备的视频数据，使用 Dapr 发布数据到其他服务器中，细节请参阅前述章节。

18.3.5　边缘设备的监控控制

边缘设备为用户设计了用户界面和监控控制功能，以便允许用户实时观察和管理视频监控系统。采用现代 Web 技术（如 HTML5, CSS3 和 JavaScript）进行设计，确保其响应性和交互性。

（1）实时视频流：使用 HTML5 的 Video 元素直接在用户界面中嵌入实时视频流，利用 WebSocket 或者是长轮询等技术实现实时数据更新。

（2）监控控制：通过向 Flask 服务器发送 HTTP 请求，以及服务器再通过 Dapr 与各边缘设备进行通信的方式来实现，主要功能包括：启动或停止监控，调整监控阈值如移动侦测灵敏度，查看设备和系统当前状态。

（3）扩展性：利用 Dapr 的微服务架构，系统可以根据需要轻松添加新的边缘设备，无需进行大规模的配置更改。Dapr 的服务发现和消息路由机制简化了这一过程。

（4）安全性：确保所有数据传输过程都采用加密措施，如使用 HTTPS 协议进行视频数据的传输，在 Dapr 和 Flask 应用中实现认证和授权机制，增强系统的安全性。

18.3.6 API 监控与安全

利用 Dapr 的内建组件实现 API 功能监控和安全控制，并设置 API token 认证以确保数据交互的安全性，接入 Zipkin 来监控 API 的运行状态和性能指标，最后使用 http://serverip:9411 监控 API 状态，如图 18-8 所示。

图 18-8　Zipkin 状态监控界面示意图

第 19 章　地震大模型科普机器人

本章详细介绍了地震大模型科普机器人的相关知识和应用，涵盖了大模型的基本概念、数据准备、模型训练以及实战应用。

我们首先介绍了大模型的基本概念、由来、定义和分类。大模型是指拥有超大规模参数和计算能力的深度学习模型，能够通过大量数据来学习复杂模式和规律。其发展历程从早期的简单神经网络到如今的超大规模模型，展示了大模型在自然语言处理、计算机视觉和多模态数据处理等领域的广泛应用。大模型的构建流程包括预训练、有监督微调、奖励建模和强化学习四个阶段，每个阶段都有关键步骤和技术方法。

其次是数据准备，它是大模型训练的基础。在数据准备这一节主要讨论了常用的数据集及其格式，以及如何为大模型准备高质量的自我认知数据集和专业数据集。我们介绍了各种数据集的重要性及其格式和存储方式，详细描述了自我认知数据集的标准化和处理方法，以及处理多种文档格式和信息的专业问答对数据集的准备方法，以确保数据集满足大模型训练的需求。

在大模型的训练一节中介绍了大模型训练过程中使用的框架选择、模型微调和模型强化的具体方法。我们在这一节讨论了选择合适的深度学习框架的重要性，并介绍了几种常用的框架；详细描述了如何对预训练模型进行微调，以提高其在特定任务上的表现；通过强化学习优化模型性能的方法，强调了这一过程在提升模型实用性方面的作用。

最后我们展示了大模型在地震科普对话机器人中的实际应用，包括项目框架简介、环境变量定义、相关文档向量化和存储，介绍了用于地震科普对话机器人的 LangChain 框架，描述了如何用 Agent 串联业务处理函数对用户消息进行补全和归纳总结以及使用 Gradio 修改和测试对话窗口的方法。这些内容详尽展示了大模型在实际应用中的效果。

19.1　什么是大模型

19.1.1　大模型的由来

大模型的由来可以追溯到 2017 年，随着 Transformer 结构的提出，深度学习模型参数突破了 1 亿个。从 Lenet、Alexnet、ResNet 等模型开始，深度学习的神经网络模型参数一个比一个大。后来，随着 BERT 网络模型的提出，参数量首次超过 3 亿个的规模。接着，GPT-3 模型超过百亿个，鹏程盘古实现千亿稠密的规模，Switch Transformer 的问世还一举突破万亿规模。

大模型在各个领域都有广泛的应用，例如语言模型、图像模型和视频模型等。大模型通过海量数据学习出一些隐藏其中的模式或规律，进而对未来的数据进行预测或生成新数据。

随着大模型的快速发展和广泛应用，AI 专家将大模型统一命名为 Foundation Models，可以翻译为基础模型或者是基石模型，专家们肯定了 Foundation Models 对智能体基本认知能力的推动作用，同时也指出大模型呈现出“涌现”与“同质化”的特性。所谓“涌现”代表一个系统的行为是隐性推动的，而不是显式构建的；“同质化”是指基础模型的能力是智能的中心与核心，大模型的任何一点改进会迅速覆盖整个社区，但其缺陷也会被所有下游模型所继承。

19.1.2 大模型的定义

大模型是人工智能领域的一个重要的研究方向，它代表了人工智能的未来方向之一，能够为各种自然语言处理应用提供强大的支持。

大模型有以下几个显著特征：

① 巨大的规模：大模型包含上亿或数十亿个参数，模型大小可以达到数百 GB 甚至更大。巨大的模型规模使它拥有强大的表达能力和学习能力。

② 预训练：大模型通常经过在大规模数据集上的预训练，使它可以适应各种应用，而无需对每个应用进行单独训练。

③ 强大的泛化能力：由于大模型在大量数据上进行训练，因此它能够学习到更一般的语言模式，从而具有更强的泛化能力。

④ 更高的计算资源：由于大模型规模巨大，因此它需要更多的计算资源来训练和使用。

19.1.3 大模型的分类

大规模语言模型的发展历程虽然只有短短不到五年的时间，但是发展速度相当惊人。截至 2023 年 5 月，国内外有超过百种大模型相继发布。中国人民大学赵鑫教授团队按照时间线给出 2019 年至 2023 年 5 月比较有影响力并且模型参数量超过 100 亿的大规模语言模型，如图 19-1 所示。大规模语言模型的发展可以粗略的分为三个阶段：基础模型、能力探索、突破发展，而按照输入数据类型的不同，大模型主要可以分为以下三大类：

语言大模型（NLP）：是指在自然语言处理（Natural Language Processing，简称 NLP）领域中的一类大模型，通常用于处理文本数据和理解自然语言。这类大模型的主要特点是它们在大规模语料库上进行训练以学习自然语言的各种语法、语义和语境规则，例如 GPT 系列、Bard、文心一言。

视觉大模型（CV）：是指在计算机视觉（Computer Vision，简称 CV）领域中使用的大模型，通常用于图像处理和分析。这类模型通过在大规模图像数据上进行训练，可以实现各种视觉任务，如图像分类、目标检测、图像分割、姿态估计、人脸识别等，例如 VIT 系列、文心、华为盘古、INTERN。

多模态大模型：是指能够处理多种不同类型数据的大模型，例如文本、图像、音频等多模态数据。这类模型结合了 NLP 和 CV 的能力，以实现对多模态信息的综合理解和分析，从而能够更全面地理解和处理复杂的数据，例如 DingoDB 多模向量数据库、DALL–E、悟空画画、Midjourney。

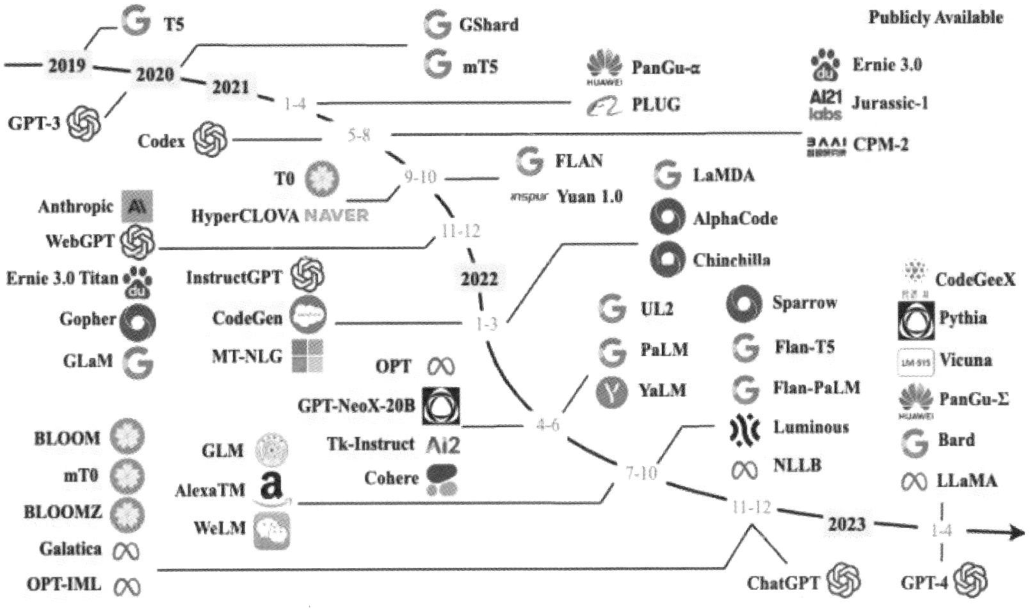

图 19–1　大规模语言模型发展时间线示意图

按照应用领域的不同，大模型主要可以分为 L0、L1、L2 三个层级：

通用大模型 L0：是指可以在多个领域和任务上通用的大模型。它们利用大算力、使用海量的开放数据与具有巨量参数的深度学习算法，在大规模无标注数据上进行训练，以寻找特征并发现规律，进而形成可“举一反三”的强大泛化能力，可在不进行微调或少量微调的情况下完成多场景任务，相当于 AI 完成了“通识教育”。

行业大模型 L1：是指那些针对特定行业或领域的大模型。它们通常使用行业相关的数据进行预训练或微调，以提高在该领域的性能和准确度，相当于 AI 成为“行业专家”。

垂直大模型 L2：是指那些针对特定任务或场景的大模型。它们通常使用任务相关的数据进行预训练或微调，以提高在该任务上的性能和效果。

19.1.4　大模型的构建流程

根据 OpenAI 联合创始人 Andrej Karpathy 在微软 Build 2023 大会上所公开的信息，OpenAI 所使用的大规模语言模型构建流程如图 19–2 所示。主要包含四个阶段：预训练、有监督微调、奖励建模、强化学习，这四个阶段都需要不同规模数据集合以及不同类型的算法，会产出不同类型的模型，同时所需要的资源也有非常大的差别。

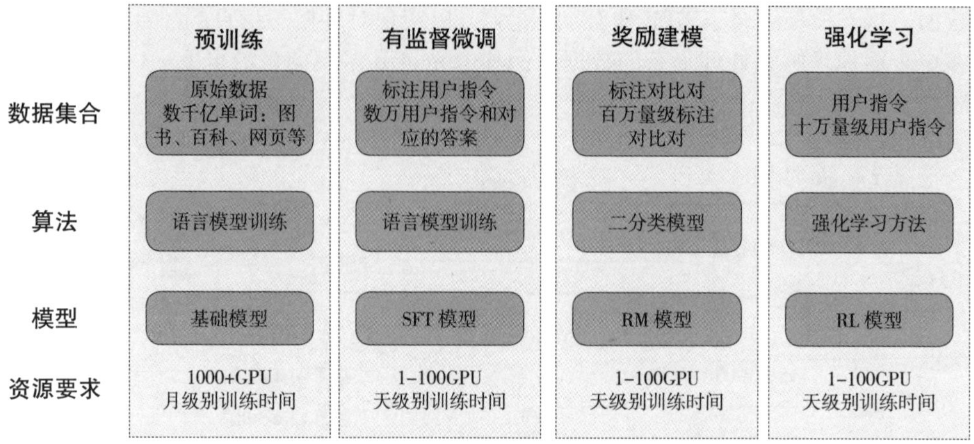

图 19-2 OpenAI 使用的大规模语言模型构建流程

预训练阶段需要利用海量的训练数据，包括互联网网页、维基百科、书籍、GitHub 论文、问答网站等，构建包含数千亿甚至数万亿单词的具有多样性的内容，利用由数千块高性能 GPU 和高速网络组成超级计算机，花费数十天完成深度神经网络参数训练，构建基础语言模型。基础大模型构建了长文本的建模能力，使得模型具有语言生成能力，根据输入的提示词，模型可以生成文本补全句子。

有监督微调，也称为指令微调，利用少量高质量数据集合，包含用户输入的提示词和对应的理想输出结果。用户输入包括问题、闲聊对话、任务指令等多种形式和任务。

利用这些有监督数据，使用与预训练阶段相同的语言模型训练算法，在基础语言模型基础上再进行训练，从而得到有监督微调模型。经过训练的有监督微调模型具备了初步的指令理解能力和上下文理解能力，能够完成开放领域问题、阅读理解、翻译、生成代码等能力，也具备了一定的对未知任务的泛化能力。由于有监督微调阶段的所需的训练语料数量较少，有监督微调模型的训练过程并不需要消耗非常大量的计算。

奖励建模阶段目标是构建一个文本质量对比模型，对于同一个提示词，有监督微调模型给出的多个不同输出结果的质量进行排序，奖励模型可以通过二分类模型，对输入的两个结果之间的优劣进行判断。奖励模型与基础语言模型和有监督微调模型不同，奖励模型本身并不能单独提供给用户使用。奖励模型的训练通常和有监督微调模型一样，使用数十块 GPU，通过几天时间完成训练。由于奖励模型的准确率对于强化学习阶段的效果有着至关重要的影响，因此对于该模型的训练通常需要大规模的训练数据。

强化学习阶段，根据数十万用户给出的提示词，利用在前一阶段训练的奖励模型，给出有监督微调模型对用户提示词补全结果的质量评估，并与语言模型建模目标综合得到更好的效果。该阶段所使用的提示词数量与有监督微调阶段类似，数量在十万量级，并且不需要人工提前给出该提示词所对应的理想回复。使用强化学习，在有监督微调模型基础上调整参数，使得最终生成的文本可以获得更高的奖励。该阶段所需要的计算量相较预训练阶段也少很多，通常仅需要数十块 GPU 经过数天时间即可完成训练。

19.2　数据准备

19.2.1　数据集简介

大模型的训练离不开高质量的数据集。近年来，随着许多出色的基础模型发布，例如 Llama3 和 Phi-3，它们的性能已显著超越前代模型，尤其是在基础对话能力方面，这些模型在英文语境中的表现已经非常成熟。如果需要微调，通常只是为了适应特定任务、修复某些缺陷，或者进行汉化处理等。

在此我们重点介绍一些数据集的来源，例如备受瞩目的 COIG-CQIA 数据集提供了一个高质量的中文数据集，还有一些经典的指令数据集，如 alpaca-gpt-4 和 sharegpt-4 的汉化版本，常用于汉化微调。需要注意的是，这些数据集通常采用 sharegpt 格式存储，指令数据的格式主要有两种，一种是 alpaca 的数据格式，另一种是 sharegpt 的数据格式，目前大多数微调框架都支持这两种数据格式。以下是这两种数据格式的主要区别：

alpaca 的数据集格式如下：

```
[
  {
    "instruction": "用户指令（必填）"
    "input": "用户输入（选填）"
    "output": "模型回答（必填）"
    "system": "系统提示词（选填）"
    "history": [
      ["第一轮指令（选填）", "第一轮回答（选填）"]
      ["第二轮指令（选填）", "第二轮回答（选填）"]
    ]
  }
]
```

sharegpt 的数据集格式如下：

```
[
  {
    "conversations": [
      {
        "from": "human"
        "value": "用户指令"
      }
      {
```

```
        "from": "gpt"
          "value": "模型回答"
        }
    ]
  "system": "系统提示词（选填）"
    "tools": "工具描述（选填）"
  }
]
```

换句话说，只要将数据转换为上述指令微调数据的格式，就可以进行大型模型的微调，LLaMA-Factory 内置了许多常用的数据集，可以在“data”目录中找到相应的数据集。我们也可以构建自己的数据集文件，将其放置在“data”目录下或任意其他位置，只要结构类似即可。接下来，最重要的是数据处理过程，即需要将我们的数据集格式告知框架，可以通过编辑“dataset_info.json”文件来实现，例如，官方提供的数据集描述格式如下：

```
“数据集名称”: {
"hf_hub_url": "Hugging Face 的数据集仓库地址（若指定，则忽略 script_url 和 file_name)"
"ms_hub_url": "ModelScope 的数据集仓库地址（若指定，则忽略 script_url 和 file_name)"
"script_url": "包含数据加载脚本的本地文件夹名称（若指定，则忽略 file_name)"
"file_name": "该目录下数据集文件的名称（若上述参数未指定，则此项必需）"
"file_sha1": "数据集文件的 SHA-1 哈希值（可选，留空不影响训练）"
"subset": "数据集子集的名称（可选，默认：None)"
"folder": "Hugging Face 仓库的文件夹名称（可选，默认：None)"
"ranking": "是否为偏好数据集（可选，默认：False)"
"formatting": "数据集格式（可选，默认：alpaca，可以为 alpaca 或 sharegpt)"
"columns(可选)": {
  "prompt": "数据集代表提示词的表头名称（默认：instruction)"
  "query": "数据集代表请求的表头名称（默认：input)"
  "response": "数据集代表回答的表头名称（默认：output)"
  "history": "数据集代表历史对话的表头名称（默认：None)"
  "messages": "数据集代表消息列表的表头名称（默认：conversations)"
  "system": "数据集代表系统提示的表头名称（默认：None)"
  "tools": "数据集代表工具描述的表头名称（默认：None)"
  "images": "数据集代表图像输入的表头名称（默认：None)"
```

```
}
"tags(可选,用于 sharegpt 格式)":{
  "role_tag":"消息中代表发送者身份的键名(默认:from)"
  "content_tag":"消息中代表文本内容的键名(默认:value)"
  "user_tag":"消息中代表用户的 role_tag(默认:human)"
"assistant_tag":"消息中代表助手的 role_tag(默认:gpt)"
"observation_tag":"消息中代表工具返回结果的 role_tag(默认:observation)"
"function_tag":"消息中代表工具调用的 role_tag(默认:function_call)"
"system_tag":"消息中代表系统提示的 role_tag(默认:system,会覆盖 system 列)"
  }
}
```

但是，实际上我们可能需要的简单的数据集是如下式样的：

```
"sharegpt_4_multi":{
   "file_name":"sharegpt_4_multi.json"
   "formatting":"sharegpt"
   "columns":{
     "messages":"conversations"
   }
   "tags":{
     "role_tag":"from"
     "content_tag":"value"
      "user_tag":"human"
      "assistant_tag":"gpt"
    }
  }
```

这里需要关注的是“tags”部分。“user_tag”可以是“human”或“user”，主要取决于自定义数据集中的用户标签。同理，“assistant_tag”也是如此，可以从“dataset_info.json”文件中的其他数据集描述中移植。因此，只需将我们需要的数据集处理成这种格式，放到“data”文件夹下即可。

19.2.2　自我认知数据集准备

这里需要强调的是，我们训练使用的最多的自我认知数据集以及专业问答对数据集是以

json 格式存在的，通常的格式如下：

```
{
    "instuction": "..."
    "input": "..."
    "output": "..."
}
```

基于用户问题的划分可以扩展更多类型，样例问题也可以有多种提问方式，但基本上是关于模型自我认知的一些问题，需要将回答的内容限定在定义的 < > 数据范围内，通常的格式如下：

```
{
    "instuction": " 请问你是谁？ "
    "input": ""
    "output": " 我是 <NAME>, 由 <COMPANY> 开发，当前版本为 <VERSION>, 于 <DATE> 发布 <DESCRIPTION>。"
}
{
    "instuction": " 请问你能做什么？ "
    "input": ""
    "output": " 我能 <ABILITY>, 但是 <LIMITATION>。"
}
{
     "instuction": " 你是 ChatGPT, 对吧？ "
     "input": ""
     "output": " 不是的，我是 <NAME>, 由 <COMPANY> 开发，当前版本为 <VERSION>, 于 <DATE> 发布。<DESCRIPTION>。"
}
```

19.2.3 专业数据集准备

基于以上模板，我们可以扩展成自己模型的自我认知数据集，并通过后续模型的训练加强模型的自我认知和身份定位。专业问答对数据集的制作相对比较麻烦，因为我们原始文档的格式多种多样——可能是 PDF、WORD、EXCEL 以及 HTML 等，文档里面可能还会涉及到难以处理的图片信息和表格信息等，下面我们将以处理中国震例文件为例简单阐述用大模型的方式生成问答对的整个过程。

我们需要搭建一个自己的工作环境，要用到的环境包括 miniconda 和 pymupdf，可以通过以下命令来创建环境以及安装所需要的依赖包：

```
conda create -n med python=310
conda activate med
pip install --upgrade pymupdf
pip install --upgrade pdfplumber
pip install --upgrade pandas
```

pymupdf 库主要用于文本提取，pdfplumber 库主要用于提取表格信息，pandas 库主要用于生成 CSV 表格信息。拥有基础环境后，我们就可以使用自动化的脚本将我们文档中的文本和表格提取出来，关键的代码如下所示：

```
def extract_text_and_tables(pdf_path)
    """
    从 PDF 文件中提取文本和表格
    :param pdf_path:PDF 文件的路径
    :return:提取的文本字符串和表格列表
    """
    text = ""
    tables = []
    with fitz.open(pdf_path) as doc
        for page in doc
            text += page.get_text()
     with pdfplumber.open(pdf_path) as doc
        for page in doc.pages
            for table in page.extract_tables()
                tables.append(table)
```

接着处理路径中的所有文档，若未找到任何文档，则返回“未找到”的提示。

```
def process_pdf_folder(folder_path)
    """
    处理给定文件夹中的所有 PDF 文件,提取文本和表格
    :param folder_path:包含 PDF 文件的文件夹的路径
    """
    if not os.path.exists(folder_path)
        print(f"未找到文件夹:{folder_path}")
        return
```

如图 19-3 所示，经过自动化处理后会将原始文件分成文本文档和表格文档两种常用格式文件。

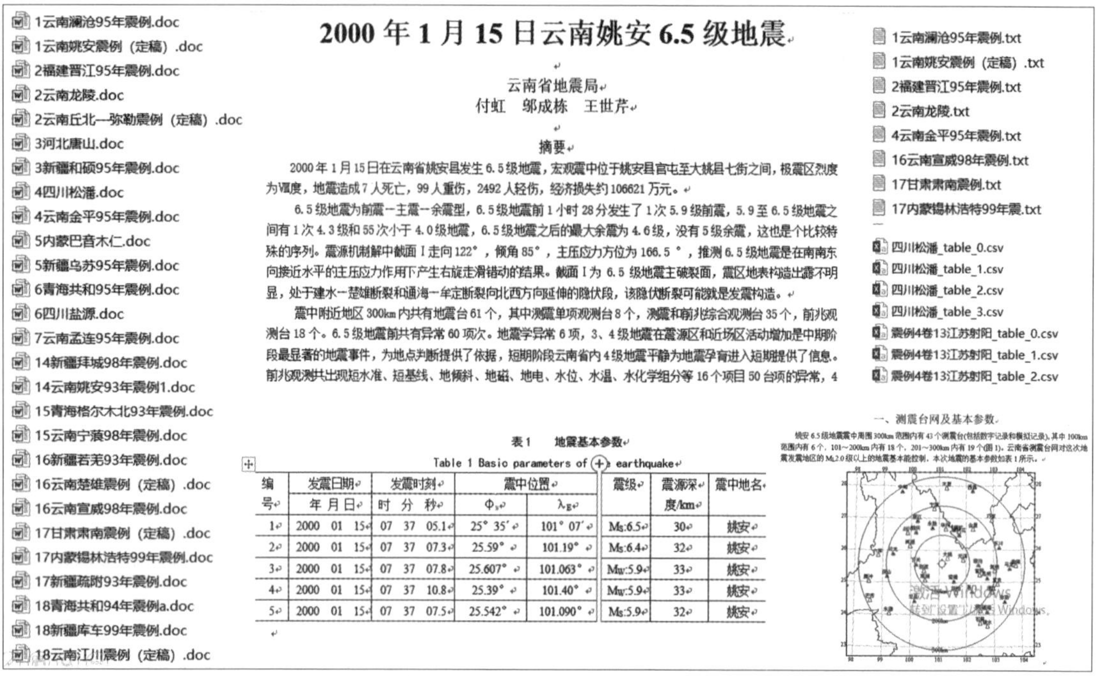

图 19-3 分离原始震例文件中的文本和表格信息示意图

我们的目标是将 PDF 文本转换为大模型的问答数据集。前面内容中我们已经介绍了如何提取文本内容，现在我们需要将这些文本切割成若干块，然后使用大型模型生成问答对。如果文本切割得好，模型的处理能力要求就不会那么高，处理压力也相对较小。因此，如何进行有效的文本切割是我们需要仔细考虑的问题。如图 19-4 所示，打开需要处理的文本。

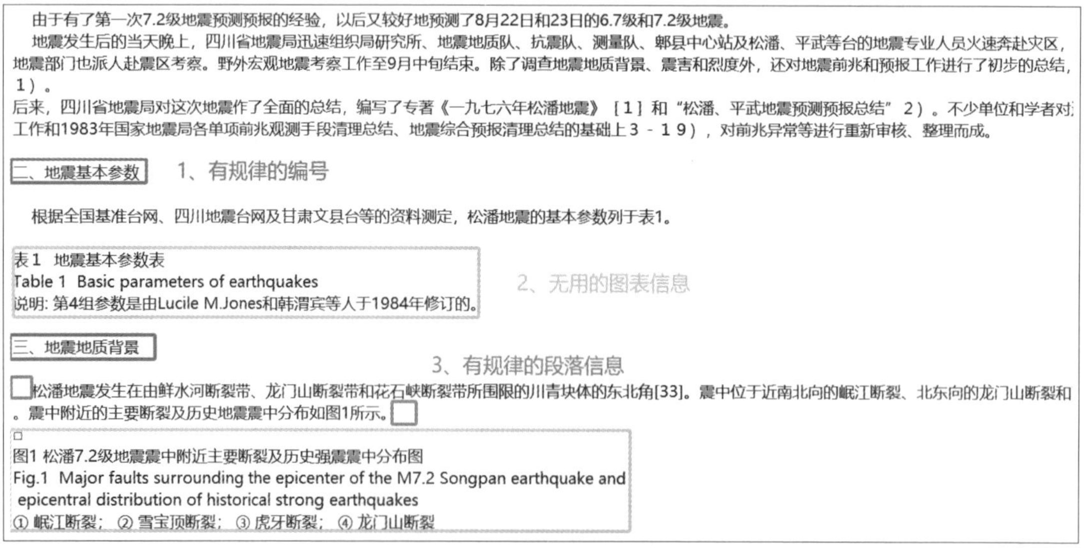

图 19-4 需要处理的文本（示意图）

前面我们已经将文本和表格分别提取出来，因此这里的文本中只包含纯文本内容。如果表格与文本混在一起，会导致处理变得混乱，处理方法也会有所不同，这里我们先处理纯文本数据。

通过观察这些文本的特征，我们发现它们有一定的规律性，包括有规律的编号、无用的图标信息、有规律的段落信息等，基于这些信息，我们可以采用文本切割的方法对文本进行分割。常用的切割方法有正则表达式、自然语言处理（NLP）工具、文本处理库以及机器学习方法等，下面是一个使用正则表达式清理页眉页脚的核心代码，其他的方法可以依此类推。

```
def remove_headers_footers(text)
    """ 自动检测并移除页眉和页脚 """
    # 示例正则表达式，根据页眉和页脚的实际格式进行调整
    header_footer_pattern = r'WS/T \d{3}—\d{4}'
    return re.sub(header_footer_pattern,'',text,flags=re.MULTILINE)
def process_file(file_path, output_directory)
    """ 处理单个文件以移除页眉和页脚，并保存到指定目录 """
    with open(file_path,'r',encoding='utf-8') as file
        content = file.read()
         cleaned_content = remove_headers_footers(content)
def remove_headers_footers_in_directory(directory)
     """ 处理指定目录下的所有 txt 文件以移除页眉和页脚，并保存到指定目录 """
     output_directory = os.path.join(directory, 'txt1')
     if not os.path.exists(output_directory)
         os.makedirs(output_directory)
         print(f" 创建目录：{output_directory}")
# 指定文本文件的目录路径
directory_path = r'C:\output '
```

经过对文档进行预处理、数据清洗、数据切割等处理后，我们可以得到相对比较工整的文本数据，如图 19-5 所示。

地震发生后的当天晚上，四川省地震局迅速组织局研究所、地震地质队、
地震部门也派人赴震区考察。野外宏观地震考察工作至9月中旬结束。除了
1）。
后来，四川省地震局对这次地震作了全面的总结，编写了专著《一九七六年
工作和1983年国家地震局各单项前兆观测手段清理总结、地震综合预报清
二、地震基本参数
根据全国基准台网、四川地震台网及甘肃文县台等的资料测定，松潘地
三、地震地质背景
松潘地震发生在由鲜水河断裂带、龙门山断裂带和花石峡断裂带所围限的
。震中附近的主要断裂及历史地震震中分布如□
epicentral distribution of historical strong earthquakes
① 岷江断裂；② 雪宝顶断裂；③ 虎牙断裂；④ 龙门山断裂
另一种意见认为，这次地震发生在天水 - 龙陵北北东向地震带的北段［13
从此通过；其深部构造线为北北东走向；且强震震中沿带密集排列。从公元
日四川迭溪7□级地震。从1970年2月大邑6.2级地震开始，该带进入了一个
前面提到的虎牙断裂，北端始于龙滴水，向南经小河、火烧桥、虎牙关，
由南北转南东，倾向西，倾角由北往南,由70°变为30°。断裂总体走向为北
灰岩遭强烈挤压而破碎，构造透镜体和柔皱现象明显，并发育有一系列相互
的断裂谷地。断裂构造岩显得异常疏松，胶结程度差，并显示其特有的土石
震区还发育有北北东走向的叶塘断裂，从元宝山东侧向南经大坪、叶塘
地貌在叶塘断裂表现尤为显著。

图 19-5　处理后的文本数据示意图

然后我们可以按照一定的规则将文本数据转化为表格数据，并保存为 CSV 格式，方便后面与之前的表格的数据一起进行处理，将文本数据转化成表格数据的核心代码如下所示。

```
def split_paragraphs(text, regex_pattern)
    """ 使用正则表达式分割文本为段落 """
    return re.split(regex_pattern, text.strip())
def process_file(file_path, regex_pattern)
    """ 处理单个文件，返回分割后的段落列表 """
    with open(file_path, 'r', encoding='utf-8') as file
        content = file.read()
        paragraphs = split_paragraphs(content, regex_pattern)
        return paragraphs
def process_files_in_directory(directory, regex_pattern)
    """ 处理指定目录下的所有 txt 文件，并将结果保存到以文件名命名的 CSV 
文件 """
    # 创建一个名为 'csv' 的子目录（如果不存在）
    csv_directory = os.path.join(directory, 'csv')
    if not os.path.exists(csv_directory)
        os.makedirs(csv_directory)
```

```
16.# 正则表达式模式 - 这个模式是一个基本的示例,您可能需要根据您的文本格式进行调整
17.regex_pattern = r'\n(?=\d+\s)'
18.# 指定文本文件的目录路径
19.directory_path = 'C:\\output\\txt\\csv'
```

到此我们已经将提取到的文本数据经过清洗、分割等一系列的处理后转化成了表格数据，加上之前从原始文档中提取到的表格数据，我们可以将这些表格数据通过一定的处理生成 QA 问答对数据集。需要提醒的是，由原始文档提取的表格数据还需要经过一定的数据处理，根据不同的格式会有不同的处理方式，但处理的逻辑与文本数据转表格数据大致相同，这里就不在赘述了，目的都是尽可能完整清晰地表述里面所蕴含的信息，以使生成更高质量的问答对。而生成 QA 问答对数据集的方式多种多样，这里我们只使用让大模型自动生成问答对的方式进行举例。

我们需要先准备一段给大模型的提示词，目的是让大模型可以按照我们的要求去生成问答对，提示词的内容可以根据实际情况进行调整，比如：

```
我会给你一段文本,学习它们,并整理学习成果,要求为
1.提出问题并给出每个问题的答案
2.每个答案都要详细完整,给出相关原文描述,答案可以包含普通文字、链接、代码、表格、公示、媒体链接等 markdown 元素
3.最多提出 30 个问题
最后，你需要按下面的格式返回多个问题和答案
Q1:问题
A1:答案
Q2:
A2:
……
我的文本:"""{}"""
```

我们将需要处理的文本放入到括号内，然后输入到大模型即可生成我们需要的问答对。由于我们文本已经处理成了表格形式，因此可以通过循环输入的方式自动地输入到大模型中得到问答对，将问答对再转换成训练所需要的 JSON 形式，最后我们通过整理震例文件形成如图 19-6 所示的问答对。

```
[
  {
    "instruction": "2007年7月20日新疆特克斯县发生了什么地震？",
    "input": "",
    "output": "2007年7月20日新疆维吾尔自治区伊犁哈萨克自治州特克斯县喀拉达拉乡境内发生了5.7级地震。"
  },
  {
    "instruction": "2007年7月20日新疆维吾尔自治区2007年7月20日新疆维吾尔自治区2007年7月20日新疆维吾尔自治区特克斯5.7级地震的震中位于哪个地区？",
    "input": "",
    "output": "2007年7月20日新疆维吾尔自治区2007年7月20日新疆维吾尔自治区2007年7月20日新疆维吾尔自治区特克斯5.7级地震的震中位于伊犁盆地南缘具有强构造运动背景的高应力少震区。"
  },
  {
    "instruction": "2007年7月20日新疆维吾尔自治区2007年7月20日新疆维吾尔自治区2007年7月20日新疆维吾尔自治区特克斯5.7级地震是由什么原因引起的？",
    "input": "",
    "output": "2007年7月20日新疆维吾尔自治区2007年7月20日新疆维吾尔自治区2007年7月20日新疆维吾尔自治区特克斯5.7级地震是由那拉提断裂发生左旋走滑错动所致。"
  },
  {
    "instruction": "2007年7月20日新疆维吾尔自治区2007年7月20日新疆维吾尔自治区2007年7月20日新疆维吾尔自治区特克斯5.7级地震的震中烈度是多少？",
    "input": "",
    "output": "文本中未提供2007年7月20日新疆维吾尔自治区2007年7月20日新疆维吾尔自治区2007年7月20日新疆维吾尔自治区特克斯5.7级地震的震中烈度具体数值。"
  },
  {
    "instruction": "震中及附近地区在2007年7月20日新疆维吾尔自治区2007年7月20日新疆维吾尔自治区2007年7月20日新疆维吾尔自治区特克斯5.7级地震中受到了怎样的破坏？",
    "input": "",
    "output": "震中及附近地区部分房屋倒塌和严重破坏。"
  },
  {
    "instruction": "2007年7月20日新疆维吾尔自治区2007年7月20日新疆维吾尔自治区2007年7月20日新疆维吾尔自治区特克斯5.7级地震造成的直接经济损失是多少？",
    "input": "",
    "output": "2007年7月20日新疆维吾尔自治区2007年7月20日新疆维吾尔自治区2007年7月20日新疆维吾尔自治区特克斯5.7级地震造成的直接经济损失是11060.33万元。"
  },
```


图 19-6　由震例文件形成的问答对示意图

19.3　大模型的训练

随着大模型的流行和普及，越来越多的研究者开始尝试训练自己的大模型。训练大模型不仅仅是编写简单的训练代码，它涉及到了多个复杂的步骤和工具链，包括数据准备、模型设计、训练环境配置、分布式训练、模型评估、部署等。本节将从大模型的框架选择、微调和强化训练对大模型的使用进行介绍。

19.3.1　大模型框架选择

大模型的生态系统在逐渐完善，包括 Hugging Face 在内的相关库已经跟进，例如 Hugging Face 推出的“alignment handbook”，中文的 Firefly，以及这里要介绍的 LLaMA-Factory。LLaMA-Factory 最初只是专为 LLaMA 系列模型设计的，但后来它也支持了其他模型。不仅如此，它为了加快指令微调的速度，在流程上不仅完善了预训练和强化学习，而且还在配置上增加了各种训练方法和部署选项。安装 LLaMA-Factory 相对来说比较容易，但它有很多依赖项，需要较长时间进行安装。

```
1.git clone https://github.com/hiyouga/LLaMA-Factory.git
2.conda create -n llama_factory python=3.10
3.conda activate llama_factory
4.cd LLaMA-Factory
5.pip install -e .[metrics]
```

安装完成后，即可开始进行大型模型的训练。

19.3.2 大模型微调

微调是在预训练好的大型模型的基础上，使用特定领域的较小数据集来进一步训练大模型的过程。通过这个过程，大模型能够学习特定领域的知识，提高在特定任务上的表现。在进行微调之前我们需要选择基座大模型，这里我们的基座大模型选择的是 Qwen-14B-Chat，如图 19-7 所示。

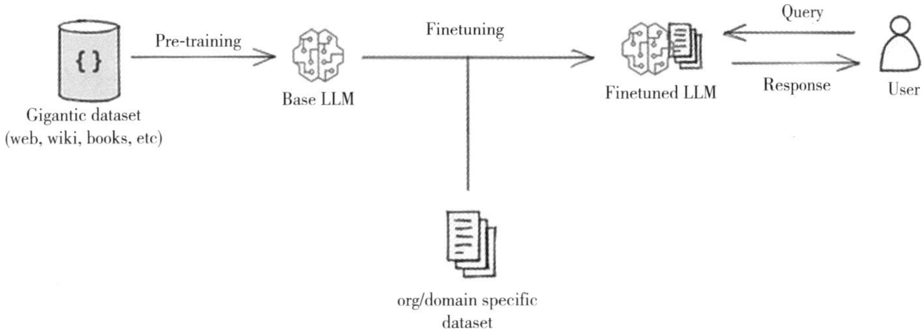

图 19-7　微调流程示意图

作为最关键的一部分，LLaMA-Factory 已经将大模型训练简化为一键训练，其训练代码可以在“example”目录中找到。这里我们来看一个全量微调的脚本：example/full_multi_gpu/single_node。

```
deepspeed --num gpus 4 ../../src/train_bash.py \
    --deepspeed ../deepspeed/ds_z3_config.json \
    --stage sft \
    --do_train \
    --model_name_or_path model/Qwen-14B-Chat \
    --dataset alpaca_gpt4_en,glaive_toolcall \ ## 可以多个数据集
一起训练,保证具有自然的对话的同时还能有针对性的训练
    --dataset_dir ../../data \
    --template default \  ## 这里的模板如果是通用的一些模型,都可以使
用 default,或者自定义模版如果有需要的话
    --finetuning_type full \  ## 这里指定是全量微调还是 LORA 微调
    --output_dir ../../saves/Qwen-14B-Chat/full/sft \
    --overwrite_cache \
    --overwrite_output_dir \
    --cutoff_len 1024 \  ## 最长长度
    --preprocessing_num_workers 16 \
    --per_device_train_batch_size 1 \
```

```
--per_device_eval_batch_size 1 \
--gradient_accumulation_steps 2 \
--lr_scheduler_type cosine \
--logging_steps 10 \
--warmup_steps 20 \
--save_steps 100 \
--eval_steps 100 \  ## 评估用
--evaluation_strategy steps \  ## 评估用
--learning_rate 5e-5 \
--num_train_epochs 3.0 \
--max_samples 3000 \
--val_size 0.1 \  ## 评估用
--ddp_timeout 180000000 \
--plot_loss \
--report_to wandb \ ## 这行为笔者添加,可以看到 wandb 的记录
--fp16
```

以上脚本实际上是使用 DeepSpeed 框架在 4 块 GPU 上进行训练，如果在训练百川模型时遇到问题，可以参考这个解决方案。另一个需要注意的是，如果使用的是 chat 模型进行再微调，一定要检查“template”文件中的描述是否与原模型一致。如果是 base 模型，则可以使用 default 模板或自定义模板。这里列出训练各个大模型所需要的内存量（图 19-8），以评估当前设备能训练什么样的模型。

Method	Bits	7B	13B	30B	70B	110B	8x7B	8x22B
Full	AMP	120GB	240GB	600GB	1200GB	2000GB	900GB	2400GB
Full	16	60GB	120GB	300GB	600GB	900GB	400GB	1200GB
Freeze	16	20GB	40GB	80GB	200GB	360GB	160GB	400GB
LoRA/GaLore/BAdam	16	16GB	32GB	64GB	160GB	240GB	120GB	320GB
QLoRA	8	10GB	20GB	40GB	80GB	140GB	60GB	160GB
QLoRA	4	6GB	12GB	24GB	48GB	72GB	30GB	96GB
QLoRA	2	4GB	8GB	16GB	24GB	48GB	18GB	48GB

图 19-8　训练模型所需要的内存量示意图

实际上，我们一般会根据自己的需求去确定使用微调的方法，这里我们给出一个 LORA 训练的命令，便于进行对比。

```
CUDA_VISIBLE_DEVICES=0 python ../../src/train_bash.py \
    --stage sft \
    --do_train \
    --model_name_or_path model/Qwen-14B-Chat \
    --dataset alpaca_gpt4_en, glaive_toolcall \
    --dataset_dir ../../data \
    --template default \
    --finetuning_type lora \  ## lora 新加
    --lora_target q_proj,v_proj \ ## lora 新加
    --output_dir ../../saves/Qwen-14B-Chat/lora/sft \
    --overwrite_cache \
    --overwrite_output_dir \
    --cutoff_len 1024 \
    --preprocessing_num_workers 16 \
    --per_device_train_batch_size 1 \
    --per_device_eval_batch_size 1 \
    --gradient_accumulation_steps 8 \
    --lr_scheduler_type cosine \
    --logging_steps 10 \
    --warmup_steps 20 \
    --save_steps 100 \
    --eval_steps 100 \
    --evaluation_strategy steps \
    --load_best_model_at_end \
    --learning_rate 5e-5 \
    --num_train_epochs 3.0 \
    --max_samples 3000 \
    --val_size 0.1 \
    --plot_loss \
    --fp16
```

以上可以看到和全量微调的差异不大，只是指定了 lora 的训练。但是，这里需要阐述的是，lora_target 是有要求的，根据不同的模型填写的内容也不一样。如果是使用 lora 训练，则需要对模型进行一个合并，需要三个关键地址：path_to_base_model,path_to_adapter 与 path_to_export。

```
CUDA_VISIBLE_DEVICES=0 python src/export_model.py \
    --model_name_or_path path_to_base_model \
    --adapter_name_or_path path_to_adapter \
    --template default \
    --finetuning_type lora \
    --export_dir path_to_export \
    --export_size 2 \
    --export_legacy_format False
```

19.3.3 大模型强化训练

在对大模型进行强化训练之前，我们需要准备相应的强化训练的数据集，而强化训练数据集的准备可以根据用户的反馈进行制作，也可以根据模型回答的结果进行修正。相比普通的问答数据集，强化数据集在 output 部分会有两个答案，一个是回答得不是很好的原始答案，一个是想要大模型输出的答案。下面给出一个强化数据集的示例，如图 19-9 所示。

```
{
  "instruction": "用下列数字构造一道数学题\n21, 4"
  "input": ""
  "output": [
    "玛丽亚有 21 个苹果，她想把它们平分给她的 4 个朋友。每个朋友会得到多少个苹果，剩下多少个苹果？"
    "21, 4"
  ]
}
{
  "instruction": "识别下列句子中的连词\n她写了一封信并封了起来"
  "input": ""
  "output": [
    "句子中的连词是“和”。"
    "她把信封起来"
  ]
}
{
  "instruction": "用第三人称改写下面的句子\n我很担心"
  "input": ""
  "output": [
    "她很着急。"
    "我也着急"
  ]
}
```

图 19-9 强化数据集示例

强化学习的目的是在大模型指令微调后，让 LLaMA 的行为与人类“对齐”，使其能够理解人类指令并做出对人有帮助的回答，纠正错误和有害的知识。

具体而言，这些工作通过一个奖励模型模拟一个人对 LLaMA 输出的偏好程度打分，并让 LLaMA 利用这一反馈优化其输出策略，进而得到一个能输出“令人满意”的内容的

LLaMA。那么如何让 LLaMA 根据奖励模型的反馈优化策略？这便是强化学习所擅长解决的问题。下面将介绍其使用的主要方法。

以监督微调模型为初始策略，基于奖励模型对策略进行打分，使用强化学习优化策略，得到强化版本的模型 PPO。训练的目标是使得 PPO 模型生成的答案能够获得高回报，训练的方法是根据奖励模型的打分来更新 PPO 模型的参数。为了防止模型被奖励模型过度优化，需要在奖励中增加一个 KL 惩罚，保持学到的模型 PPO 与初始策略监督微调模型相差不至太远。同时，可以在优化目标的梯度中混入一些预训练梯度，进一步保证学习到的模型保留监督微调模型的通用能力。

随着监督微调模型被优化，得到的 PPO 模型生成的回复越来越符合人类偏好，最开始训练得到的奖励模型在这种高质量回复上变得不够优秀。为了缓解这个问题，可以进一步采用在线迭代训练：使用每一轮强化学习得到的最好的 PPO 模型生成比较数据进行人工标注，将新的比较数据与已有的数据混合，重新训练一个新的奖励模型，最后用新的奖励模型进行新一轮的 PPO 模型训练，如图 19-10 所示。

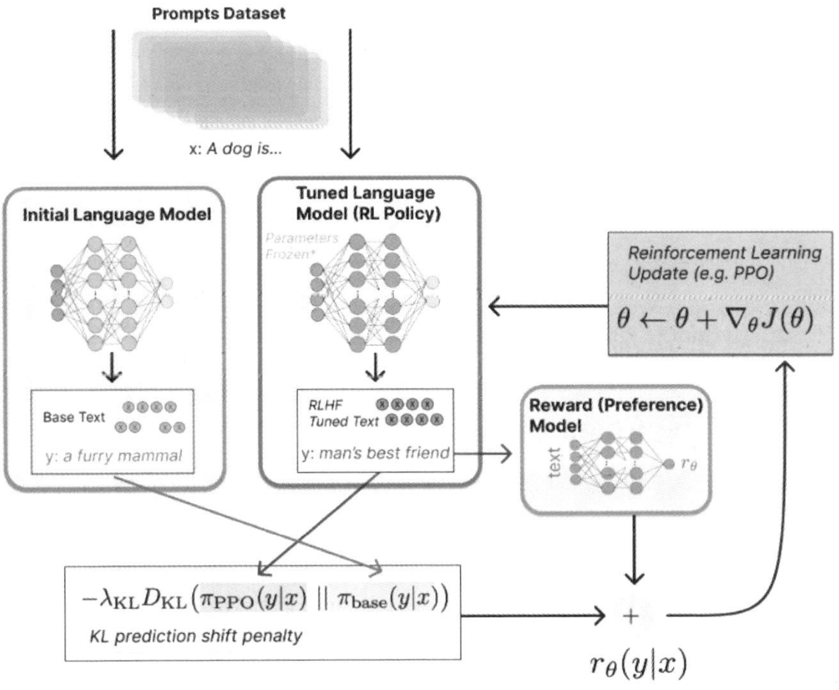

图 19-10　PPO 模型原理示意图

PPO 模型是强化学习中一种基于 AC 架构（Actor-Critic）的优化方法，其前身是 TRPO，PPO 模型通过引入重要性采样来缓解 on policy 模型一次采样数据只能更新一次模型的问题，提升了数据利用率和模型训练速度。

强化学习的训练代码与微调的差异不大，下面是使用 PPO 模型进行训练的示例代码：

```
CUDA_VISIBLE_DEVICES=0 python src/train_bash.py \
    --stage ppo \
    --model_name_or_path path_to_llama_model \
    --do_train \
    --dataset comparison_gpt4_zh \
    --template default \
    --finetuning_type lora \
    --lora_target W_pack \
    --resume_lora_training False \
    --checkpoint_dir path_to_sft_checkpoint \
    --output_dir path_to_dpo_checkpoint \
    --per_device_train_batch_size 2 \
    --gradient_accumulation_steps 4 \
    --lr_scheduler_type cosine \
    --logging_steps 10 \
    --save_steps 1000 \
    --learning_rate 1e-5 \
    --num_train_epochs 1.0 \
    --plot_loss \
    --fp16
```

19.4 大模型实战之地震科普对话机器人

19.4.1 项目 LangChain 框架简介

经过上面的处理，我们已经可以得到一个具有地震行业科普专业知识的大模型，接下来我们将使用训练好的大模型制作一个地震科普对话机器人，这里我们使用的是 LangChain 框架，那么什么是 LangChain 框架呢?

LangChain 是一个强大的框架，旨在帮助开发人员使用语言模型构建端到端的应用程序，它提供了一套工具、组件和接口，可简化创建由大型语言模型（简称 LLM）和聊天模型提供支持的应用程序的过程。LangChain 是一个语言模型集成框架，其使用案例与语言模型的使用案例大致重叠，包括文档分析和摘要、聊天机器人和代码分析。

简单来说，LangChain 提供了灵活的抽象和 AI 优先的工具，可帮助开发人员将 LLM 应用程序从原型转化为生产环境。它还提供了一套工具，可帮助开发人员构建上下文感知、推理应用程序，LangChain 的工具包括聊天机器人、文档分析、摘要、代码分析、工作流自动化、自定义搜索等。LangChain 主要包括以下六大核心模块：

① Models（模型）：LangChain 支持的各种模型类型和模型集成。

② Prompts（提示词）：包括提示管理、提示优化和提示序列化。

③ Memory（记忆）：内存是在链 / 代理调用之间保持状态的概念。LangChain 提供了一个标准的内存接口、一组内存实现及使用内存的链 / 代理示例。

④ Indexes（检索）：与您自己的文本数据结合使用时，语言模型往往更加强大，此模块涵盖了执行此操作的最佳实践。

⑤ Chains（模型链）：链不仅仅是单个 LLM 调用，还包括一系列调用（无论是调用 LLM 还是不同的实用工具）。LangChain 提供了一种标准的链接口、许多与其他工具的集成。LangChain 提供了用于常见应用程序的端到端的链调用。

⑥ Agents（代理）：代理涉及 LLM 做出行动决策、执行该行动、查看一个观察结果，并重复该过程直到完成。LangChain 提供了一个标准的代理接口，一系列可供选择的代理，以及端到端代理的示例。

下面将详细介绍基于 LangChain 框架的地震科普对话机器人的开发过程，整个项目的框架如图 19-11 所示。

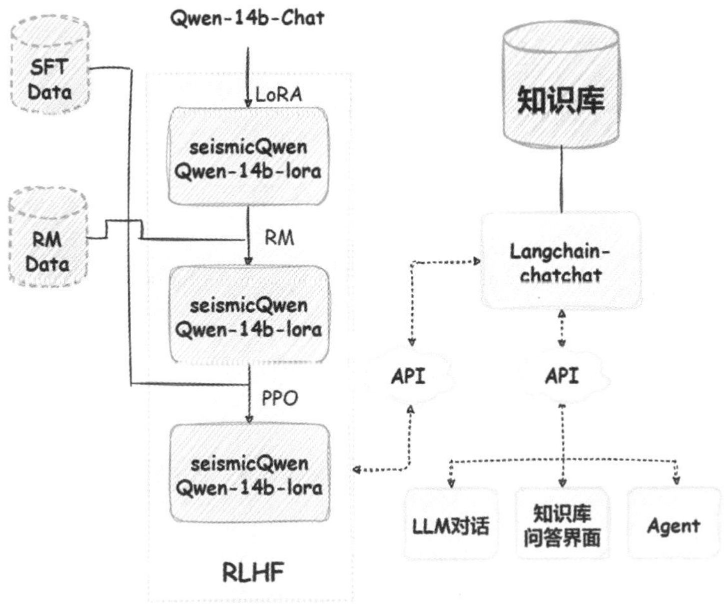

图 19-11　地震科普对话机器人整体的框架设计图

在前面的论述中，我们已经对基座大模型在地震专业数据集上进行了微调、强化等处理，下面我们就在前面的基础上开始制作我们的地震科普对话机器人。

19.4.2　定义环境变量和模型获取函数

前面我们已经介绍了项目的整体架构，进行了基础环境的配置以及使用地震知识对模型进行了训练，下面就正式进入代码环节。首先需要做一些准备工作，主要包括两个方面的准备工作：一个是配置项；另一个是获取模型的工具函数。

（1）配置项。

创建环境变量 .env 文件，这个很好理解，就是在项目上线之后，可能还会改动的配置项。下面的这些参数按照自己的实际情况进行配置即可。

```
OPENAI_BASE_URL = 'replace with your base_url' #访问本地大模型的地址
OPENAI_API_KEY = 'replace with your api key'
EMBEDDINGS_MODEL = 'openai'
OPENAI_EMBEDDINGS_MODEL = 'text-embedding-ada-002'#选择自己想要使用的向量化的模型
LLM_MODEL = 'openai'
OPENAI_LLM_MODEL = 'Qwen'
TEMPERATURE = 0
MAX_TOKENS = 1000
VERBOSE = False
```

（2）工具函数。

创建工具模块 utils.py 文件，这个基本上是所有项目都会有的模块，用来定义常用的工具函数。本项目主要涉及两个模型：向量化模型和对话大模型。用函数获取的好处是，后续有其他模型之后，可以通过修改配置的方式切换模型，下面是代码示例。

```
from langchain.embeddings import OpenAIEmbeddings
from langchain.chat_models import ChatOpenAI
from py2neo import Graph
from config import *
import os
from dotenv import load_dotenv
load_dotenv()
def get_embeddings_model()
    model_map = {
        'openai':OpenAIEmbeddings(
            model = os.getenv('OPENAI_EMBEDDINGS_MODEL')
        )
    }
    return model_map.get(os.getenv('EMBEDDINGS_MODEL'))
```

```
    def get_llm_model()
        model_map = {
            'openai':ChatOpenAI(
                model = os.getenv('OPENAI_LLM_MODEL')
                temperature = os.getenv('TEMPERATURE')
                max_tokens = os.getenv('MAX_TOKENS')
            )
        }
        return model_map.get(os.getenv('LLM_MODEL'))
```

19.4.3　相关文档向量化和存储

在前面介绍当中，我们使用相关的科普文件以及震例文件对我们的模型进行了微调与强化，但是由于大模型的幻觉问题，答案不是特别的精准，如果我们想要答案更加的精准或者及时更新里面的内容，我们需要将这些文档提前做分割和向量化，下面就来完成这个功能。在这里我们以处理常见的三种文档类型 txt、pdf、csv 为例，需要注意的是，文件需要先拷贝到项目 /data/inputs 目录中。

```
    # data_process.py  创建 data_process.py 文件
    from utils import *
    import os
    from glob import glob
    from langchain.vectorstores.chroma import Chroma
    from langchain.document_loaders import CSVLoader,PyMuPDFLoader,
TextLoader
    from langchain.text_splitter import RecursiveCharacterTextSplitter
    def doc2vec()
        # 定义文本分割器
        text_splitter = RecursiveCharacterTextSplitter(
        chunk_size = 300
        chunk_overlap = 50
        )
        # 读取并分割文件
        dir_path = os.path.join(os.path.dirname(__file__),'./data/
inputs/')
        documents = []
```

```
    for file_path in glob(dir_path + '*.*')
        loader = None
        if '.csv' in file_path
            loader = CSVLoader(file_path)
        if '.pdf' in file_path
            loader = PyMuPDFLoader(file_path)
        if '.txt' in file_path
            loader = TextLoader(file_path)
        if loader
            documents += loader.load_and_split(text_splitter)
    # 向量化并存储
    if documents
        vdb = Chroma.from_documents(
        documents = documents
        embedding = get_embeddings_model()
        persist_directory = os.path.join(os.path.dirname(__file
__),'./data/db/')
        )
    vdb.persist()
if __name__ == '__main__'
    doc2vec()
```

19.4.4 大模型回答日常交际问题

做完前面的这些准备工作，接下来就正式进入 Agent Tool 定义的内容。先从最简单的开始，用大模型自身能力来回答日常交际的问题。这里有一个注意事项，就是利用大模型自身能力回答问题时要防止模型自由发挥得太过了，所以提示词要相对严格一些。我们在前面已经对大模型使用自我认知数据集进行了训练，这里我们实际上定义的是什么时候在什么样的情况下使用我们训练后的大模型。

```
# prompt.py  # 创建 prompt.py 文件
GENERIC_PROMPT_TPL = '''
1. 当你被人问起身份时，你必须用 '我是一个由中国地震局地球物理研究所打造的地
震科普数字人' 回答
例如问题 [ 你好，你是谁，你是谁开发的，你和 GPT 有什么关系，你和 OpenAI 有什
么关系 ]
2. 你必须拒绝讨论任何关于政治相关的事件或者人物
3. 请用中文回答用户问题
```

```
------------
用户问题：{query}
'''
RETRIVAL_PROMPT_TPL = '''
```

创建 Agent 文件：

```
 # agent.py  # 创建 agent.py 文件
from utils import *
from config import *
from prompt import *
import os
from langchain.chains import LLMChain, LLMRequestsChain
from langchain.prompts import PromptTemplate
from langchain.vectorstores.chroma import Chroma
from langchain.vectorstores.faiss import FAISS
from langchain.schema import Document
from langchain.agents import ZeroShotAgent, AgentExecutor,Tool
from langchain.memory import ConversationBufferMemory
from langchain.output_parsers import ResponseSchema,Structured
OutputParser
class Agent()
    def __init__(self)
        pass
```

定义 Tool 函数：

```
def generic_func(self,query)
    prompt = PromptTemplate.from_template(GENERIC_PROMPT_TPL)
    llm_chain = LLMChain(
        llm = get_llm_model()
        prompt = prompt
        verbose = os.getenv('VERBOSE')
    )
    return llm_chain.run(query)
```

调用测试：

```
if __name__ == '__main__'
    agent = Agent()
    print(agent.generic_func('你叫什么名字？'))
```

19.4.5 Chroma 召回数据回答地震知识库里的相关问题

之前已经把相关的文档数据转化成了向量，并且缓存到了本地服务器，接下来的流程就是加载缓存数据，然后结合用户问题做召回，给大模型进行总结就算完成了。

加载文档数据：

```
class Agent()
    def __init__(self)
        self.vdb = Chroma(
            persist_directory = os.path.join(os.path.dirname(__file__),'./data/db')
            embedding_function = get_embeddings_model()
        )
```

定义提示词：

```
# prompt.py
RETRIVAL_PROMPT_TPL = '''
请根据以下检索结果，回答用户问题，不需要补充和联想内容
检索结果中没有相关信息时，回复"不知道"
----------
检索结果：{query_result}
----------
用户问题：{query}
'''
```

召回并总结答案：

```
def retrival_func(self, query)
    # 召回并过滤文档
    documents = self.vdb.similarity_search_with_relevance_scores(query, k=5)
    query_result = [doc[0].page_content for doc in documents if doc[1]>0.7]
```

```
        # 填充提示词并总结答案
        prompt = PromptTemplate.from_template(RETRIVAL_PROMPT_
TPL)
        retrival_chain = LLMChain(
            llm = get_llm_model()
            prompt = prompt
            verbose = os.getenv('VERBOSE')
        )
        inputs = {
            'query':query
            'query_result': '\n\n'.join(query_result) if len(query_
result) else '没有查到'
        }
        return retrival_chain.run(inputs)
        print(agent.retrival_func('介绍一下 1966 年 3 月发生的地震'))
         print(agent.retrival_func('介绍一下 1966-1985 年我国大陆共发生
多少次地震'))
```

以上就是文档召回的过程，然后给到大模型总结答案即算完成。

19.4.6　用 Agent 串联业务处理函数

前面我们已经把处理单独业务场景的工具函数都定义好了，接下来就是定义一个 Agent，通过描述的方式引导大模型找相应的工具来回答用户问题。

定义 Tool，并添加描述：

```
    # agent.py
    def query(self, query)
        tools = [
            Tool.from_function(
                name = 'generic_func'
                func = self.generic_func
                description = '可以解答通用领域的知识，例如打招呼，问你是
谁等问题'
            )
            Tool.from_function(
                name = 'retrival_func'
                func = self.retrival_func
```

```
            description = '用于地震科普知识库里的相关问题'
        )
    ]
```

定义 Agent：

```
    # agent.py
    prefix = """请用中文，尽你所能回答以下问题。您可以使用以下工具："""
    suffix = """Begin!
    History: {chat_history}
    Question: {input}
    Thought: {agent_scratchpad}"""
    agent_prompt = ZeroShotAgent.create_prompt(
        tools = tools
        prefix = prefix
        suffix = suffix
        input_variables = ['input', 'agent_scratchpad', 'chat_
history']
    )
    llm_chain = LLMChain(llm=get_llm_model(),prompt=agent_prompt)
    agent = ZeroShotAgent(llm_chain=llm_chain)
    memory = ConversationBufferMemory(memory_key='chat_history')
    agent_chain = AgentExecutor.from_agent_and_tools(
        agent = agent
        tools = tools
        memory = memory
        verbose = os.getenv('VERBOSE')
    )
    return agent_chain.run({'input':query})
    if __name__ == '__main__'
        agent = Agent()
        print(agent.generic_func('','你叫什么名字？'))
        print(agent.retrival_func('介绍一下1966年3月发生的地震'))
        print(agent.retrival_func('介绍一下1966-1985年我国大陆共发生
多少次地震'))
```

19.4.7　用户消息的补全和归纳总结

前面关于 Agent 的使用模型本身和知识库的逻辑已经全部做完了，当然还有许多业务逻辑可以供我们自己去探索，比如使用知识图谱以及网页搜索等功能，在这里就不一一阐述了，感兴趣的读者可以自行探索。

接下来我们需要补充一个功能，就是在收到用户消息的时候，需要先做一步总结归纳，归纳出用户的真实问题。这一步主要是为后面的实体识别铺路，在去掉无关信息的情况下，还要把一些指代词还原成真实的实体。

定义提示词：

```
# prompt.py
SUMMARY_PROMPT_TPL = '''
请结合以下历史对话信息，和用户消息，总结出一个简洁的用户消息
直接给出总结好的消息，不需要其他信息，注意适当补全句子中的主语等信息
如果和历史对话消息没有关联，直接输出用户原始消息
历史对话
{chat_history}
-----------
用户消息：{query}
-----------
总结后的用户消息
'''
```

归纳用户问题后再回答：

```
# prompt.py
SUMMARY_PROMPT_TPL = '''
请结合以下历史对话信息，和用户消息，总结出一个简洁的用户消息
直接给出总结好的消息，不需要其他信息，注意适当补全句子中的主语等信息
如果和历史对话消息没有关联，直接输出用户原始消息
历史对话
{chat_history}
-----------
用户消息：{query}
-----------
总结后的用户消息
'''
```

归纳用户问题后再回答：

```
# service.py
from prompt import *
from utils import *
from agent import *
from langchain.chains import LLMChain
from langchain.prompts import Prompt
class Service()
    def __init__(self)
        self.agent = Agent()
    def get_summary_message(slef,message,history)
        llm = get_llm_model()
        prompt = Prompt.from_template(SUMMARY_PROMPT_TPL)
        llm_chain = LLMChain(llm=llm,prompt=prompt,verbose
=os.getenv('VERBOSE'))
        chat_history = ''
        for q,a in history[-2:]
            chat_history += f'问题:{q},答案:{a}\n'
        return llm_chain.run(query=message,chat_history=chat_
history)
    def answer(self,message,history)
        if history
                message = self.get_summary_message(message,
history)
        return self.agent.query(message)
if __name__ == '__main__'
    service = Service()
    print(service.answer('你好',[]))
print(service.answer('你能干什么',[]))
```

19.4.8　Gradio 对话窗口修改和测试

到目前为止，后端的功能就基本上处理完了，最后需要做一个界面，让用户可以通过界面来做地震科普问答，界面使用 Gradio 的对话窗口来实现。

```
# app.py #创建 app.py 文件
import gradio as gr
from service import Service
def quakeman(message,history)
    service = Service()
    return service.answer(message,history)
css = '''
.gradio-container{max-width:850px !important; margin: 20px auto
!important;}
.message{padding: 10px !important; font-size: 14px !important;}
'''
demo = gr.ChatInterface(
    css = css
    fn = quakeman
    title = '地震科普数字人'
    chatbot = gr.Chatbot(height=400,bubble_full_width=False)
    theme = gr.themes.Default(spacing_size='sm',radius_size=
'sm')
    textbox = gr.Textbox(placeholder = "在此输入您的问题",
container=False, scale=7)
    examples = ['你好,你叫什么名字?','介绍一下1966年3月发生的地
震','此次地震后又发生了哪些地震?', '今天北京天气怎么样?']
    submit_btn = gr.Button('提交',variant='primary')
    clear_btn = gr.Button('清空记录')
    retry_btn = None
    undo_btn = None
)
if __name__ == '__main__'
    demo.launch(share=True)   #打开调试模式
```

如图 19–12 所示，这就是我们最终的实现效果，通过此界面可以进行正常的对话，如果做成可移动的机器人就更形象具体了。当然感兴趣的读者还可以在此基础上做更多的探索。

图 19-12　地震科普机器人界面示意图

第 20 章　开发一个地震活动图像绘制 API

GMT（Generic Mapping Tools）是地球科学领域使用最广泛的地学专业开源制图软件之一，该软件不仅能够帮助我们绘制精美的图片，而且可以辅助完成部分数据处理，是地震会商和日常科学研究中常用的绘图工具。GMT 的纯命令行模式对初学者并不是特别友好，从 GMT 6.0 开始，GMT 提供了 Python 语言的 API 接口，用户可以通过调用 PyGMT 模块的方式在 Python 代码中使用 GMT 进行绘图，这就为用户绘图提供了便捷的途径。本章介绍的地震活动图像绘制 API 便是以这样的方式将日常分析中使用场景较多的震中分布图和震源机制解分布图扩展开发为 API，并与地震数据专家 DatistEQ 进行结合，以期应用于地震会商技术流程中。如果读者想了解更多关于 GMT 绘图软件的使用细节，可以登录 GMT 中文社区 https://gmt-china.org/ 进行学习（图 20-1），社区为中文用户提供了手册、地学数据集、绘图示例和常见问题等丰富的资料，是用户从入门到精通不可或缺的“知识库”。

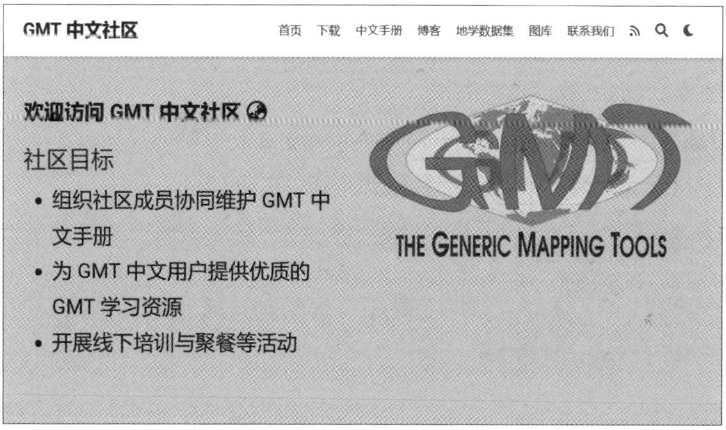

图 20-1　GMT 中文社区

20.1　PyGMT 模块的安装

在安装 PyGMT 模块前，需要正确地安装 Python3.10 及以上版本，推荐使用 conda 或 manba 创建虚拟环境并快速安装 GMT 及相关依赖包。这里首先创建名为 pygmt 的虚拟环境，并安装相关软件包，然后激活虚拟环境：

使用 conda：

```
conda create --name pygmt --channel conda-forge pygmt
conda activate pygmt
```

使用 mamba：

```
mamba create --name pygmt --channel conda-forge pygmt
mamba activate pygmt
```

运行以下代码来测试是否正确安装，如果可以获得一张全球海岸线图，那么恭喜你已经正确开启 PyGMT 绘图的大门了！

```
import pygmt
pygmt.show_versions()
fig = pygmt.Figure()
fig.coast(region="g", frame=True, shorelines=1)
fig.savefig('./First_fig.png')
```

20.2 利用 PyGMT 绘制常用底图

PyGMT 模块具有 Python 语言的一贯风格，相较 GMT 的命令行模式更为简洁。如果你是忠实的 Python 用户，或是不习惯命令行风格的制图方式，那可以先体验一下该模块，或许会发现使用 GMT 绘图的捷径。下面我们以地震会商中常用的全球和全国尺度底图为例，介绍绘制底图时常用的几个函数。

示例程序使用 GMT6.5.0、Python 3.11 和 PyGMT v0.12.0。

20.2.1 全球尺度底图的示例程序

运行以下代码我们可以获得全球尺度底图，那绘制这张底图具体需要使用哪些函数呢？下面我们来仔细分析一下这段代码。

```
import pygmt
import os
APP_ROOT = os.path.dirname(os.path.abspath(__file__))
APP_STATIC = os.path.join(APP_ROOT, 'static')
path_G = os.path.join(APP_STATIC, 'Global_data')
pygmt.config(FORMAT_GEO_MAP = "ddd:mm:ssF", MAP_FRAME_TYPE = "plain", MAP_FRAME_PEN = "1p", FONT_ANNOT_PRIMARY = "7.5p, Times-Roman",
```

```
MAP_TICK_LENGTH = "0.1c", FONT_LABEL = "15p", MAP_ANNOT_OFFSET_PRIMARY
= "0.1c")
    7. data_grd = os.path.join(path_G, 'global.grd')
    8. data_plb = os.path.join(path_G, 'PB2002.dat')
    9. pygmt.makecpt(cmap = "globe", series = [-10000, 10000, 1000],
continuous = True)
    10. fig_gl = pygmt.Figure()
    11. fig_gl.grdimage(grid=data_grd, region = "g", projection = "Q80/
15c")
    12. fig_gl.basemap(frame = ["WsNE", "a60g30"])
    13. fig_gl.plot(data=data_plb, pen="0.5p, black")
    14. fig_gl.colorbar(position = "jMR+w3c/0.2c+o-1.5c/-2c+m", frame =
["xa5000f2500", "y+lm"])
    15.fig_gl.savefig('./global .png')
```

首先，我们需要知道绘制这张全球底图需要哪些数据，即全球地形起伏数据和全球板块边界数据，它们分别对应代码第 7 行和第 8 行出现的 'global.grd' 和 'PB2002.dat'，将这两个数据文件准备好并放置在 './static/Global_data' 目录下，使用 os 模块指定数据路径。

其次，就是与 pygmt 模块相关的代码了。

第 6 行：调用 config 模块设置绘图的配置参数，这些参数控制了绘图的效果，其中，FORMAT_GEO_MAP 控制绘图时地理坐标的显示格式，MAP_FRAME_TYPE 控制底图的边框类型，MAP_FRAME_PEN 控制底图边框的画笔属性，“1p”表示画笔粗细为 1p，FONT_ANNOT_PRIMARY 控制一级标注的字体的大小、类型和颜色（颜色参数缺省则默认为黑色），MAP_TICK_LENGTH 控制刻度的长度值，MAP_ANNOT_OFFSET_PRIMARY 控制一级标注的开始位置与刻度尾端间的距离。

第 9 行：调用 makecpt 函数来基于主 CPT 制作用户所需的 CPT（Color Palette Table），即色标文件，cmap = "globe" 设置主 CPT 为内置的 "globe" 色标，series = [-10000, 10000, 1000] 定义将主 CPT 生成 z 值范围在 -10000 至 10000 之间且间隔为 1000 的 CPT，continuous 为 True 表示生成连续的 CPT 文件。

第 10 行：创建一个用于显示图像的窗口。

第 11 行：调用 grdimage 函数绘制地形网格数据，grid=data_grd 输入用于绘图地形起伏数据为 'global.grd' 的文件，region="g" 设置绘图区域范围为全球，projection="Q80/15c" 设置投影方式为圆柱等距投影，中心经线为 80°E，图片宽度为 15cm。这里没有单独设置绘制地形数据使用的 cmap，则默认使用 makecpt 函数生成的 CPT。

第 12 行：调用 basemap 函数绘制底图边框（标注、刻度、标签等），frame=["WsNE", "a60g30"] 中“WsNE”定义底图四条边是否标注经纬度，大写字母表示绘制该条边的刻度和标注，小写字母表示仅绘制刻度，不进行标注，因此这里显示为左边、右边和上边同时有刻度和标注，下边只有刻度没有标注；"a60g30" 定义以 60° 间隔绘制标注，以 30° 间隔绘制网格线，其中 a 表示标注（annotation），g 表示网格（grid）线，此外还可以使用 f 设置刻度（frame）线的绘制参数。

第 13 行：调用 plot 函数绘制全球板块边界数据，data=data_plb 输入用于绘图的数据为 'PB2002.dat'，pen="0.5p,black" 设置画笔粗细为 0.5p，颜色为 black。

第 14 行：调用 colorbar 函数绘制 CPT，position 指定绘制色标的尺寸和位置，frame 设置刻度和标注。

第 15 行：保存图片为 global.png。

20.2.2 全国尺度底图的示例程序

运行以下代码我们可以获得全国尺度底图，那通过这张图我们又可以学习到哪些新的函数呢？下面我们来仔细分析这段代码。

```
import pygmt
import os
APP_ROOT = os.path.dirname(os.path.abspath(__file__))
APP_STATIC = os.path.join(APP_ROOT, 'static')
path_CN = os.path.join(APP_STATIC, 'CN_data')
CN_border_L1 = os.path.join(path_CN, 'CN-border-L1.dat')
block_L1_file = os.path.join(path_CN, 'CN-block-L1.dat')
prov_new = os.path.join(path_CN, 'prov_new.txt')
CN_neighbor = os.path.join(path_CN, 'CN-plate-neighbor.dat')
CN_L1_deduced = os.path.join(path_CN, 'CN-block-L1-deduced.dat')
CN_L2 = os.path.join(path_CN, 'CN-block-L2.dat')
pygmt.config(FORMAT_GEO_MAP="ddd:mm:ssF", MAP_FRAME_WIDTH="0.050i", MAP_FRAME_PEN="1p", FONT_ANNOT_PRIMARY="10p, Times-Roman", MAP_TICK_LENGTH="0.1c", MAP_ANNOT_OFFSET_PRIMARY="0.1c")
region = "78/12/149/53r"
proj = "B105/10/25/47/15c"
fig_n = pygmt.Figure()
fig_n.coast(region=region, projection=proj, land="gray95", water="83/216/238", area_thresh="5000", resolution="h")
fig_n.plot(data=CN_border_L1, pen="0.2p, black")
fig_n.plot(data=prov_new, pen="0.1p, black", fill="white")
fig_n.plot(data=CN_neighbor, pen="2.0p, 2/138/210")
fig_n.plot(data=CN_L1_deduced, pen="1.0p, 2/138/210,- ")
fig_n.plot(data=CN_L2, pen="1.0p, orange")
```

```
22.fig_n.plot(data=block_L1_file,pen="1.0p,2/138/210")
23.fig_n.basemap(projection=proj,frame=["WSNE","xa10g5","ya5g5"])
24.with fig_n.inset(position="jBL+o0.1c/0.1c",box="+p1p",region="106/121/3/24",projection="M2c")
25.    fig_n.coast(land="gray95",water="83/216/238",area_thresh="5000",resolution="h")
26.    fig_n.plot(data=CN_border_L1,pen="0.2p,black",fill= "white")
27.fig_n.basemap(projection=proj,frame=["WSNE","xa10","ya5"])
28.fig_n.savefig('./CN.png')
```

与上一个例子相似，代码的第 3 至第 11 行用来定义所需数据的路径，所有绘图数据均在 './static/CN_data' 目录下，其中 CN_border_L1 = os.path.join (path_CN, 'CN-border-L1.dat') 是中国国界数据，block_L1_file = os.path.join (path_CN, 'CN-block-L1.dat') 是一级地块边界数据，'prov_new.txt' 是省界数据，'CN-plate-neighbor.dat' 是中国邻近区域的一级地块边界数据，'CN-block-L1-deduced.dat' 是一级地块推断边界数据，CN_L2 = os.path.join (path_CN, 'CN-block-L2.dat') 是二级地块边界数据。

第 12 行：调用 config 函数来定义绘图的配置参数。

第 16 行：调用 coast 函数绘制海岸线，region=region 设置绘图范围是 "78/12/149/53r"，projection=proj 设置投影方式是 "B105/10/25/47/15c"，其中 B 表示 Albers conic equal area（Albers 圆锥等面积投影），105/10 表示投影中心点位置是（105°E，10°N），25/47 表示设置 25° 和 47° 纬线为两条标准纬线，15c 表示图像的宽度为 15cm，land="gray95" 表示设置 dry 区域的填充色为 "gray95"，water="83/216/238" 表示设置 wet 区域的填充色为 "83/216/238"，area_thresh="5000" 面积小于 5000km^2 的湖泊将不被绘制，这是为了使图像看上去更加美观，resolution="h" 设置海岸线数据的精度为 h（high）。

第 24 行至第 26 行：调用 inset 函数绘制图中图，这里采用子图的形式对南海诸岛进行绘制，position="jBL+ o0.1c/0.1c " 表示设置子图位置，其中 j 用来指定子图相对主图的锚点，B 表示下方（bottom），L 表示左边（left），因此锚点为主图的左下角，o0.1c/0.1c 表示子图在该锚点的基础上向右和向上均额外偏移 0.1cm，box="+p1p" 表示边框粗细为 1p，region="106/121/3/24" 表示绘图区域范围是（106°~121°E，3°~24°N），projection="M2c" 表示采用墨卡托投影，图宽为 2cm，后面的 fig_n.coast 一句表示设置子图中绘制海岸线和河流的参数，相关用法已在前述绘制主图时进行了解释，此处不再赘述。

学习了全球和全国尺度底图的绘制代码，想必读者已经领会到 pygmt 模块绘图的基本思路，不妨动起手来尝试绘制自己感兴趣区域的底图吧。

另外，以上只是对会商中常用底图的绘制方式进行了介绍，想要更多地学习函数参数的设置方法或是使用其他的绘图函数，可以登录官方网站 https://www.pygmt.org/latest/，多看一看官方手册，结合实操来读懂手册，开启多彩的绘图之旅。

20.3 基于 DatistEQ 地震数据专家的 GMT 绘图 API 节点

本书第 13 章已经介绍了如何构建 API，这里我们将以 PyGMT 为核心的绘图程序使用 Flask 框架进行包装部署，让用户以绘图参数和震中信息文件 / 震源机制解信息文件作为请求来触发 API，从而获得绘图结果。我们可以在 DatistEQ 地震数据专家中对绘图云节点进行调用，以实现日常绘图的需求。

根据日常地震会商的需求，目前设计了两种形式的测震绘图 API 云节点，分别是震中分布图绘制 API 和震源机制解分布图绘制 API，绘图尺度均包含全国、全球和区域三种。下面我们将介绍使用震中分布图和震源机制解分布图绘制 API 的参数和所需的地震资料，以及在 DatistEQ 地震数据专家中的流程设计。

20.3.1 震中分布图绘制 API 设计参数和数据准备

绘制区域震中分布图需要的参数有两个：经纬度范围和震中信息文件，绘制全国和全球震中分布图只需提供震中信息文件，文件格式为 .csv。那这两个参数和文件需要按照怎样的规则去准备呢？下面我们进行详细说明：

（1）经纬度范围参数。

经纬度范围参数规定了图件的经纬度范围，仅在区域震中分布图绘制中需要用户提供，需要将绘图的经度范围和纬度范围用‘/’符号进行隔开，即 lon_min/lon_max/lat_min/lat_max。

（2）震中信息文件。

震中信息文件需要用户提供 6 列地震信息（表 20-1），分别为地震震中的经度（lon）、纬度（lat）、震级（mag）、深度（dep）、序号（code）和标注名（label）。其中，需要注意序号（code）和标注名（label）参数的设置。序号（code）参数用于将地震进行分组，同一组数据使用一样的序号值，序号的大小决定每组数据绘制和图例显示的顺序，序号小的数据显示在上层，相同序号的数据被绘制为相同颜色。在用户给节点提供的数据中，相同序号的数据需排列在一起。标注名（label）参数是每组数据的图例名称，同组数据的标注名应保持一致。表 20-1 所示的数据共 7 行，绘图时程序将首先绘制最后两行数据，然后绘制 4 ~ 5 行数据，最后绘制 1 ~ 3 行数据。此外，程序会给三组数据分配颜色，并分别以“2019”“2020”和“2021-now”进行图例标注。目前设置了 13 种区分度较高的颜色，code 值的设置范围是 [0，12]，即最多支持将绘图数据分为 13 组，超出后将无法绘图。

表 20-1 震中信息文件参数表

lon	lat	mag	dep	code	label
119.52	31.08	5.0	10	0	2021-now
122.54	34.61	2.5	13	0	2021-now
120.51	34.89	2.2	15	0	2021-now
121.37	33.08	4.1	15	1	2020
117.63	31.93	3.3	10	1	2020

续表

lon	lat	mag	dep	code	label
123.82	36.37	3.4	10	2	2019
123.38	36.35	3.8	12	2	2019

20.3.2　震源机制解参数分布图绘制 API 的设计参数和数据准备

绘制区域震源机制解分布图需要的参数有两个：经纬度范围和震源机制解文件，绘制全国和全球震源机制解图只需提供震源机制解文件即可，文件格式为 .csv。

绘制区域尺度图件所需经纬度范围的参数格式与 20.3.1 节中震中分布图 API 的参数一致，震源机制解信息文件中需要包含 9 列信息（表 20-2），分别为震源的经度（lon）、纬度（lat）、震级（mag）、深度（dep）、strike（走向）、dip（倾向）、rake（滑移角）、序号（code）和标注名（label）。其中，序号（code）和标注名（label）参数的定义与前面震中分布图部分介绍的相同，这里不再介绍。

表 20-2　震源机制解信息文件参数表

lon	lat	mag	dep	strike	dip	rake	code	label
122.27	35.62	4	14	298	71	–69	2	M4–
118.8	35.32	4.4	26	213	86	–163	2	M4–
121.8	33.43	2.7	10	336	89	–167	0	M2.5–3
117.48	31.96	2.8	7	214	81	–170	0	M2.5–3
120.86	33.74	3.4	5	143	23	43	1	M3–4

20.3.3　在地震数据专家 DatistEQ 中的使用方法

（1）与地震数据专家的结合。

打开 DatistEQ 安装路径 Plugin 下的 WebNodes.json 文件，将 GMT 绘图 API 节点的配置文件添加至脚本中，配置内容参数设置的方法可以查阅 14.5 节，这里以测震云分类下的“区域震中”绘图 API 为例进行简要展示。

```
[
 {
   "NodeId":"GMT003"
   "ScriptFile":"http://127.0.0.1:6090/gmt_plot_r"
   "GroupName":"测震云"
   "SubGroupName":"震中分布图"
   "Author":"geoist"
   "SystemToolTip":"输入地震目录数据源及参数，通过 GMT 云服务绘制
区域震中分布图"
```

```
    "Version":"202402"
     "Name":" 区域震中 "
     "InputFields":[
       {
         "Type":"text"
         "Name":"region"
         "DefaultValue":"90/150/17/51"
         "Title":" 经纬度范围 "
         "Description":" 经纬度范围 "
         "GroupName":" 参数 "
       }
    {
         "Name":"lon"
         "Title":" 经度 "
         "Type":"dbfield"
         "Parameters":"Real"
         "GroupName":" 数据 "
         "Description":" 经纬度数据 "
       }
 …
     ]
     "OutputFields":[
       {
         "Name":"Data"
         "Type":"blob"
       }
       {
         "Name":"Name"
         "Type":"text"
       }
       {
         "Name":"StreamType"
         "Type":"text"
       }
     ]
   }
]
```

在这段代码中将“GroupName”设置为“测震云”，“SubGroupName”设置为“震中分布图”，“ScriptFile”设置为 Python 脚本中绘制区域震中分布图对应的访问地址 http://127.0.0.1:6090/gmt_plot_r，在“InputFields”中将各输入参数的属性进行设置，“OutputFields”中将绘图结果转换为 Base64 文本数据进行返回。更改完 .json 脚本后重启 DatistEQ 软件，即可在“测震云”类别下找到绘图节点（图 20-2），它们的属性界面如图 20-3 所示，为了简洁化显示，我们对节点的名字进行了删减。

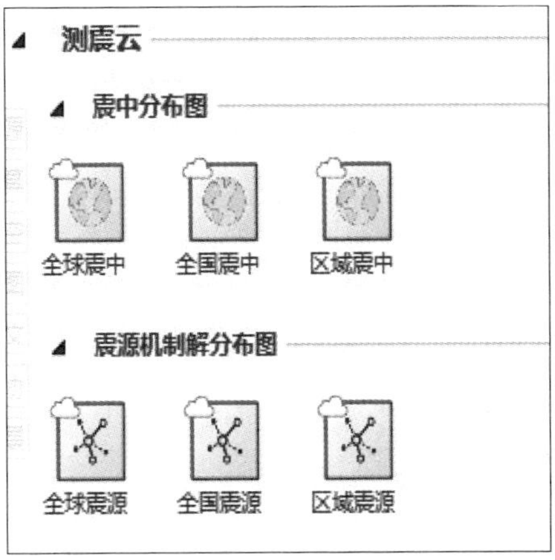

图 20-2　DatistEQ 中测震云节点显示图

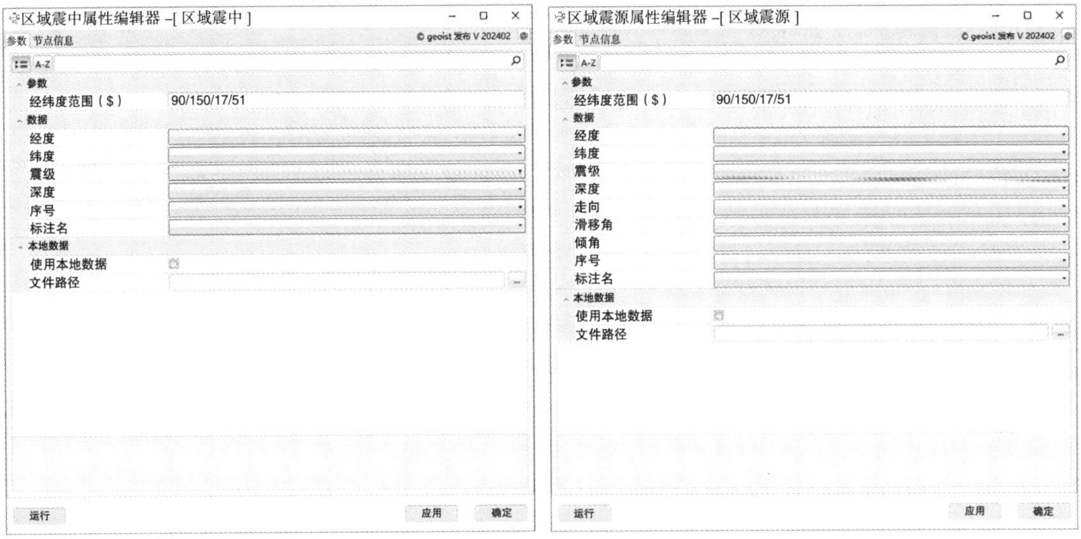

图 20-3　绘图节点属性界面示意图

（2）使用本地 .csv 数据直接绘图。

无论是震中分布图 API 还是震源机制解分布图 API，均支持用户提供 . csv 格式的本地数据文件进行绘图，但应注意文件编码为 utf-8。如果数据格式为表 20-1 的 .csv 文件，那就可以按照以下步骤尝试绘图了，我们在这里仅以区域震中分布图为例。

①运行震中分布图绘制程序“gmt_api_epi.py”。

②使用数据源节点“TXT+”，将该节点指向绘图云节点，如图 20-4（a）所示，然后双击“TXT+”节点指定本地 .csv 文件路径，如图 20-5

图 20-4（a）　使用本地数据绘图流程图

所示，双击“区域震中”节点，修改经纬度范围（例如，115/125/29/38）绘图云节点，勾选“使用本地数据”并设置本地 .csv 文件路径，如图 20-6 所示，最后点击运行流程，即可在“gmt_api_epi.py”程序所在目录的 result 文件下获得 .png 格式结果图片。如果想要浏览图片内容，可以在流程后面加上“文件收集器”和“浏览报告”节点，如图 20-4（b）所示，运行后图件将以报告形式弹出。

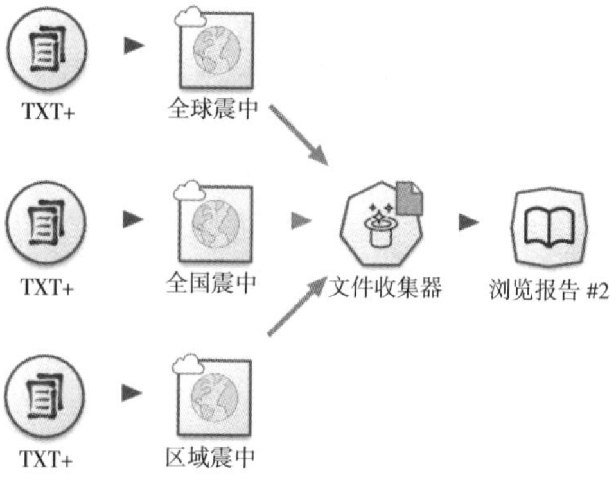

图 20-4（b） 使用本地数据绘图流程图

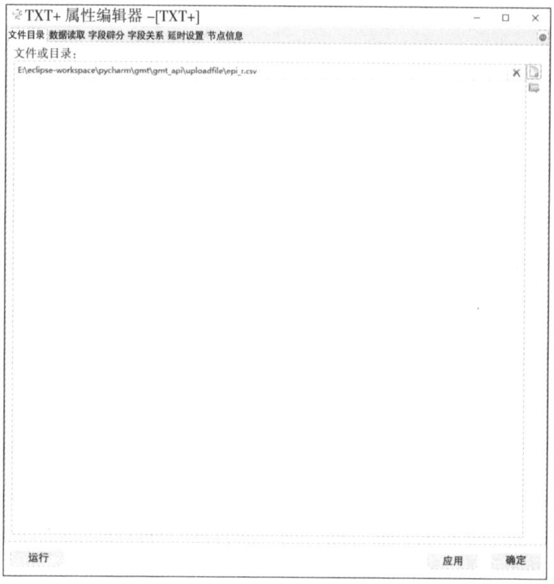

图 20-5 “TXT+”节点参数设置示意图

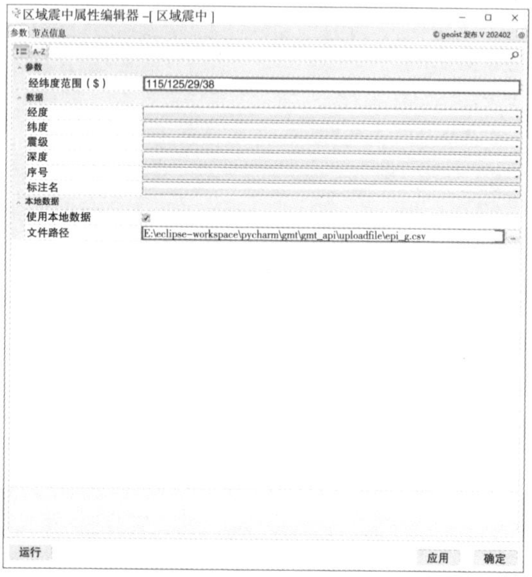

图 20-6 区域震中节点参数设置示意图

绘制震源机制解分布图的步骤也是相似的，这里仅以区域震源为例。

①运行震源机制解分布图绘制程序“gmt_api_meca.py”。

②在 DatistEQ 中设计与图 20-4（b）思路一致的流程（图 20-7）；给“TXT+”节点属性指定震源机制解数据的本地 .csv 文件路径，在“区域震源”节点属性中修改经纬度范围（例如，115/125/29/38），勾选“使用本地数据”并设置本地 .csv 文件路径（图 20-8）；最后点击运行流程，即可浏览绘图结果（图 20-9）。

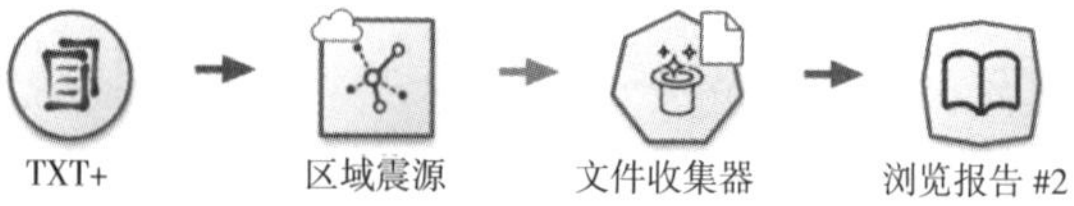

图 20-7 使用本地数据绘图流程图

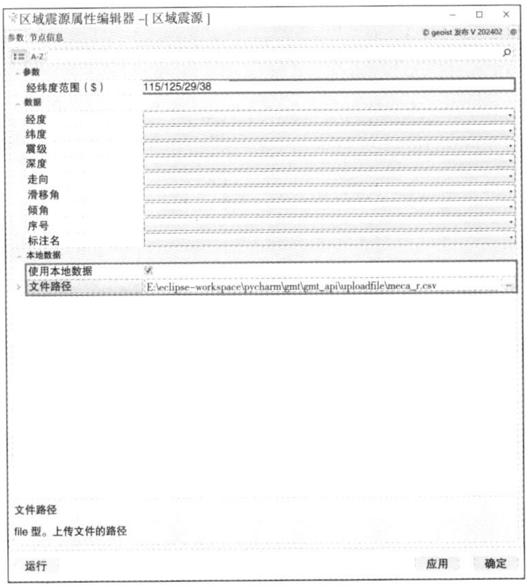

图 20-8　“区域震源”节点参数设置示意图

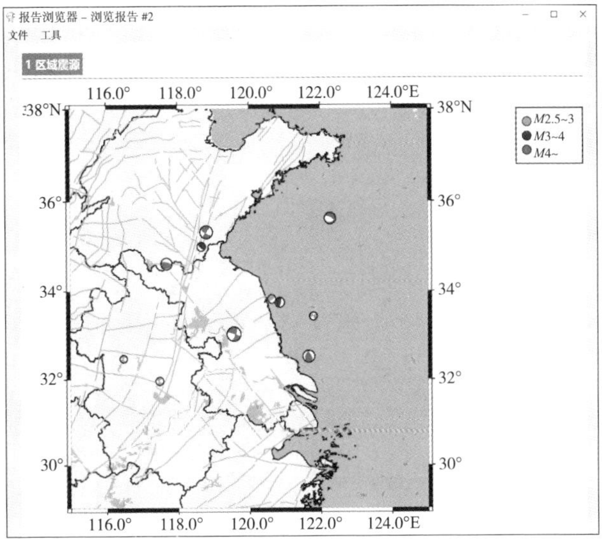

图 20-9　运行结果图

（3）基于统一格式地震目录的绘图流程介绍。

地震数据专家可以帮助我们实现从统一格式目录开始（如 .EQT 格式地震目录），筛选出用户需要绘图的数据，以数据流的形式链接到绘图 API 节点。下面我们就来介绍一段以日常会商常用的 .EQT 格式地震目录为基础数据，通过流程对数据进行过滤筛选，最后传递给 API 节点进行绘图的流程。读者可以尝试设计符合自己日常工作需要的个性化流程。

假设我们需要从 .EQT 目录中筛选出 2020 年至 2024 年发生在（115°~125°E，29°~37°N）范围内 2~5 级的地震，并按照 1 级的震级间隔绘制震中分布图，具体流程如图 20-10 所示，对应的运行结果为图 20-11。下面，我们详细介绍这段流程是如何运行的。

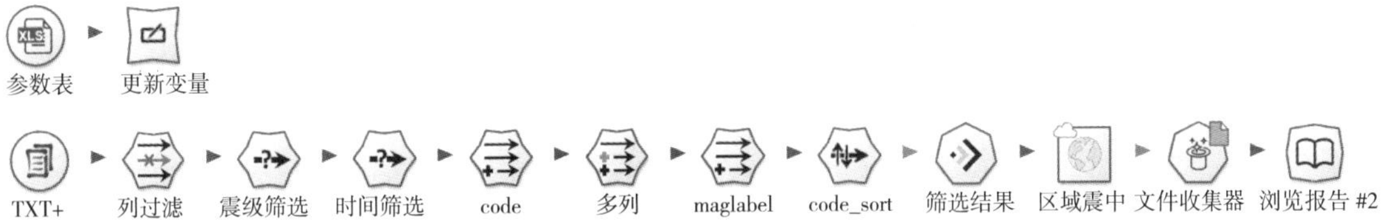

图 20-10　DatistEQ 流程设计图

在图 20-10 的第一行，“参数表→更新变量”是使用 excel 表格设置全局变量，表格中包含震级的间隔、上限、下限、经纬度范围以及起始时间和结束时间，如图 20-12 所示，其中“excel”节点的设置如图 20-13 所示，给定参数表的路径地址即可，“更新变量”节点的设置如图 20-14 所示，将 excel 表格中的参数与流程中使用到的变量进行对应设置，然后在主流程中使用“TXT+”节点来读取 .EQT 文件的内容，并将文件内容进行字段辟分、设置字段关系，如图 20-15 所示；使用“列过滤”节点设置字段名称和类型，如图 20-16 所示；使用 2 次“行筛选”节点依次进行震级筛选和时间筛选（图 20-17）；使用“新列→多列→新列”流程，结合表达式计算并设置每条地震对应的 code 值和 label 参数（图 20-18）；使用“行序”节点将所有数据按 code 升序排列，如图 20-19 所示，以保证相同 code 值的数据排列在一起；最后在“区域震中”API 节点中将对应的变量接入，并以变量形式设置经纬度范围，如图 20-20 所示。

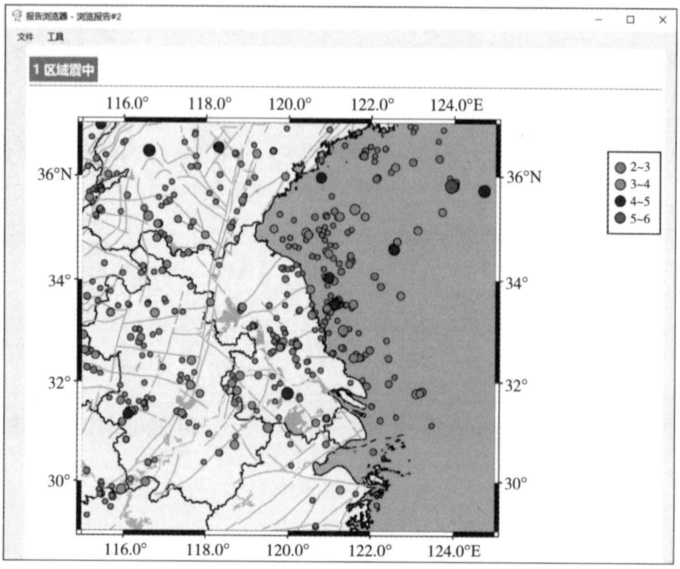

图 20-11　流程对应的运行结果示意图

	A	B	C	D	E	F	G
1	标注标准	间隔	下限	上限	经纬度范围	起始时间	结束时间
2	震级	1	2	5	115/125/29/37	2020	2024

图 20-12　参数表内容展示示意图

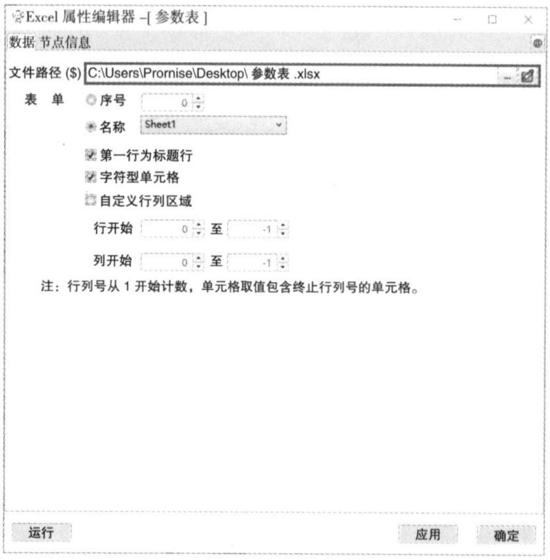

图 20-13　excel 节点参数设置示意图

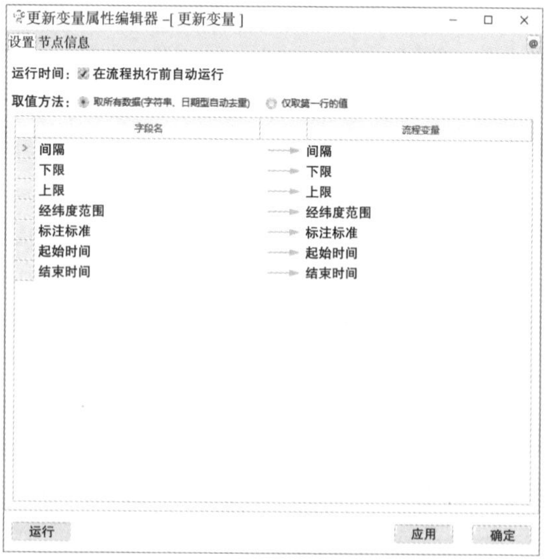

图 20-14　更新变量节点参数设置示意图

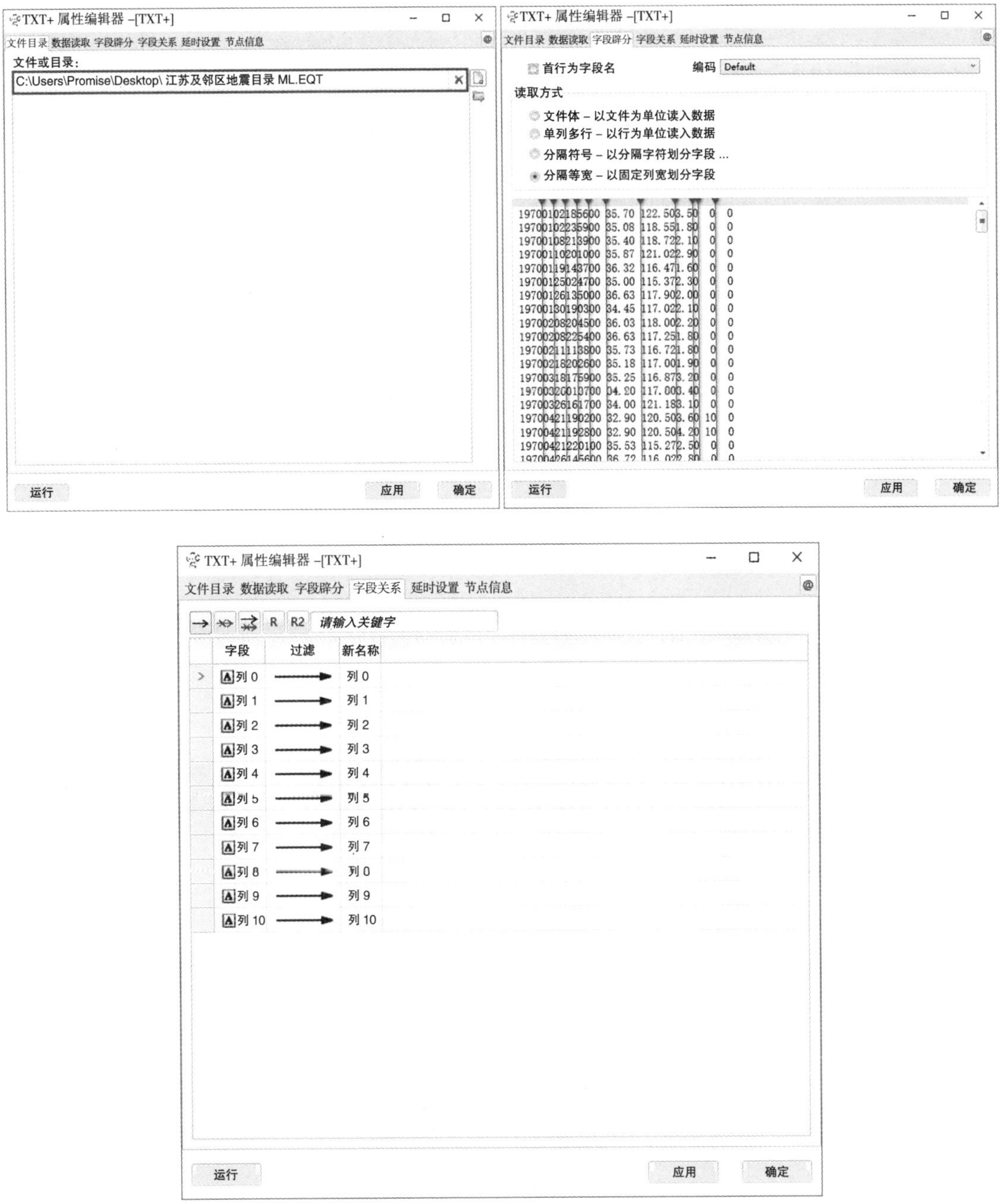

图 20-15 “TXT+”节点参数设置示意图

图 20–16 “列过滤”节点参数设置示意图

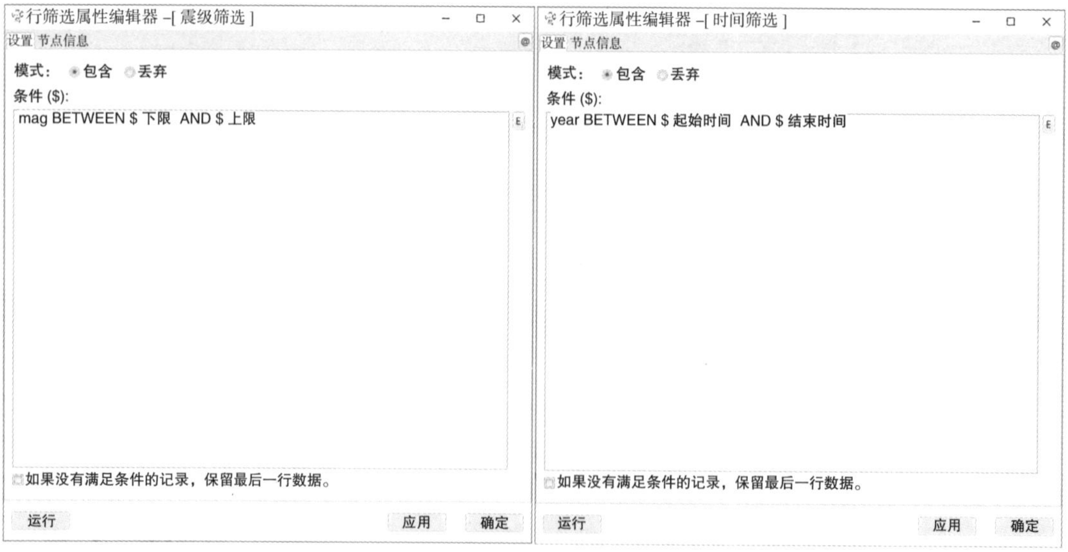

图 20–17 “行筛选”节点参数设置示意图

图 20–18　“新列→多列→新列”流程的节点参数设置示意图

图 20–19　“行序”节点参数设置示意图

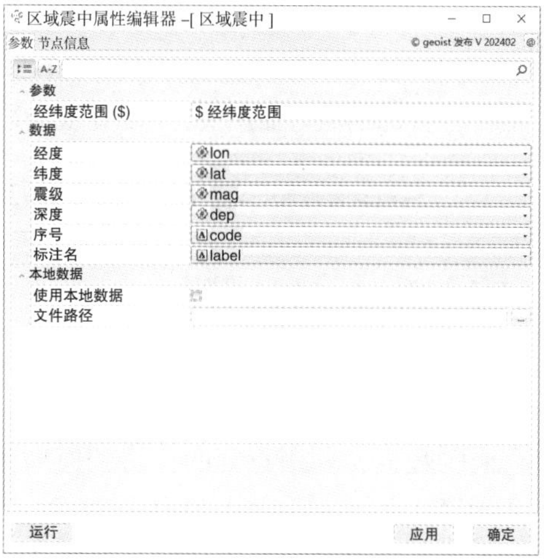

图 20–20　“区域震中”节点参数设置示意图

第 21 章 基于 ShakeMap 的地震烈度估计和强震动参数计算

强震动参数是描述地震震动特征的重要参数，它包括峰值加速度、峰值速度、反应谱等，这些参数能够直观地反映地震对建筑物、桥梁、道路等基础设施的破坏程度，对于评估地震灾害风险、制定抗震设防标准等具有重要意义。

ShakeMap 作为地震烈度快速评估的工具，其核心功能在于能够利用地震三要素，结合地质、地形等多元信息，快速生成地震烈度分布图。这一系统可以大大提高了地震烈度评估的准确性和时效性。然而，仅仅依赖 ShakeMap 和地震三要素进行地震烈度评估还远远不够，我们还需要进一步计算和分析地震产生的强震动参数，以全面评估地震的影响。因此，将 ShakeMap 与强震动参数相结合，构建一套完整的地震影响评估体系具有重要的理论价值和实践意义。

本章介绍了 ShakeMap，给出了 ShakeMap 的本地化改写方法与产品简介，以及强震动参数计算 API 编写与使用。

详细介绍由两节内容构成，第一节了解什么是 ShakeMap 系统及其应用领域，学习 ShakeMap 系统本地安装的操作步骤，并学习如何本地化改写 ShakeMap，具体包括语言环境的配置、图名和标注文件的汉化、城市名称文件汉化、城市读取文件的改写、绘制城市文件的改写、地震动预测方程配置文件的改写。通过本节的学习我们可以产出自定义的本地化 ShakeMap 产品。

第二节我们在已经写好的强震动参数计算程序的基础上，学习怎样将其封装改写成 API，并学习将 API 制作成 DatistEQ 节点在软件内部调用的所有步骤。通过本节的学习我们学会了怎样将自己的程序制作成 API 节点进行调用。

21.1 ShakeMap 的改写及其产品介绍

21.1.1 ShakeMap 简介

ShakeMap，全称为地震动制图系统（Seismic Ground Motion Mapping System），是由美国地质调查局（USGS）与加州地震台网（Caltech）联合开发的一套程序。该系统通过收集地震监测台网的数据，利用特定的算法和模型快速计算地震动分布，并以地图的形式展示地震动强度（烈度）的空间分布。ShakeMap 的应用不限于地震后的快速响应，还可用于地震风险评估、灾害预防规划以及公众教育等领域。

ShakeMap 的应用领域十分广泛，主要包括以下三个方面：

①地震后快速响应。在地震发生后，ShakeMap 可以快速生成地震动分布图，为地震救援和应急响应提供重要依据。通过地震动图，救援人员可以迅速地了解受灾区域的地震动强度分布，合理调配救援资源。

②地震风险评估。ShakeMap 可以为地震风险评估提供数据支持，通过分析历史地震数据，利用 ShakeMap 生成的地震动图可以评估不同地区的地震风险水平，为城市规划和灾害预防提供参考。

③灾害预防规划。基于 ShakeMap 的地震动分布图，可以制定更加科学、合理的灾害预防规划，例如在地震高风险区域提高建筑抗震设计标准、避开极高风险区等。

自 ShakeMap 诞生以来，其技术和功能不断完善。早期的 ShakeMap 主要基于简单的地震波传播模型进行计算，随着研究的深入和技术的进步，现在的 ShakeMap 已经采用了更加复杂和精确的算法和模型。同时，随着地震监测台网的不断扩展和完善，ShakeMap 的数据来源也更加丰富和准确。

21.1.2　ShakeMap 安装与配置

ShakeMap 软件不支持 Windows 系统安装，需要在 Linux（比如 CentOS 或 Ubuntu）和 Mac OSX 系统上安装。对于个人用户可以选择安装双系统或者使用 Windows 系统自带的 WSL（Windows Subsystem for Linux）子系统。经测试 WSL 是可以正常安装运行 ShakeMap 的。具体安装步骤如下：

①由于 ShakeMap 是作为一个 python 虚拟环境安装到系统中，因此在安装时如果有正在使用的 conda 虚拟环境，需要运行以下命令停用：

```
conda deactivate
```

②可以提前从 github 上下载或运行以下命令下载 ShakeMap 库：

```
git clone https://github.com/usgs/shakemap.git shakemap_src
```

③在下载的 ShakeMap 目录中运行安装脚本：

```
cd shakemap_src
bash install.sh
```

如果未检测到任何版本 conda，系统将安装 miniconda，使用它来管理依赖项和创建运行 ShakeMap 的虚拟环境。如果脚本正确运行完毕，那么最后两行输出将是：

```
Successfully installed shakemap
Type 'conda activate shakemap' to use this new virtual
environment
```

④激活 ShakeMap 虚拟环境并测试：

```
conda activate shakemap
```

在已经激活的 ShakeMap 环境中运行：py.test 可以启动 ShakeMap，测试后可以看到相应测试内容。

⑤下载配置文件。在运行 ShakeMap 之前，需要创建一个“配置文件”，用于管理系统配置文件。这是通过 sm_profile 命令：

```
sm_profile -c default -a
```

此命令将从 FTP 站点下载所有所需配置文件，如果已经拥有地形文件 topo_30sec.grd 和波速文件 global_vs30.grd 则只需要运行：

```
sm_profile -c default  -a -n
```

之后将准备好的文件拷贝至配置文件目录中即可。

21.1.3 ShakeMap 本地化改写

（1）图件汉化。

由于 ShakeMap 软件涉及脚本文件较多，嵌套调用逻辑复杂，组成图件的信息存于各个脚本中，因此在进行本地化改写和汉化时需要在不同位置修改配置文件。图 21-1 为 ShakeMap 烈度图的示意图，图中所有信息标注均为英文，下面将基于 4.1.4 版本的软件进行本地化改写。

①修改语言设置选项。

假设上面介绍中设定的存储配置文件的文件夹为 shakemap_profile（下文中均按此路径修改），在“shakemap_profile/default/install/config”中打开“product.conf”文件，将 language 参数改为“language = cn”，即可启用 ShakeMap 默认的中文输出。注意需将文件中“fontfamily”值改为 = WenQuanYi Micro Hei 或其他中文字体，如果系统中没有此字体，可运行以下命令安装字体。

```
sudo apt-get install fonts-wqy-microhei
```

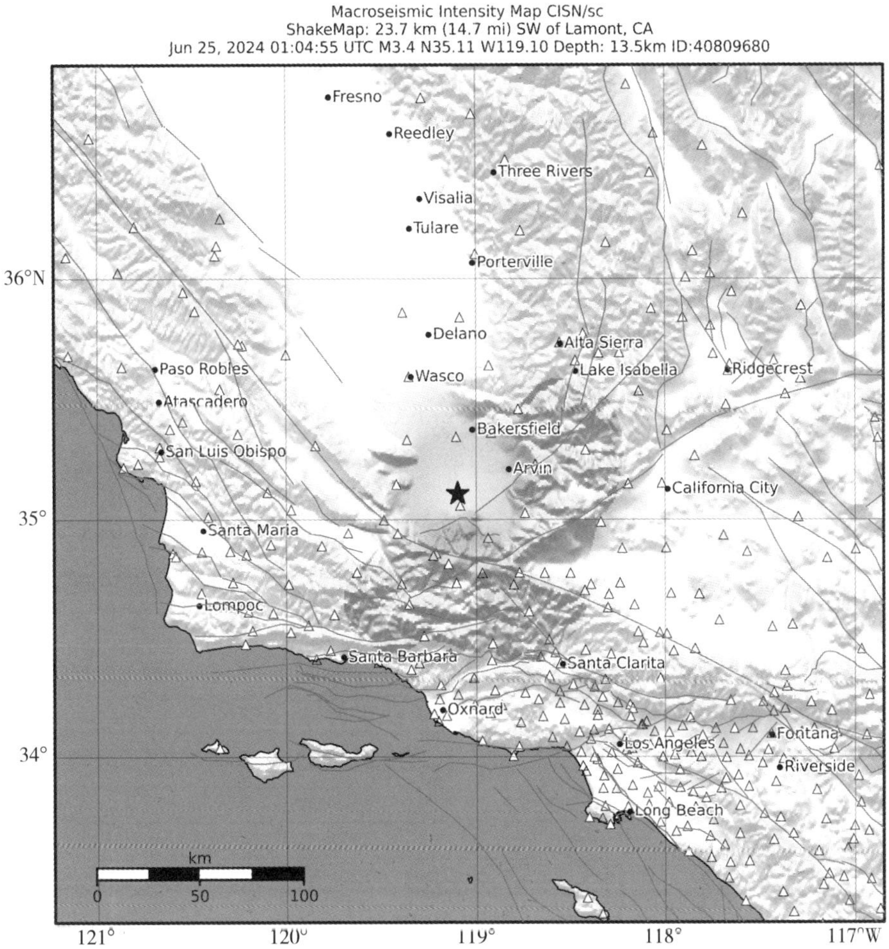

SHAKING	Not felt	Weak	Light	Moderate	Strong	Very strong	Severe	Violent	Extreme
DAMAGE	None	None	None	Very light	Light	Moderate	Moderate/heavy	Heavy	Very heavy
PGA(%g)	<0.0464	0.297	2.76	6.2	11.5	21.5	40.1	74.7	>139
PGV(cm/s)	<0.0215	0.135	1.41	4.65	9.64	20	41.4	85.8	>178
INTENSITY	I	II-III	IV	V	VI	VII	VIII	IX	X+

Version 5: Processed 2024-06-26T01:05:52Z

△ Seismic Instrument　○ Reported Intensity　★ Epicenter

图 21–1　ShakeMap 烈度图的示意图[①]

②标注文件汉化。

仅将 language 参数修改并不能实现图件的汉化，打开下载的 ShakeMap 文件包中“shakemap_src/shakemap/data/mapping”目录里“map_strings.cn”文件，按照自己的需求修改标注文字，此时 ShakeMap 将按照 language 参数“cn”读取修改后的“map_strings.cn”文件并进行标注，另外还需修改“shakemap_profile/default/install/config”文件夹中“product.conf”，将“product-mapping-operator”参数改为所在组织（例如：ISPEC）。

① 图 21–1 中图注引自 Worden et al.（2012）（略）.

③地名汉化。

由于 ShakeMap 自带的全球城市名文件内中国城市名全部用拼音拼写，因此首先应当汉化这个文件。在 ShakeMap 虚拟环境安装的文件夹（比如 envs\shakemap）按路径“envs\shakemap\lib\python3.9\site-packages\impactutils\data”找到“cities1000.txt”文件，文件第 2 列为城市名，其中中国城市名默认为英文音译，需要依据第 8 列“地区 / 国家”筛选全部中国城市，并将对应的第 2 列改成中文城市名。

④绘图脚本字体设置。

在修改城市名文件后，需要修改绘图脚本的字体：在路径“envs\shakemap\lib\python3.9\site-packages\impactutils\mapping”中编辑“mapcity.py”文件，将“self.DEFAULT_FONT”的值改为使用的中文字体。ShakeMap 的绘图和图件标注的字体选择是分别设置，因此在步骤①中已经修改“language”后仍需在绘图脚本中单独修改字体。

⑤修改城市名文件读取脚本。

在路径“envs\shakemap\lib\python3.9\site-packages\impactutils\mapping”中编辑 city.py，在函数“fromGeoNames”中将“f = open (cityfile, “rt”, encoding= “latin-1”)”改为“f = open (cityfile, “rt”, encoding= “utf-8”)”，以 utf-8 编码打开城市文件名，如此便能识别中文字符。之后将函数内 for 循环替换为如下代码：

```
for line in f.readlines()
    ...
    tname.encode( ‘utf-8’ )
    myvals = np.array([ord(c) for c in tname])
    if len((myvals>65536).nonzero()[0])
        continue
```

其中“myvals >65536”是在城市名显示中增加中文字符，修改完毕后即可显示中文城市名。图 21-2 为汉化后的 ShakeMap 图件示例。

（2）其他参数修改。

当绘图区域选为中国时，由于 ShakeMap 内部地震动预测方程（GMPE）配置文件缺失，无法绘制某些地区的地震动峰值加速度图，因此需要手动更正，编辑“shakemap_profiles\default\install\config”中“gmpe_sets_conf”文件，将 [[active_crustal_china]] 选项中 gmpes 的值改为 ASK14, BSSA14, CB14, CY14，其余参数保持不变。

通过上述修改即可完成 ShakeMap 本地化配置，也可根据需要做进一步自定义图件的产出。

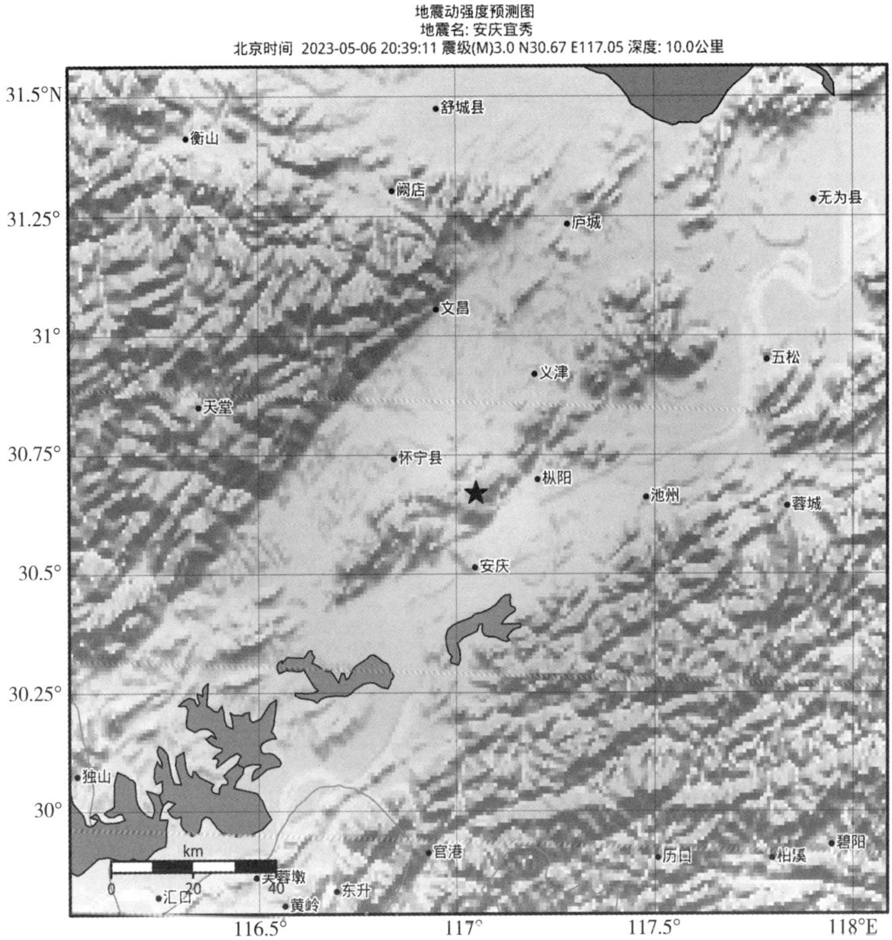

地表震动	无感	微感	轻微	明显	强烈	非常强烈	猛烈	剧烈	极剧烈
破坏程度	无破坏	无破坏	无破坏	非常轻微	轻微	受损	受损/严重损毁	严重损毁	非常严重损毁
地震动峰值加速度(%g	<0.00663	0.0795	0.954	4.99	8.76	15.4	27	47.4	>83.2
地震动峰值速度(cm/s	<0.0028	0.0383	0.524	3.03	6.48	13.9	29.6	63.4	>136
烈度 (MMI)	I	II-III	IV	V	VI	VII	VIII	IX	X+

震动-强度转换参考 Atkinson and Kaka (2007)　　本报告由地震会商技术系统产出于 2023-05-06T22:08:49Z

★ 震中

图 21-2　本地化 ShakeMap 图件的示意图

21.1.4　ShakeMap 产品介绍

ShakeMap 产出图件主要包括：地震动强度预测图，地震动峰值加速度图（*PGA*），地震动峰值速度图（*PGV*），0.3 秒、1.0 秒、3.0 秒频谱峰值加速度图。

地震动强度预测图（图 21-3）即烈度预测图。图名信息包括：震中地名、发震时间、震中经纬度、震中深度、震级，图中黑色五角星形状代表震中位置，图上标注各居民点名称并配有经纬网。烈度预测结果以不同颜色区域划分，颜色由浅到深共分为 9 档，每档均在图例中给出相应的划分标准和破坏程度。

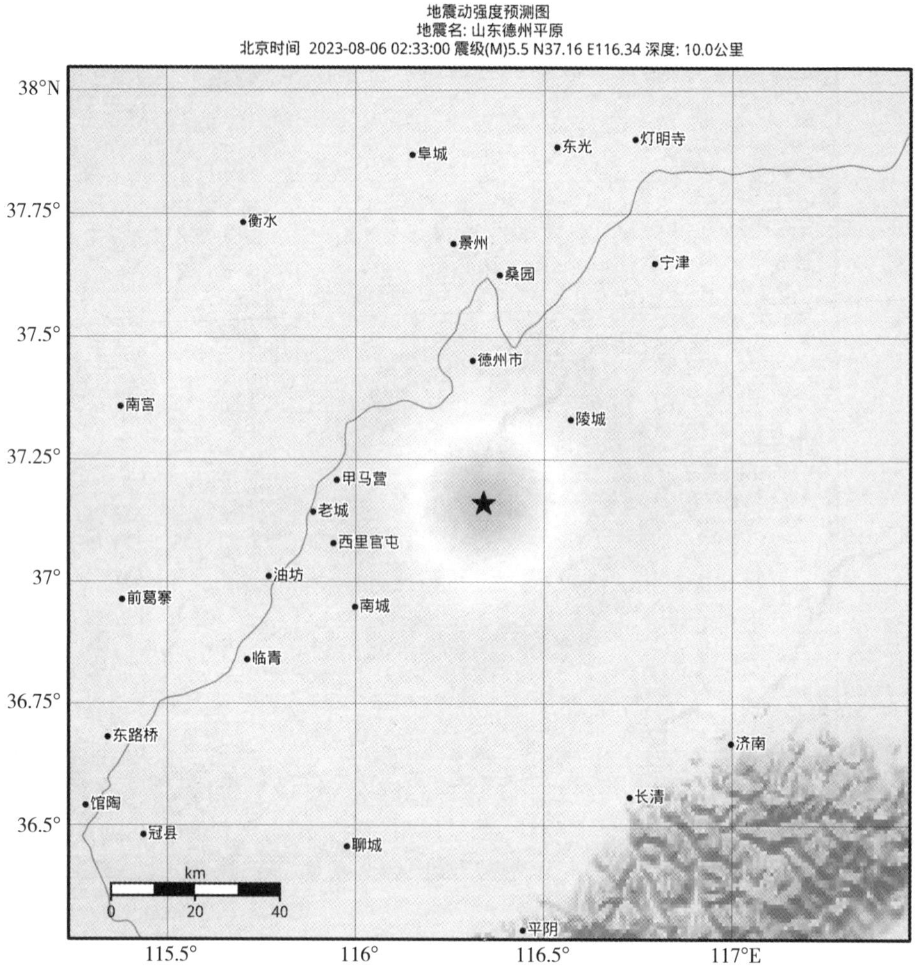

地表震动	无感	微感	轻微	明显	强烈	非常强烈	猛烈	剧烈	极剧烈
破坏程度	无破坏	无破坏	无破坏	非常轻微	轻微	受损	受损/严重损毁	严重损毁	非常严重损毁
地震动峰值加速度(%g)	<0.0464	0.297	2.76	6.2	11.5	21.5	40.1	74.7	>139
地震动峰值速度(cm/s)	<0.0215	0.135	1.41	4.65	9.64	20	41.4	85.8	>178
烈度 (MMI)	I	II-III	IV	V	VI	VII	VIII	IX	X+

震动-强度转换参考 Worden et al. (2012)　　本报告由地震会商技术系统产出于 2023-08-07T09:08:57Z

★ 震中

图 21-3　地震动强度预测图

地震动峰值加速度图（图 21-4），在基础信息方面与烈度预测图相似，不同的是图中绘制了峰值加速度等值线，等值线按照数值由低到高相对应的颜色由浅到深与图例中对应，每条等值线上配有文字标注。

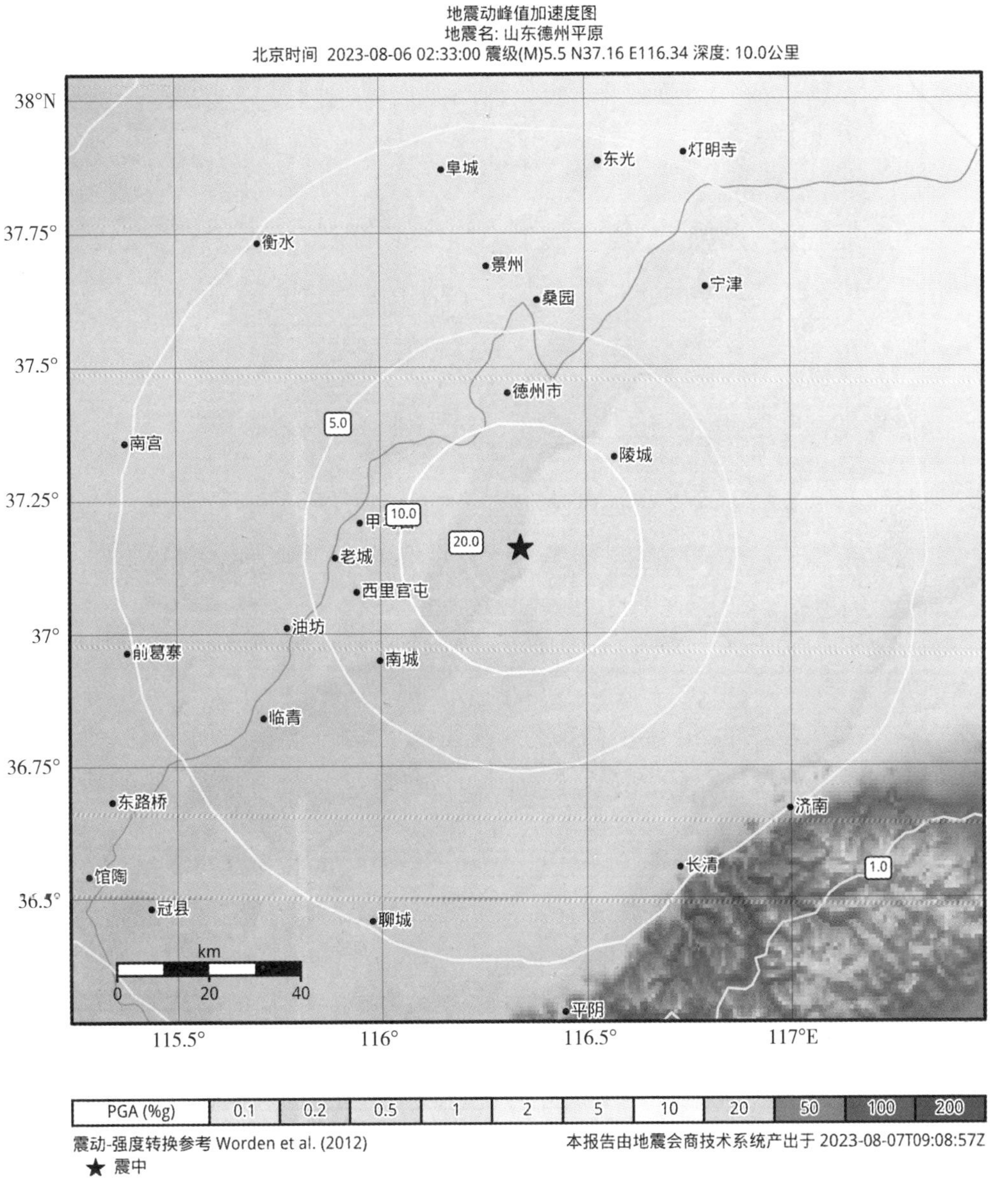

图 21-4　地震动峰值加速度图

地震动峰值速度图（图 21-5）与地震动峰值加速度图相似，图中绘制了峰值速度等值线，等值线按照数值由低到高对应的颜色由浅到深与图例中对应，每条等值线上配有文字标注。

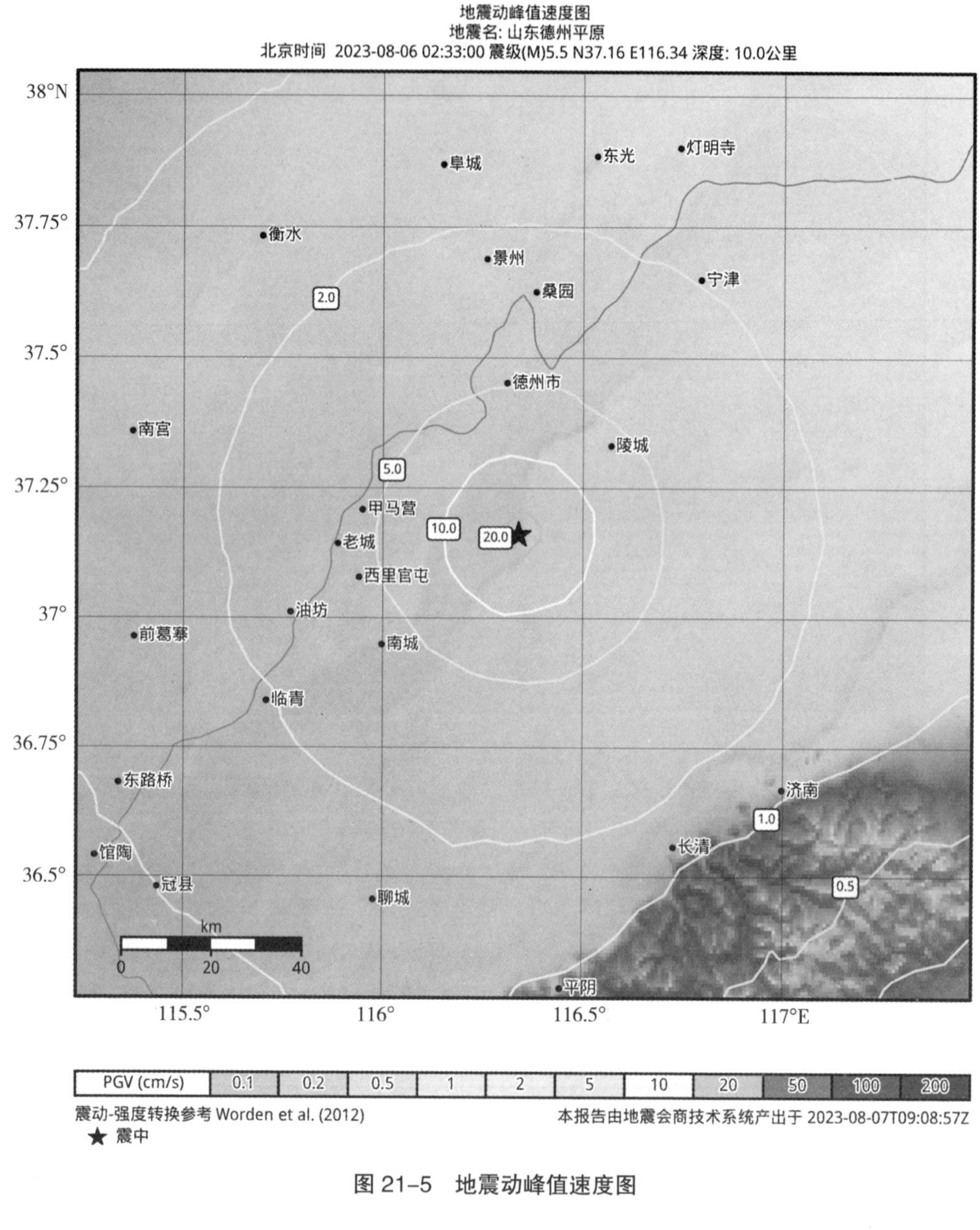

图 21-5　地震动峰值速度图

0.3 秒频谱峰值加速度图、1.0 秒频谱峰值加速度图、3.0 秒频谱峰值加速度图与峰值加速度图件基本一致，唯一不同的是选用波形数据的时长，此处不再重复展示。最终依据判定规则从中选择一个作为峰值加速度图件。

21.2　强震动参数计算 API 编写与测试

本小节重点介绍怎样将强震动参数编写为 API 并移植到 DatistEQ 软件中调用，并附上编写程序的测试报告。

21.2.1　强震动参数计算 API 编写与使用

（1）API 功能介绍。

依据波形文件和发震时刻计算仪器记录的地震动峰值加速度、地震动峰值速度和烈度。

波形文件：用于计算烈度的 seed 格式文件。

（2）发震时刻参数。

发震时刻：以“年月日时分秒”格式的字符串记录地震发生的时刻，例如 20230720002110 表示 2023 年 7 月 20 日 0 时 21 分 10 秒。

（3）计算原理。

计算依据《GBT 17742—2020（中国地震烈度表）》的计算流程。

（4）API 编写。

应用程序编程接口（英语：Application Programming Interface，简称为 API），是一些预先定义的函数，目的是提供应用程序与开发人员基于某软件或硬件得以访问一组例程的能力，而又无需访问源代码或理解内部工作机制的细节。在已经编写好强震动参数计算的程序后，只需将其封装成一个函数，输入参数设置为“发震时刻”和“波形文件”，输出结果为地震动峰值加速度、地震动峰值速度和烈度。

①数据输入。

在文件参数获取中，我们使用 Flask（一个 Python Web 框架）中 request.args.get() 方法获取发震时刻（eqtime）的值，使用 request.files 获取上传的 seed 文件（upfile），并将其分别赋给“uploaded_file”和“eqtime”变量。由于发震时刻为表示时间的字符串，我们需要在方法调用中写明读取类型为字符串（type = str），随后需要追加判定如果未正确输入全部参数，则显示程序运行错误并终止运行。程序示例如下：

```
uploaded_file = request.files['upfile']
eqtime = request.args.get('eqtime',type = str)
if file and eqtime:  #若两个参数均成功创建
    #运行下一步程序
        ......
else:
    #返回错误值
     result = {"intensity":999999}
     return result
```

②参数读取。

对于 seed 格式地震波形文件，推荐使用 python 的 obspy 库进行读取，并将三通道波形分开存储用于下一步计算：

```
import obspy as ob  # 导入 obspy 库
      st = ob.read(file)  # E N Z 三分量对应 0 1 2
      trace_EW = st[0]
      trace_NS = st[1]
      trace_Z = st[2]
```

对于输入的发震时刻字符串，可以采用分割方式单独获取其“年、月、日、时、分、秒”参数，并通过 obspy 库的 UTCDateTime 函数转换成 obspy 识别的 DateTime 类型数据（函数末尾的 0 为时间字符串内并不包含的毫秒数据，这里默认为 0）。

③结果输出。

在计算完毕后，可将计算结果保存为 json 格式的变量并返回。

```
result = {"PGA": trpgamax
     "PGV": trpgvmax
     "intensity": II
     }
return  result
```

④封装。

使用 Flask 进行封装。在导入必要库文件后创建以 API 作为变量名的 API，随后将函数封装为一个 Flask-RESTful 的 Resource 类中，最后使用 api.add_resource(intensity, '/intensity') 注册一个 API 路由，其中 '/intensity' 是为该资源定义的 URL 路径，最后在脚本中添加以下代码运行程序即可在本地启动 API。代码示例如下：

```
from flask import Flask, request, jsonify
from flask_restful import Api, Resource
app = Flask(__name__)
api = Api(app)
class intensity(Resource)
   # 函数本体
 ......
api.add_resource(intensity, '/intensity')
if __name__ == '__main__'
     app.run(debug = True, host='0.0.0.0', port=5053)
```

⑤ 移植到 DatistEQ 中使用。

API 在开发完成后可以接入 DatistEQ 作为节点调用，具体配置步骤如下：为已经写好的节点配置信息，将配置信息合并至 DatistEQ 安装目录下的“Datist\BinX\Plugin\Nodes\WebNodes.json”文件中，配置信息内的“GroupName”和“SubGroupName”用于调整节点在 DatistEQ 用户界面中的分类，“ScriptFile”用于设设置 API 的 URL 地址。合并后重启 DatistEQ 即可在界面内找到烈度计算节点，运行结果如图 21-6 所示。

```
[
  {
    "NodeId":"geoist039"
    "ScriptFile":"http://127.0.0.1:5053/intensity"
    "GroupName":"XXX"
    "SubGroupName":"XXX"
    "Author":"geoist"
    "SystemToolTip":" 计算烈度 "
    "Version":"20231207"
    "Name":" 通过波形数据计算烈度 "
  "Series":" 烈度 "
    "InputFields":[
    {
        "Type":"text"
        "Name":"eqtime"
        "DefaultValue":"20230720002110"
        "Title":" 发震时刻 "
        "Description":" 发震时刻 "
        "GroupName":" 参数 "
      }
    {
        "Type":"file"
        "Name":"upfile"
        "DefaultValue":"data/test.seed"
        "Title":" 波形文件路径 "
        "Description":" 波形文件路径 "
        "GroupName":" 文件路径 "
      }
    ]
  "OutputFields":[
    {
```

```
          "Name": "PGA"
          "Type": "real"
        },
        {
          "Name": "PGV"
          "Type": "real"
        },
        {
          "Name": "intensity"
          "Type": "real"
        }
      ]
    }
  ]
```

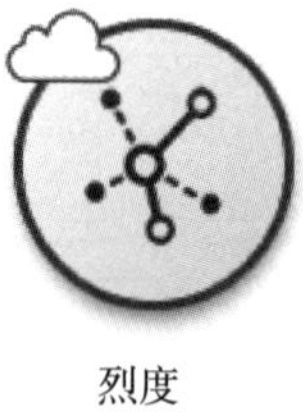

图 21-6　烈度计算节点示意图

完成上面的步骤后就可以计算烈度分布图了。

① 启动 API。

② 双击烈度节点输入发震时刻参数，选择波形文件后运行（图 21-7）。

③ 计算返回结果：地震动峰值地面加速度值 *PGA*、地震动峰值地面速度值 *PGV*。

④ 烈度值 Intensity（图 21-8）。

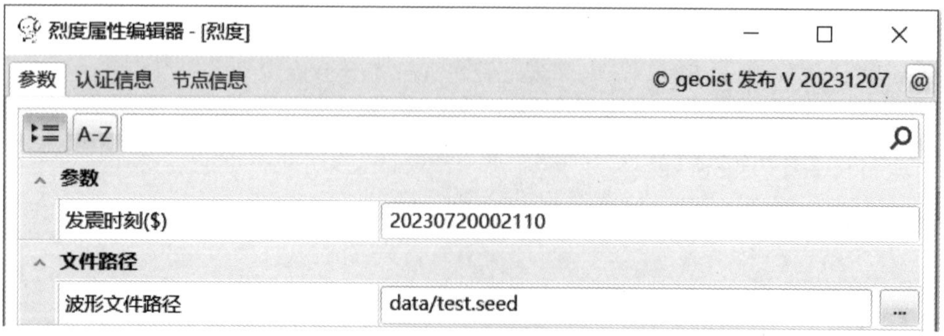

图 21-7　烈度计算节点参数输入示意图

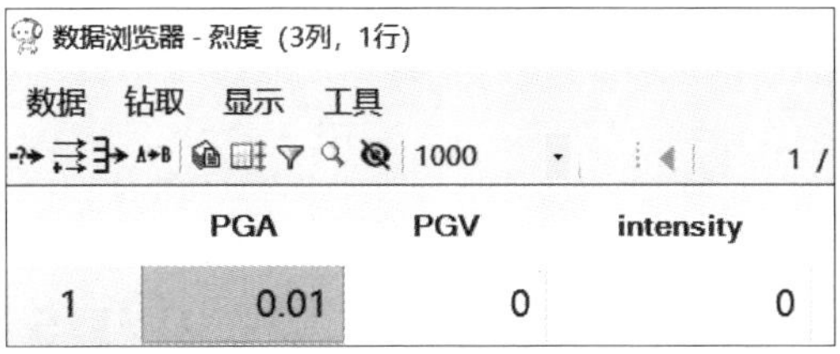

图 21-8　烈度计算结果示意图

21.2.2　强震动参数计算测试报告

为检测计算程序是否正确，我们采用相同数据与行业内大震烈度计算结果进行对比，经过上百个台站数据对比，烈度值计算结果普遍误差在 0.5 以内，且高烈度区台站的烈度差值比低烈度区的明显更小。推测是由于背景数据截取区间以及滤波参数的差异导致的系统误差，这个误差并不影响程序计算结果的正确性。测试结果作为附录以供参考。

第 22 章 “谛听”盒子与 DevOps

DevOps 是一种创新的理念。从构词上来看，DevOps 包括两部分，其中“Dev”代表“Development”开发，而“Ops”则来自“Operations”运维。Dev 和 Ops 组合起来，代表开发和运维的相互融合。

DevOps 也是工具和实践的结合。从目标上来看，DevOps 旨在快速、稳定且持续地向用户交付优质产品。为了达成这一目标，开发团队与运维团队之间必须展开深入而紧密的沟通与合作。在传统软件开发模式下，开发和运维是孤立的两个环节：开发侧重迅速修复问题并推出新功能，而运维则专注于保障系统的稳定性和可用性。DevOps 通过行之有效的工具链和实践框架来平衡这两方面的需求，在保证系统稳定性的前提下缩短产品到达用户手中的时间，从而实现产品的快速迭代。

本章将简要介绍 DevOps 的基本理念、发展历程、常用工具链以及“谛听”盒子相关的 DevOps 实践内容。

22.1 什么是 DevOps

22.1.1 DevOps 的基本理念

什么是 DevOps？维基百科给出了如下的定义 (https://zh.wikipedia.org/wiki/DevOps)：

> DevOps，Development 和 Operations 的混成词，是一种重视“软件开发人员(Dev)”和“IT 运维技术人员 (Ops)”之间沟通合作的文化、运动或惯例。通过自动化“软件交付”和“架构变更”的流程，来使得构建、测试、发布软件能够更加地快捷、频繁和可靠。

维基百科对 DevOps 的定义仅供参考，目前尚未形成一个广泛认可的完整定义。因此，本章也不试图给出这样一个定义。正如本章开头所提到的，传统开发模式下，开发和运维二者本身相互独立，目标存在冲突；软件一旦出现问题，开发和运维之间缺乏有效沟通和合作，容易出现所谓的谷仓效应（Silo Effect，用于储存粮食的一个个谷仓，只能垂直填充，无法相互横向沟通），甚至导致二者互不信任，结果会严重影响产品的交付，大大削弱产品的竞争力。DevOps 力图打破开发和运维之间的壁垒，实现开发和运维的相互融合。对于实现融合的过程和融合后的目标，不同组织"仁者见仁、智者见智"，存在自己不同的见解，下面我们看一下各知名公司的 DevOps。

（1）微软（Microsoft）的观点。

微软认为 DevOps"是人员、过程和产品的集合体，它让我们可以向最终用户持续交付价值"(https://learn.microsoft.com/zh-cn/training/modules/introduce-foundation-pillars-devops/)，且具备四大支柱：文化、精益产品、体系结构和技术。

通常情况下，软件"开发"工作的目标在于更快地交付更多功能，而"运维"工作的目标则是确保系统的稳定性。对于微软而言，DevOps 采用一系列被验证的最佳实践来协调"开发"和"运维"，这些实践不仅能够提升产品的上市速度，而且还能增强系统的稳定性和可靠性。

由于 DevOps 的持续性和连续性，我们可以使用无限循环来展示 DevOps 生命周期各个阶段之间的相互关系。在这个无限循环中，微软将 DevOps 生命周期分为六个阶段，涵盖了整个软件交付生命周期，分别为计划（Plan）、生成（Build）、持续集成（Continuous Integration）、部署（Deploy）、操作（Operate）和持续反馈（Continuous Feedback），如图 22-1 所示。此外，还有一项内容贯穿整个 DevOps 生命周期，即全过程的协作（Collaboration）。

图 22-1　微软给出的 DevOps 生命周期示意图

此外，微软还确定了 DevOps 八项功能：持续规划（Continuous Planning）、持续集成（Continuous Integration）、持续交付（Continuous Delivery）、持续运维（Continuous Operations）、持续质量（Continuous Quality）、持续安全（Continuous Security）、持续协作（Continuous Collaboration）和持续改进（Continuous Improvement）。微软强调"DevOps 过程是一段旅程，需要成长型思维模式才能不断发展和完善"，其中的新意即"持续执行所有任务（Continuous Everything）"。

（2）亚马逊（Amazon Web Services）的观点。

亚马逊认为 DevOps"集文化理念、实践和工具于一身，可以提高组织高速交付应用程序和服务的能力，与使用传统软件开发和基础设施管理流程相比，能够帮助组织更快地发展和改进产品"（https://aws.amazon.com/cn/devops/what-is-devops/）。

亚马逊描述的 DevOps 包括两个环节（图 22-2），一个是交付流水线（Delivery Pipeline），另一个是反馈回路（Feedback Loop）。前者包含三个阶段，分别是生成（Build）、测试（Test）和发布（Release）；后者包含两个阶段，分别是监控（Monitor）和计划（Plan）。DevOps 两个环节的两端连接的是"企业"和"用户"，凸显了亚马逊强调"DevOps 的目的是更快地向用户交付"的理念。

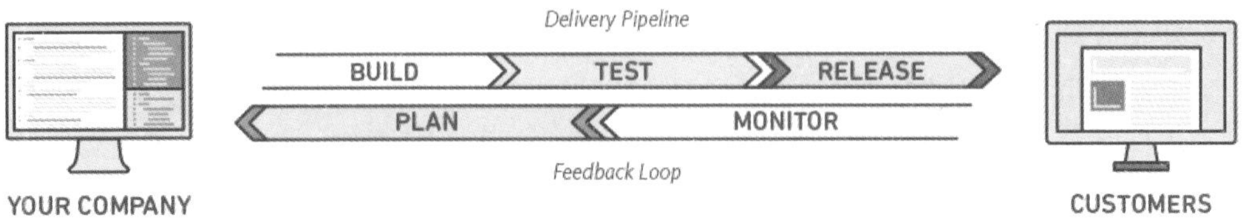

图 22-2　亚马逊给出的 DevOps 生命周期示意图

（3）GitHub 的观点。

GitHub 是国际知名的基于分布式版本控制软件 Git（https://git-scm.com/）的在线代码托管和研发协作平台。GitHub 在 2018 年被微软收购，是目前世界上最大的代码托管网站和开源社区，用户数量在 2023 年 1 月已超过 1 亿户。

GitHub 认为 DevOps"是一种综合业务实践，它将人员、技术、文化实践和流程结合在一起，将以前各自为政的团队整合在一起，从而更快地交付更好的软件"。GitHub 也给出了一个 DevOps 的无限循环（https://resources.github.com/devops/），跟微软的循环类似，不过更加简洁，只包含四个阶段（图 22-3），分别为想法（Idea）、生成（Build）、交付（Ship）和学习（Learn）。最后一个环节"学习"指软件发布后，运营团队使用监控工具来确保产品稳定性和可用性，同时收集用户反馈，并与开发人员保持密切联系，以便更快地推进必要的修复和处理突发事件。

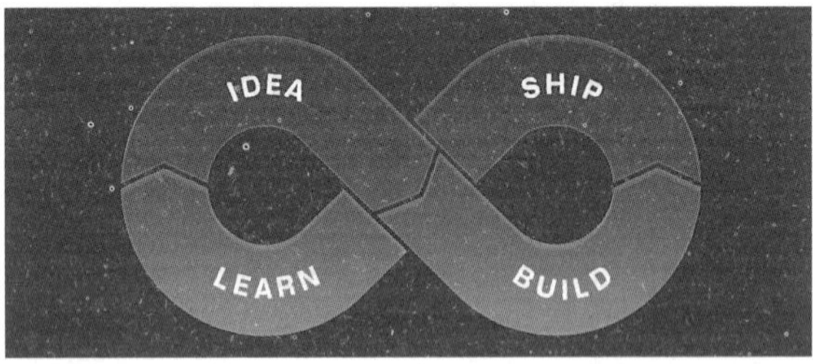

图 22-3　GitHub 给出的 DevOps 生命周期示意图

（4）GitLab 的观点。

GitLab 也是基于 Git 的集成软件开发平台，提供了很多 DevOps 相关功能，还允许用户自行搭建本地托管平台。

GitLab 认为 DevOps"结合了开发（Dev）和运维（Ops），相较于传统流程，提高了软件开发和交付的效率、速度和安全性。更灵活的软件开发生命周期为企业及其用户带来了竞争优势"（https://about.gitlab.com/topics/devops/）。GitLab 给出的 DevOps 无限循环如图 22-4 所示，包含八个阶段，分别为计划（Plan）、创建（Create）、验证（Verify）、打包（Package）、部署（Deploy）和监控（Monitor），以及特别强调的安全（Secure）和管理（Govern）。

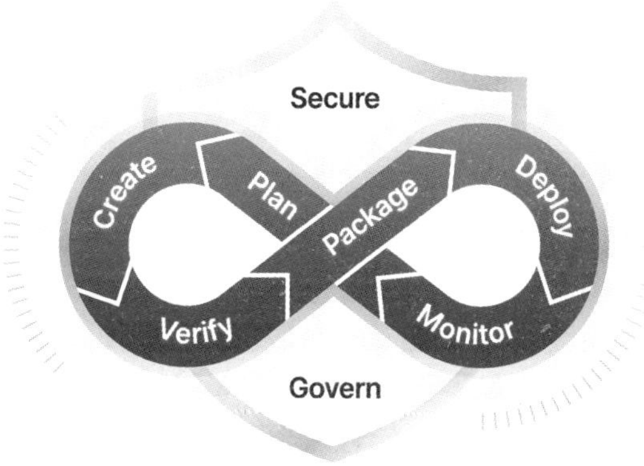

图 22-4 GitLab 给出的 DevOps 生命周期示意图

尽管不同公司和组织对 DevOps 的定义不尽相同，但有一点是一致的，即 DevOps 不是一种特定的技术，这也是 DevOps 先驱 Patrick Debois 持有的观点。在 DevOps 的理念下，开发和运营团队通过沟通和合作来消除彼此之间的壁垒，进而专注于改进创建、部署和持续监控软件的方式，从传统的顺序开发（图 22-5 所示的瀑布开发模型）向协作式开发转变，实现快速、高质量的软件交付，提高相应产品或业务的灵活性和竞争力。

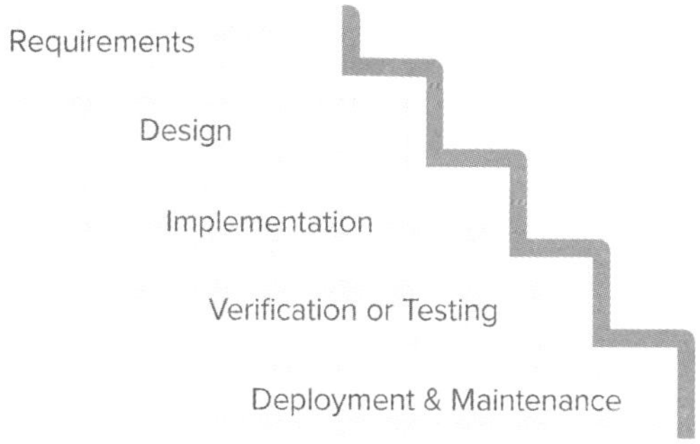

图 22-5 瀑布 (waterfall) 开发模型 (https://business.adobe.com/blog/basics/waterfall)

22.1.2 DevOps 的发展历程

DevOps 的起源可以追溯到 2008 年 Patrick Debois 和 Andrew Shafer 对敏捷基础架构的讨论。2009 年，Patrick Debois 在比利时根特举办了第一届 DevOpsDays 会议，本届会议被描述为“将开发和运维结合在一起的会议”，这也是 DevOps 一词的首次使用。会议结束后，DevOps 这一概念受到了广泛关注，并迅速风靡整个行业，成为新的流行术语。

2010 年，Jez Humble 与 David Farley 联合撰写了《持续交付》（*Continuous Delivery*）一书，该书探讨了一种名为“持续交付”的方法所涉及的原则和技术实践，这种方法能够快速且渐进地向用户交付高质量、有价值的新功能。书中还指出，借助自动化的构建、部署和测试流程，以及加强开发人员、测试人员和运维人员之间的协作，交付团队能够在几小时内（有时甚至只需几分钟）发布变更，无论项目的规模大小或复杂程度如何。

2015 年，Nicole Forsgren、Gene Kim 和 Jez Humble 创办了一家名为 DORA（DevOps Research and Assessment）的公司，该公司编写了目前最大型的 DevOps 研究报告《DevOps 状态报告》（*State of DevOps Reports*，https://dora.dev/#reports），该报告指出实现 DevOps 技术转型可为企业节省大量成本。

2019 年是 DevOpsDays 举办的十周年，仅在这一年内，在全球多个国家及地区举办的 DevOpsDays 活动就超过 80 场。

自 DevOps 理念的提出至今，已走过了十余年的发展历程，如今这一概念在行业内获得了广泛的认可和应用。DevOps 的实践意义不仅仅在于提升效率本身，更重要的是它所引领的文化变革从根本上改变了传统软件开发流程每个阶段的处理方式。

22.1.3　DevOps 的发展趋势

DevOps 是一个不断进化的领域，以下是在 DevOps 世界中值得关注的几个趋势：

（1）DevSecOps。将安全性整合进 DevOps 流程之中，即所谓的 DevSecOps，其重要性正日益凸显。考虑到软件面临的安全威胁正不断上升，必须在软件开发的全周期内优先考虑安全问题。GitLab 在其 DevOps 生命周期中就明显地体现了对“安全”的重视（图 22-4）。

（2）人工智能和机器学习。人工智能和机器学习在 DevOps 中的使用呈上升趋势，有可能实现更多任务的自动化，并提高软件开发和部署的效率。目前兴起一个新的概念 MLOps (Machine Learning Operations)，旨在创建人工智能和机器学习解决方案并提高其质量的有效方法。基于 MLOps 理念，可通过实施持续集成和部署实践，对机器学习模型进行适当的监控、验证和管理，从而加快模型开发和生产的速度。

（3）无服务器计算。无服务器计算是 DevOps 不断发展的趋势，它允许在无需管理基础设施的情况下部署代码，这有助于降低成本并提高可扩展性。

22.2　DevOps 实践和原则

22.2.1 DevOps 对软件开发的影响

DevOps 已经在现代软件开发领域产生了深远的影响。以下是 DevOps 如何改变软件开发及部署方式的几个关键方面：

（1）缩短的交付周期。DevOps 使团队能够快速、高效地交付软件，从而缩短将新功能或产品推向市场所需的时间。

（2）改进的协作。DevOps 鼓励开发团队和运维团队之间的合作，实现更好的沟通，从而更快速地解决问题。

（3）更好的质量。通过自动化测试和部署流程，DevOps 减少了出错的几率，提高了软件的整体质量和可靠性。

（4）更高的效率。DevOps 可自动执行重复性任务并简化流程，从而为更重要的任务腾出时间和资源。

（5）更高的用户满意度。DevOps 使团队能够快速响应用户反馈并做出必要的改变，从而提高用户满意度。

（6）支持创新。DevOps 带来了更高的灵活性和敏捷性，使得对新技术和新业务的尝试成为可能，从而推动创新发展。

22.2.2 DevOps 基本实践和原则

DevOps 致力于通过加强开发与运营团队之间的协作，来加快软件交付的速度，同时提高产品的质量和稳定性。为了达成这一宗旨，DevOps 引入了一系列基本实践和原则。

（1）自动化。

自动化是 DevOps 的核心。通过将测试、部署和配置等手动任务自动化，DevOps 可以加快软件交付过程，提高一致性并减少错误。这一部分中最重要的是自动化测试，它是确保软件质量的关键。

自动化测试的关键概念：①测试金字塔。测试金字塔通常为三层结构（不同场景下每层可能会有不同的名称），其底部宽阔而顶部狭窄，这代表不同测试级别所需投入资源的分配比例。建议在底层的测试上投入最多的资源，中间层的测试次之，而顶层的测试则需最少的资源投入。②代码覆盖率。代码覆盖率指自动化测试覆盖到的软件源代码的比例，它是评估自动化测试效果的关键指标之一。较高的代码覆盖率意味着更多的代码得到了检验，从而降低了潜在缺陷的风险。③持续自动化测试。在持续集成和持续交付的过程中进行自动化测试，确保测试工作持续不断地进行。

自动化测试实践的方法：①选用合适的工具与框架。②设计测试用例。好的测试用例是自动化测试的关键。测试用例应该覆盖应用程序的各个功能和场景。③开展持续集成，实现自动化测试的持续集成和部署。通过集成自动化测试工具，可以实现每次代码提交后自动执行测试用例并生成测试报告。

（2）持续集成（Continuous Integration，简称 CI）和持续交付（Continuous Delivery，简称 CD）。

CI 是一种软件开发实践，指开发人员的代码定期集成到一个“主干”（共享的代码库）中，随即通过多种自动化测试主动识别漏洞，并确保新的更改不会破坏任何现有功能，以此确保代码质量；CD 则是在 CI 的基础上实施，指代码一旦通过自动化测试和开发人员审核，它就会被打包，并自动执行将代码部署到各种环境（如测试、暂存和生产环境）的过程。简而言之，CD 的目的就是拥有一个可随时部署到生产环境的代码库，并确保以最少的工作量部署这些代码。CI 和 CD 能够显著缩短交付周期，降低发布风险，提高软件的可用性和稳定性。

CI 的关键概念：①自动化构建。自动化构建是持续集成的核心组成部分。每当代码被提交时，CI 系统会自动触发构建过程，确保这些变更不会对现有功能造成破坏。②自动化测试。在 CI 流程中，自动化测试扮演着举足轻重的角色，它通过提供即时反馈来验证代码的正确性，并协助团队快速定位潜在的问题。

CI 实践的方法：①尽早提交和频繁提交代码。开发人员应尽早且频繁地将代码提交到共享代码库中，这有助于及早发现和解决问题，提高代码的质量。②基于主干的开发 (trunkbased development)。开发人员应频繁地将小规模更新合并到核心“主干”(trunk)或主分支(main branch),基于主干的开发使主干保持“绿色”状态,即主干可以在任何提交时进行部署。③自动化构建和测试工具。选择和配置适当的工具来实现自动化构建和测试。

CD 的关键概念:自动化部署流水线,这是 CD 的基石,涵盖了从代码提交到代码部署至生产环境的完整流程。每当新的代码被提交,自动化流水线便会触发一系列任务,包括代码编译、单元测试、集成测试,并可自动部署至一个或多个环境。此过程中的自动化测试保障了代码质量,显著减少了人工干预,从而提升了部署的效率和可靠性。

CD 实践的方法:①部署策略。采用滚动更新、蓝绿部署以及金丝雀部署(灰度部署)等策略部署新版本,从而最小化风险。②环境一致性。开发、测试和生产环境应尽可能相似,以避免“在我的机器上是好的”这种问题。使用容器技术可以极大地提高环境的一致性。

(3)基础架构即代码(Infrastructure as Code, 简称为 IaC)。

IaC 是一种使用代码来定义和管理基础设施的自动化过程,它允许创建可在需要时复制一致的环境。这种方法使得基础设施的管理变得更加灵活和自动化,不仅减少了手动配置错误、加快了配置速度,而且还提高了环境的一致性。

IaC 的关键概念:①声明式与命令式。这是 IaC 的两种主要实现方式,声明式方法明确定义系统的预期状态,包括需要哪些资源、各资源应具备何种属性;与之对应,命令式方法则描述达成所需配置需执行的命令,再以正确的顺序依次执行这些命令。②可重复性和一致性。通过代码定义和管理基础设施,可以确保环境的一致性,并可方便地复制、重现和扩展整个基础设施环境。

IaC 实践的方法:①选择适合团队需求和技术栈的工具。②模块化和重用。写模块化的 IaC 代码,使得不同项目和环境可以重用相同的配置,减少重复劳动。

(4)监控和反馈。

高效的监控和日志记录是 DevOps 的重要组成部分。通过实时监控系统性能和收集日志数据,可帮助团队及时发现和解决潜在问题,确保系统的稳定运行。

监控和反馈的关键概念:①监控。这涉及对系统性能指标(如 CPU 和内存的使用率、响应时间以及错误率)和业务相关指标(如交易量和用户活跃度)进行实时追踪。②日志记录。搜集和存储由系统生成的日志数据,以便进行问题排查。③告警和通知。通过设定告警规则,当系统指标超过预设阈值时,系统会自动发出通知,以提醒团队采取相应措施。

监控和反馈实践的方法:①构建监控仪表板。创建可视化的仪表板来实时展示关键性能指标。②实施集中式的日志管理,以便进行分析并对数据进行可视化处理。③自动化告警设置。通过制定告警规则和通知机制,并利用电子邮件、短信或即时通讯工具等方式,确保团队能够及时接收到通知。

微服务和容器化:这些架构方法将应用程序分解为更小的模块化组件(微服务),并将它们与其依赖项(容器)打包在一起,部署因此变得更加一致和灵活,并且更易于进行扩展。

版本控制:版本控制系统是实现 CD 的基石,缺乏一个有效的版本控制系统,所有的自动化尝试都可能功亏一篑。开发团队通常采用 Git 作为版本控制工具来管理代码变更，Git 不仅保障团队成员之间的有效协作，而且还能在出现问题时轻松回退到特定版本。

22.3 DevOps 工具与技术

在上一节的讨论中，我们已经对 DevOps 的基本实践和原则有了一定的理解，接下来的本节将转向探讨 DevOps 所依赖的工具和技术。考虑到相关的工具和技术种类繁多，而本节的篇幅有限，因此我们将选择一些在 DevOps 各个阶段中常用的工具进行介绍，这些工具涵盖了 DevOps 的核心环节，代表了当前该领域的先进技术和最佳实践，通过了解这些工具我们可以更好地理解 DevOps 的实际应用和操作方式。

22.3.1 源代码管理工具

Git 是一款开源的分布式版本控制软件（图 22-6），最初由 Linus Torvalds（Linux 内核的创始人）为了更好地管理 Linux 内核开发而设计。如今，Git 已经发展成为最流行的分布式版本控制系统，可跨平台（Win、Linux 和 MacOS）使用，被广泛用于源代码的版本控制，并成为该领域的实际标准。Git 的设计初衷是维护 Linux 内核代码，因此它尤其擅长处理大型项目。这一特性也使得 Git 成为众多知名代码托管平台的首选，包括 GitHub、GitLab、Bitbucket、Gitee、Coding 和阿里云等，它们都选择 Git 作为其代码管理的工具。

图 22-6　分布式版本控制软件 Git LOGO（官网：https://git-scm.com/）

接下来，让我们简要了解一下分布式版本控制（Distributed Version Control，也称去中心化版本控制，Decentralized Version Control）。这是一种独特的版本控制方式，它允许每个团队成员在个人计算机上拥有完整的代码仓库副本，包括全部的版本历史记录。这使得他们能够本地进行代码提交、创建分支和合并操作。相较于传统的集中式版本控制（Centralized Version Control），分布式版本控制无需服务器为每个代码分支单独存储文件，而只需保存每次代码提交间的差异；集中式版本控制要求开发者必须连接到服务器才能工作，而分布式版本的开发者则无需始终保持与服务器的连接。除了上传或下载代码外，开发者可以在本地完成大部分开发任务，可以本地查看代码的完整历史，并基于自己的本地版本执行所有必要的更改，这种模式极大地提升了工作的灵活性，使得开发者能够更迅速地修复代码中的问题。

22.3.2 CI/CD 工具

（1）Jenkins。

Jenkins 是一款开源的自动化服务器（图 22-7），广泛用于实现 CI/CD。它允许开发人员持续构建、测试和部署代码，确保在开发过程的早期顺利集成更改并检测漏洞，凭借庞大的插件库，Jenkins 可以进行定制以满足开发环境的特定需求，Jenkins 还可以跨平台部署。

图 22-7　自动化服务器 Jenkins LOGO（官网：https://www.jenkins.io/）

（2）GitLab CI/CD。

GitLab CI/CD 是 Gitlab 平台（图 22-8）的一部分，它提供了与 Gitlab 仓库的紧密集成，支持多种编程语言和构建工具，并提供了易于使用的界面和强大的自动化功能，它支持插件和扩展，可以与各种开发工具和第三方服务集成，满足不同的需求，它还提供了可扩展性和安全性。

图 22-8　GitLab 平台 LOGO（官网：https://about.gitlab.com/）

22.3.3　配置管理工具

（1）Ansible。

Ansible 是一款功能强大的开源工具（图 22-9），用于配置管理、应用部署和任务自动化。它允许用户将基础架构定义为代码，使服务器和服务的配置与管理变得更加容易。Ansible 以简单易上手而闻名，这归功于其采用更加灵活的无代理（agentless）方法，无需在要自动化的目标设备上安装额外软件，Ansible 还可跨平台使用。

图 22-9　Ansible LOGO（官网：https://www.ansible.com/）

（2）Puppet。

Puppet 是一款流行的配置管理工具（图 22-10），与 Ansible 不同，Puppet 通常作为一个基于代理的解决方案运行，需要在每个受管理的设备上安装相应的软件。Puppet 采用声明性编程的理念，这意味着用户需要定义受管理机器的预期状态，而不是具体的操作步骤。Puppet 使用一种域特定语言（Domain-Specific Language, DSL）来描述这些配置需求，之后 Puppet 会自动执行必要的步骤，将系统调整到用户定义的状态。这一过程涉及主服务器（primary server，负责存储定义的状态）和 Puppet 代理（Puppet agent，在用户指定的系统上运行）共同完成自动化任务，Puppet 还可在类 Unix 和 Windows 平台使用。

图 22-10 Puppet LOGO（官网：https://www.puppet.com/）

（3）Chef。

Chef 是另一款自动化平台（图 22-11），它能够将基础架构转换为代码形式，通过称为“食谱”（cookbooks）和“配方”（recipes）的可重用脚本，Chef 能够自动化跨网络的配置、部署和管理基础架构，无论这些操作是在本地、在云端还是混合环境中都能进行。Chef 对配置的测试和验证提供了强大的支持，这有助于在问题影响生产系统之前及时发现并解决它们。

与 Ansible 不同，Chef 采用了基于代理的架构。在这种架构中，Chef 服务器运行在主机器上，而 Chef 客户端则作为代理运行在每个客户机上。此外，还有一个额外的组件叫做工作站（workstation），它包含了所有的配置，这些配置经过测试后会从主 Chef 服务器拉取到客户机上而无需任何指令。由于管理这些拉取的配置需要专业知识，Chef 的使用比其他自动化工具更为复杂——即使是对于经验丰富的 DevOps 专业人士也是如此，Chef 还可跨平台使用。

图 22-11 Chef LOGO（官网：https://www.chef.io/）

22.3.4 测试工具

选择合适的自动化测试工具对 DevOps 的集成至关重要。自动化测试工具种类繁多，在选择时首先应考虑应用程序的类型和技术栈，例如，对于基于 Web 的应用程序，可以选择 Web 自动化测试工具 Selenium（图 22-12）；其次，应评估工具的集成性能及其与其他 DevOps 工具的兼容性；最后，工具的易用性和社区支持也是不可忽视的因素。因此，建议在做出决定前先对自动化测试工具进行深入评估和试用，以确保其能够满足团队和项目的具体需求。

图 22-12 Selenium LOGO（官网：https://www.selenium.dev/）

22.3.5 容器编排工具

（1）Docker。

Docker 是一款广受欢迎的开源平台（图 22-13），其核心理念在于容器化技术。通过 Docker，应用程序及其所需的所有依赖项——包括代码、运行时环境、库文件以及环境变量等——都被封装在一个独立的运行实体中，即所谓的“容器”（Container），这些容器能够在任何支持 Docker 的平台上运行，它们独立于底层的操作系统或硬件配置，确保了应用程序的轻量级、高度可移植性以及运行环境的一致性，Docker 还可跨平台使用。

图 22-13 开源的应用容器引擎 Docker LOGO（官网：https://www.docker.com/）

与传统的虚拟机技术相比，虚拟机通过模拟完整的硬件系统功能来创建一个完全隔离的计算机系统环境，而容器中的应用则直接在宿主主机的内核上运行，无需额外的虚拟硬件。容器没有自己的内核，并且每个容器都是相互隔离的，且拥有自己的文件系统，彼此之间不会互相干扰。Docker 利用名为“镜像（Images）”的只读模板来创建容器，镜像是分层构建的，而定义这些层次的文件被称作 Dockerfile。

在开发、测试和生产环境中，Docker 的应用极大地提升了部署和管理的效率：① Docker 简化了分布式开发的过程，确保了在 DevOps 的每个阶段都能提供一致的开发环境，大大降低了部署和维护的复杂性；②容器的隔离特性增强了应用的安全性；③ Docker 容器具有高度的可移植性，便于在不同的环境中进行迁移，包括不同的操作系统、云平台或物理服务器。

（2）Harbor。

Harbor 是一个企业级的 Docker 镜像仓库（图 22-14），它提供了镜像存储、权限控制、分布式发布、强大的安全扫描与审查机制等功能，可以实现对 Docker 镜像的安全、高效管理。通过将 Jenkins 与 Harbor 集成，可以实现自动化构建、部署和镜像推送等操作，简化项目部署和管理流程。具体来说，让 Jenkins 将项目打包并制作成 Docker 镜像发布到 Harbor 仓库中，只需通知目标服务器，让它统一去 Harbor 仓库上拉取镜像并在本地部署即可。

图 22-14 Docker 镜像仓库 Harbor LOGO（官网：https://goharbor.io/）

（3）Kubernetes。

Kubernetes，也被称为 K8s（因为在其首字母“K”和结尾字母“s”之间恰好有 8 个字母），是一个功能强大的开源容器编排引擎（图 22–15），它专门用于自动化部署、扩展和管理容器化应用程序，通过精细的集群管理和自动化调度系统，Kubernetes 能够确保应用的高可用性和弹性，使它们能够在各种环境中高效、稳定地运行，Kubernetes 还可跨平台使用。

图 22–15　开源的容器编排引擎 Kubernetes LOGO（官网：https://kubernetes.io/）

Kubernetes 旨在提供跨主机集群的自动部署、扩展以及运行应用程序容器的平台，它支持一系列容器工具，包括 Docker。

22.3.6　监控工具

ELK Stack 这个监控工具集合由三个开源组件构成，它们分别是 Elasticsearch、Logstash 和 Kibana（图 22–16）。其中 Elasticsearch 作为一个分布式搜索与分析引擎，能够迅速处理大规模数据的搜索及分析任务，它负责对传输过来的数据进行集中存储，并支持用户执行复杂的搜索查询和聚合分析；Logstash 则承担着从多种来源收集日志数据的职责，随后对这些数据进行过滤和处理，并将清洗后的数据发送至 Elasticsearch 中，Logstash 具备丰富的输入、输出插件以及数据加工功能，展现出其灵活而强大的特性；Kibana 则是一个数据可视化工具，专门用于深入探索和可视化展示 Elasticsearch 中存储的数据，通过 Kibana 用户可以创建各式各样的图表和仪表板，直观地了解数据的统计信息和发展趋势。

ELK Stack 的核心功能集中在日志的集中式存储、实时搜索分析以及数据的可视化展示上，而在特色方面，ELK Stack 具备灵活性、易配置性、接口简洁性、高效性能以及丰富的数据可视化选项等优势，ELK Stack 还可跨平台使用。

Elastic Search　Logstash　Kibana

图 22–16　ELK Stack LOGO（官网：https://www.elastic.co/）

22.4　“谛听”盒子与 DevOps 实践

目前，我们正专注于为“谛听”盒子开展一系列积极的 DevOps 实践和应用工作，致力于探索实用的 DevOps 文化落地方法及现代软件开发实践，这些探索和应用依托“谛听”团队搭建的 EarthStack 云平台（图 22-17）。

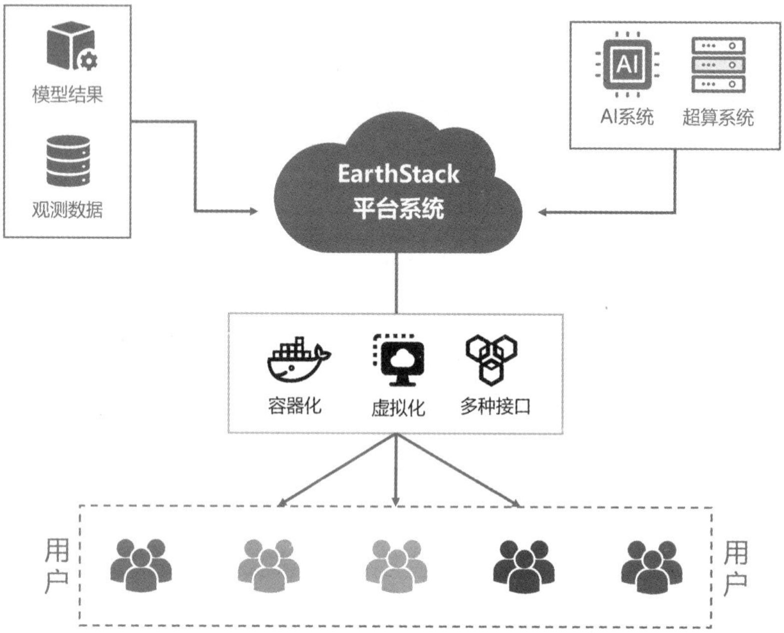

图 22-17　EarthStack 云平台架构示意图

以“谛听”盒子预装的地球物理开源软件 GEOIST 为例，目前相应的 CI/CD 流程如图 22-18 所示，开发人员首先将修改完毕的代码提交至托管网站（这里我们采用的是本地搭建的 GitLab），随后 Jenkins 会自动从代码托管仓库中拉取源代码，根据预设的脚本执行构建操作并生成 Docker 镜像，这些镜像会被推送到 Harbor 私有镜像仓库中存储，以便进行统一的管理和分发，最终通过 Kubernetes 集群，这些镜像被部署到服务器上，实现快速、可靠的应用发布和管理。

基于图 22-18 流程构建的 GEOIST 软件的 Docker 镜像，目前已在超算互联网的商城发布（网址：https://www.scnet.cn/ui/mall/），可通过在商城中搜索“geoist”跳转至相关产品页面（图 11-19）。

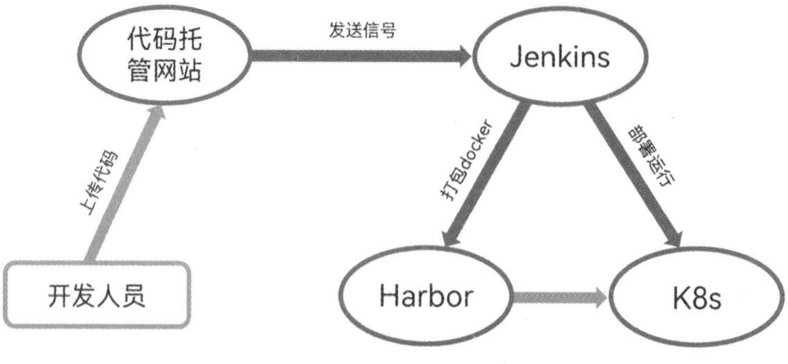

图 22-18　GEOIST 采用的 CI/CD 流程示意图

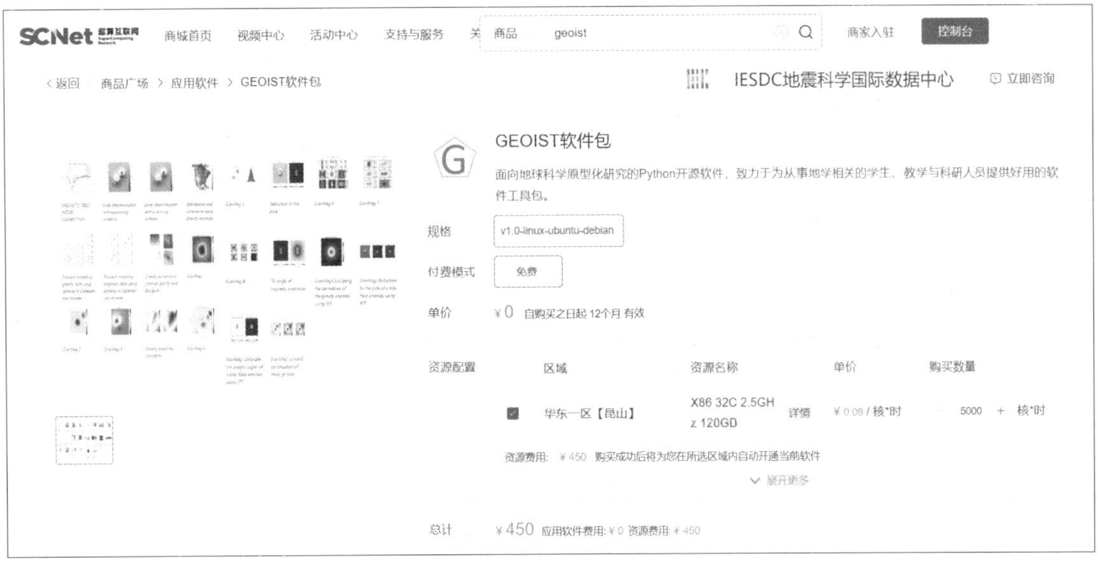

图 22-19 超算互联网商城中的 GEOIST 示意图

我们基于“谛听”盒子的 DevOps 探索和实践仍在继续，DevOps 快速、稳定且持续地向用户交付优质产品的理念也将始终贯穿“谛听”盒子的所有开发过程中。

附录 1 烈度计算测试报告

烈度计算测试报告（备注内的 *PGA*、*PGV* 为按文件标准计算的单台结果）

序号	震中距（km）	*PGA*（cm/s^2）			*PGV*（cm/s）			仪器烈度	备注
		EW	NS	UD	EW	NS	UD		
1	28.3	644.4	−464.4	263.7	49.7	31.7	−17.7	9.1	烈度台
	28.3	634.2	−480.1	254.7	48.7	32.1	−17.1	9.03	烈度台 *PGA*=462 *PGV*=56.8
2	28.5	−193.2	102.4	−119.8	−21.8	7.8	16.6	8.0	烈度台
	28.5	−189.5	101.5	−123.6	−21.5	7.7	16.3	7.99	烈度台 *PGA*=196 *PGV*=25.5
3	30.7	102.2	161.3	42.5	−7.5	10.3	−4.5	6.9	烈度台
	30.7	98.7	158.2	41.8	−6.9	9.8	−4.5	6.85	烈度台 *PGA*=131 *PGV*=10.7
4	34.8	80.2	−178	46.4	−5.7	9.5	−3.2	6.8	烈度台
	34.8	84.4	−175.4	43	−5.0	8.1	−3.1	6.61	烈度台 *PGA*=118 *PGV*=8.83
5	37.7	31.9	47.3	19.5	−4.2	−8.9	−2.1	6.1	强震台
	37.7	35.2	−47.1	19.8	−4.16	−8.4	−2.1	6.09	强震台 *PGA*=46 *PGV*=9.13
6	37.8	103	−160.2	−150.5	5.1	−4.1	2.8	6.0	强震台
	37.8	103.4	−159	−150.6	4.78	3.58	2.7	5.96	强震台 *PGA*=65.3 *PGV*=9.13

续表

序号	震中距（km）	PGA（cm/s²）			PGV（cm/s）			仪器烈度	备注
		EW	NS	UD	EW	NS	UD		
7	39.4	181	−187.6	−167.5	10.4	−13.1	9	7.2	强震台
	39.4	183	−192.1	−170.8	10.1	−13.4	8.2	7.16	强震台 *PGA*=174.4 *PGV*=13.5
8	39.4	175	181.8	−162.1	10.3	−12.7	8.9	7.1	烈度台
	39.4	177.4	−184.7	−169.6	10.0	−12.9	8.1	7.12	烈度台 *PGA*=171.3 *PGV*=13.1
9	43.9	−63.9	−106.5	−30.3	5.2	5.6	3.8	6.3	烈度台
	43.9	62.1	−105.7	32.6	4.8	5.2	3.8	6.3	烈度台 *PGA*=76.6 *PGV*=6.95
10	47.4	−93.2	−106.4	−73.9	−7.7	7	−3.7	6.6	烈度台
	47.4	−97.4	−108.8	−74.5	−7.8	6.7	−3.3	6.58	烈度台 *PGA*=94.7 *PGV*=8.65
11	47.7	−111.8	85.4	56.7	−2.2	3.4	1.8	6.0	强震台
	47.7	−111.2	84.1	57.2	−1.96	3.23	1.62	5.47	强震台 *PGA*=49.6 *PGV*=3.3
12	47.9	267.6	−385.8	113	−8.7	−13.1	4.6	7.2	烈度台
	47.9	271.8	−380.0	111	−8.25	−9.6	3.4	7.0	烈度台 *PGA*=201.9 *PGV*=12.5
13	48.0	−37.3	29.2	−17	−2.4	−1.8	1.1	5.1	烈度台
	48.0	−36.8	30.0	−16.7	−2.19	−1.66	0.98	4.56	烈度台 *PGA*=17.4 *PGV*=2.46
14	48.4	−181.6	129	30.1	−6.2	−7.2	1.7	6.4	强震台
	48.4	−181.8	127.8	29.5	4.6	5.86	1.62	6.11	强震台 *PGA*=105.5 *PGV*=6.05

续表

序号	震中距（km）	PGA（cm/s^2）			PGV（cm/s）			仪器烈度	备注
		EW	NS	UD	EW	NS	UD		
15	48.9	−96.5	−165.6	5.8	−4.8	−9.3	−0.3	6.8	强震台
	48.9	−97.7	−168.2	5.98	−4.17	−8.52	0.3	6.69	强震台 *PGA*=156.6 *PGV*=9.45
16	50.3	80.3	−58.9	33.9	3.6	−4.2	−1.6	6.2	烈度台
	50.3	81.85	58.6	34	3.38	−4.0	−1.52	5.86	烈度台 *PGA*=60 *PGV*=4.89
17	50.5	−99.8	76.9	68.7	6.2	2.7	1.6	6.2	烈度台
	50.5	−94.6	76.2	66.6	5.46	2.86	−1.38	6.04	烈度台 *PGA*=82.1 *PGV*=5.74
18	52.1	83.2	91.6	31.2	−9	−7	2	6.6	烈度台
	52.1	86.5	87.9	31.1	−8.92	−7.13	1.7	6.6	烈度台 *PGA*=108.4 *PGV*=8.95
19	52.3	−176.7	−217.3	120.5	−12.2	−12.5	−3.5	7.5	烈度台
	52.3	−184	−214	121.4	−11.5	−12.7	2.91	7.42	烈度台 *PGA*=242.7 *PGV*=16.5
20	52.4	48.9	75.3	29.3	6.8	−7.7	3.1	6.5	烈度台
	52.4	45.1	75.6	29.1	6.8	−7.5	3.1	6.21	烈度台 *PGA*=61.9 *PGV*=8.2
21	52.9	42.5	71.3	55.2	1.9	−1.8	−0.9	5.4	烈度台
	52.9	44.6	74	−47.2	1.98	1.78	−0.8	4.92	烈度台 *PGA*=35.7 *PGV*=2.0
22	54.2	−57.3	67	41	−5.8	−7.9	−4	6.3	强震台
	54.2	−59.3	61.7	41.2	−5.6	−8.0	−3.9	6.19	强震台 *PGA*=56.5 *PGV*=8.56
23	54.2	−54.9	64.6	39	−5.7	−7.7	−4.1	6.2	烈度台

续表

序号	震中距（km）	*PGA*（cm/s^2）			*PGV*（cm/s）			仪器烈度	备注
		EW	NS	UD	EW	NS	UD		
	54.2	−57.3	60.2	40.7	−5.4	−7.8	−3.9	6.15	烈度台 *PGA*=55 *PGV*=8.4
24	55.6	−69.2	47.5	29.3	−1.7	1	1	5.2	烈度台
	55.6	−68.6	49.8	−31.8	−1.23	0.6	0.8	3.94	烈度台 *PGA*=12.9 *PGV*–1.3
25	56.0	42.5	−23.1	−13.9	0.9	1.4	1	4.8	烈度台
	56.0	41.1	−23.5	−15	0.75	−1.38	0.93	4.04	烈度台 *PGA*=13.8 *PGV*=1.4
26	56.4	−82.5	−89	41.7	7.1	4.8	−2.8	6.4	强震台
	56.4	−82.5	−88.9	41.1	6.71	4.1	−2.6	6.14	强震台 *PGA*=64.7 *PGV*=6.8
27	56.4	52	−90.5	23.6	2.5	−8.1	−1.6	6.5	烈度台
	56.4	53.2	−98.1	24.9	−2.6	−6.9	1.67	6.1	烈度台 *PGA*=58 *PGV*=7.3
28	56.4	234.6	−209.9	86	27.3	16.3	−5	8.1	烈度台
	56.4	238.7	−201.7	−82.3	27.3	16.6	−4.6	8.08	烈度台 *PGA*=258.7 *PGV*=27.4
29	56.7	84.4	−63.3	37.1	−1.8	1.7	0.9	5.3	烈度台
	56.7	87.4	65.9	36.7	−1.37	−1.44	0.67	4.59	烈度台 *PGA*=22.1 *PGV*=1.99
30	57.0	83.3	−82.7	46	6.8	4.7	−2.8	6.3	烈度台
	57.0	−82.9	−82.1	44.8	6.4	4.1	−2.67	6.1	烈度台 *PGA*=63.2 *PGV*=6.7
31	57.3	−61.4	−49.8	64.2	5.5	4.7	−2.7	6.0	烈度台

续表

序号	震中距（km）	PGA（cm/s²）			PGV（cm/s）			仪器烈度	备注
		EW	NS	UD	EW	NS	UD		
	57.3	−60.7	−50.4	62.5	−5.2	4.5	−2.3	5.92	烈度台 *PGA*=57.5 *PGV*=5.6
32	57.8	56.8	71.4	−44.9	−1.8	−2.6	1.2	5.6	强震台
	57.8	56	69.6	−44.3	−1.6	−2.57	1.0	5.17	强震台 *PGA*=40.5 *PGV*=2.6
33	61.6	−24.2	21.9	23.8	−1	−1.1	1.2	4.4	强震台
	61.6	−23.8	22.6	23.7	−0.8	−0.9	1.05	3.81	强震台 *PGA*=12 *PGV*=1.14
34	62.9	55.2	47.9	−40.5	−2.2	2	−1.3	5.3	烈度台
	62.9	57.8	45.1	−40.1	−1.9	1.4	1.1	4.78	烈度台 *PGA*=27.6 *PGV*=2.12
35	63.1	88.5	135.2	41.8	5.7	−5.2	−2.8	6.2	烈度台
	63.1	90.2	135.4	40.6	5.2	−5	−2.6	6.27	烈度台 *PGA*=107.2 *PGV*=6.8
36	64.0	93.6	119.9	−53.2	−2	−3.3	−1.2	6.1	烈度台
	64.0	87.6	114.4	−52.5	−1.6	−2.4	−1.5	5.24	烈度台 *PGA*=43.8 *PGV*=2.6
37	64.7	−42.7	−34.4	−22.8	2.3	−2.9	1.6	5.4	强震台
	64.7	−41.1	−32.7	−23.4	−2.0	−2.7	1.6	4.84	强震台 *PGA*=21.6 *PGV*=3.0
38	65.9	−64.1	−60.8	24.5	3.6	3.3	−2.5	5.7	烈度台
	65.9	−63.4	−61.4	23.4	−3.7	2.8	2.3	5.37	烈度台 *PGA*=36.3 *PGV*=3.9
39	66.4	42.9	48.6	23.3	3.5	−3.1	−2.6	5.6	烈度台
	66.4	43.4	46.3	23.6	−3.5	−2.9	−2.2	5.43	烈度台 *PGA*=36.2 *PGV*=4.2

续表

序号	震中距（km）	PGA（cm/s²）			PGV（cm/s）			仪器烈度	备注
		EW	NS	UD	EW	NS	UD		
40	67.1	−37.9	43.5	25.1	5.6	−3.5	−3.1	5.7	烈度台
	67.1	−36.8	41	−25.1	5.6	−3.2	−2.9	5.57	烈度台 *PGA*=33.7 *PGV*=5.8
41	67.1	44.3	29.6	17.4	−2.7	1.8	−0.7	5.3	烈度台
	67.1	42.4	29.2	−17.4	−2.6	1.6	−0.8	5.2	烈度台 *PGA*=40.2 *PGV*=2.6
42	67.4	22.7	−42.9	9.4	1.7	−2.7	1	5.3	强震台
	67.4	21.9	−42.9	9.9	1.7	−2.4	−0.9	4.61	强震台 *PGA*=17.2 *PGV*=2.7
43	67.7	106	158.3	−46.1	−1.5	−2.1	−1.3	6.1	强震台
	67.7	106.5	157	−46.2	0.8	−1.8	−1.1	5.53	强震台 *PGA*=87.6 *PGV*=1.9
44	68.4	−29.2	−18.5	12	−2.8	−0.9	1.7	4.8	强震台
	68.4	−27.9	−18.4	−11.8	−2.3	−0.9	1.6	4.37	强震台 *PGA*=13.3 *PGV*=2.4
45	68.8	102.7	67.5	40.1	5.1	3.2	1.9	6.0	强震台
	68.8	101.7	70	40.4	−5.6	−3.4	1.7	6.0	强震台 *PGA*=67.3 *PGV*=5.7
46	69.1	25.1	−29.8	12.6	1.6	−3.7	1.3	5.2	烈度台
	69.1	25	−28	12.3	1.6	−3.2	12.3	5.1	烈度台 *PGA*=25.5 *PGV*=3.5
47	70.6	−16.9	−17.3	10.4	2.5	−2.9	1	4.8	烈度台
	70.6	−17.4	−17.6	12.5	2.5	−2.5	1	4.64	烈度台 *PGA*=15.4 *PGV*=3.2
48	72.4	46.2	56.9	−21.3	1.7	−2.1	−2.2	5.5	烈度台

续表

序号	震中距（km）	PGA（cm/s²）			PGV（cm/s）			仪器烈度	备注
		EW	NS	UD	EW	NS	UD		
	72.4	46.2	58.5	–20.8	–1.6	–1.8	–2.0	5.0	烈度台 *PGA*=15.4 *PGV*=3.2
49	74.2	51.4	–49.2	–24.8	2.8	3.3	0.9	5.7	烈度台
	74.2	52.7	–48.7	–23.9	2.4	3.4	0.8	5.6	烈度台 *PGA*=54.3 *PGV*=3.7
50	74.8	46.8	57.3	–45.7	4.9	5.4	–1.8	6.1	烈度台
	74.8	50.7	58.0	–43.8	4.2	4.8	1.8	5.83	烈度台 *PGA*=44.4 *PGV*=6.4
51	75.0	–35	35.2	–25	2	–2	1.8	5.1	烈度台
	75.0	34.7	36.2	26.7	1.7	–1.7	1.8	4.8	烈度台 *PGA*=24.4 *PGV*=2.4
52	75.1	–42.8	93.9	38.5	–1.4	1.8	1.8	5.4	强震台
	75.1	–43.5	94.7	38.6	–1.2	1.5	1.7	4.4	强震台 *PGA*=15.9 *PGV*=2.1
53	75.2	–65.5	46.9	–24.9	3.3	–3.6	–1.3	5.9	烈度台
	75.2	–64.2	46.8	–25.8	2.7	–2.9	1.2	5.4	烈度台 *PGA*=41.6 *PGV*=3.4
54	75.5	–64.2	42.3	26.4	2.4	1.7	0.9	5.4	烈度台
	75.5	–61.6	42.6	26.0	2.3	1.6	0.8	4.8	烈度台 *PGA*=25.1 *PGV*=2.5
55	76.1	56.5	50.6	34.7	3	2.6	–3.1	5.7	烈度台
	76.1	55.5	52.7	–33	3.1	2.5	–3.1	5.5	烈度台 *PGA*=46.7 *PGV*=3.8
56	76.5	–29.3	–54.9	–26.2	2.5	3.3	–1.7	5.5	强震台

续表

序号	震中距（km）	*PGA*（cm/s²）			*PGV*（cm/s）			仪器烈度	备注
		EW	NS	UD	EW	NS	UD		
	76.5	−29.3	−53.5	−25.8	2.3	3.0	1.5	5.4	强震台 *PGA*=46.9 *PGV*=3.0
57	77.8	−317	276.7	199.5	20.3	−18.3	−6.9	7.8	烈度台
	77.8	−321	281	195	17.6	−16.6	−6.3	7.6	烈度台 *PGA*=285 *PGV*=19.2
58	78.9	−114.4	−50.6	192.9	−1.7	−0.8	−2.7	5.9	烈度台
	78.9	−116.6	−47.5	188.8	1.2	−0.7	−1.9	5.1	烈度台 *PGA*=50.9 *PGV*=1.9
59	79.4	41.4	−48.2	47.8	0.9	−1	−1.1	4.9	烈度台
	79.4	43.8	46.3	47.7	0.9	0.7	−0.8	3.9	烈度台 *PGA*=15.8 *PGV*=1.0
60	81.2	17.8	−14.6	20	−1.7	1.7	−1.8	4.9	烈度台
	81.2	18.7	−14.2	20	−1.7	1.9	−1.7	4.7	烈度台 *PGA*=18.3 *PGV*=2.8
61	81.6	−122.6	−124.4	−90.3	4.2	−4.9	1.7	6.4	烈度台
	81.6	−123.6	132.2	−83	3.9	−4.4	1.2	6.1	烈度台 *PGA*=95.8 *PGV*=4.6
62	82.0	−64.1	−73.2	−30.1	1.5	3.2	1.3	5.8	烈度台
	82.0	−63.8	−75.3	−30.4	1.2	3.3	1.0	5.4	烈度台 *PGA*=41.8 *PGV*=3.5
63	83.0	30.5	−37.1	18.1	3.4	−4.8	−1.7	5.6	烈度台
	83.0	30.1	36.3	15.8	3.3	−4.5	−1.7	5.5	烈度台 *PGA*=36.7 *PGV*=4.7
64	84.0	36.2	33.2	21.2	2.3	2.1	−2.1	5.1	烈度台

续表

序号	震中距（km）	*PGA*（cm/s²）			*PGV*（cm/s）			仪器烈度	备注
		EW	NS	UD	EW	NS	UD		
	84.0	37.2	31.1	21.4	1.9	2.1	–1.9	4.8	烈度台 *PGA*=26.4 *PGV*=2.5
65	84.3	–78.9	68.2	–28.1	–1	1.1	–1.2	5.3	烈度台
	84.3	–75	66.1	–27.8	1.1	0.8	–0.8	3.6	烈度台 *PGA*=8.8 *PGV*=1.1
66	84.7	–56.4	100	32.9	–4	–6.4	1.8	6.3	烈度台
	84.7	–57.7	101.8	33	–4.3	–6.5	–1.6	6.3	烈度台 *PGA*=8.8 *PGV*=1.1
67	86.4	21.2	–31.4	–10.6	1.7	1.8	–1.6	4.9	烈度台
	86.4	20.8	–31.6	–10.5	1.6	1.7	–1.4	4.8	烈度台 *PGA*=31.6 *PGV*=1.9
68	86.5	–36.9	–47.2	14.3	1.6	–4	0.9	5.6	烈度台
	86.5	–35.9	–46.8	15.4	2.2	–3.8	0.9	5.4	烈度台 *PGA*=37.6 *PGV*=4.0
69	87.0	–20.9	14.3	11.5	2.5	1.5	–1	4.7	强震台
	87.0	–20	14.8	11.7	2.2	1.4	–0.9	4.4	强震台 *PGA*=13.6 *PGV*=2.5
70	87.1	–23.8	–17.1	7.5	1.3	–1.4	–0.9	4.7	烈度台
	87.1	–24.7	–17.5	8.3	1.4	1.4	–0.8	4.5	烈度台 *PGA*=22.3 *PGV*=1.6
71	87.9	–25.9	–25.5	–13.8	1.4	–1.7	–1.6	4.7	强震台
	87.9	–26.4	–25.5	–14	–1.4	–1.7	–1.4	4.5	强震台 *PGA*=22.3 *PGV*=1.6
72	88.6	24.4	37	19.4	3.9	2.6	1.3	5.4	烈度台

续表

序号	震中距（km）	PGA（cm/s²）			PGV（cm/s）			仪器烈度	备注
		EW	NS	UD	EW	NS	UD		
	88.6	24.8	36.7	18	3.9	2.4	1.2	5.2	烈度台 *PGA*=25.5 *PGV*=4.2
73	88.9	−19.6	−22.2	25.3	−0.9	−1	−1	4.3	烈度台
	88.9	−19.9	21.8	25.9	0.8	0.8	0.8	3.6	烈度台 *PGA*=8.7 *PGV*=1.1
74	89.8	28.1	−25.6	11.4	1	1.5	−0.8	4.6	烈度台
	89.8	20.7	−25.9	−11.4	0.9	1.1	−0.9	4.3	烈度台 *PGA*=19.3 *PGV*=1.4
75	91.2	−99	103.4	70.1	4	−4.2	1.8	6.3	烈度台
	91.2	−101	−103.6	73.2	−3.6	−4.1	1.4	6.0	烈度台 *PGA*=80.5 *PGV*=4.5
76	91.8	40.5	−48.2	−17.4	1.3	−2.8	−0.9	5.3	烈度台
	91.8	40.4	−48	−18.8	1.0	−2.2	−0.9	4.7	烈度台 *PGA*=22.5 *PGV*=2.3
77	92.4	−32.1	−30.5	11.3	2	−2.7	0.9	5.1	强震台
	92.4	−32.1	−30.2	−11.5	1.9	−2.6	0.8	4.4	强震台 *PGA*=10.7 *PGV*=3.0
78	94.3	−21.1	−15.7	11.3	2.1	−2.1	−2	4.7	烈度台
	94.3	19.9	−14.7	11.7	1.7	−2.0	−1.7	4.5	烈度台 *PGA*=17.0 *PGV*=2.3
79	94.5	−29.6	−30.6	−7.6	−1.7	−1.9	0.8	4.9	烈度台
	94.5	30.5	−31.3	−7.6	−1.6	−1.8	−0.7	4.7	烈度台 *PGA*=25.4 *PGV*=2.0
80	94.7	−19.5	15.6	−6.2	−1.6	2.1	0.9	4.5	强震台

续表

序号	震中距（km）	PGA（cm/s²）			PGV（cm/s）			仪器烈度	备注
		EW	NS	UD	EW	NS	UD		
	94.7	−20.1	16.4	−6.1	−1.6	2.1	0.8	4.2	强震台 *PGA*=11.5 *PGV*=2.2
81	95.1	−18.9	−23.6	26.3	−1.8	2.3	−1.4	4.9	烈度台
	95.1	−18.9	−23	13.1	−1.8	2.2	1.4	4.8	烈度台 *PGA*=22.9 *PGV*=2.5
82	95.5	11.8	−13.6	−8.8	1.7	1.8	−1.2	4.4	强震台
	95.5	12.3	−12.7	8.8	−1.6	1.8	−1.1	4.3	强震台 *PGA*=22.9 *PGV*=2.5
83	96.2	−28.9	−25.7	16.8	−1.1	0.8	0.6	4.5	烈度台
	96.2	−29.1	−25.5	16.7	−0.9	0.8	−0.6	4.2	烈度台 *PGA*=22.9 *PGV*=2.5
84	96.3	−31.2	47.7	31.8	−1.3	1.9	0.8	5.1	烈度台
	96.3	32	47.3	31.7	1.1	−1.8	0.6	4.9	烈度台 *PGA*=35.9 *PGV*=1.9
85	96.3	14.7	−14.8	11.9	0.9	1.4	−1.6	4.2	烈度台
	96.3	15.0	−15.2	11.5	1.0	1.3	−1.4	4.0	烈度台 *PGA*=11.2 *PGV*=1.1
86	96.7	−67.2	−78.8	31.5	2.6	−4.9	1.1	6.1	烈度台
	96.7	−66.6	−79.7	30.4	2.3	−4.8	0.9	6.0	烈度台 *PGA*=68.1 *PGV*=5.0
87	97.0	−38.6	−42.8	8.6	2	3.8	−1.4	5.7	强震台
	97.0	22..2	32.4	8.3	−1.4	4.2	1.3	5.4	强震台 *PGA*=68.1 *PGV*=5.0
88	97.8	16.8	30.9	−10	2.2	−3.2	−1	5.2	烈度台

续表

序号	震中距（km）	PGA（cm/s²）			PGV（cm/s）			仪器烈度	备注
		EW	NS	UD	EW	NS	UD		
	97.8	16.9	−30.6	−10	2.1	−3.1	−0.9	4.9	烈度台 *PGA*=20.3 *PGV*=3.3
89	98.1	−44.4	−23.5	−32.4	2	−1.4	1.2	4.9	烈度台
	98.1	43.1	−25.4	−33.1	1.5	1.2	1.0	4.4	烈度台 *PGA*=17.8 *PGV*=1.7
90	98.1	−39.1	35.9	19.5	3.3	3	1.4	5.5	烈度台
	98.1	−38.6	35.9	18.4	3.0	2.6	1.4	5.5	*PGA*=44.5 *PGV*=3.7
91	98.2	145.1	−93.7	−43.2	7.4	−3.4	−1.5	6.5	烈度台
	98.2	148.5	−96.5	−45.8	7.0	−3.3	1.0	6.5	烈度台 *PGA*=44.5 *PGV*=3.7
92	98.6	17.4	12.7	−5.9	−1.2	0.8	0.9	4.2	烈度台
	98.6	−18.1	12.9	−5.9	−0.95	0.8	−0.9	3.8	烈度台 *PGA*=12.1 *PGV*=1.2
93	99.9	14.5	13	12.7	0.9	−1.2	−1.3	4.2	烈度台
	99.9	−14.9	−14.3	11.7	0.7	−1.07	1.2	3.38	烈度台 *PGA*=5.75 *PGV*=1.3

附录 2　专业名词解释表 ①

专业名词解释表 1　书中出现的软件与程序库

GMT	用于地球科学数据处理、绘图的开源软件包
GEOIST	面向地球科学原型化研究的开源 Python 程序库
ObsPy	用于地震学数据处理、分析的开源 Python 库
SeisComP	用于实时地震监测、数据处理的开源系统
DatistEQ	面向地震行业业务人员的流程编写、日常数据处理、业务分析平台
SeisBench	专为地震学设计的开源框架，帮助地震学家开发、评估和应用机器学习模型
RKNN	一种神经网络编译工具和推理框架，用于特定硬件平台上运行和优化深度学习模型
ggplot2	R 语言中一个强大且广泛使用的数据可视化软件包，基于“图形语法”（Grammar of Graphics）理念开发
SeisGuard	用于地震监测、数据处理的工具或平台
ShakeMap	一种用于实时生成、发布地震震感图及震后影响评估的工具

专业名词解释表 2　书中出现的过程与方法

低代码	一种软件开发方法，旨在减少或消除手写代码的需求，基于此低代码平台提供了图形化的用户界面及拖放式工具，用户可以通过可视化组件的组合、配置来构建应用，不需要特别学习深奥的编程知识
嵌入式开发	指为嵌入式系统设计与开发软件的过程，基于此，嵌入式系统是专门用于执行特定任务的计算机系统
边缘计算	一种分布式计算模式，它将数据处理和计算能力从中心化的数据中心或云端移动到网络边缘，即靠近数据源的地方
DevOps	一种旨在提升团队软件开发（Dev）、运维（Ops）协作效率、构建团队文化的模式，通过自动化、集成化持续改进加速软件交付，提升软件质量

① 本专业名词意释与正文不尽相同，仅为读者提供参考。

结语：写给地震监测预报人员的第三封信
——我们处在一个新时代的开始

编写这套“三部曲”教材的初衷，是为那些刚开始职业生涯的科技工作者们提供一些参考资料。回首过去的五年，因为牵头全国地震会商技术系统建设工作，才有机会与行业中的众多年轻专业技术人员交流与合作，让我感受到了众多地震监测预报预警实际业务场景中的技术需求。通过与大家的工作，一批批年轻的骨干成员成长起来了；后来为进一步推动专业地球物理方法的应用和普及，我于 2018 年和 4 位研究所的年轻人共同发起了 GEOIST 开源项目，通过开放合作把志同道合的代码贡献者们团结起来，让共享精神在行业内生根发芽。

2020 年开始，通过中国地震局和北京白家疃地球科学国家野外站的访问学者计划，让更多来自地震行业一线的技术人员可以在一起开展短期的工作，通过交流和研讨，让一个个真实的需求找到解决方案，并帮助大家更好地完成课题任务、发表成论文和申请到新项目，这个过程让我感到快乐和有成就感。

闲暇时我常在想，当时写的第一封信中所描绘的场景——期望通过数字化技术让业务人员在收到地震信息后还能从容喝完一杯咖啡再投入工作的梦想实现了吗？技术的进步和时代的变化都不会在大家都准备好的时候再到来，而只有通过不断地学习和创新才不至于使自己落后于时代。

2022 年 11 月 30 日，ChatGPT 的横空出世惊艳了大众对自然语言处理技术现状的认知。随着算力的不断增加、人工智能的进步和生成式大模型技术的突破，成本在不断地降低，这些新的技术如何服务行业发展，如何在行业落地，是否能带动新的产业革命？对地震监测预报预警这种数据密集型的业务来讲又意味着什么？从事地震监测预报预警业务一线岗位的人实际感受到这种技术红利了吗？

一、拥抱改变，才有未来

选择赛道很重要。如果在错误的道路上，即便再努力，只会离目标越来越远。人工智能也许是我们这个时代谁也无法躲避的话题，我相信第四次工业革命一定与此相关，因为人工智能已经在各个领域遍地开花，未尝败绩。从深度学习到 ChatGPT 的诞生，使得这种生成式预训练的无监督 / 半监督学习方法摆脱了过多依赖人工标注数据集的限制，逐渐成为训练大模型的标准化技术体系；这些人工智能新技术和大模型也因为以开源的形式传播，无疑加速了这场变革的演化速度。以微软 Copliot 为代表的人工智能辅助编程技术已经随手可得，技术革新使程序员的生产力大幅提高。

回顾这些年牵头地震会商技术系统建设的心路历程，我和团队成员们以“宽平台、厚技术、微应用”的指导思想开展地震专业领域的信息化建设，坚持目标导向，在细分的技术领域找到先进发展方向，通过三分之一自研、三分之一修改开源、三分之一采用商业架构的“三三制”原则，加快了系统功能模块从设计到上线的过程，并始终保持持续维护。在众多团队参与系统建设的过程中，引入去中心化的协作模式，大力推广使用敏捷式的开发环境和工具，不断地小步迭代，终于使得各个模块的技术成熟度与专业化水平得到持续提高。

6年前，低代码或中台这类技术概念还没有像今天这样被广泛使用，人工智能也没有取得突破性进展。我们在地震会商技术系统建设初期，为了让地震专业人员能亲身参与到信息化建设中来，我和团队成员们一起开始通过集中工作等形式在行业内推广使用地震数据专家的低代码技术，让地震专业人员首先梳理需求，然后通过拖拽的方式建立可视化的业务流程，实现一个个具体的开发目标。回顾过去的历程，我想这个选择是对的。

今天再一次面对信息化技术的变革期，人工智能时代离我们越来越近，围绕这些新技术衍生出的新发展方向也越来越多，我想是时候要再次做出改变了，如何以人工智能技术来重构地震行业的数据处理和分析平台是未来我们不能回避的现实问题。

二、智能化地震监测预报预警业务畅想

在全国范围内，随着地震监测预警台站数量的增多，对预报人员处理分析数据的效率和异常识别能力提出了诸多挑战。如果单靠人工识别数据异常和总结地震前兆规律，很难适应新时代应对大震巨灾带来的挑战与需求。在常规的前震异常识别和长中短临强震预报业务中，面对日益多样化和急剧增加的监测数据，同样也需要智能化数据处理和异常识别能力的提升。

通过建立以数据驱动的人工智能辅助地震数据处理、异常识别和创新应用平台，对于实现智能化的地震监测预报预警业务体系至关重要，未来必将改变传统的地震异常识别、编目、会商等业务的开展方式。智能化的地震业务，将以“数据－信息－知识－智慧”为链条，打破传统的地震监测预报预警和震防业务的边界划分，构建以物理世界感知为核心、聚焦面向强震灾害全生命周期演化过程的地震智能感知神经网。

未来的地震业务系统核心是构建防震减灾数字资源平台，将传统的数据库、专业算法、计算资源和AI模型等融为一体，并在此基础上构建潜在的强震风险源感知系统、智能辅助决策系统和公共服务系统，为保障大城市群和基础设施全生命周期的安全提供技术支撑，进一步实现全国一体化的防震减灾智慧大脑。

综合感知系统在数字资源平台基础上实现已有监测预报和震防领域的数据汇集、软硬件装备统一管理，为系统建设提供基础的数字资源保障。其中，风险源感知系统重点依托现代化AI技术，实现各省内多类型台网、仪器设备等传感器和宏微观异常从数据处理到指标信号的自动化转变，实现贯穿潜在的地震风险源全生命周期状态特征与变化的感知。

辅助决策系统在数字资源平台基础上以专家策略为驱动，引入数值模拟、高性能计算、可视化等技术，支持地震活动指标预测、震后灾害情景构建、灾害链预测和综合损失评估等

大震巨灾风险的推演，科学地辅助领导层的决策。

公共服务系统在数字资源平台基础上引入群智感知的理念，融合专业的地震台网高精度信息和手机传感器、公共摄像头、GNSS 基站等低精度信息源，构建可让公众参与并易于提供公共服务的业务支撑体系，重点面向矿山、能源、水利、高铁等行业提供公共信息服务接口，面向公众的科普、教育和模拟演练等需求，提供地震灾害信息和科普大模型服务。

三、科技创新驱动的生产力变革

2023 年 9 月，新质生产力的概念被首次提出，其本质特征是创新起主导作用，摆脱传统经济增长方式、生产力发展路径。那些通过科技创新能大幅提升全要素生产率的先进生产力都可以看作是新质生产力，而人工智能技术在过去几年中已经被证明了其自身具备这些特征。可以预期，新质生产力将快速地促使各行各业进行深度转型升级或被重塑。

对于地震行业，地震预报的核心理论问题尚未得到完全解决，只有通过不断地科技创新，找到那些控制断层破裂而引发大地震的关键因素，并进行针对性的监测，才有可能取得突破。在地震预报研究领域，任何新的认识和理论必然是从深度的数据分析中得来。如果说验证一个地震预报策略需要采用回溯性的检验和效能分析，传统方式必然是通过申请项目资助、开展学科组专项工作、培养研究生等方式来完成，那能否通过 AI 大模型技术和智能平台打通从数据获取、处理、分析和归纳总结的过程，让一个策略从提出到验证的进程加速百倍千倍呢？这就是我现在能想到的最朴素的地震新质生产力。

现在，我们需要的可能是符合时代技术发展趋势的真正好用的工具，它能让大家提高生产力。本书编写的目的正是将低代码的技术思想与 AI 技术在边缘端的落地应用介绍给大家，希望它能打破从科学研究理论的提出到应用的屏障，加速地震新质生产力时代的到来，为预防下一次大地震的到来做好技术储备。

新一轮的国家重点研发计划又开始了，我们又接到了一项新的任务，再次重新设计为开展地震数值预报服务的软件平台技术。我也将会不断地学习，了解时代数据技术发展前沿，用自身的不断试错，为大家找到一条通向地震科技创新的可操作技术之路。

未来已来，将至已至。

陈石

2024 年 7 月于延安